예민한 아이를 위한 부모 수업

THE HIGHLY SENSITIVE CHILD:
Helping Our Children Thrive When the World Overwhelms Them
by Elaine N. Aron, Ph.D.

예민한 아이를 위한 부모 수업

The Highly Sensitive Child

일레인 N. 아론 지음
안진희 옮김

벅찬 세상에서 잘 살아갈 수 있는 아이로 키우는 법

웅진지식하우스

역자 일러두기

이 책의 핵심개념인 'high sensitivity', 'highly sensitive child', 'highly sensitive'를 정확하게 옮기자면 '과민감성', '과민감성을 가진 아이들/매우 민감한 아이들', '과민하다/매우 민감하다/민감성이 높다'가 적합할 것이다. 심리학이나 의학에서는 상태의 경중 정도를 정확히 표현하는 것을 중요하게 여기기 때문이다. 그러나 저자가 '과민감성'을 '장애'나 '질병'이 아닌 하나의 기질로 접근하고 있고, 국내에 소개된 저자의 전작 『타인보다 더 민감한 사람』에서도 '민감한'이라는 표현을 사용하고 있음을 고려해 이 책에서도 '민감성', '민감한 아이', '민감하다'라는 표현을 선택했다. 하지만 독자들은 이 책 속의 '민감하다'라는 표현이 'highly sensitive'를 의미함을 염두에 두고 읽어주기 바란다.

어느 곳에나 있는 민감한 아이들을 위하여,

그리고 이들이 험난한 세상에서 안전하게

잘 자랄 수 있도록 최선을 다해 양육하는 부모들을 위하여

이 세상에는 민감한 이들이 필요하다

이 책을 세상에 처음 선보였던 때를 기억한다. 많은 연구와 인터뷰를 토대로 쓴 이 책이 오랜 시간, 많은 독자의 사랑을 받아 기쁘다. 이 책을 쓸 당시만 해도 민감성highly sensitive의 연구가 많지 않았다. 하지만 그 후 민감성에 대한 연구는 꾸준히 진행되었고, 많은 사실이 과학적으로 타당하다는 것이 밝혀졌다. 이 책은 매우 민감한 아이highly sensitive child, HSC를 키우는 양육자들이 조금이나마 양육의 큰 짐을 덜길 바라는 마음으로 썼다. 이 책을 통해 전한 민감한 아이의 육아법은 시간이 흐른 지금까지도 크게 변하지 않았다. 다만, 당신의 자녀가 가진 남다른 특징이 그간의 수많은 연구를 통해 사실로 밝혀졌음을 다시 한 번 전하고자 한다.

이 글은 매우 민감한 아이를 키우는 양육자를 비롯해, 그 아이들과 함께 하는 가족, 이웃, 아동양육시설 종사자와 교사를 비롯해 공동양육자들에게 큰 도움이 될 것이다. 민감한 아이를 마주하지만, 아이들의 민감성을 충분히 이해하지 못하고 있는 이들에게 아이의 상황과 아이가 잘 자라날 수 있는 환경을 함께 조성하는 법을 이야기하는 데 큰 도움이 될 것이다. 이뿐 아니라 주위 사람이 아이를 보며 가지는 걱정과 두려움 역시 줄일 수 있을 것이다.

나는 민감한 이들의 특징을 아래 네 가지 측면으로 설명한다. 즉 이 네 가지 특징을 모두 가지고 있지 않다면, 당신 혹은 당신의 아이는 '민감한 사람'이 아니다. 이 네 가지는 '인지 처리의 깊이', '쉬운 과잉 자극', '높은 수준의 감정과 공감 능력', '미묘한 자극 반응'이다. 지금부터 이 네 가지 특징을 더 자세히 알아보자.

더 깊게 생각한다

쉽게 과잉 자극되는 것과 미묘한 변화를 잘 알아차리는 것은 대부분의 부모가 민감한 자녀에게서 가장 먼저 발견할 수 있는 특성 중 하나다. 하지만 이 특성의 기저에는 '처리 깊이'가 있다. 이 완전한 처리 능력 혹은 심사숙고하는 경향은 무의식적으로 일어날 수 있지만, 아이가 심오한 질문을 던진다거나, 나이에 비해 어려운 단어들을 한두 번 듣고 사용한다거나, 영리한 유머 감각을 갖추고 있다거나, 다양한 가능성을 고려해 의사결정을 어려워한다거나, 혹은 반드시 상황을 관찰하고 숙고하고 나서야 새로운 사람들과 새로운 상황에 느리게 적응하는 등의 양상으로 나타난다.

이 책에서 자주 강조하는 바이지만 모든 민감한 아이가 이런 특징을 보이는 것은 아니다. 하지만 모든 민감한 아이는 자신 주변의 일들에 대해 다른 아이들보다 더 깊게 생각하는 경향을 보이는 것은 확실하다. 물론, 민감한 아이이든 아니든 진짜 두려워서(합리적인 신중함과 반대되는 개념) '느리게 적응할' 수도 있다. 하지만 이 경우에는 아이가 과거 두려움을 느꼈던 부정적인 경험과 연결 지을 수 있는 신호가 현재 상황에 존재해야만 한다. 아이들은 무조건 겁이 많거나, 수줍음이 많은 아이로 태어나지 않는다고 생각한다. 만약 그랬다면 인류의 유전자에서 오래 살아남기 어려웠을 것이다.

한 연구자는 성인의 두뇌 활동을 파악하고자 뇌 활동을 측정할 수 있는 기능적 자기공명영상FMRI를 사용해 한 연구를 진행했다. 이 연구에서 매우 민감한 사람들이 두 장의 다른 사진 사이의 차이점을 발견하는 과정에서 다른 이들보다 더 많은 두뇌 활동을 보인다는 사실을 파악했다. 이는 즉 매우 민감한 특성을 타고난 이들은 더 깊거나 혹은 더 정교한 처리에 관련된 뇌의 부위를 더 많이 사용한다는 것을 의미한다. 또한 민감한 특성을 타고난 이들은 업무를 수행할 때 자신이 나고 자란 문화권의 영향에 상관없이 '진짜 일이 어떻게 돌아가는지'를 더 깊은 수준으로 파악하고 생각하는 것을 볼 수 있었다.

여러 연구에서 매우 민감한 사람들이 '섬 피질insula'라고 불리는 부위가 다른 이들보다 더 많이 활성화되어 있음을 확인했다. 이 부위는 '의식의 핵심 부위'라고 불리기도 하는데, 이 부분이 내면의 상태와 감정들, 외부 사건에 대해 순간적으로 얻은 지식들을 종합해 지금 이 순간 내가 무엇을 인식하고 있는지 결정하기 때문이다. 만약 당신의 민감한 아이가 내면세계와 외부세계에서 일어나고 있는 일들을 더 잘 인식한다면, 이 부위는 그러한 때에 특별히 활성화되고 있다고 예상할 수 있다.

쉽게 자극을 받는다

외부세계와 내면세계에서 일어나고 있는 모든 일을 더 잘 인식하고, 이뿐 아니라 이들 모두를 더 완전하게 처리하는 사람은 다른 사람들보다 정신적으로, 신체적으로(두뇌는 신체의 일부이다) 더 빨리 지칠 수밖에 없다. 모든 아이는 매 순간에 매우 많은 새로운 것들을 접한다. 게다가 우리는 아이가 성장할 때 더 새로운 것들을 많이 배울 수 있도록 소개하고 또 가르친다. 그래서 아이들은 과잉 자극되고, 쉽게 피곤해하며, 스트레스에 시달릴 때가 많다. 매우 민감한 아이들의 경우, 그 수준은 더욱 심각하다. 이 민감한 아이들은 선천적으로 모든 새로운 것들을 다른 아이들보다 훨씬 더 많이 알아차리고, 생각하도록 설계되어 있기 때문이다. 따라서 쉽게 과잉 자극되는 것은 민감한 아이들에게는 자연스러운 현상이다. 그 과잉 자극의 깊은 처리 과정이 유쾌하지 않은 부작용이 있지만 말이다.

과잉 자극을 받은 아이의 모습을 자세히 설명할 필요 없다. 그 모습을 거의 매일 볼 수 있기 때문이다. 예를 들어 종일 아이와 함께 새로운 경험을 했거나, 재미있는 시간을 보냈다고 하자. 민감한 아이들은 새로운 자극에 놀라면서도 기진맥진해한다. 혹은 흥미로운 하루를 보낸 날에는 쉽게 잠에 들지 못하거나 자주 깨기도 하고 변화나 고통에 매우 극단적으로 반응하기도 한다. 또 커다란 소음에 거의 신체적인 통증을 느끼는 것처럼 보이기도 하고 더위와 추위, 신발 속 돌멩이 알갱이들, 젖거나 거친 옷에 대해 불평할 것이다. 이런 경험 후에, 당신은 아이에게 별도의 쉬는 시간이나 조용한 놀이 시간이 필요하다는 것을 깨닫게 될 것이다. 우리는 무슨 수를 써서라도 아이를 격려하고 두려움을 줄여주고 싶겠지만, 이 아이들은 깜짝 파티를 좋아하지 않을지 모르고, 과잉 자극받는 것을 피하고자 파티나 단체 경기, 또는 수업 시간에 발표하는 것을 피할지도 모른다. 또한 우리는 아이가 원래 참 잘하던 것들을 남들이 보고 있거나, 테스트를 받는 상황에 처했을 때 기존에 하던 만큼 하지 못해 속상함을 느끼게 될 수도 있다. 하지만 아이들은 강하고 큰, 자극적인 처벌보다 부드러운 가르침을 줄 때 더 잘 배우고 크게 성장한다는 사실을 잊지 말자. 요약해보자면, 모든 아이는 과잉 자극되었을 때 기분이 좋거나, 수행을 잘하거나, 많은 것을 배우지 못한다. 하지만 민감한 아이의 경우, 이 특징이 다른 아이들보다 더 빠르고 강하게 찾아온다는 것을 명심하자.

이 쉽게 과잉 자극되는 특성은 비단 민감한 아이들에게만 국한되는 것은 아니다. 내가 지금껏 만난 수많은 '민감한 부모'들은 부모가 되는 것, 부모 역할을 하면서 마주하는 모든 사회적 활동에 과잉 자극을 받고 있었다. 가령 임신했다는 사실만으로도 낯선 이가 말을 거는 것과 같은 상황이 반복되면서, 가사 업무에 더해 양육이라는 처음 겪는 일의 책임자가 된다는 사실만으로도 민감한 부모들은 혼돈 상태에 더 쉽게 빠진다는 사실 또한 잊어서는 안 된다.

감정이 풍부하고 공감 능력이 뛰어나다

정서적 반응emotional reactivity은 우리의 감정이 무엇에 주의를 기울일지, 무엇으로부터 배워야 하는지, 필요하다면 무엇을 외워야 할지 말해준다는 점에서 처리의 깊이와 밀접한 관련이 있다. 감정이 동기를 부여해주지 않는다면, 그 무엇도 기억할 수 있을 만큼 충분히 처리되지 않을 것이다. 이는 우리가 새로운 언어를 배울 때, 해당 언어를 사용하는 곳에서 더 쉽게 배울 수 있는 이유다. 그 언어를 늘 들을 수 있을 뿐 아니라 주변 사람과 실제로 그 언어를 통해 대화할 수 있기를 바라기 때문이다. 아이들은 엄마의 미소를 얻는 법, 아빠가 쿠키를 주게 만드는 법, 좋은 성적을 받는 법, 그리고 화가 난 부모나 나쁜 성적을 피할 수 있는 법 등을 기억하고 싶어 한다. 민감한 아이들은 모든 것을 훨씬 더 많이 신경 쓰기 때문에 이런 인생의 교훈들을 더 잘 관찰하고 또 배운다. 사회적 상황에서 민감한 아이가 매우 자연스럽게 이렇게 하는 한 가지 방법은 바로 공감 능력을 발휘하는 것이다. 공감 능력은 다른 사람이 무엇을 알고 있는지 알아차리고 다른 사람이 무엇을 느끼는지 느끼는 능력으로 이 공감 능력은 더 큰 감정들과 결합해 연민으로 이어진다. 민감한 아이의 부모인 우리는 정서적 반응과 공감 능력이 어떤 모습인지 잘 알고 있다. 아이는 모든 감정을 매우 깊게 느낀다. 쉽게 울음을 터뜨리고, 마치 우리의 마음을 읽는 듯 행동하기도 한다. 완벽주의자처럼 행동하는 경우가 많고, 사소한 실수에도 강렬하게 반응하곤 한다. 혹은 학교 친구, 가족 때때로 반려 동물을 포함한 세상의 모든 존재의 고통을 자신의 것처럼 느끼곤 한다(새끼 북극곰들이 지구

온난화로 인해 죽어가고 있다는 사실을 알게 되었을 때 아이의 반응을 생각해보자). 또한 민감한 아이는 긍정적인 경험과 부정적인 경험 모두에 크게 반응하지만, 한 연구에 따르면 그중에서도 긍정적인 감정, 유쾌한 사건에 특별히 더 많은 반응을 보인다고 한다. 특히 좋은 유년기를 보냈을 때 그런 경향은 더 크다.

이뿐 아니라 민감한 사람들은 높은 공감 능력을 가지고 있다. 앞서 말한 민감한 사람들의 뇌를 연구한 결과에 따르면 매우 민감한 이들은 거울 뉴런 시스템mirror neuron system에서 민감하지 않은 사람에 비해 더 많은 활동을 보였다. 특히 사랑하는 사람의 행복한 얼굴이나 슬픈 얼굴을 봤을 때 그리고 낯선 사람의 행복한 얼굴을 봤을 때 더욱 그러했다. 이는 민감한 사람들은 특별한 감정을 갖는 대상이 느끼는 감정에 민감하게 공감하며 그중에서도 '긍정적인' 경우에 더 민감하게 공감함을 말해준다. 이 뉴런은 다른 누군가가 어떤 행동을 하거나 어떤 감정을 느끼는 것을 볼 때 활성화된다. 게다가 마치 자신이 똑같은 행동을 하거나 똑같은 감정을 느끼는 것처럼 동화된다. 예를 들어, 운동 선수나 댄서가 활기차거나 격렬하게 움직이는 것을 보면서 자신의 근육이 씰룩거리는 것을 느낀 적이 있다면, 당신의 거울 뉴런이 활성화되었다는 뜻이다.

이 놀라운 거울 뉴런은 단지 우리가 모방을 통해 학습하는 것을 돕는 데에 그치지 않는다. 거울 뉴런은 두뇌의 다른 영역들(이 연구에서 민감한 사람에게 특히 활성화됐던 영역들)과 함께 우리가 다른 사람이 무엇을 계획하는지 혹은 무엇을 느끼는지 더 깊이 알 수 있도록 한다. 다시 말해, 두뇌의 이 특별한 영역들이 공감 능력을 이끌어내는 것이다. 공감 능력이 있으면 우리는 언어와 다양한 신호를 통해 다른 사람이 어떻게 느끼는지 알 수 있을 뿐만 아니라 실제로 어느 수준까지 그 사람과 똑같은 방식으로 함께 느낀다. 정리하자면, 민감한 사람들은 그렇지 않은 사람보다 공감 능력을 이끌어내는 뇌의 영역들에서 더 많은 활동을 보인다.

작은 자극에도 크게 반응한다

미묘한 소리, 냄새, 세부 사항 등등을 잘 알아차리는 것은 매우 민감한 사람들 모두가 보이는 특징이다. 어떤 사람들은 감각 기능이 고도로 발달하기도 한다. 하지만 대부분의 경우 미묘한 차이에 집중하고 이러한 차이를 구별하는 것은 더 반응적인 감각 기관들이 아니라 더 높은 수준의 사고와 감정에 의한 것이다. 이 사실은 '처리의 깊이가 깊다는' 특성과 구별 짓기 어려울 수 있다. 하지만 부모는 자신의 아이가 미묘한 자극에 민감하다는 사실을 잘 알고 있다. 오랜만에 만난 사람의 외모가 달라져 있다거나, 집 안의 가구 위치가 바뀌었거나 새로운 물건이 계속 생기는 등 사람이나 장소에 생긴 미묘한 변화를 잘 알아차린다. 이뿐 아니라 민감한 아이들은 목소리 톤, 시선, 모욕, 혹은 작은 격려의 신호를 잘 알아차린다. 미묘한 자극에 민감하기 때문에 이들은 스포츠 분야, 예술 분야, 학업 분야에서 두각을 드러낼 수 있다. 이에 더해 교사가 원하는 것이 무엇인지 역시 잘 알아차린다. 물론 이런 인식 능력은 아이가 쉽게 피곤해질 수 있기에 과도하게 자극을 받은 경우에는 잠시 사라질 능력이기도 하다. 신경 체계가 과부하 걸릴 수 있기 때문이다.

나와 내 아이의 민감성은 바꿀 수 없다

만약 당신이 이 책을 읽는다면, 아마도 아이의 민감한 특성을 크게 걱정하고 있을 것이다. 하지만 지레 겁을 먹지 않기를 바라는 마음이다. 내가 민감성 연구를 처음 시작했을 때, 민감한 사람은 혼자 걱정이 많아 불행하게 살 가능성이 높을 거라 예상했다. 특히 어렸을 때 스트레스에 많이 노출된 이들일수록 그럴 가능성은 더 높을 것이라 생각했고, 이는 연구 결과 사실이었다. 여러 면에서 불행한 어린 시절을 보낸 민감한 사람들이 그렇지 않은 이들보다 더 우울하고, 더 불안해하며, 수줍음을 더 많이 탈 가능성이 높다. 하지만 이는 다르게 말하면 좋은 어린 시절을 보낸 민감한 사람은 다른 사람들만큼 행복하거나, 혹은 더 큰 행복을 느끼며 살 수 있다는 뜻이다. 따라서 민감한 아이들에게 더 좋은 양육과 교육을 행할 때 이 아이들은 더 큰 행복을 느끼는 어른으로 자랄 수 있다. 민감성을 타고난 이들에게 어린 시절의 경험이 중요하다는 것을 알리는 것 또한 내가 이 책을 쓴 이유 중 하나다. 어린 시절에 미리 이런 문제들을 예방하는 것이 성인기에 발생하는 문제들을 해결하는 것보다 훨씬 수월하기 때문이다.

지난 수년의 연구에서 밝혀진 바에 따르면, 민감성을 타고난 이들의 삶은 우리가 걱정했던 것보다 취약하지 않다. 민감한 아이들은 매우 반응적이거나, 신체적으로 쉽게 스트레스를 받거나, 수줍음이 많거나, 행동이 억제되어 있거나, 혹은 우울증이나 불안 장애와 관련된 유전자를 가지고 있다고 묘사되는 경우가 많다. 하지만 민감한 아이들 모두는 좋은 환경에 있을 때 다른 아이들보다 '수행 능력이 더 뛰어나다'라는 사실이 밝혀졌다. 여기에서 '수행 능력이 뛰어나다'는 것은 좋은 학교 성적을 받는 것, 사회적으로 인정을 받는 것, 스스로를 잘 조절하는 등 모든 영역에서 좋은 성과를 보인다는 의미다. 어머니가 특별히 긍정적이고 아이를 잘 보살핀다면, 부모가 특별한 양육 기술들을 전문가에게 배운다면, 어린 여자아이들이 우울증을 관리하는 방법들을 배운다면, 이러한 '감수성이 높거나' 혹은 '민감한' 아이들은 누구보다 잘 성장한 어른이 될 것이다.

민감한 아이를 키우는 일은 세상에 선물을 주는 일이다

'세상에는 잘 자란 민감한 이들이 필요하다The world needs well-raised HSPs.'

세상은 민감한 사람들을 간절히 필요로 한다. 주의 깊게 생각하고, 깊이 느끼고, 미묘한 변화를 알아차리고, 끝내는 전체적인 그림을 보는 사람들보다 지금 우리에게 더 필요한 사람들이 있을까? 즉 민감하지 않은 사람들이 보고, 생각하고, 상황에 대해 충분히 깊게 느끼지 못할 때 이에 관해 목소리를 내고 밀어붙이며 일어설 용기를 가진 이들이 필요하다.

이 민감한 아이들이 잘 자랄 수 있도록 신경 쓰는 것은 쉽지 않다. 하지만 어떻게 하면 이들이 세상에 큰 도움이 되는 이들로 자랄 수 있을지, 그렇게 클 수 있도록 돕는 지식을 알고 있다면 큰 도움이 될 것이다. 나는 이 책을 통해 당신이 민감한 아이를 키우는 법을 배울 뿐 아니라 그들을 키우는 일이 얼마나 중요한지 이해할 수 있기를 바란다. 만약 부모를 비롯한 모든 양육자들이 민감한 아이가 자기 자신을 소중히 여기고, 자신만의 관점을 확립하고, 자기 주변의 민감하지 않은 사람들과 효과적으로 의사소통하는 법을 깨우칠 수 있도록 돕는다면, 그 자체만으로도 세상에 큰 선물이 될 것이다. 당신은 이 세상에 민감한 아이를 데려왔다. 그리고 그 아이가 세상에서 좋은 출발을 할 수 있도록 돕는 것만으로 이 세상에 충분히 큰 선물을 주었다는 사실을 잊지 않길 바란다.

개정 기념 서문을 보내며

일레인 N. 아론

| 서문 |

당신에게는 평범하지 않은 아이가 있다

당신이 이 책을 펼친 이유는 당신의 아이가 매우 민감하다고highly sensitive 생각하기 때문일 것이다. 민감하다는 의미를 잘 이해하고 싶다면 이 서문의 끝에 나와 있는 질문지를 먼저 읽어보길 바란다. 만약 당신의 아이에게 들어맞는 질문이 많다면 이 책을 계속해서 읽어보길 바란다. '민감한 아이'라는 새로운 세계에 온 걸 환영한다.

대부분의 부모는 아이들이 태어나면서부터 자신만의 고유한 성격을 가지고 있다는 사실을 알고 있다. "우리 애는 자기가 뭘 원하는지 늘 잘 알고 있었어요. 아주 작은 아기일 때부터요." "우리 애는 항상 착한 아이였어요. 배가 부르든 안 부르든 변화가 있든 없든 상관없이 말이죠." 다른 모든 아이들처럼 당신의 아이는 여러 천성적 기질 중 자신만의 고유한 조합을 가지고 태어났다. 그러나 각각의 기질은 일종의 전형성을 띠고 있기 때문에 그 자체만을 고유하다고 말하기는 힘들다. 가령 '의지가 강하다', '착하다' 등으로 간단하게 묘사될 수 있는 기질적 속성이 있다.

이처럼 타고난 기질적 속성 중 하나가 바로 '민감성high sensitivity'이다. 전체 아이들 중 약 15~20퍼센트 정도가 이 특성을 가지고 있다(이 비율은 남자아이와 여자아이에게 동일하게 적용된다). 어떤 아기들은 무엇을 먹이든 방 온도가 어떻든 거의 상관하지 않는 것처럼 보인다. 음악 소리가 너무 크다든지 방의 조명이 지나치게 밝다든지 하는 것들은 그들에게 전혀 문제 되지 않는다. 그러나 민감한 아기들은 미묘한 맛의 차이를 알아차리고 작은 온도 변화에 예민하게 반응한다. 또한 커다란 소음에 깜짝 놀라고 밝은 조명이 눈에 비치면 울음을 터뜨린다. 성장하면서 정서적으로도 역시 민감해지는 경향이 있다. 감정이 상하면 쉽게 울고, 걱정을 많이 하고, 너무 행복해서 '견딜 수 없을' 지경이 되기도 한다. 또한 어떤 행동을 취하기 전에 오랫동안 심사숙고하는 경향이 있다. 그렇기 때문에 단순히 관찰하고 있는 것임에도 불구하고 숫기가 없거나 겁이 많다는 오해를 사기도 한다. 더 성장하면 이들은 특히 친절하고 양심적인 성향을 보인다. 공정하지 않거나 잔인한 일, 무책임한 행동에 분노한다.

민감한 아이들highly sensitive children에 대해 많은 이야기를 할 수 있지만 어떠한 설명도 모든 민감한 아이에게 완벽하게 들어맞지는 않을 것이다. 왜냐하면 아이들은 각자 타고난 기질들의 조합이 다르고 서로 다른 가정에서 자라고 서로 다른 학창 시절을 보내기 때문이다. 즉 모든 민감한 아이는 각자 고유unique하다. 당신의 민감한 아이는 외향적인 성격일 수도 있고, 혼자 노는 것을 더 좋아할 수도 있다. 또 한 가지 일에 오래 매달릴 수도 있고, 쉽게 집중력이 분산될 수도 있다. 앞에 나서는 걸 좋아하고 요구 사항이 많을 수도 있고, 다른 사람에게 지나칠 정도로 맞춰주는 성격일 수도 있다. 하지만 그럼에도 불구하고 민감성에 대해 공통적인 특징이 분명히 존재한다.

민감한 아이의 양육은 달라야 한다

내가 어떻게 성인의 민감성을 연구하게 됐는지 그리고 어떻게 아이들과 양육의 범위까지 연구를 확대하게 됐는지 우선 간단히 얘기해야 할 것 같다. 나는 임상 심리학자이자 연구 심리학자다. 또한 나 자신이 민감한 사람highly sensitive person이며 민감한 아이의 부모이기도 하다. 나는 지난 20년 동안 기질적 특성으로서의 민감성에 대해 연구해왔고 수천 명의 민감한 성인, 부모, 아이들을 인터뷰하고 상담했다. 또한 다른 수천 명의 이들로부터 질문지 데이터를 수집했다. 이 연구 결과는 학계의 선도적인 학술지에 실렸다. 그러므로 이 책에 실린 모든 정보는 확고한 근거에 기반하고 있다. 사실 영유아와 아동에 관한 연구는 지난 50년 동안 꾸준히 이루어졌지만 그동안 민감성은 다른 용어로 설명되어왔다. 가령 낮은 감각역치low sensory threshold, 천성적 수줍음innate shyness, 내향성introversion, 겁이 많음fearfulness, 억제 성향inhibitedness, 부정 성향negativity, 소심함timidity 등의 용어로 대체된 것이다. 내가 이 책을 쓰게 된 가장 근본적인 이유는 이 '민감성'이라는 특성에 합당한 이름을 부여해야 한다고 생각하기 때문이다. 이처럼 다른 용어들을 아이들에게 적용하면 그 중요성이 더 커져 아이들이 더 많은 문제를 가지고 있는 것처럼 보이는 단점이 있다. 새로운 이름을 짓는 과정에서 우리는 더욱 정확한 정보를 얻을 수 있을 뿐만 아니라 민감한 아이들에 대해 다시 생각해보는 기회를 얻을 수도 있다.

예를 들어 한 아이가 앞으로 나서지 않고 단지 보고만 있을 때 우리는 아이가 수줍음이 많거나 겁이 많다고 생각하는 경향이 있다. 이러한 행동이 일을 진행하기 전에 멈추어 서서 관찰하기 좋아하는 민감한 아이의 타고난 특성이라는 가능성을 고려해보지도 않고 말이다. 또한 아이가 모든 분위기와 세밀한 사항들을 금세 알아차릴 때 우리는 그 아이가 '과민 반응한다'거나 '불필요한 정보를 걸러내지 못한다'고 말할지도 모른다. 하지만 주어진 상황에서 미묘한 뉘앙스를 특별히 잘 포착하는 신경 체계를 가지고 있다는 게 무슨 문제인가? (게다가 그것이 불필요한 정보라고 어떻게 말할 수 있는가? 비상구가 어디에 있는지 미리 알아보는 것은 대부분의 사람들에게 '지나치게 세부적인 사항'으로 여겨질지도 모른다. 불이 나기 전까지는 말이다.)

내가 이 특성에 새로운 이름을 붙이는 데 관심을 갖게 된 또 한 가지 이유는 내 자신이 민감한 사람으로서 이러한 사람의 내면에 어떠한 일들이 일어나고 있는지 조금 더 잘 알고 있다고 생각하기 때문이다. 맞다. 우리는 힘든 상황에 노출된 후에 조금 더 움츠러들거나 불안해지기 쉽다. 그러나 나는 그 근원이 수줍음이나 불안이 아니라 민감성이라고 확신한다. 게다가 민감성의 표출이 장점이 될 것인지 불안의 근원이 될 것인지는 가장 우선적으로 부모의 양육에 따라 결정된다는 사실이 밝혀졌다. 이 특성이 개인에게 지속적으로 불리하게 작용하기에는 세상에 너무나 많은 민감한 사람들이 존재한다. 다시 한번 말하지만 전체 인구의 20퍼센트 정도는 민감한 사람들이다. 만약 이 특성이 인간의 생존에 불리한 특성이었다면 진화 과정에서 진작 자연 도태되었을 것이다. 이 특성을 민감성으로 정확히 이해할 때 이 특성이 가지고 있는 많은 장점을 볼 수 있고, 성공한 민감한 사람들에는 누가 있는지 알 수 있고, 이 특성에 대해 정확하게 이야기할 수 있다. 무엇보다 민감한 아이들을 더 잘 양육할 수 있다.

이미 『타인보다 더 민감한 사람The Highly Sensitive Person』과 『타인보다 민감한 사람의 사랑The Highly Sensitive Person in Love』을 읽은 수십만의 사람들이 이 특성을 민감성으로 설명하는 데 정당성을 부여했다. 책을 읽은 많은 사람들은 이렇게 말했다. "바로 제 이야기예요. 완벽하게 들어맞아요. 다른 사람도 이러한 느낌을 받는지 몰랐어요. 충분한 휴식 시간을 가져야 하고, 다른 사람들을 항상 의식하고, 모든 일을 올바르게 처리해야 한다고 생각하는 것 말이에요." (사실 이러한 반응은 세계적으로 대단했다. 내 첫 책인 『타인보다 더 민감한 사람』은 베스트셀러가 됐고 네덜란드, 일본, 중국, 그리스, 폴란드 등 세계 전역에 번역, 출간되었다.) 또한 이들은 자신들의 부모가 이 특성을 미리 알았더라면 얼마나 좋았을까 하고 말하기도 했고, 민감한 특성을 가진 자신의 자녀를 어떻게 키워야 하는지에 대해 끊임없이 조언을 구하기도 했다.

이 책은 이러한 이유로 탄생했다. 일반적인 자녀양육서는 좋은 이야기를 많이 담고 있지만 대체로 획일적인 주제를 다룬다. 어느 정도의 자극을 주는 것이 적당한지, 아이의 민감성 정도에 따라 부모가 알아야 하는 것은 무엇인지와 같은 핵심들은 전혀 다루고 있지 않다. 민감한 아이를 키우는 데 있어 이러한 점을 간과하면 큰 문제가 될 수도 있다. 가령 민감한 아이에게 기존 육아서의 훈육 방법을 사용한다면 아이는 과도한 자극을 받고, 너무 화가 난 나머지 체벌 후 따라오는 도덕적 교훈을 받아들이기 어려워질지도 모른다. 그럼에도 불구하고 민감한 아이를 염두에 두고 만든 책은 아직까지 단 한 권도 존재하지 않는다.

그래서 나는 이 책을 썼다. 민감한 아이를 키우며 겪는 문제가 상당하다는 것을 알고 있고, 그들의 고민을 조금이라도 덜어주고 싶은 마음에서다. 이들 중에는 아이에게 뭔가 문제가 있는 건 아닌지, 혹시 자신에게 부모로서 뭔가 결함이 있는 건 아닌지 고민하는 사람도 있을 것이다. 이 책은 당신의 그런 고민을 말끔히 지워줄 것이다. 그리고 이 책을 다 읽은 후 당신은 아이에 대해 안도할 수 있을 것이다.

민감한 아이를 둔 것은 축복이다

반드시 책 전체를 다 읽길 바란다. 책의 초반부에서는 민감성을 전반적으로 다루고 있다. 부모에 기질에 따라 양육법이 어떤 영향을 받는지, 민감한 아이들이 연령에 상관없이 보편적으로 겪는 문제들을 차근차근 다뤄볼 예정이다. 그런 다음에는 양육법이 부모의 기질에 의해 어떠한 영향을 받는지와 민감한 아이들이 연령에 상관없이 보편적으로 직면하는 가장 큰 이슈들을 다루고 있다. 2부에서는 영아기부터 집을 떠나는 청년기에 이르는 특정한 연령대에 초점을 맞춰 이야기해보려 한다. 자신의 자녀가 속하는 연령대 외에도 소개하게 될 모든 연령대의 특징을 모두 살펴보기를 권한다. 해당 연령대뿐 아니라 다른 연령대의 아이들에게도 적용될 수 있는 신선한 아이디어들이기 때문이다. 민감한 아이들은 스트레스 상황에 처하면 더 어린 연령대의 행동과 문제로 회귀할 수 있고, 반대로 기분이 좋을 때는 나이보다 성숙하게 행동할 수 있기 때문에 결국 모든 조언이 바로 지금 적용될 수 있는 여지가 있다. 마지막으로 이 책을 읽기 전 아이에게 어떠한 일들이 있었는지 그리고 앞으로의 시간 동안 우리 아이에게 어떤 일들이 생길지 미리 예측해보는 것은 현재 아이를 키우는 데 큰 도움이 될 수 있다.

몇몇 장의 끝에 있는 '민감한 아이를 위한 실습' 부분은 선택 사항이지만 이용한다면 도움을 얻을 수 있을 것이다. 책에 나오는 모든 사례 연구는 실존하는 부모와 아이들을 대상으로 한 것이며 이름과 사적인 부분만을 바꿨음을 미리 밝혀둔다.

무엇보다 나는 이 책을 읽는 분들이 즐거운 마음으로 책을 읽었으면 좋겠다. 민감한 아이를 둔 것은 커다란 축복이다. 당신의 아이가 '다르기' 때문에 겪는 힘든 점이 분명히 있을 것이다. 하지만 이 책의 모토는 바로 이 점에 있다(아들이 민감한 아이라는 것을 알기 전부터 내 모토였다).

"평범함을 뛰어넘는 아이로 키우고 싶다면, 부모 역시 기꺼이 평범함을 뛰어넘어야 한다. To have an exceptional child you must be willing to have an exceptional child."

당신에게는 평범하지 않은 아이가 있다. 이 책은 당신의 아이를 평범함을 뛰어넘는 아이로 키우는 법뿐만 아니라, 건강하고 사랑이 넘치고 안정적이고 행복한 아이로 키우는 법 또한 가르쳐줄 것이다.

CONTENTS

2부 **민감한 아이와 함께 크는 법**
: 영아기부터 청소년기까지

당신의 아이는 민감한가?

다음 항목들에 최선을 다해 답하길 바란다. 각 항목에 해당하거나 최소한 어느 정도는 해당하거나 과거 상당한 기간 동안 해당했다면 O표로, 확실하지 않거나 전혀 맞지 않다면 X표로 답하길 바란다.

내 아이는…

1	○	×	쉽게 놀란다.
2	○	×	거친 옷감이나 양말의 봉합선, 피부에 닿는 상표를 불편해한다.
3	○	×	깜짝 놀랄 만한 일을 즐기지 않는다.
4	○	×	강한 처벌을 할 때보다 부드럽게 바로잡아줄 때 더 잘 배운다.
5	○	×	내 마음을 읽는 것 같다.
6	○	×	나이에 비해 어렵고 풍부한 어휘를 사용한다.
7	○	×	아주 희미한 냄새를 금세 알아차린다.
8	○	×	영리한 유머감각을 가지고 있다.
9	○	×	매우 직관적인 것처럼 보인다.
10	○	×	신나는 하루를 보내고 난 후에는 쉽사리 잠에 들지 못한다.
11	○	×	큰 변화에 잘 적응하지 못한다.
12	○	×	옷이 젖거나 모래가 묻으면 빨리 갈아입고 싶어 한다.

13	○	×	질문을 많이 한다.
14	○	×	완벽주의자다.
15	○	×	다른 사람들의 고통을 잘 알아차린다.
16	○	×	조용한 놀이를 더 좋아한다.
17	○	×	깊게 생각하게 하는 질문을 던진다.
18	○	×	고통에 매우 민감하다.
19	○	×	시끄러운 장소에서 불편해한다.
20	○	×	미묘한 차이를 알아차린다(어떤 물건을 옮겼다든지 어떤 사람의 외모에 변화가 생겼다든지 하는 것들).
21	○	×	높은 곳에 올라가기 전에 먼저 안전한지 아닌지 꼼꼼히 살펴본다.
22	○	×	주위에 낯선 사람이 없을 때 일을 가장 잘한다.
23	○	×	사물을 마음속 깊이 느낀다.

점수 계산

만일 위 항목들에 13개 이상 '예'라고 답했다면 당신의 아이는 아마 민감한 아이일 것이다. 하지만 어떠한 심리 검사도 양육 방법을 전적으로 의존할 만큼 정확하지는 않다. 만일 한 가지 혹은 두 가지 질문에 아이가 해당하지만 그 정도가 매우 강하다면 민감한 아이일 수도 있다.

1부

민감한 아이를 이해하는 법

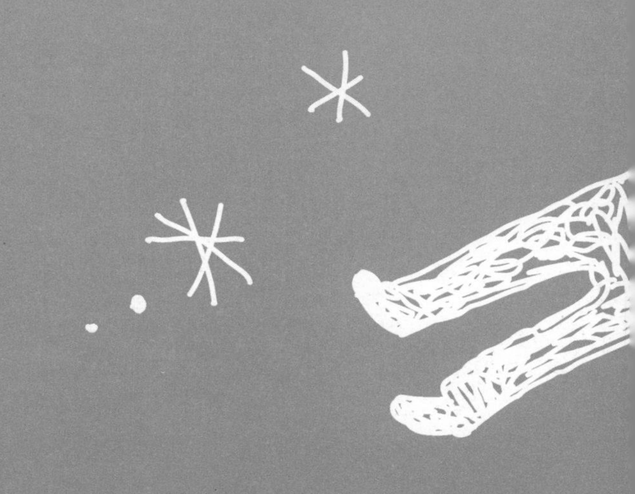

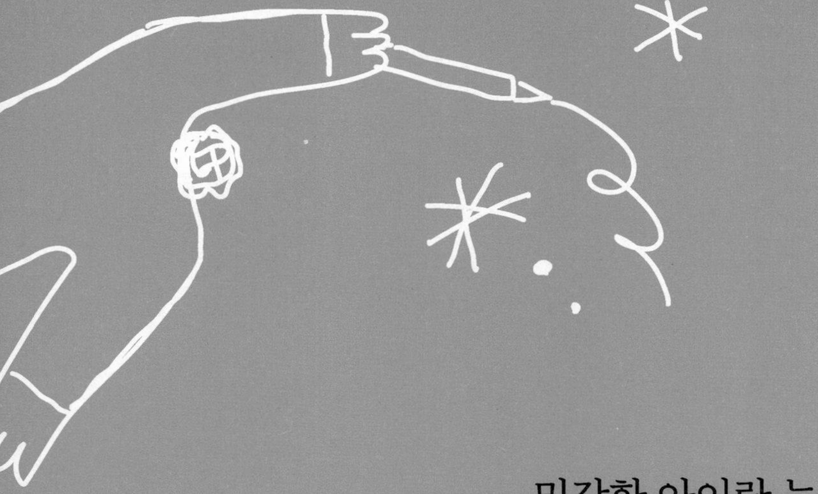

1장

민감한 아이란 누구인가

우리 아이는 정말 민감한 아이가 맞는 걸까? 그렇다면 민감한 아이는 어떤 특성을 가지고 있을까? 아이들이 가지고 있는 천성적인 기질들을 살펴보고, 그 특성에 대해 자세히 알아보자. 당신이 민감한 아이에 대해 가졌을지 모를 여러 오해를 풀어보자. 우리의 목표는 수줍음 많고 까다롭다고 생각했던 아이들을 다른 각도로 바라보는 것에 있다.

당신의 아이는 다르다

"우리 애라면 앞에 차려진 대로 그냥 먹을 거예요."

"애가 너무 조용한 것 같아요. 의사 한번 만나보는 게 어때요?"

"애가 성숙하고 나이에 비해 무척 현명한 것 같아요. 그런데 한편으로는 너무 생각이 많아 보여요. 아이답지 않게 행복하지 않고, 또 고민에 쌓인 것처럼 보여 걱정입니다."

"조디는 상처를 너무 잘 받아요. 다른 애들이 놀림받거나 상처받으면 자기도 울음을 터뜨려요. 이야기에 슬픈 대목이 나와도 그래요. 어떻게 해야 할지 잘 모르겠어요."

"유치원 수업 시간에 모든 아이들이 그룹 활동에 참여하는데 토니만 거부해요. 집에서도 이렇게 고집이 센가요?"

이런 말들이 익숙하게 들린다면, 당신은 이 책을 꼭 끝까지 읽기를 바란다. 이는 이 책을 쓰기 위해 인터뷰했던 부모들이 주위 사람들로부터 실제로 들은 말들이다. 그들은 온갖 종류의 이러한 호의 어린 말들을 가족과 친척, 교사, 다른 학부모, 심지어 전문가한테도 들었다. 이러한 말을 들어본 적이 있다면 당신은 민감한 아이highly sensitive child의 부모일 가능성이 매우 크다.

물론 이런 말들이 신경 쓰일 수 있다. 아이에게 뭔가 이상한 점이 있고, 문제가 있다고 하지만, 당신이 보기에 아이는 놀랍도록 눈치가 빠르고, 남을 배려하고 '민감할' 뿐이기 때문이다. 그래서 당신은 그들의 충고에 따라 아이가 싫어하는 음식을 먹도록 강요하거나, 다른 아이들과 억지로 어울리게 하거나, 정신과 의사에게 데려가지 않는다. 아이가 고통스러워할 거란 걸 누구보다 잘 알고 있기 때문이다. 아이가 하고 싶은 대로 할 수 있게 믿고 따라준다면 아이는 잘 자랄 수 있을 것이다. 그러나 주위에서 이런 말들을 자꾸 듣다 보면, 자신이 나쁜 부모가 아닌지, 아이의 행동이 사실은 내 잘못에서 비롯된 것은 아닌지 의문과 이유 모를 죄책감이 커지기 마련이다. 나 역시 아이를 키울 때 그런 말을 수없이 들었고, 같은 고민을 겪었다.

당신이 뭔가 잘못하고 있는 건 아닌지 걱정한다 해도 무리가 아니다. 주위에 도와줄 사람이 아무도 없기 때문이다. 대부분의 양육서는 가만히 있지 못함, 불안정성, 거친 행동, 공격성 등 이른바 '문제 행동'에만 초점을 맞추고 있다. 그런 시각에 따르면 당신의 아이는 일종의 문제를 가지고 있는 것에 불과하다. 그러나 지금 당신이 걱정하고 싸우는 문제들인 식습관 문제, 수줍음, 악몽, 걱정 많음, 강렬한 감정의 격발 등은 그런 책들에서 자세하게 다루지 않는다. '보상(처벌)'을 이용해 바람직하지 않은 행동을 제거하라는 기존의 양육서가 내놓는 충고는 거의 효과가 없다. 민감한 아이는 처벌이나 심지어 작은 비판에도 무너져 내리기 때문이다.

이 책에서 당신은 민감한 아이만을 위한 특별한 조언을 받게 될 것이다. 모든 조언은 실제로 민감한 자녀를 둔 부모들과 이 특성을 전문적으로 연구한 사람들이 제시한 것이다. 가장 우선적으로 하고 싶은 조언은 사람들이 당신의 아이에게 뭔가 문제가 있다는 뜻을 비칠 때 이를 절대로 믿지 말라는 것이다. 또한 아이가 이를 믿게 하지도 말아야 한다.

물론 아이의 '다름'이 당신 잘못이 아닌 것은 두말할 것도 없다. 우리는 항상 더 나은 부모가 될 수 있다. 그리고 이 책은 당신이 더 나은 부모가 될 수 있도록 도와줄 것이다. 다시 한번 말하지만 이 책은 전적으로 여느 아이들과는 '다른' 당신의 아이를 위한 책이다. 당신 자신 혹은 아이에게 어떤 근본적인 결함이 있을지도 모른다는 생각은 멀리 던져버리기 바란다.

내 아이의 민감성 발견하기

내 과학적인 연구와 전문적 경험, 그리고 이 특성을 다양한 수준으로 연구한 사람들에 따르면 당신의 아이는 인간이 태어나면서부터 가지는 기질 중 하나의 유형을 가지고 있을 뿐이다. 전체 인구의 15~20퍼센트에 달하는 민감하게 태어나는 아이들 중 하나에 해당하며, 이 특성을 '비정상'이라고 간주하기에 이 수치는 너무 크다. 게다가 지금까지 연구된 바에 의하면 이러한 민감한 특성을 가진 개체는 모든 종에서 동일한 비율로 발견된다고 한다. 진화의 법칙을 고려해볼 때 이 특징이 존재하는 합당한 이유가 있다는 뜻이다. 그 이유를 알아보기 전에 우선 내가 어떻게 이 특성을 '발견'하게 됐는지에 대해 간단하게 이야기해보도록 하자.

나는 1991년에 민감성에 대해 연구하기 시작했다. 한 심리학자가 내게 매우 민감하다고 말한 게 계기였다. 그러나 개인적인 호기심은 일었지만 책을 쓴다거나 이 발견에 대해 누군가에게 애써 알릴 계획은 없었다. 단지 '육체적 또는 감정적 자극에 매우 민감'하거나 '매우 내향적인' 사람들을 인터뷰하기 위해 주위 사람들과 가르치는 대학에 있는 사람들에게 도움을 청했을 뿐이다.

처음에 나는 민감성이 내향성과 같은 특성일 거라고 생각했다. 내향성은 많은 사람과 있거나 새로운 사람들을 만나는 것보다 깊은 이야기를 나눌 수 있는 한두 명의 가까운 친구를 갖는 것을 더 좋아하는 성향을 말한다. 반대로 외향적인 사람들은 사람이 많이 모이는 모임을 좋아하고, 많은 친구를 사귀지만 상대적으로 그들과 덜 깊은 대화를 나누고, 새로운 사람들을 만나는 것을 즐긴다. 그러나 이 내향성은 민감성과 다르다는 것이 밝혀졌다. 민감한 사람들highly sensitive person-HSP의 70퍼센트는 내향적이지만 이들 중 30퍼센트는 외향적이다. 이러한 이유로 나는 숨어 있던 새로운 무언가를 발견했다는 사실을 알게 되었다.

그렇다면 민감하면서 외향적인 사람들은 어떤 이유로 외향적인 사람이 된 것일까? 인터뷰에 따르면 이러한 사람들은 친밀하고 사랑이 많은 환경에서 자란 경우가 많았다. 코뮌commune, 즉 함께 살면서 책무나 재산 등을 공유하는 공동체 집단에서 자란 경우도 있었다. 친밀한 환경에서 자란 이들에게 사람이 많은 집단은 친숙했고 안전한 공간인 것이다. 또 가족에 의해 외향적인 사람이 될 수 있도록 훈련을 받은 경우도 있었다. 이들은 대체로 강제적으로 외향적인 사람이 될 수밖에 없던 것인데, 민감한 사람들이 흔히 그러하듯 자신에게 주어진 기대에 부응하려 최선의 노력을 다한 결과, 그런 외향성을 갖게 된 경우였다. 한 여성은 자신이 외향적이 되겠다고 결심했던 바로 그 순간을 정확히 기억하고 있었다. 그녀는 유일했던 가장 친한 친구를 잃어버렸고, 바로 그때부터 더 이상 오직 한 명의 친구에게만 의존하지 않기로 결심했다고 한다.

나는 민감성이 내향성과 같지 않다는 사실을 발견하고 나서, 민감한 사람들이 또한 선천적으로 수줍음이 많거나 '신경증적', 즉 불안정하거나 우울하지 않다는 증거들을 발견했다. 이것들은 모두 2차적인 특징들이고 일부 민감한 사람들뿐 아니라 민감하지 않은 많은 사람들에게서도 발견되는 후천적인 특성들에 불과했다.

민감한 사람들을 인터뷰하기 위한 모집 공고를 냈을 때 수많은 사람이 자원했고 나는 고심한 끝에 각 계층, 각 연령대별로 총 40명의 남성과 여성을 선정해 세 시간 동안 개별 인터뷰를 가졌다. 그들은 정말로 이야기하고 싶어 했다. '민감성'이라는 이 용어 자체에 대해, 처음 듣는 순간 이 용어가 그들에게 얼마나 큰 의미를 가졌는지, 그리고 그 이유가 무엇인지에 대해서 말이다. (제목만 보고 자신이 이 범주에 든다는 사실을 직감적으로 깨닫기 때문에 『타인보다 더 민감한 사람』을 사는 사람이 많다. 이 책을 손에 쥔 당신도 제목을 보고 당신의 아이를 떠올렸기 때문이 아닌가?)

심층 인터뷰에서 민감성에 대한 많은 세부적 사항들을 알아낸 후에 나는 매우 자세한 질문지를 작성했고 후에 더 짧은 질문지도 만들었다. 그리고 이 질문지들을 수천 명의 사람들에게 돌렸다. 그중 20퍼센트 정도의 민감한 사람들은 질문지를 읽자마자 이 개념이 자신을 묘사하는 것이라고 바로 이해했다. 그러나 민감하지 않은 약 80퍼센트의 사람들은 이 개념에 대해 정말로 이해하지 못했고, 몇몇 사람은 모든 항목에 아니라고 답했다. 무작위 전화 설문조사에서도 역시 똑같은 결과가 나왔다. 민감한 사람들은 그렇지 않은 사람들과 정말로 '다르다'는 것이다.

그때부터 나는 이 주제에 관해 강의를 하고 글을 쓰기 시작했고 곧 민감한 아이들에 관한 책을 써야 할 필요성을 느끼게 되었다. 많은 성인이 자신의 힘겨웠던 어린 시절에 관해 들려주었다. 단지 민감한 아이를 어떻게 키워야 하는지 모른다는 이유로 부모가 아이에게 의도치 않게 엄청난 고통을 야기한 사례가 많았다. 그래서 나는 많은 부모와 아이들을 인터뷰했고, 이를 기반으로 질문지를 작성해 각기 다른 유형의 자녀를 가진 백 명 이상의 부모에게 전달했다. 이 조사를 기반으로 서문의 끝에 나와 있는 민감한 아이와 그렇지 않은 아이를 구분하는 질문지가 완성되었다.

민감한 사람의 특징

민감한 사람은 주위의 더 많은 것들을 알아채고, 행동하기 전에 모든 것을 심사숙고하는 경향을 가지고 태어나는 사람을 말한다. 그에 비해 다른 사람들은 더 적은 것들을 알아채고, 빠르고 충동적으로 행동한다. 그 결과 민감한 사람들은 아이와 어른을 막론하고 모두 공감 능력이 뛰어나고, 똑똑하고, 직관적이고, 창의적이고, 배려심이 많고, 양심적인 경향이 강하다. 이들은 잘못된 행동이 어떠한 결과를 가져올지 잘 알고 있기 때문에 그러한 일을 잘 저지르지 않는다. 또한 이들은 볼륨이 높거나 한꺼번에 많은 것들이 주입되면 쉽게 압도된다. 이들은 이를 피하려고 노력하고 그러한 이유로 수줍음이 많거나 소심하거나 다른 사람과 잘 어울리지 못하는 것처럼 보이기 쉽다. 과도한 자극을 피할 수 없을 때 이들은 '쉽게 화를 내고 매우 예민한 사람'처럼 보인다.

남들보다 더 많은 것을 지각하기는 하지만 이들이 반드시 더 좋은 시각, 청각, 후각 또는 미각을 가지고 있는 것은 아니다. 하지만 일부 민감한 사람들은 최소한 한 가지 감각에서 매우 뛰어나다는 보고가 있다. 이들의 뇌는 다른 사람들보다 정보를 더 철저히 처리한다. 하지만 이러한 처리 과정은 비단 뇌에서만 일어나는 것은 아니다. 민감한 사람들은 반사(반사중추는 주로 척수에 있다)가 더 빠르고 고통, 약물, 자극 등에 영향을 더 잘 받는다. 또한 다른 사람들보다 더 반응적인 면역 체계를 가지고 있고 알레르기 증상을 많이 보인다. 말하자면 이들의 신체 전체는 무엇이 들어 오든지 간에 더욱 정확하게 감지하고 이해하도록 만들어져 있다.

민감한 사람이 자극을 분류하는 법

어렸을 적 아버지는 가족들을 자주 공장에 데리고 갔다. 아버지는 책임자에게 부탁해 우리에게 공장 전체를 견학시켜 주었다. 그중 제철 공장과 유리 공장은 나를 압도했다. 내가 민감한 아이였기 때문이다. 모든 것이 지나치게 시끄럽고, 뜨겁고, 맹렬했던 가운데 나는 자지러지게 울곤 했다. 정말로 두렵기만 했다. 반면 그다지 민감하지 않은 가족들은 끊임없이 우는 나를 보며 여행을 망친다며 짜증을 냈다. 그런데 내가 좋아했던 여행이 딱 하나 있었다. 바로 오렌지 포장하는 공장에 갔을 때였다. 흔들거리는 컨베이어 벨트가 오렌지들을 날라 대, 중, 소, 세 사이즈로 나뉜 공간에 떨어뜨릴 때 이 엄청난 발명품에 감탄을 금할 수 없었다.

민감한 사람들의 뇌는 오렌지의 크기를 분류하는 발명품과 비슷한 구석이 많다. 말하자면 민감한 사람들의 뇌는 오렌지가 도달하는 세 개의 공간 대신 열다섯 개의 공간을 가지고 있는 것과 같다. 그렇기 때문에 입력되는 감각들을 매우 섬세하게 분류할 수 있다. 그리고 지나치게 많은 오렌지가 한꺼번에 컨베이어 벨트에 쏟아지지 않는 이상 모든 것은 순조롭게 잘 흘러가는 것처럼, 지나치게 많은 감각이 한꺼번에 들어오지 않는다면 큰 문제는 발생하지 않는다. 그러나 만약 그런 일이 벌어진다면, 대혼란이 발생하게 된다.

그러므로 민감한 사람들은 큰 소리로 노래를 부르며 춤을 출 수 있는 식당에 가거나 시끌벅적한 생일 파티에 참석하는 것, 속도가 생명인 팀 스포츠에 참여하는 것, 모든 학생들이 주목하는 가운데 교실 한가운데서 발표하는 일 등을 별로 좋아하지 않을 것이다. 하지만 기타 튜닝이나 색다른 파티를 위한 독창적인 아이디어가 필요하거나, 재치 있는 말장난을 주고받고 싶거나, 결과 예측과 미묘한 차이 감지가 생명인 체스 같은 게임에서 이기고 싶다면 이들을 반드시 곁에 두어야 한다.

확실히 그렇거나 혹은 전혀 그렇지 않거나

당신의 아이가 '약간' 민감할 수도 있는 것일까? 어떤 연구가들은 민감성은 '가지고 있거나, 혹은 그렇지 않거나'처럼 딱 두 가지로 나뉜다고 말한다. 반면 어떤 연구가들은 이 특성은 연속체라고 말한다.

내 연구에 따르면 둘 다 맞는 말이다. 즉 일부 민감한 아이들은 다른 민감한 아이들보다 더 민감하다. 아이의 환경에 따라 민감성이 표현되는 정도가 증가되거나 감소될 수 있기 때문이다. 하지만 키나 몸무게가 그러하듯이 민감성이 진정한 연속체라면 대부분의 사람들은 중간 부분에 자리할 것이다. 사실 민감한 사람들과 그렇지 않은 사람들의 분포는 양쪽 끝에 조금 더 많은 사람이 있는 일직선으로 표현할 수 있다.

민감한 아이들의 다양한 내면세계

민감한 아이가 가지고 있는 내면에 좀 더 깊숙이 들어가보자. 그렇다. 이 아이는 좀 더 많이 알아차린다. 그러나 무언가 '특별함'을 가지고 있다. 민감한 아이들 중 어떤 아이들은 분위기, 인상, 관계 등의 사회적 신호에 민감하다. 어떤 아이들은 날씨의 변화나 식물의 상태 같은 자연 세계에 민감하다. 동물들과 소통할 수 있는 범상치 않은 능력을 가지고 있는 것처럼 보이기도 한다. 어떤 아이들은 미묘한 개념 혹은 유머와 아이러니를 표현하는 데 능하다. 어떤 아이들은 새로운 환경에 민감하게 반응하고, 어떤 아이들은 친숙한 상황에 변화가 생기는 것에 대해 불편해한다. 이 모든 것을 막론하고 어쨌든 이들은 한마디로 다른 아이들보다 더 많이 알아차린다.

또한 민감한 아이들은 자신이 알아차린 것에 대해 다른 아이들보다 더 많이 생각한다. 하지만 여기에도 다양성이 존재한다. 어떤 아이는 사회적 딜레마에 대해 깊이 생각해본 후 당신에게 질문을 던질지도 모른다. 당신이 한 일에 대해서 왜 그렇게 했는지, 왜 아이들은 다른 아이들을 놀리는 건지에 대해 물어보고, 더 심각한 사회적 이슈에 대해서 질문을 던지기도 한다. 어떤 아이는 어려운 수학 문제나 논리 퍼즐을 풀기 위해 온 힘을 다하거나, '만약 이런 일이 일어나면 어떡하지' 하고 걱정하거나, 이야기를 지어내거나, 고양이가 어떤 생각을 하고 있을지에 대해 상상해본다. 이러한 일들은 모든 아이들이 하는 것들이다. 다만 민감한 아이들은 이를 더 많이 할 뿐이다.

민감한 아이들은 매우 의식적이고 명확하고 '들어오는 것들', 특히 보고 듣는 모든 것에 대해 심사숙고한다. 어떠한 것을 결정할 때 그들은 시간을 더 달라고 요청한다(이들에게 빨리 결정하라고 재촉하는 것은 산책 나간

수컷 개가 길가의 흥미로운 물체를 그냥 지나치게 하는 것만큼 어렵다는 사실을 이미 눈치챘을 것이다). 하지만 이들의 정보 처리 과정이 완전히 무의식적인 경우도 많다. 부모에게 무슨 일이 있는지 아이가 직관적으로 감지할 때 같은 경우가 그러하다. 직관이란 무언가를 어떻게 알게 됐는지 의식하지 못한 채 아는 것을 말한다. 그리고 민감한 사람들은 일반적으로 매우 직관적이다.

이 과정은 매우 빠를 수 있다. 아이는 다른 아이들이라면 미처 눈치채지도 못할 상황에서 '뭔가 이상하다'거나 '침대 시트를 바꿨다' 같은 사실을 즉시 알아낸다. 또한 이 과정은 매우 느릴 수도 있다. 아이는 어떠한 것에 대해서 몇 시간 동안 생각한 후 깜짝 놀랄 통찰을 보여주기도 한다.

더 많이 받아들이고 이를 더 완전히 처리하기 때문에 감정적인 반응이 생성되는 상황(뿐 아니라 대부분의 일반적인 상황)에서 민감한 아이들은 더 강한 감정을 느낀다. 이는 강한 사랑일 수도, 경외일 수도, 기쁨일 수도 있다. 그러나 모든 아이들이 그러하듯이 민감한 아이들도 새로운 스트레스 상황에 매일 직면해야 하기 때문에 공포, 분노, 슬픔의 감정 또한 느낀다. 그리고 다른 아이들보다 더 강렬하게 이러한 감정들을 인식한다.

이러한 강렬한 감정과 깊은 사고 때문에 대부분의 민감한 아이들은 감정이입에 탁월하다. 그러한 이유로 이들은 다른 사람이 고통받을 때 남들보다 더 괴로움을 느끼고 비교적 이른 나이에 사회 정의에 눈뜬다. 또한 식물, 동물, 신체 기관, 아기 등 말을 못하는 사물이나 사람들, 다른 언어를 사용하는 사람들, 치매로 고생하고 있는 노인들 등에게 무슨 일이 일어나고 있는지 해석하는 데 뛰어나다. 또한 이들은 풍부한 내면세계를 가지고 있다. 그리고 다시 한번 말하지만 민감한 아이들은 매우 양심적이다. "모든 사람이 그렇게 행동한다면 세상이 어떻게 되겠니?"라는 말을 들을 때 민감한 아이는 혼자서 상상해보거나 그 의미를 생각해본다. 또한 이들은 매우 이른 나이부터 자신의 인생이 어떠한 의미를 가지는지 찾고자 한다.

미리 말해두지만 민감한 아이들이 성인聖人은 아니다. 오히려 몇 가지 나쁜 경험을 겪으면 숫기 없고, 겁 많고, 우울한 사람이 될 가능성이 다른 아이들보다 크다. 하지만 조금만 부드럽게 이끌어준다면 이들은 엄청나게 창조적이고 협력적이고 친절한 사람이 될 것이다. 주위에 압도당할 때만 제외하고 말이다. 그리고 무엇을 하든 혹은 하지 않든 두드러지게 뛰어난 사람이 될 것이다.

민감한 아이를 키우고 있다는 사실을 알기 오래전부터 나는 아들이 다른 아이와 '다르다'는 사실을 알고 있었다. 아들은 빈틈이 없고, 놀랍도록 창조적이고, 양심적이었고, 새로운 상황이 오면 주의 깊게 행동했다. 또한 또래 아이들에게 쉽게 상처받았고, '거칠고 뒹구는' 놀이는 별로 좋아하지 않았으며, 감정이 풍부했다. 아들은 어떠한 면에서 보면 키우기 힘든 아이였지만 어떤 면에서 보면 키우기 편한 아이였다. 그리고 무리에 끼지 않는 유일한 아이여서 그럴 때도 있었지만, 언제나 다른 아이들 사이에서 두드러졌다. 그래서 나는 서문에서 말했던 모토를 마음에 새기게 되었다.

"평범함을 뛰어넘는 아이를 키우고 싶다면, 부모 역시 기꺼이 평범함을 뛰어넘어야 한다."

민감한 아이들이 오해받는 이유

민감한 아이들에 대한 찬가를 몇 장에 걸쳐 들려줄 수 있지만 아마 당신은 도움이 필요하기 때문에 이 책을 집어 들었을 것이다. 불행하게도 부모를 포함한 대부분의 사람은 민감성의 좋지 않은 특징에 주목하는 경향이 있다. 다시 한번 말하지만 이는 민감한 아이들이 다른 아이들은 알아채지 못하는 것들에 의해 쉽게 방해받고, 교실이나 가족 행사 같은 시끄럽고, 복잡하고, 지속적으로 유동적인 상황에 의해 완전히 압도될 수 있기 때문이다. 특히 이러한 상황에 너무 오래 있으면 그 가능성이 더 커진다. 모든 상황에서 그렇게 많은 것을 감지하는데 어떻게 방해받지 않을 수 있단 말인가? 그러나 민감한 아이들이 상대적으로 소수라는 사실 때문에 그들의 반응과 행동은 다른 사람들에게 이상하게 비칠 때가 많다. 따라서 다른 사람들에게서 들은 말이나 자신의 마음속 의심에 따라 아이가 비정상적인 것은 아닌지 의심할지도 모른다.

민감한 아이들이 과도한 자극에 대처하는 방법에는 어떠한 것들이 있을까? 다음에 나오는 방법을 모두 사용하는 아이는 물론 없겠지만 몇몇 방법은 당신에게 꽤 친숙하게 느껴질 것이다. 민감한 아이들은 불평을 많이 하는 경우가 잦다. "너무 뜨거워요", "너무 차가워요", "옷이 너무 따가워요", "너무 매워요", "방에서 이상한 냄새가 나요" 등이다. 보통 다른 아이들은 눈치 채지도 못하는 것들이다.

또한 혼자 놀거나, 옆에서 조용히 지켜보거나, 익숙한 음식만 먹거나, 자기 방이나 실내에만 머물거나, 바깥이라면 좋아하는 특정한 곳에만 머무를 수도 있다. 혹은 몇 분, 몇 시간, 며칠, 심지어 몇 달 동안 어른이나 타인과 얘기하거나 교실에서 얘기하는 것을 거부할 수도 있다. 혹은 여름 캠프, 축구, 파티나 데이트 같은 아이들이 좋아하는 재미있고 신나는 활동을 피할지도 모른다.

어떤 아이들은 자기를 압도하거나 짜증 나게 하는 것들을 피하기 위해서 혹은 그것들에 대한 반응으로 성질을 부리거나 화를 낸다. 반면 어떤 아이들은 어떠한 문제도 일으키지 않으려고 노력하고, 지나치도록 완벽하게 복종적인 태도를 보인다. 누구도 자기를 의식하거나 자기에게 더 많은 것을 기대하지 않기를 바라면서 말이다. 어떤 아이들은 작은 세상을 정복하기 위해 컴퓨터 앞에 찰싹 붙어 있거나 하루 종일 책에 매달린다. 어떤 아이들은 자기가 결점이라고 여기는 것들에 대해 과잉 보상하기 시작한다. 일종의 스타나 완벽한 사람이 되기 위해 전력 투구하는 것이다.

과도하게 자극을 받은 어떤 아이들은 언뜻 보기에 주의력결핍장애 Attention Deficit Disorder, ADD를 가지고 있는 것처럼 보이기도 한다(그러나 과도하게 자극받지 않고 자기의 우선순위가 질서정연하게 잘 정돈되어 있다면 이들의 집중력에는 아무 문제가 없다. 관련 내용은 뒤에서 더 자세히 이야기하겠다). 혹은 어떤 아이들은 과도하게 자극받으면 '폭발'한다. 바닥에 드러눕거나 소리를 지른다. 반면 어떤 아이들은 꼼짝도 하지 않고 급격히 조용해진다. 어떤 아이들은 복통이나 두통을 호소하기도 한다. 자연적인 신체적 반응이자, 이로 인해 다른 곳에 가서 쉴 수 있다면 일종의 해결책인 셈이다.

마지막으로, 어떤 아이들은 할 수 있는 모든 것을 다 해봤다고 느끼고 결국 포기하게 된다. 이들은 두려움에 휩싸이고 뒤로 물러서며 희망을 잃어버린다.

물론 굳이 민감한 아이가 아니더라도 다른 이유들로 이러한 행동들을 보일 수 있고 과도한 자극을 받을 수도 있다. 그러나 문제는 아이들이 분노하고, 우울해하고, 과잉 행동을 보이고, 복통을 호소하고, 지나칠 정도로 성취에 집착할 때 그 이유에 대해 '민감성'을 염두에 두고 고민해보는 어른이 거의 없다는 사실이다. 그렇기 때문에 나는 이 책을 계기로 사람들이 또 하나의 가능성에 대해 더 이상 간과하지 않았으면 한다. 이 장의 말미에서는 민감한 아이를 민감하지 않은 아이 그리고 더 심각한 문제를 가지고 있는 아이를 어떻게 구분할 수 있는지에 관해 논의할 것이다.

민감한 아이는 왜 여전히 수면 아래 있는가

오늘날 우리는 성격의 50퍼센트 정도는 민감성 같은 선천적인 기질에 의해 결정된다는 사실을 알고 있다. 그리고 나머지 50퍼센트는 경험과 '환경'에 의해 결정된다. 그러나 얼마 전까지만 해도 심리학자들은 개인의 성격이 경험, 특히 가족 안에서의 경험에 의해 완전히 결정된다고 믿었다.

심리학자들이 기질에 대해 연구하기 시작했을 때 활동적인 아이들의 행동과 감정을 묘사하기는 쉬웠다. 그러나 뒤에 서 있거나 조용한 아이들을 묘사하기는 상대적으로 더 어려웠다. 더 적게 행동하는 이러한 특징은 가장 쉽게 관찰되고 모든 문화권에서 관찰된다. 그러나 묘사하기에 가장 어렵다. 그래서 연구가들은 조용한 아이들을 숫기 없고, 겁이 많고, 비

사교적이고, 내성적이라고 추정해버리는 경향이 있었다. 그러므로 우리는 무에서 유를 창조한 것이 아니라, 민감성이라는 특성의 정체를 파악하는 과정에서 조금 더 정확한 분류 표시를 얻게 된 것이라고 할 수 있다.

나는 '태어날 때부터' 겁이 많고, 소심하고, 숫기 없고(사회적 평가를 두려워하고), 부정적이고, 사람과의 접촉을 피하려 하는 아이들이 있다는 증거를 아직까지 한 번도 보지 못했다. 그러한 선천적인 공포가 있다면 우리 같은 사회적 종에게 치명적인 결함이 될 것이고 진화의 과정을 이겨내고 세대를 거쳐 전달되지 못했을 것이다. 이 모든 반응과 특징은 더 근본적 원인인 민감성으로부터 기인한 취약성으로 더 잘 설명될 수 있다(혹은 일부 숫기 없고, 두려움에 차 있고, 억제 성향이 있는 '민감하지 않은 사람'들이 이러한 반응을 보이는 것은 순전히 나쁜 경험을 했기 때문이지 유전적 원인 때문이 아니다).

우리가 이 특성을 어떻게 부를지가 가장 중요한 문제다. 어떠한 이름을 붙이느냐는 어떻게 아이들을 바라보아야 할 것인지, 그리고 아이들이 자신을 어떻게 바라볼 것인지에 영향을 미친다. 또한 우리가 대면하고 있는 것의 실체가 무엇인지에 대해 정확하게 말해준다. 다수에 속하는 사람들, 즉 민감하지 않은 사람들은 민감한 아이들의 내면에서 어떠한 일이 일어나고 있는지에 대해 나름대로 추측한다. 때로 투사를 하기도 한다. 마음에 들지 않고 제거하고 싶은 자신의 단면을 타인에게서 보는 것이다(아마 두렵거나 자신이 약점으로 여기는 것들일 것이다). 하지만 민감한 아이들과 그들의 부모들은 진실을 알고 있다. 이 아이들은 단지 '민감할 뿐이다.'

당신의 아이는 민감한가

서문에 있는 질문지에 아직 답해보지 않았다면 당장 해보길 바란다. 수천 명의 아이들을 대상으로 한 연구 결과를 기반으로 쓴 그 문장들은 모두 민감한 아이에 대한 설명이다. 하지만 문장 전부가 모든 민감한 아이에게 다 들어맞는다고 할 수는 없을 것이다. 성인들처럼 아이들 또한 천성적 기질과 자란 환경이 매우 다르기 때문이다. 그러므로 아이의 민감성을 정확히 결정하기 위해서는 그 항목들이 아이에게 들어맞는지 직접 판단해야 한다.

많은 경우 부모들은 자신의 아이가 민감한 아이인지 아닌지 금방 안다. 모든 신생아는 까다롭고 유난을 부리지만 민감한 신생아들은 특히 자기 주위에 너무 많은 일이 (자기가 느끼기에) 너무 오랫동안 일어나고 있을 때 울음을 터뜨린다. 그리고 이들은 다른 아기들에 비해 훨씬 적은 수준을 '지나치다'고 느낀다. 또한 민감한 아이들은 불안감 같은 부모의 기분에 영향을 더 많이 받는다. 이것이 어떠한 악순환을 만들어낼지 상상할 수 있을 것이다. 관련 주제는 6장에서 자세히 다룰 것이다.

반면 어떤 민감한 아기들은 많이 울지 않는다. 민감한 부모가 아기의 민감성을 잘 포착해내 주위를 차분하고 자극적이지 않게 유지하기 때문일지도 모른다. 그렇다 하더라도 민감한 신생아는 매우 눈에 띈다. 그들은 모든 것을 눈으로 좇고 모든 소리나 분위기 변화에 응답하고 살갗에 닿는 천이나 목욕물의 온도 등에 반응을 보인다. 자라면서 민감한 아이들은 더 많은 것을 알아차린다. 당신이 새 옷을 입은 것, 브로콜리에 스파게티 소스가 조금 묻은 것, 나무가 잘 자라지 않는 자리가 있는 것, 할머니가 소파 위치를 바꾸신 것 같은 일들을 말이다. 또한 그들은 자라면서 더 쉽게 압도된다. 점점 훨씬 많은 것을 새로이 경험하지만 그것들에 아직 익숙해지지 못했거나, 감각이 흡수하는 정도를 조절할 수 있는 법을 아직 터득하지 못했기 때문이다.

그렇다면 왜 우리 아이만 민감할까?

모든 기질적 속성은 선천적이고 그러므로 인간의 행동을 결정하는 매우 기본적인 요소다. 유전적으로 결정되고 보통 태어날 때부터 존재한다. 기본적인 기질적 속성은 인간뿐 아니라 모든 고등 동물에서 발견된다. 다양한 종의 개들이 보이는 각자의 전형적 기질에 대해 생각해보라. 다정하고 우호적인 레브라도, 공격적인 핏불테리어, 보호 본능이 강한 양치기개, 껑충거리며 의기양양하게 걸어가는 푸들을 떠올려보라. 물론 어떻게 길러졌느냐 역시 중요하지만 불독을 치와와처럼 행동하게 만들 수는 없을 것이다. 이러한 '성격'은 자연스레 진화했거나 품종 개량에 의해 개발된 것이다. 왜냐하면 '성격'은 상황에 따라 매우 적응력이 뛰어나기 때문이다. 그러므로 어떠한 성격을 장애나 손상이라고 부를 수는 '없는' 것이다. 이 개들은 모두 정상적이다.

생물학자들은 모든 종은 유전에 의해 각자 특정한 자연환경에서 살아남기 위해 가장 적합한 모습으로 변한다고 생각했다. 따라서 완벽한 길이의 코, 완벽한 키, 완벽한 피부 두께를 가진 완벽하게 이상적인 코끼리의 모습이 있는 것이다. 이러한 특징을 가지고 태어난 코끼리는 그렇지 못한 코끼리가 도태될 때 살아남는다.

그러나 거의 모든 종의 동물에서 두 가지 '성격'을 발견할 수 있음이 밝혀졌다. 상대적으로 소수인 집단은 더 민감하고, 미묘함을 감지하고, 진행하기 전에 모든 것을 체크한다. 반면 다수는 상황이나 주위 환경에 면밀히 주의를 기울이지 않은 채 대담하게 앞으로 나아간다.

왜 이러한 차이가 존재하는 것일까? 초원에서 탐스러운 풀을 지켜보고 있는 두 마리의 사슴을 상상해보라. 그중 한 사슴은 오랜 시간 멈춰 서서 포식자가 있는지 없는지 살필 것이다. 다른 사슴은 잠시 멈춰서 있다 바로 뛰어가 풀을 먹을 것이다. 만약 첫 번째 사슴이 옳은 선택을 한 것이라면 두 번째 사슴은 죽을 것이다. 반대로 두 번째 사슴이 옳다면 첫 번째 사슴은 가장 좋은 풀을 놓칠 것이고, 이러한 일이 자주 발생한다면 영양실조에 시달리다가 병이 들고 결국 죽음을 맞이할 것이다. 그러므로 각기 두 가지 다른 전략을 가진 두 '종류'의 사슴이 무리에 있는 게 그날 초원에서 어떤 일이 발생하는지에 상관없이 전체 무리의 생존율을 높일 것이다.

흥미롭게도 이러한 성격 차이는 초파리 연구에서도 발견된다. 물론 유전자가 원인이다. 어떤 종류의 초파리들은 '관망자sitters'로 기능하게 하는 특정한 '식량 수집forage' 유전자를 가지고 있다. 이들은 식량이 보여도 멀리까지는 가지 않는다. 다른 종류의 초파리들은 '유랑자rovers'로 불리는데 이들은 멀리까지 식량을 찾아 돌아다닌다. 더욱 흥미로운 사실은 관망자들은 더욱 민감하고 고도로 발달된 신경 체계를 가지고 있다는 사실이다!

흥미로운 동물 실험을 하나 더 살펴보자. 북미 동부에 사는 민물고기인 선피시sunfish의 '성격 유형'을 알아보는 실험이다. 한 연못이 덫으로 가득 차 있었다. 연구가들에 따르면 다수의 물고기들은 '대담'했으며 덫으로 헤엄쳐 들어가는 '정상적인' 행동을 했다. 반면 소수인 '조용한' 물고기들은 덫을 모두 피해 갔다. (내가 궁금한 것은 왜 이 두 유형이 어리석은 선피시와 똑똑한 선피시로 불리지 않는가 하는 것이다. 최소한 민감하지 않은 선피시와 민감한 선피시로 불려야 하지 않을까?)

민감한 아이는 사회에 이로운 존재다

인간 사회에서 행동하기 전에 심사숙고하는 소수 집단의 비중이 커진다면 막대한 이점이 생긴다. 이들은 잠재적인 위험을 더 빨리 알아차린다. 반면 다수의 사람들은 일단 돌진부터 하고 일이 벌어진 후에 수습한다(심지어 이들은 이것이 주는 흥분을 즐긴다). 또한 민감한 사람들은 어떠한 일이 가져올 수 있는 결과에 대해 고심하고, 다른 사람들에게 앞으로 일어날 일들에 대해 검토해본 후 가장 적합한 전략을 세우자고 주장한다. 물론 이 두 방법은 병행되었을 때 최고의 결과를 가져온다.

전통적으로 민감한 사람들은 과학자, 고문, 이론가, 역사가, 변호사, 의사, 간호사, 교사, 예술가 등의 직업을 주로 가졌다. 예를 들어 어떤 시대에 마을의 교사, 종교인, 의사 등은 민감한 사람들의 역할이었고 이는 당연시됐다. 하지만 민감하지 않은 사람들이 중요한 결정을 내리는 역할로 대거 이동하면서 시작된 흐름 때문에 민감한 사람들은 점점 이런 분야에서 조금씩 밀려나고 있다.

민감하지 않은 사람들은 중요한 결정을 내릴 때 신중한 의사 결정을 평가절하 하는 경향이 있는데 이는 그들의 기질에서 기인한 측면이 크다. 또한 그들은 질의 일관성이나 장기적인 결과에 대해 염려하기보다는 단기적인 이익이나 확실히 드러나는 빠른 성과에 더 집중한다. 그리고 조용한 작업 환경이나 합리적인 업무 스케줄을 중요시하지 않기 때문에 이를 없애버린다. 민감한 사람들은 무시되고 영향력을 잃고 고생하다 그만두기도 한다. 그러고 나면 민감하지 않은 사람들이 그 일에 대해 가지는 통제력은 더욱 커진다.

단순히 현실에 대해 불평하기 위해 이러한 흐름을 묘사하는 건 아니다. 이러한 직업들이 점점 더 이윤 지상주의로 변해가고 바람직하지 않은 결과를 내고 있는 데 대해, 한 가지 개연성 있는 이유를 나름대로 생각해 본 것이다. 만약 중요한 결정을 내리는 사람들이 일의 복잡성과 그 결과에 대해 충분히 고민하지 않는다면, 민감한 사람들과 그렇지 않은 사람들의 영향력 사이에 균형이 이루어지지 않을 때 세상은 불편해질 뿐만 아니라 위험해질 것이다. 그러므로 민감한 당신의 아이가 자신감을 가지고 자신이 중요한 사람이라고 느끼면서 세상에 뛰어들어 자신의 재능을 공유하고 다른 사람에게 견고한 영향력을 가지는 것은 우리 모두에게 매우 중요한 일이라고 할 수 있다.

당신의 아이는 완전히 고유하다

이 특성을 '민감성'으로 표현했지만 이런 표현에는 한 가지 문제점이 있다(물론 다른 문제점들도 있다). 우리는 어떠한 것에 이름을 붙이면 그 순간부터 그것에 관해 어느 정도 알고 있다고 생각하는 것 같다. 그것이 동백나무이건 독일 셰퍼드건 민감한 아이건 말이다. 그러나 사실 우리는 동백나무, 독일 셰퍼드, 민감한 아이에 관해 아는 바가 거의 없다.

이 책을 위해 많은 부모와 아이들을 심층적으로 인터뷰했을 때 나는 민감한 아이들 각자가 가지고 있는 고유성에 대단히 놀랐고, 이 고유성은 성인들보다 아이들에게 더 뚜렷이 존재했다. 인류학자 마거릿 미드는 모든 아이들은 팔레트에 있는 수많은 색채처럼 엄청나게 다양한 특성을 가지고 태어나지만 문화권에서 권장하는 특정한 특성들만을 보유하게 된다고 말했는데, 정말 그랬다. 다른 특성들은 무시되거나 완전히 억압되어, 성인이 되면 어렸을 적 가지고 있던 다양성은 현저히 줄어들게 된다.

하지만 어린 시절에는 광대한 스펙트럼이 존재하고 이것은 민감한 아이들 안에서도 마찬가지다. 현재 22세, 20세, 16세인 민감한 자녀들을 두고 있는 로다의 경우를 보자. 그녀 자신도 매우 민감한 사람이다. 아이였을 때 그들은 모두 다른 아이들보다 자극을 더 잘 감지했다. 그들은 모두 또래에 비해 휴식과 '충전 시간'을 더 많이 필요로 했다. 사람들은 세 아이 모두에게 '과도하게 반응한다'거나 '너무 예민하다'고 시시때때로 말하곤 했다. 아이들은 자신의 강렬한 인식을 표현하기 위해 자신이 헌신할 수 있는 예술 형태를 찾았다.

정말 아이들은 천차만별이었다. 첫째 앤은 사진가다. 그녀는 새로운 경험을 즐긴다. 그녀는 오토바이를 타고 스카이다이빙을 한다. 둘째 앤드류는 보수적이고 꼼꼼하고 까다롭다fussy. 그는 비주얼 아티스트이다. 그의 작품은 매우 세밀하고 면밀하다. 태어났을 때부터 그는 항상 소리와 향에 가장 민감했다.

셋 모두 매우 감정적이지만 앤과 앤드류는 이를 거의 드러내지 않는다. 그러나 막내 티나는 항상 더 극적이고 표현이 풍부했다. 아이 때 티나는 발끈하고 성질을 부리곤 했다. 10대인 지금은 어두운 우울 속으로 침잠하기도 한다. 그녀가 선택한 예술 형식은 시다. 시는 자신의 내면을 밖으로 큰 소리로 표출하는 수단이다. 티나는 감기에 걸리면 기관지염이나 폐렴으로 진행되는 경우가 많았고 이 때문에 병원에 자주 가야 했다.

민감한 아이들도 다 똑같지는 않다

민감한 아이들이 다양성을 보이는 한 가지 이유는 기질적 속성은 서로 작고 점증적인 영향을 미치는 여러 유전자에 의해 결정되기 때문이다. 그러므로 각각의 민감성은 미묘한 것에 대한 민감성, 압도하는 것에 대한 민감성, 새로운 것에 대한 민감성, 감정적인 것에 대한 민감성, 사회적인 것에 대한 민감성, 형이하학적인 것에 대한 민감성 등 서로 다른 유전자들에 의해 유발된다. 그러나 이러한 다양한 민감성에도 여전히 공통 분모가 존재하며, 이 공통 분모는 다른 민감성들과 함께 유전된다(근원적인 속성이 '하나'가 아니라면 연구 질문지를 통해 몇 가지 다른 '요소들'이 밝혀졌을 것이다. 그러나 연구 결과 오직 하나만 존재했다).

민감한 아이의 범위에 대해 몇 가지 예를 더 살펴보자. 로다의 막내 티나는 많은 민감한 아이들이 과도한 자극을 받을 때 그러는 것처럼 때때로 발끈하고 성질을 부리곤 했다. 반면 앨리스라는 아이는 지금 세 살이지만 한 번도 이런 특징을 보이지 않았다. 완고하고 자기주장이 강한 아이지만 어떤 것을 원할 때면 신기할 정도로 성숙한 방식으로 표현해 주위를 놀라게 한다.

일곱 살인 월트는 스포츠를 싫어한다(하지만 체스는 무척 좋아한다). 아홉 살인 랜들은 스포츠 중 오직 야구만 하는데 엄마가 팀을 코치할 때에만 한다. 역시 아홉 살인 척은 스포츠라면 가리지 않고 다 하고 또 잘한다. 등반을 좋아하고 스키도 즐기지만 자신의 영역과 한계를 분명히 알고 있다. (최근 스키 여행을 갔을 때 눈보라에 휩싸여 산꼭대기에 갇히게 된 일이 있었다. 척은 스트레스 때문에 계속 울었지만 어쨌든 내려갈 거라고 주장했다.)

척은 공부에 관심이 없는 학생이다. 월트와 랜들은 학업 성취도가 뛰어나다. 캐서린은 아주 어릴 때부터 항상 상위권이었다. 마리아는 고등학교 때 졸업생 대표로 고별 연설을 했으며 하버드 대학 화학과를 최우수 성적으로 졸업했다.

당신은 이미 외향적인 성격의 티나에 관해 들었다. 척 또한 외향적이고 인기가 많고 여자 아이들 눈에 띄는 스타일이다. 반대로 랜들은 제한된 친구 관계를 가지고 있는데 가장 큰 이유는 그가 다른 친구 집에 가는 것을 좋아하지 않기 때문이다. 랜들은 친구 가족들을 만나고, 새로운 음식을 먹고, 평소와 다른 일과를 보내는 등 익숙하지 않은 하루를 보내는 것을 좋아하지 않는다.

때때로 부모들이 가장 잘 알아차리는 특징은 아이들의 정서적 민감성이다. 10대인 리버는 다른 사람의 감정을 매우 깊이 인식하는데 어느 날은 공원에서 본 노숙자를 집에 데려오자고 엄마에게 애원했다. 그의 엄마는 아들이 상황에 문제가 있다는 것을 깨닫고 다른 해결책을 찾을 때까지 그 노숙자를 집에 머무르게 했다. 그리고 리버가 그렇게 할 수 있을 때까지 3개월이 걸렸다.

여덟 살인 멜라니 또한 정서적 민감성을 지닌 아이다. 멜라니는 당혹스러울 때 혹은 다른 누군가가 놀림을 받고 있을 때 울음을 터뜨린다. 신체적 고통에도 민감하다. 넘어지는 게 무서워서 계속 보조 바퀴를 달고 자전거를 타다 세 살 어린 여동생이 자전거 타는 법을 배우자 마침내 자존심 때문에 위험을 감수하게 되었다.

월트는 주로 새로운 상황과 새로운 사람들에게 민감하다. 풀에 관련된 월트의 첫 경험을 들여다보자. 그때 월트는 잔디밭에 놓인 담요의 가장자리로 기어가고 있었다. 그런데 가장자리를 넘어서 풀에 닿자마자 월트는 충격 때문에 울기 시작했다. 그의 엄마는 2년 후 월트의 여동생이 똑같은 상황에서 어떻게 했는지 기억하고 있는데 그녀는 담요 가장자리로 기어가서 풀을 느끼고, 그냥 계속 기어갔다.

이제 열세 살인 래리는 주로 소리, 옷 그리고 음식에 민감하다. 유치원에 다닐 때까지 래리는 오직 추리닝 상의와 추리닝 바지만 입었다. 청바지의 뻣뻣한 질감을 견딜 수가 없었다. 월트처럼 래리 역시 새로운 상황을 별로 좋아하지 않는다. 그래서 캠프에 가는 것이나 긴 휴가 여행을 떠나는 것을 거부하곤 한다.

다섯 살인 미첼은 민감한 아이가 가지고 있는 모든 특징을 다 가지고 있는 것처럼 보인다. 그는 사회적인 새로움에 민감하고 그래서 학교생활을 시작하는 데 어려움을 겪고 있다. 모든 사람이 자기를 쳐다보는 상황을 원하지 않기 때문에 생일 파티 하는 것을 좋아하지 않고 같은 이유로 핼러윈 때도 아마 분장 의상을 입지 않을 것이다.

미첼은 말하기 전에 매우 많은 것들을 생각하기 때문에 느리게 말하는 경향이 있다. 자기보다 나이 많은 사촌들이 놀러 왔을 때 약간 말을 더듬는 증상을 보였는데, 그들처럼 빠르게 말하는 데 문제가 있었기 때문이었다. 또한 그는 신체적 민감성도 가지고 있다. 그래서 이것저것 섞어진 음식이나 거친 양말을 좋아하지 않는다. 옷 안쪽에 붙어 있는 상표가 목과 허리를 불편하게 하기 때문에 그의 엄마는 모든 옷의 상표를 미리 잘라준다.

민감하지만 외향적인 아이

일곱 살인 에밀리오는 앞서 말한 다른 아이들과 그다지 비슷하지는 않지만 동일한 근본적인 '느낌'을 가지고 있다. 에밀리오는 매우 사교적이고 새로운 사람들을 만나는 데 아무런 어려움을 느끼지 않는다. 모든 음식을 아주 잘 먹고 옷에 대해서도 전혀 까다롭지 않다. 그러나 이러한 외향성에도 불구하고 그는 소음과 파티를 싫어하고 많은 휴식 시간과 고정된 스케줄을 필요로 한다. 에밀리오는 신생아 때 과도한 자극에 자기 나름의 해결책을 썼는데 여기에서 그의 민감성이 확실하게 드러났다. 사실 어떤 천재성의 징후가 보이기도 했다.

태어난 후 2개월 동안 에밀리오는 마치 스케줄을 짜놓은 것처럼 매일 밤 같은 시간에 울음을 터뜨렸다. 짐작하겠지만 정말로 끔찍했다. 그래서 그의 부모는 아기놀이울playpen(유아나 어린아이가 안전하게 놀 수 있도록 작은 구역에 빙 둘러 치는 놀이 울타리 — 옮긴이)을 구입했다. 그때부터 에밀리오는 그 안에만 있으면 행복해했고 다른 곳에는 가려 들지 않았다. 그는 거기에서 먹고, 자고, 놀았다. 엄마가 거기서 꺼내려고 하면 울부짖었고, 기는 법을 배우자마자 다른 곳에 데려다놓아도 바로 그곳으로 돌아갔다. 에밀리오는 다른 아이들처럼 싱크대나 장롱 문을 열어 무엇이 있나 찾아보는 데 전혀 관심이 없었다. 오직 자기의 아기놀이울만 있으면 됐다.

이웃과 친지들은 에밀리오에 대해 걱정하면서 그의 엄마에게 그 감옥을 치워야 한다고 말하며 아이의 탐색 욕구를 저해하는 방해물이라고 했다. 허물없고 호의적이지만 아이 또는 부모에게 뭔가 문제가 있다는 의미를 내포한 충고였다.

하지만 에밀리오의 엄마는 아기를 아기놀이울에서 억지로 떼어놓을 수가 없었다. 에밀리오가 그 안에서 너무 행복해했기 때문이다. 대신 아기놀이울을 거실에 가져다놓았고 에밀리오는 대부분의 가족 생활에 참여할 수 있었다. 에밀리오에게 아기놀이울은 지하 감옥이 아닌 궁전에 가까운 것처럼 보였다. 그래서 그의 엄마는 더 이상 이를 문제 삼지 않기로 했다. 포동포동한 아기가 뛰느라 아기놀이울 바닥이 부서지지 않는 한 말이다.

그녀는 에밀리오가 스무 살이 될 때까지 그곳에 있지는 않으리라는 사실을 알고 있었다. 그리고 실제로 두 살 반이 돼서 동생이 아기놀이울을 탐내자 에밀리오는 금세 포기했다. 아기처럼 보이고 싶지 않았기 때문이다.

우리 안에서 경쟁하는 두 시스템

민감한 아이들의 행동이 다양한 또 다른 이유를 민감성의 원인에 대한 과학적인 모델 중 한 이론이 제시했다. 민감한 사람들은 매우 활발한 '행동 억제 시스템behavioral inhibition system'을 가지고 있다는 것이다. 모든 뇌에는 이 시스템이 있지만 민감한 사람들의 뇌에서는 이 시스템이 특히 강하거나 활발한 것으로 생각된다. 이 시스템은 뇌에서 사고를 관장하는 부분(전두엽)의 우반구가 활발한 것과 관계가 있다. 그리고 뇌의 우반구에 활동 전류와 혈액 흐름이 더 많은 아기들은 민감한 아이일 가능성이 더 크다.

나는 뇌에 있는 이 시스템을 '멈춤 확인 시스템pause-to-check system'이라고 부르는 걸 선호하는데, 정말로 이 시스템이 하는 일이 이것이기 때문이다. 이 시스템은 자신이 처해 있는 상황을 보고 기억 속에 저장된 과거의 상황과 유사한지 그렇지 않은지 살펴보도록 만들어져 있다. 이전의 유사한 상황이 위협적이지 않았다면 잠시 동안만 '억제'를 유발한다. 잠시 확인한 후에 쉽게 앞으로 돌진할 수 있다.

매우 민감한 사람들은 다른 사람들보다 더 강한 멈춤 확인 욕구를 가지고 있는데, 이는 이들이 모든 상황으로부터 처리해야 할 정보를 더 많이 받아들이기 때문이다. 초원에 서 있는 두 사슴을 생각해보라. 민감한 사슴은 미묘한 향, 그림자, 색조, 바람에 의한 작은 움직임(혹은 바람이 아닌 포식자에 의한 것일 수도 있다)을 살핀다. 덜 민감한 사슴은 이것들 모두를 감지하지 못하기 때문에 처리해야 할 정보가 더 적고 그러므로 멈춰 있어야 할 이유가 더 적은 것이다.

덜 민감한 사슴은 더 강한 '행동 활성화 시스템behavioral activation system'을 가지고 있다. 이 시스템은 초원에 있는 좋은 풀을 보고 순식간에 체크한 후에 달려가게 만든다. 내가 '돌진 시스템go-for-it system'이라고 부르는 이 시스템은 우리로 하여금 맹렬히 탐험하고, 성공하고, 인생의 여러 것을 추구하게 한다. 또한 새로운 경험을 원하고, 새로운 것들을 시도해보고, 배우고 습득하고 성취하는 데 관련된 모든 것들을 시도하게 만든다.

모든 사람은 이 두 시스템을 다 가지고 있고 두 시스템은 서로 다른 유전자에 의해 통제된다. 그러므로 강한 행동 억제 시스템을 가지고 있을 수도, 강한 행동 활성화 시스템을 가지고 있을 수도, 아니면 둘 다 강할 수도, 둘 다 약할 수도 있는 것이다. 두 시스템이 다 강한 아이들은 앤이나 척 같을 것이다. 항상 탐험하고 새로운 것들을 시도해보고 더 높은 곳에 오르려 할 것이다. 하지만 민감하기도 하기 때문에 조심스럽게 할 것이고 큰 위험을 감수하려 하지는 않을 것이다. 이들은 자신의 한계를 잘 알고 있다.

그러므로 민감한 아이들 사이에 다양성이 존재하는 또 다른 중요한 원인은 이 두 시스템의 강도가 상대적으로 다르기 때문이다. 이에 관해서는 3장에서 더 자세히 논의하도록 하자.

아이의 다른 특성들도 민감성에 영향을 준다

아이가 가지고 있는 다른 기본적 기질들 역시 민감성의 다양성에 영향을 미친다. 기질을 연구하는 전문가들은 서로 다른 몇 가지 리스트를 제시했다(나는 이것이 같은 파이를 자르는 데 여러 방법이 있는 것과 비슷하다고 생각한다). 가장 잘 알려진 리스트는 알렉산더 토마스와 스텔라 체스의 공동 연구에서 제시된 아홉 가지 기본적 기질이다. 민감한 아이를 더 잘 이해하고 싶다면 이 기본적 기질들에 대해 살펴보는 게 도움이 될 것이다. 그러므로 민감성을 염두에 두고 이들 기본 기질 각각을 자세히 살펴보기로 하자. (다음의 정의는 젠 크리스털의 '기질 연구'에서 인용했다.)

① 낮은 감각 역치 Low sensory threshold

토마스와 체스의 리스트에서 낮은 감각 역치(생물이 외부 환경의 변화, 즉 자극에 대해 어떤 반응을 일으키는 데 필요한 최소한의 자극의 세기 — 옮긴이)는 높은 민감성과 동의어로 사용된다. 그러나 이 용어는 오감五感만이 이 특성의 주요한 원천이라는 의견을 내포하고 있고, 경험이 자체의 정서적 의미와 함께 더 깊이 처리되는 것을 강조하지 않는다.

② 활동 혹은 에너지 수준 Activity or energy level

활동적인 아이들은 인생에 대한 커다란 열의를 가지고 있다. 이들은 독립적이고 모든 것에 혼신을 다하여 접근한다. 이들은 보통 균형이 잘 잡혀 있고, 걷기와 말하기를 빨리 배우고, 뭐든 배우는 데 열심이다. 그러나 부모를 지치게 만든다. 덜 활동적인 아이들은 차분하고 안절부절못하거나 침착하지 못한 경우가 거의 없다. 또한 이들은 보통 아이들보다 미세한 운동 근육을 사용해야 하는 기술에 능하다. 그리고 서두르는 법이 없다. 이 특성에 있어서 민감한 아이들은 여타 다른 아이들처럼 다양한 차이를 보인다. 민감한 아이가 높은 활동성을 가지고 있다면 세상으로 뛰어드는 데 도움이 될 것이다. 하지만 활동 수준에 대해 고려해볼 때 내적인 활동과 외적인 활동 모두에 관해 생각해보고 싶다. 어떤 아이들, 특히 민감한 아이들은 겉으로 보기에 조용해 보일지 모르지만 내면에서는 많은 일이 벌어지고 있다.

③ 감정적 반응의 강도 Intensity of emotional response

감정적인 아이들은 자신의 감정을 표현하는 일에 상당한 에너지를 투자한다. 이들은 감정의 변동이 잦고 이를 떠들썩하게 표현한다. 상대적으로 감정적 반응의 강도가 낮은 아이들은 차분하고, 만약 맘에 안 드는 일이 있다 하더라도 법석을 떨지 않고 표현한다. 발끈 성질을 부리는 일도 거의 없다. 보통 민감한 아이들은 감정적 반응이 강하다.

하지만 배탈이나 초조함 등 내적으로 많은 일이 일어나고 있음에도 외적으로 이를 별도로 연출해 표현하지 않기 때문에 이 특성이 낮다고 여기는 경우가 많을 것이다. 만약 당신이 아이에게 관심을 기울인다면 아이의 강렬한 반응을 보는 게 그리 어렵지는 않다. 일부 민감한 아이들은 외적으로 감정을 강하게 표출하는데, 최소한 자신이 압도될 때 세상에 이를 알릴 수 있다는 점에서 유리한 고지에 서 있다고 할 수 있다.

④ 주기성 Rhythmicity

이 특성을 가진 아이들은 매우 예측하기 쉽다. 이들이 몇 시에 배가 고플 것인지, 몇 시에 잘 것인지, 몇 시에 대변을 볼 것인지 미리 알 수 있다. 좀 더 자라면 이들은 습관의 달인이 된다. 방을 깨끗이 정돈하고, 규칙적인 식사와 간식을 챙기고, 일을 정각에 끝마친다. 대부분의 민감한 아이들은 예측하기 쉬운데 아마도 질서를 좋아하기 때문일 것이다. 이는 부모와 아이에게 커다란 장점으로 작용할 수 있다. 하지만 어떤 민감한 아이들은 꽤 예측하기 힘들기도 하다.

⑤ 적응력 Adaptability

적응력이 좋은 아이들은 흐름에 잘 맞춘다. 이들은 변화, 이동, 중단에 잘 대처할 수 있고 그러한 이유로 여행을 좋아하고 즐긴다. 적응력이 느린 아이들은 무슨 일이 언제 벌어질지 미리 알아야 하고 갑자기 변화가 생기는 것을 좋아하지 않는다. 이들은 무슨 일이 생길지 예상할 수 없을 때 상황을 통제하고 싶어 한다. 이들은 "밥 먹을 시간이야" 같은 짧은 말을 듣고도 여러 핑계를 대며 시간을 벌거나 강한 반발을 보일 수 있다. 대부분의 민감한 아이들은 적응력이 뛰어나지 않은 것처럼 '보인다.'

그러나 현실에서 이들은 너무 많은 것에 적응하도록 요구받고 있다. 이들은 휴식을 취하기 전에 처리해야 하는 새로운 자극에 압도되거나 혹은 압도될까 봐 두려워한다. 그러나 민감한 아이들은 자신이 적응하지 않으면 자신과 주위 사람들에게 어떤 일이 생길지 잘 알기 때문에 적응하기 위해 온 힘을 다할 것이다. 그런데 종종 부모들이 실망하는 부분은 아이들이 가족과 떨어져 있을 때는 잘 하다가도 집에 오면 다 놓아버리고 꿈쩍도 하려 들지 않는다는 것이다. 이들이 이렇게 행동하는 이유는 사회적으로 적절하게 행동하기 위해 변화에 대처하는 데 온 힘을 다 써버렸기 때문이다. 집에서나마 홀가분하게 놓아버리고 싶은 것이다.

⑥ 첫 반응 Initial reaction

또는 '접근과 후퇴'라고 한다. 여러 상황에서 어떠한 아이는 바로 뛰어들고 어떤 아이는 준비가 필요하기 때문에 상대적으로 느리다. 대부분의 민감한 아이들은 멈춰서 체크하지만 만약 민감한 아이가 강한 돌진 시스템을 가지고 있다면 빠르게 새로운 사람들과 어울리고 새로운 일에 참여할 것이다. 단 그것이 안전하다고 느끼는 한에 있어서 말이다.

⑦ 지속성 Persistence

어떤 아이들은 어떠한 일이든지 상관없이 매달린다. 이들은 시작한 일을 끝내는 걸 좋아한다. 그리고 어떤 일을 시작하면 완전히 정복할 때까지 연습한다. 우리는 이들이 집중력이 길다고 말하지만 막상 문제가 될 정도가 되면 지나치게 완고하다고 말한다. 다른 아이들은 한 가지 일을 잠시 하다가 곧 다른 일로 옮긴다. 이러한 아이들은 쉽게 실망하고 쉽게 포기하는 것 같다.

이 특성은 민감성과는 별개의 특성이지만 민감성은 이 특성에 영향을 미친다. 예를 들어 민감한 아이들이 어떠한 일에 대해 매우 깊이 고민할 때 이들은 완고해지는 경향이 있다. 하지만 이런 완벽주의적 시각 때문에 이를 성취할 수 없을 때 좌절하게 된다. 또한 과민하게 만들고 패배감을 느끼게 한다. 그러고 나면 이들은 그만두고 싶어 할 것이고 더 이상 지속하려 하지 않을 것이다. 어떤 민감한 아이들은 다른 사람이 자기가 다른 일을 하길 원한다면 하던 일을 다 놓아버릴 것이다.

⑧ 주의산만도 Distractibility

이 특성은 아이가 얼마나 쉽게 '산만해'지거나 자기가 하고 있던 일에서 다른 일로 이동하느냐를 가리킨다. 이 특성은 지속성이 낮은 것과 어떻게 다를까? 쉽게 산만해지는 아이는 책을 읽을 때 옆에 다른 사람이 지나가면 고개를 들고 쳐다본다. 만약 이 아이가 지속성이 높다면 금방 다시 책을 읽을 것이다. 반면 지속성이 낮은 아이는 계속해서 쳐다볼 것이다. 산만하지 않은 아이는 옆에 사람이 지나가는 것조차 알아채지 못한다. 이 아이가 지속성이 낮다면 오랫동안 책을 읽지는 않겠지만 꼭 어떤 방해물이 있어서는 아닐 수도 있다. 민감한 아이들은 매우 많은 것을 감지하기 때문에 산만해질 가능성이 높다. 하지만 깊은 정보 처리 과정은 보통 이러한 산만해질 가능성을 상쇄한다. 즉 내적인 걱정 없이 조용한 장소에 있다면 민감한 아이들은 강한 집중력을 보인다.

⑨ 지배적 기분 Predominate mood

어떤 아이들은 천성적으로 명랑하고, 어떤 아이들은 천성적으로 짜증을 잘 내고, 어떤 아이들은 천성적으로 부정적이라고 말하는 사람들이 있다. 그러나 많은 기질 연구가는 더 이상 이러한 이름표를 붙이지 않는다. 아이의 기분은 환경과 경험에 깊은 영향을 받는다는 사실을 알고 있기 때문이다. 나는 어느 한 가지 기분이 민감한 아이들을 지배하고 있는 것을 보지 못했다. 다만 민감한 아이들의 기분은 그렇지 않은 아이들에 비해 인생 경험에 더 크게 영향을 받는다.

민감한 아이들을 향한 오래된 오해

민감한 아이들에 대한 소개를 마쳐가는 현 시점에서 민감한 아이에 대한 여러 오해를 하나하나 짚어보는 것도 도움이 될 것 같다. 지금까지 주위 사람들은 그럴듯하게 들리는 여러 방식으로 아이에 대해 이러쿵저러쿵 했을 것이고 이런 말들을 무시하기란 쉽지 않을 것이다. 그러므로 이들 중 일부를 살펴보고 정말 도움이 될 만한 말들인지 알아보자.

첫 번째로, 당신의 아이는 까다로운가? 그렇다. 민감한 아이들은 확실히 '작은' 불편함, 변화 혹은 이상함에 더 괴로워한다. 하지만 '작다'라는 기준은 보는 사람의 시각에 따라 달라진다. 한 사람에게 깔끔하고, 깨끗하고, 편안하고, 아무 냄새도 안 나는 것처럼 보이는 것이 다른 사람에게는 더럽고, 끔찍하고, 악취를 뿜는 것으로 느껴질 수 있다. 마카로니가 조개 모양이든 고리 모양이든 당신에게는 똑같은 마카로니일 뿐이지만 울상을 짓고 있는 당신 아이에게는 그렇지 않다.

민감한 아이가 경험하는 현실을 존중해주는 것이 아이와 잘 지낼 수 있는 첫걸음이다. 아이의 반응이 당신의 마음에 차지 않는다 해도 괜찮다.

부모와 아이는 각자 좋아하는 것과 싫어하는 것을 가지고 있다. 중요한 것은 서로 존중해야 한다는 것이다. 당신은 아이가 마카로니 모양을 좋아하지 않을 수도 있다는 사실을 인정하고 허용해야 하고, 아이는 이에 대해 예의 바르게 행동해야 한다. 아이가 느끼는 불편함에 대처하는 방법에 대해서는 7장에서 자세히 얘기하겠다. 하지만 앞으로 이러한 유형의 반응을 '까다롭다'고 부르지 않을 것이다.

두 번째로, 당신의 아이는 천성적으로 소심하거나timid 겁이 많은fearful 것이 아니다. 다시 말하지만 나는 어떠한 개체도 동물이든 인간이든 모든 것을 극도로 두려워하는 성향을 가지고 태어나지 않는다고 생각한다. 낙하에 대한 공포 등 몇몇 특정한 공포를 제외하고 우리는 경험으로부터 무엇을 두려워해야 할지 배운다.

과거의 안 좋은 경험에서 생긴 공포와 민감성 사이의 차이를 구별하기란 실제로 그렇게 어렵지 않다. 개나 고양이 키우는 걸 좋아하는 사람들은 이 말의 의미를 금방 이해할 수 있을 것이다. 겁이 많은 동물과 민감한 동물, 둘 다 당신을 보자마자 반갑게 뛰어들기보다는 물러서서 살필 것이다. 그러나 민감한 동물은 경계를 늦추지 않고 호기심을 보이다가 결국 한 발짝 앞으로 다가온다. 당신에 대해 나름의 판단을 내리고 다음에 만날 때도 그 판단에 의지한다. 반면 겁에 질린 동물은 당신을 거의 쳐다보지 않고, 긴장하고, 주의가 산만해지고, 괴로워한다. 결코 앞으로 다가오지 않을 것이며, 설사 다가온다 해도 다음에 만날 때면 똑같은 과정을 되풀이할 것이다.

민감한 아이들이 일단 안 좋은 경험을 하게 되거나 지지받지 못한다고 느끼면 새로운 상황과 과거의 경험을 비교해보고 모든 것이 다 괜찮다는 결론을 내리기 힘들어진다. 정말로 겁이 많아지는 것이다. 하지만 민감한 아이들을 겁이 많은 아이들이라고만 판단하는 것은 이들의 본질, 그리고 특히 이들의 자질을 제대로 파악하지 못하는 것이다. 새하얀 피부에 금발 머리와 파란색 눈을 가진 사랑스러운 사람을 볼 때, 우리는 "오, 피부암 걸리기 딱 좋은 저 사람 좀 봐"라고 말하지 않는다. 그러므로 민감한 아이들이 가지고 있는 두려움의 잠재력에 주목하는 게 어떨까? 모든 성격적 특성에는 목적이 있다는 것을 인정하고 그 특성이 적합하지 않은 때도 있지만 적합한 때도 있다는 점에 초점을 맞추어야 한다.

같은 맥락에서 민감한 아이들은 '숫기 없게shy' 태어나지 않는다. 나는 어떠한 사람도 다른 사람들에게 부정적인 의견을 들을까 봐 두려워하고 충분히 잘하고 있는 걸로 비춰지지 못할까 봐 두려워한다는 의미에서 숫기 없게 태어난다고 생각하지 않는다. 물론 '숫기 없다'라는 표현은 이곳저곳에서 막연하게 쓰이고 있고, 특히 어떠한 이유에서든 뒤로 물러서 있는 사람들에 대해 말할 때 쓰인다. '숫기 없다'는 심지어 동물에게도 쓰인다. 사람들은 같은 어미 배에서 나온 새끼들 중 한 마리 정도는 보통 숫기 없게 태어난다고 말한다. 하지만 다시 한번 말하지만, 이 말이 모든 종류의 망설임을 묘사하기 위해 지금처럼 막연한 방식으로 사용된다면 민감한 한 아이에게 부정확한 표현을 붙이고 있는 것일지도 모른다.

나는 아들이 처음 유치원에 갔던 날과 15년 후 조카가 처음 유치원에 간 날을 기억한다. 민감한 아이인 둘 다 많은 아이와 수많은 장난감, 왁자지껄한 활동에 깜짝 놀라 교실 뒤에 서 있었다. 나는 그들이 겁먹은 게 아니라는 것을 알 수 있었다. 아이들은 완전히 매혹당한 채로 그저 보고 있었다. 두 경우 다 선생님이 그들에게 다가와서 '부끄러운지' 혹은 '두려운지' 물어보았다. 이름표를 붙이는 작업이 이미 시작된 것이다.

세 번째로, 내향적인 민감한 아이들은 '사람들을 싫어하지' 않는다. 내향적인 사람들은 많은 사람들과 함께 있거나 새로운 사람을 만나는 것보다 한두 명 정도의 친한 친구와 함께 있는 것을 더 선호할 뿐이다. 또한 외향적인 사람들이 앞으로 돌진하는 것을 선호하는 반면 내향적인 사람들은 한발 물러서서 자신이 접하는 것들에 대해 숙고하는 것을 선호한다. 외향적인 사람들은 외적이고 '실제적인' 객관적 경험을 중시하는 반면 내향적인 사람들은 자신이 접하는 것의 내적이고 주관적인 경험을 중시한다.

앞서 말했듯이 연구를 시작했을 때 나는 민감성이 내향성과 같은 것일지도 모른다고 생각했다. 그리고 앞의 정의에 따르면 둘은 같다. 그러나 대부분의 사람들은 내향성과 외향성을 '사람이 얼마나 사교적인가'에 대한 묘사로 생각한다. 그리고 이 정의에 따르면 앞서 말한 대로 민감한 아이들 중 70퍼센트가 내향적이고 나머지 아이들은 외향적이다. 그리고 사회적으로 내향적인 사람들 모두가 민감한 사람들인 것도 아니다. 내향성과 외향성은 유전적 차이인가? 우리는 아직 확실히 알지 못한다. 일단 중요한 것은 당신이 아이가 어떤 스타일을 가장 선호하고 편안해하는지 알고 있다는 것이다.

네 번째로, 당신의 아이는 '과민overly sensitive'한 것도 아니다. 의학계에 있는 전문가들은 민감성을 장애로 여기는 경향이 있는데, '지나치게 민감'하고 흡수하는 정보를 걸러내거나 조절하지 못하는 문제라는 것이다. 실제적 장애를 치료하기 위해 감각 통합 치료Sensory Integration Therapy를 사용하는 작업치료사occupational therapists들은 '과민성oversensitivity'을 장애로 받아들이고 고칠 수 있다고 생각한다.

나는 감각 통합에 대해 비판하고 싶지는 않다. 모든 아이가 그렇듯이 민감한 아이들도 감각 통합 문제를 가지고 있을 가능성이 있을지 모르니 말이다. 감각 통합 문제는 균형을 잡기 어려움, 움직임의 서투름이나 뻣뻣함, 조화 부족 등의 증상으로 나타난다. 많은 부모들이 감각 통합 치료가 비록 시간은 좀 걸렸지만 민감한 아이에게 큰 도움이 되었다고 말했다. 그러나 나는 앞서 정의 내린 것처럼 민감하다는 것은 치료받아야 할 문제가 아니고 고쳐야 할 문제는 더더욱 아니라고 생각한다. (사람들이 민감한 아이에 대해 지나치게 예민하거나 불필요한 정보를 흡수한다고 말할 때마다 나는 세상에 불필요한 정보란 아무것도 없다는 것을 알았던 셜록 홈즈에 대해 생각하곤 한다.)

마지막으로, 민감한 아이들은 정신적으로 문제가 있는 게 아니고, 비정상적인 스트레스 상황에 놓이지만 않는다면 앞으로도 정신적인 문제가 생길 가능성은 없을 것이다. 하버드 대학의 제롬 케이건이 '과잉 반응을 하는 영아들highly reactive infants'에 대해 얘기한 것처럼 이들 중 90퍼센트는 성인이 되었을 때 일관적으로 억제 성향을 가지거나 불안해하지 않는다. 또한 연구에 따르면 사춘기의 불안은 어린 시절의 수줍음과 관련이 없다고 한다. 가족 중에 이미 불안 장애를 가지고 있는 구성원이 있는 케이스를 제외한다면 말이다. 끝으로 내 연구에 따르면 정상적인 어린 시절을 보낸 민감한 아이들은 민감하지 않은 아이들보다 불안, 우울, 대인공포를 가질 가능성이 더 크지 않다.

게다가 두 연구 결과 좋은 어린 시절을 보낸 '반응적인reactive' 아이들(민감한 아이들)은 민감하지 않은 아이들보다 실제로 육체적인 병에 걸리거나 부상을 입을 가능성이 더 '작다고' 한다. 또한 정서적으로도 더 건강하다고 한다.

민감한 아이인지 판단하기가 여전히 어려운 부모들에게

당신의 아이가 민감한 아이인지 알아내는 가장 좋은 방법은 1장을 읽고 아이에게 잘 들어맞는지 직접 생각해보는 것이다. 당신이 결론을 내리는 걸 도와주기 위해 몇 가지 설명을 덧붙일 필요가 있을 것 같다.

첫째로, 아이가 오직 한 가지 것이나 자기 연령대에 기대되는 어떠한 것에 대해서만 민감하다면 아마 민감한 아이가 아닐 것이다. 예를 들어, 대부분의 아이들은 생후 6개월에서 1년 사이에 낯선 사람을 보면 무서워한다. 그리고 생후 2년 정도에는 일이 어떻게 처리되느냐에 대해 매우 까다롭게 군다. 대부분의 어린아이들은 커다란 소음을 듣거나 부모로부터 떨어지면 괴로워한다. 또한 거의 모든 아이들은 어떤 종류의 악몽을 꾼다.

또한 새로운 형제가 생기는 일, 이사, 부모의 이혼, 돌봐주는 사람의 변화 등 아이의 인생에 커다란 스트레스나 변화가 있기 전까지 어떠한 민감성이나 두려워하는 반응을 보인 적이 없다면 그 아이는 아마 민감한 아이가 아닐 것이다. 만약 아이의 성격이 갑작스럽게 우려할 만한 변화를 겪고 이것이 이어진다면, 예를 들어 움츠러든다든지, 식사를 거부한다든지, 강박적 공포가 생긴다든지, 계속해서 신체적 싸움을 벌인다든지, 갑작스럽게 매우 부정적인 자기상self-image이나 무력감을 보인다든지 하면 아동심리학자, 아동 정신과 의사, 소아과 의사로 구성된 전문가 팀에게 검사를 받아볼 필요가 있다. 민감한 아이의 반응은 태어날 때부터 매우 일관적이다. 갑작스러운 변화도 아니고 전적으로 부정적이지도 않다.

민감한 아이들의 대답은 민감하지 않은 아이들의 대답보다 더 단호하다. 하지만 이는 이들에게 정상 범주에 속하는 것이며 다른 행동들도 마찬가지다. 이들은 정상적인 시기에 말하기와 걷기를 시작한다. 다만 배변 훈련이나 고무젖꼭지를 포기하는 데 어느 정도 지연되는 일이 흔하다. 이들은 주위 환경뿐 아니라 사람들에게 큰 관심을 보이고 잘 아는 사람들과 열심히 소통하려고 한다. 민감한 아이가 처음 학교에 갔을 때 말을 하지 않을 수도 있지만, 집에서나 가까운 친구들과는 이야기를 나눌 것이다. 말하자면 친숙한 환경에서는 긴장을 푸는 것이다.

민감한 아이와 주의력결핍장애

나는 민감성과 주의력결핍장애● 사이의 관계성에 대한 질문을 항상

● 현재 정식 용어는 주의력결핍과잉행동장애Attention Deficit Hyperactivity Disorder, ADHD다. 저자가 사용하는 주의력결핍장애Attention Defifit Disorder, ADD라는 용어는 '주의력결핍과잉행동장애, 주의력-결핍 우세형'을 지칭하고 있으나 우리 책에서는 원문을 살려 ADD는 '주의력결핍장애'로 ADHD는 '주의력결핍과잉행동장애'로 번역하기로 한다. (옮긴이)

받는다. 표면적으로는 몇몇 유사점이 있고 어떤 전문가들은 많은 민감한 아이가 주의력결핍장애를 가지고 있는 것으로 오진되는 경우가 많다고 말한다. 그리고 민감한 아이가 주의력결핍장애를 가지고 있는 경우도 있을 수 있다. 그러나 이 둘은 전혀 같지 않고 어떤 면에서는 정반대다. 예를 들어 대부분의 민감한 아이들은 우반구에 더 많은 혈류가 있는 반면 주의력결핍장애가 있는 아이들은 좌반구에 더 많은 혈류가 있다. 주의력결핍장애가 있는 아이들은 '매우' 활동적인 돌진 시스템을 가지고 있을 것이고, '상대적으로' 비활동적인 멈춤 확인 시스템을 가지고 있을 것이다.

그렇다면 사람들은 왜 이 둘을 혼동하는 것일까? 주의력결핍장애를 가지고 있는 아이들처럼 민감한 아이들은 쉽게 주의가 흩어진다. 한꺼번에 너무 많은 것을 감지하기 때문이다(그러나 때때로 생각에 깊이 빠져 있을 때는 거의 아무 것도 감지하지 않는다). 하지만 주의력결핍장애는 의사결정, 집중, 결과에 대한 숙고 등과 같은 필수적인 주요 기능이 일반적으로 부족한 것을 가리키기 때문에 분명히 장애의 일종이다. 민감한 아이들은 조용하고 친숙한 환경에 있다면 이 모든 것을 문제없이 잘 한다. 어떠한 이유에서든(정확한 원인은 알려져 있지 않다) 주의력결핍장애를 가진 아이들은 일의 우선순위를 정하는 데 어려움을 겪는다. 그리고 밖을 내다보거나 선생님이 수업할 때 자기에게 개인적으로 얘기하는 게 아니라는 사실을 알고 나면 원래 하고 있던 일로 주의를 되돌리기 어렵다.

민감한 아이들은 자신이 원할 때나 그래야 할 때 방해물을 무시할 수 있다. 적어도 잠시 동안은 가능하다. 하지만 이는 정신적 에너지를 요한다. 그러므로 민감한 아이들이 주의력결핍장애를 가진 것으로 오진될 수 있는 또 다른 이유가 여기에 있다. 만약 방해물이 많거나 그 시간이 긴 경우 혹은 감정적으로 화가 나서 이미 과도한 자극을 받은 경우, 이들은 외부 방해물에 압도될 것이고 지나치게 흥분하거나 딴 세상에 있는 것처럼 행동할 것이다. 이들은 방해물을 차단하기 위해 다른 아이들보다 더 노력해야 하기 때문에 집에 오기도 전에 길고 시끄러운 학교생활에서 이미 지쳐버릴지도 모른다. 또한 두려움에 휩싸이면 이들은 지나친 긴장과 주의 혼란 때문에 주어진 상황에서 수행력이 떨어진다. 예를 들어 중요한 시험을 볼 때 이들은 지나치게 긴장해서 평소라면 무시했을 방해물을 감지하게 된다.

교사들은 민감한 아이에게 주의력결핍장애가 있다고 말할 수도 있는데 그 이유는 보통 주의력결핍장애를 치료하는 곳이 많기 때문이며, 이렇게 진단받은 학생은 특별한 도움을 받을 수 있기 때문이다. 앞서 말한 대로 민감성은 흔치 않은 행동을 설명하기에 아직 익숙하지 않은 개념이다. (또한 기질 연구가들 사이에는 주의력결핍장애가 민감성처럼 단순히 정상적인 기질일 뿐인데 오해받는 것이 아닌가에 대한 논쟁이 상당히 있다. 주의력결핍장애에 대한 논의에 대해 더 알고 싶다면 리처드 드그랑프리 『리탈린 공화국Ritalin Nation』을 한번 읽어보길 바란다. 민감한 사람들에 대한 이야기도 많이 나온다.)

자폐 스펙트럼 장애

만약 아이에게 심각한 문제가 있다면 아이의 부모나 소아과 전문의는 대개 초기에 그 문제를 발견할 것이다. 물론 이는 가족이 의료 서비스를 이용할 수 있는지에 따라 달라진다. 그러므로 저소득 계층 아이들에게서는 문제를 빨리 발견하기 어려울 수 있다. 많은 경우 초기에 문제를 발견하는 것은 치료를 빠르게 시작할 수 있다는 점에서 매우 중요하다. 그러므로 만약 자녀의 행동에 대해 걱정이 된다면 전문적인 의학상의 소견을 구하기 바란다. 이 책은 당신의 아이의 의학적 진단을 내리는 데 도움을 줄 수 없기 때문이다. 가령 당신의 자녀가 자폐 스펙트럼 장애Autistic Spectrum Disorders, ASD를 가지고 있는 건 아닐까 걱정스러울 수 있다. 현재 자폐 스펙트럼 장애에는 한때 아스퍼거 증후군이라고 불렸던 가벼운 자폐증 혹은 비정형 자폐증이 포함된다. 자폐 스펙트럼 장애를 가진 아이는 제한적이고 반복적이고 고정된 형식의 행동 패턴을 보이고, 사회적 상호작용과 의사소통에 어려움을 겪으며 대개 만 2세 이전에 진단 가능하다.

자폐 스펙트럼 장애의 정도는 매우 중요하다. 자폐 스펙트럼 장애가 있는 일부 사람들은 사회적으로나 혹은 자신의 관심사에 있어서 조금 특이한 수준으라고 볼 수 있다. 고기능 자폐 스펙트럼 장애를 가진 이들의 절반은 평균 지능보다 더 높은 지능을 가지고 있는 것처럼 보인다. 솔직히 말해, 자녀의 행동이 민감성을 암시하는 것인지 아니면 자폐 스펙트럼 장애를 암시하는 것인지 확인이 들지 않는다면, 당신의 자녀는 자폐 스펙트럼 장애 중에서도 고기능 자폐 스펙트럼 장애에 속할 가능성이 높다. 자폐 스펙트럼 장애가 있는 아이도 매우 민감할 수 있다. 그럼에도 불구하고 고기능 자폐 스펙트럼과 민감성이 같지 않다는 사실이 분명하게 밝혀졌다. 뇌가 서로 다른 양상을 보이는 것은 물론, 민감성은 전체 아이들의 약 20퍼센트에서 발견되는 반면, 자폐 스펙트럼 장애는 1만 명 중 2~4명의 아이들에게만 나타나기 때문이다. 이런 비율을 고려해볼 때, 높은 민감성은 정상적인 기질의 하나로 볼 수 있지만, 자폐 스펙트럼 장애는 장애로써 분류된다.

하지만 민감성과 고기능 자폐 스펙트럼 장애 모두 '신경다양성neurodiversity'을 보여주는 좋은 사례다. 다시 말해, 이 두 그룹이 전형적이지 않고, 다른 사람들이 기능하는 것과 똑같이 기능하지 않는다고 해서 이들은 스스로를 장애를 가진 사람으로 대우하는 것을 원하지 않는다. 민감성은 항상 큰 소수로서 100개 이상의 종에서 발견할 수 있는 지극히 보통의 생존 전략으로 볼 수 있고, 또 고기능 자폐 스펙트럼 장애를 가진 사람들은 일부 환경에서 뇌가 제 기능을 하는 사람들을 능가한다는 점에서 또 하나의 '생존 전략'으로 볼 수 있다. 이들은 각자의 인생에서 각자 유효한 경험을 하고 있다는 사실을 잊어서는 안 된다.

신경다양성을 바라보는 또 다른 방식은 모든 두뇌가 마치 지문처럼 모두 다르다는 사실을 인식하는 것이다. 우리는 자주 한 가지 중요한 특성에만 초점을 맞추곤 한다. 하지만 민감한 아이들이 그러하듯 우리는 수많은 특성을 물려받고, 타고난다. 분명 어떤 특성들은 다른 특성들보다 더 유용할 수 있다. 하지만 오히려 다르기 때문에 좋다는 사실을 잊어선 안 된다.

확신이 들지 않는다면 해야 할 일

만약 아직 확신이 들지 않는다면 전문가들로 구성된 팀에게 평가를 맡겨보는 게 좋을 것이다. 팀 작업을 하는 인정받는 전문가들의 이름을 찾아본 다음 그들이 함께 일하는 다른 전문가들도 알아보라. 아마 비용이 많이 들 것이다. 그러나 문제를 일찍 발견하면 시간과 비용을 훨씬 절약할 수 있다. 반드시 팀으로 해야 하는 이유가 있다. 소아과 의사 혼자서는 신체적 증상이나 그 해결책만 강조할 것이다. 유사한 패턴으로 정신과 의사는 약물로 도움을 받을 수 있는 정신장애를 찾으려 할 것이다. 심리학자는 새로운 행동을 가르치고 싶어 하겠지만 신체적 문제를 놓칠지도 모른다. 작업치료사는 감각 운동적 문제들과 그 해결책에 초점을 맞출 것이고 언어치료사는 언어적 기술에 관심을 보일 것이다. 사회복지사는 가족, 학교, 공동체 환경을 점검할 것이다. 이처럼 전문가들은 각자 자신의 위치에서 다른 문제를 본다. 따라서 이런 문제를 한 번에 종합해서 파악할 수 있도록 팀 단위의 진찰을 받는 것이 좋다. (나는 약물 치료만으로는 결코 아이에게 나타나는 어떠한 행동적 문제도 충분히 치료할 수 없다고 생각한다. 아이는 어떠한 문제가 생기든 스스로 대처하는 법을 배워야 한다.)

아이를 완전히 평가하려면 몇 주일이 걸릴 것이다. 전문가들은 부모와 교사, 양육자, 이미 아이를 진찰한 다른 전문가들의 보고서를 원할 것이다. 가족의 병원 기록과 가족사에 대해 질문할 것이고, 아이를 관찰하고 가능하다면 당신과 아이를 함께 자세히 관찰할 것이다. 그러나 무엇보다 중요한 것은 그들이 전체적인 그림을 조망하면서 동시에 그 일부분인 기질에 관해 이야기해야 하고, 이 주제에 관해 지식이 풍부해야 한다는 것이다. 불운하게도 많은 전문가가 그렇지 못한 게 사실이고, 그 결과 민감한 아이를 평가하는 데 있어 심각한 실수를 저지를 수도 있다.

평가 기간 동안, 그리고 평가가 끝난 후 이 전문가들은 당신에게 지지와 격려를 보낼 것이다. 당신은 이 사람들을 믿고 존중해야 한다. 이들은 아이의 인생에 엄청난 영향을 미칠 것이다. 만약 그들의 의견에 의심이 간다면 또 다른 팀에게 의견을 구해보라. 첫 번째 의견을 제시했던 전문가들이 그것을 권유할 것이다. 서둘러야 할 특별한 이유가 있는 게 아니라면 어떠한 치료에도 급하게 뛰어들 필요가 없다.

기억하라. 민감한 아이들은 정상적인 아이들이고 잘 아는 사람들과 있으면 태평하고 활발하다. 그리고 다른 사람의 이야기를 잘 들어주고 자신의 생각을 쉽게 표현한다. 그러나 이들은 스트레스 상황에 있으면 일시적으로 하던 일을 못 하고 아마도 매우 당황할 것이다. 하지만 보통 때는 기분이 좋고, 사람을 따르고, 호기심 많고, 자기 자신을 자랑스러워하는 모습을 이들에게서 볼 수 있을 것이다.

아이의 민감성을 위한 '치료법'을 찾아야 할까? 절대 아니다. 아이가 주어진 문화에 적응하고 협력하는 법을 배우고 부모가 이를 어떻게 도울지 배운다면 기질적 속성은 아무런 문제가 되지 않는다. 하지만 기질을 고치거나 없애거나 숨기려고 노력한다면 이는 더 많은 문제를 야기할 것이다. 우리 사회의 많은 민감한 청소년과 남성은 자신의 민감성을 감춰야 한다고 느끼고, 커다란 개인적 희생을 치르면서 실제로 그렇게 한다. 하지만 다양한 기질은 인생을 더욱 풍요롭게 해주는 '삶의 묘미'이고 인간의 생존을 위한 최선의 희망이다.

민감한 아이들은 성공과 행복을 향해 가고 있다

아이가 진정으로 행복하고 성공적인 삶을 누리지 못할까 봐 걱정되는가? 그렇다면 걱정을 접어두기를 바란다. 많은 민감한 사람은 자신이 다른 사람들보다 '더 많은' 기쁨과 만족을 훨씬 '더 깊게' 느낀다고 말했다. 그들 중 많은 사람이 저명한 교수, 판사, 의사, 과학자, 인기 작가, 유명 예술가, 음악가이며 사회 곳곳에서 활약하고 있다.

물론 아이는 세상의 문제와 고통을 더 잘 인식할 것이다. 하지만 행복에 대한 가장 훌륭한 정의는 아리스토텔레스가 한 이 말일 것이다.

"우리는 가장 잘하도록 타고난 일을 할 때 가장 행복하다."

타고난 댄서는 춤을 출 때 가장 행복하다. 파이를 굽는다면 춤을 출 때만큼 행복하지 않을 것이다. 타고난 정원사는 정원을 가꿀 때 가장 행복하다. 시를 쓰려고 애쓰면서 그만큼 행복하지는 못할 것이다. 하지만 모든 인간이 공통적으로 해야 할 운명을 타고난 것은 인식하는 것, 완전히 인식하는 것이다.

그러한 의미에서 민감한 아이는 최상의 인간이다. 민감한 아이는 가장 고귀한 형태의 행복을 느낄 수 있을 것이다. 고통과 상실, 죽음에 대한 심오한 자각을 가져올 수 있는 경우에도 말이다. 당신은 이러한 인식의 결과들을 헤쳐 나가는 아이의 여정에 함께할 것이고 당신의 삶 또한 깊어질 것이다.

다음 장에서 이야기하겠지만 민감한 아이의 부모가 되는 일은 인생에서 가장 위대하고 행복한 도전 중 하나다. 당신은 아이와 커다란 변화를 만들 수 있고 문제가 해결될 때 보람은 훨씬 클 것이다. 부모가 된다는 것에서 사람이 행복을 느낀다면, 아리스토텔레스의 말마따나 부모로서 더 많은 일을 하게 만드는 아이는 더 큰 기쁨의 원천이 될 것이 분명하다.

우리 아이 바르게 평가하기

당신은 이제 민감성의 특성과 고유한 성질, 다른 기질적 속성들에 친숙해졌고 민감한 아이들에 대한 몇 가지 오해를 풀었다. 당신은 현재 아이를 신선한 시각으로 바라볼 수 있는 아주 좋은 위치에 서 있다. 다음 평가서를 작성해보길 바란다. 혼자 해도 되고, 배우자와 함께 해도 되고, 교사나 정기적으로 돌봐주는 사람과 함께 해도 된다(혹은 각자 작성한 다음 비교해봐도 좋다).

민감성의 유형: 해당하는 특성에 체크하라

□ 육체적, 낮은 역치

예시) 옷감의 종류, 뻣뻣한 양말, 옷 안의 상표에 민감하다.
낮은 소리, 희미한 향을 감지한다.

□ 육체적, 강도

예시) 다른 아이들보다 통증에 더 크게 반응한다.
커다란 소음에 괴로워한다.

□ 육체적, 복잡성

예시) 군중이나 번잡한 장소를 좋아하지 않는다.
여러 가지가 섞인 음식이나 복잡한 맛을 좋아하지 않는다.

□ 감정적, 낮은 역치

예시) 다른 사람의 기분을 잘 눈치챈다.
동물, 아기, 식물 등(말을 할 수 없는 존재)을 잘 다룬다.

□ 감정적, 복잡성

예시) 사람들에게 무슨 일이 벌어지고 있는지에 대해 흥미로운 통찰력을 가지고 있다.
복잡하고 생생한 꿈을 꾼다.

□ 감정적, 강도

예시) 쉽게 운다.
다른 사람의 고통에 대해 깊이 괴로워한다.

□ 새로움, 낮은 역치

예시) 방 안이나 당신 옷에 작은 변화가 생기면 금방 알아챈다.
작은 변화나 점진적인 변화만을 좋아한다.

□ 새로움, 복잡성

예시) 많은 새로운 일들이 한꺼번에 일어나는 것을 좋아하지 않는다.
새로운 곳에 이사 가는 것 같은 큰 변화를 두려워한다.

□ 새로움, 강도

예시) 깜짝 놀랄 만한 일이나 깜짝 놀라는 것, 갑작스런 변화를 좋아하지 않는다.
모든 새로운 상황에서 주저한다.

□ 사회적 새로움, 낮은 역치

예시) 얼마 동안 만나지 않은 사람과 다시 친숙해지는 데 시간이 걸린다.
사람들을 오랜만에 만나면 그들에게 생긴 작은 변화를 알아차린다.

☐ 사회적 새로움, 복잡성

예시) 상대가 평범하지 않거나 잘 모를수록 더 주저한다.
낯선 사람들이 섞여 있는 큰 그룹 안에 있는 것을 좋아하지 않는다.

☐ 사회적 새로움, 강도

예시) 낯선 사람들 사이에서 관심의 중심이 되는 걸 좋아하지 않는다.
새로운 사람들을 한꺼번에 많이 만나는 것을 좋아하지 않는다.
낯선 사람에게 질문받는 것을 좋아하지 않는다.

다음으로, 토마스와 체스가 제시한 일곱 가지 특성에 대해 등급을 매겨보길 바란다(감각 역치는 민감성과 동일하기 때문에 생략하기로 한다. 당신은 이미 더 나은 방법으로 측정했다. 지배적 기분은 앞에서 제시한 이유로 생략하기로 한다).
이 특성들이 무엇을 가리키는지 잊어버렸다면 앞으로 돌아가 다시 읽어보길 바란다.

☐ 활동성 혹은 에너지 수준: 상 중 하

☐ 감정적 반응의 강도: 상 중 하

☐ 주기성: 상 중 하

☐ 적응력: 상 중 하

☐ 첫 반응: 접근 유동적 후퇴

☐ 지속성(집중을 발휘하는 시간의 길이): 상 중 하

☐ 주의 산만도(새로운 자극으로 쉽게 관심을 돌린다): 상 중 하

이제 당신이 아이의 장점이라고 생각하는 것에 체크해보라.

- ☐ 예술적 능력
- ☐ 과학적 능력
- ☐ 머리 쓰는 게임에서의 기술
- ☐ 운동 능력
- ☐ 인내심
- ☐ 공감 능력
- ☐ 양심적 성향
- ☐ 뛰어난 유머 감각
- ☐ 영적인 관심
- ☐ 지능
- ☐ 친절함
- ☐ 사회 정의에 대한 관심
- ☐ 다른 것들 ____________________

아이의 문제 분야(당신의 생각에 따라)에 대해 적어보라.
다음은 몇 가지 예다.

- ☐ 남들과 조화를 이루거나 스포츠를 할 때의 문제
- ☐ 수줍음, 거절당하는 것을 두려워함
- ☐ 완고함
- ☐ 무례함, 이기적 태도, 배려 부족
- ☐ 너무 착함
- ☐ 가벼운 이야기를 하지 못함

□ 컴퓨터에 너무 많은 시간을 소비한다.
혹은 ________에 너무 많은 시간을 소비한다.

□ 분노

□ 너무 시끄럽고 부산하다.

□ 공격적이어서 다른 사람들에게 거부당한다.

□ 너무 수동적이어서 다른 사람에게 거부당한다.

□ 배우는 게 느리다.

□ 학습장애

□ 주의력결핍장애

□ 다른 것들: ______________________________

위의 문제 영역들이 모든 부모에게 문제로 느껴질까, 아니면 당신만 특히 걱정하는 걸까? (이 문제들이 다른 가족에게 '아무 문제도 안 될' 수 있다는 걸 상상해볼 수 있는가?)

중요한 사건들은 아이의 인생에 영향을 미친다. 아래 항목들 중 해당 사항이 있다면 아이에게 어떤 영향을 미쳤을 것 같은지 한번 적어보라.

□ 이사

□ 이혼

□ 질병

□ 가족의 죽음

□ 사랑하는 애완동물을 포함해서 가까운 친구의 죽음

□ 가족의 질병(신체적인 혹은 정신적인)

□ 과거의 학대 경험(신체적인 혹은 성적인)

☐ 지속적 빈곤

☐ 편견

☐ 비범한 성공, 수상, 성취

☐ 대중에게 알려짐

☐ 매우 친한 친구를 사귐

☐ 특별한 멘토(할머니, 교사 등을 포함해서)

☐ 여행 혹은 오래 지속되는 인상을 남긴 다른 경험들

☐ 과외수업(음악, 체육 등)

☐ 일관적 활동(축구, 보이스카우트 등)

☐ 특이한 생활환경(대도시, 시내, 시골, 농장 등)

☐ 종교적 훈련

☐ 문화적 자원(많은 연극을 보여줬다든지, 콘서트에 데려갔다든지, 과학자나 작가들이 집을 방문하는 일이 잦았다든지 하는 것들)

☐ 다른 것들: ______________________

이제 위의 내용을 참고해 한두 페이지 정도로 아이에 대해 적어보길 바란다. 누군가에게 아이를 설명하는 것 같은 형식의 요약문이 될 것이다.

① 아이의 민감성으로 글을 시작하고, 아이가 가지고 있는 다른 기질을 덧붙여라.
② 아이의 강점 모두를 나열하라
③ 그러고 나서 당신이 생각하는 아이의 문제에 대해 언급하라
④ 이 문제들은 당신의 시각에 어떤 영향을 받는가? (다른 사람은 이 문제들이 '전혀 문제없다'고 볼 수도 있지 않을까?)
⑤ 이 강점과 약점이 각각 아이의 인생에서 어떤 식으로 증가 혹은 감소해왔는지 적어보라.
⑥ 마지막으로 아이의 민감성을 돌아보면, 민감성이 아이의 강점에 어떻게

기여했는가?

⑦ 민감성이 아이의 문제에 어떻게 기여했는가?

⑧ 민감성이 아이가 자신의 문제 분야를 극복하는 데 어떻게 기여했는가?

⑨ 아이의 민감성이 아이의 중요한 인생 경험과 어떤 식으로 관련을 맺었는가? 경험의 영향력을 증가시킨 경우가 있는가? 경험의 영향력을 감소시킨 경우가 있는가?

⑩ 앞으로 돌아가서 당신이 미처 알지 못했는데 새로이 알게 된 사실에 밑줄을 그어보아라. 이것이 아이를 대하는 법에 어떠한 변화를 일으킬 거라고 생각하는가?

당신의 아이에 대해 정리하고 기록한 이 페이지를 오랫동안 간직하자. 교사나 장기간 돌봐주는 사람, 의사, 관심 있는 가족에게 아이를 소개할 때, 또 아이에 대해 설명할 때 유용하게 쓰일 날이 올 것이다.

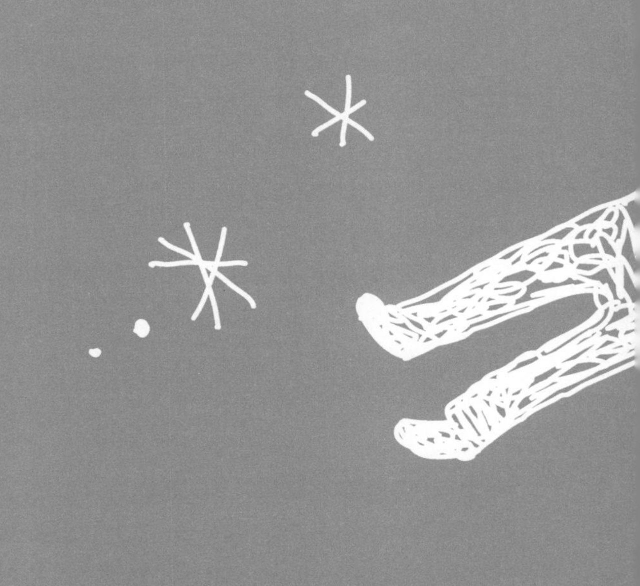

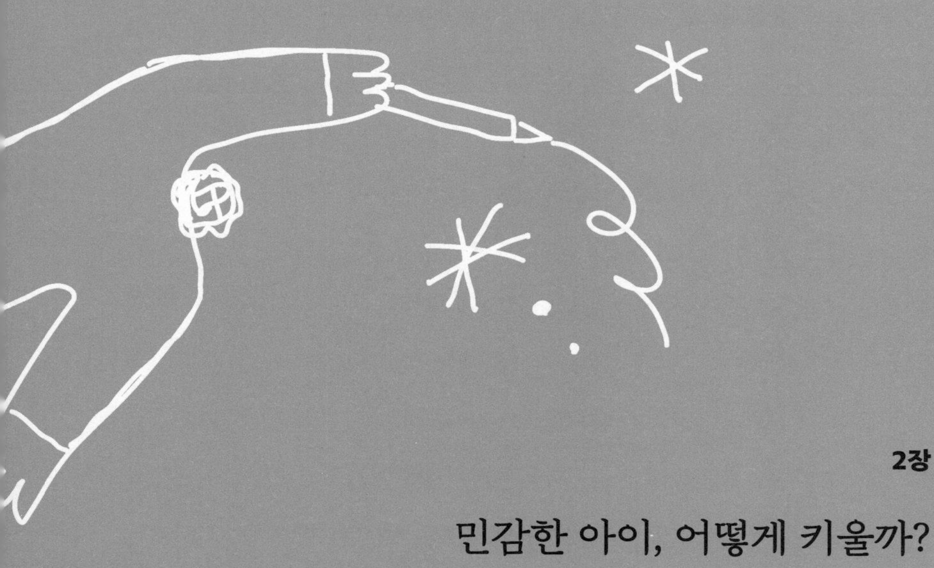

2장

민감한 아이, 어떻게 키울까?

숙련된 양육이 다른 아이들보다 민감한 아이들에게 특히 더 도움이 되는 이유와 그 구체적 기술이 어떻게 다른지 살펴보자. 또한 가장 큰 도전 과제로 다가오는 민감한 아이의 여섯 가지 특징과 함께 문제가 발생했을 때 어떻게 효과적으로 대응할 수 있을지 알아보자. 민감한 아이를 키우는 부모만이 느낄 수 있는 감사함과 기쁨에 대해서도 이야기 나누자.

숙련된 양육은 아이의 많은 것을 바꾼다

앞 장에서 전형적인 민감한 아이이자 하버드 대학 화학과를 최우수 성적으로 졸업한 마리아에 대해 언급했다. 하지만 숙련된 양육이 없었다면 불가능한 일이었다.

마리아의 부모는 하버드 대학 졸업생의 가족이라면 갖추고 있을 법한 여러 자격 요소와 거리가 멀었다. 마리아의 엄마인 에스텔은 어린 시절부터 죽 힘든 인생을 살았다. 그녀는 문제 가정에서 자란 민감한 아이였고 다른 가족과 달랐기 때문에 일종의 희생양이 되었다. 그녀는 이렇게 말했다. "저는 최소한 민감한 아이가 어떤 것에 상처를 받는지 알고 있었어요."

마리아가 태어났을 때 에스텔과 남편은 빈곤층이었고 양가 가족들 모두 도움이 되지 못했다. 에스텔은 자신의 아기를 '양쪽' 집안의 참견꾼들과 불안정한 사람들로부터 지켜야 한다고 느꼈다. 그리고 그녀의 직관은 확실히 옳았다. 마리아의 할아버지는 나중에 아동성추행으로 유죄 판결을 받았다. 아이, 특히 민감한 아이를 키우기에 적합한 환경은 아니었다.

마리아가 자기처럼 민감하다는 사실을 깨닫자(에스텔은 "생후 2주 후에 바로 알았어요. 제가 방을 돌아다닐 때 확실하게 눈을 계속 맞췄거든요"라고 했다) 에스텔은 직장을 그만두고 딸에게 완전한 관심을 쏟기로 결심했다. 그녀는 육아에 대해 배울 수 있는 모든 것을 배우고, 배운 것을 다른 아이와는 다르다고 생각되는 자신의 아이에게 맞추어서 바꿨다. 그녀는 자연스럽게 옷 안에서 상표를 잘라냈다. 그녀 자신이 항상 깔끔하고 단순한 음식을 좋아했기 때문에 음식은 그들 사이에 별로 문제가 되지 않았다. 마리아를 키우면서 에스텔은 양육과 민감성에 대해 자신이 나름대로 이해한 것들을 적용했는데, 이는 자신이 부모에게 기대했지만 끝내 받지 못한 것이었다.

예를 들어, 에스텔은 몇몇 자녀 양육서가 권장하는 것처럼 마리아를 새로운 상황에 밀어 넣지 않았다. 하지만 중요한 예외가 있었는데, 딸이 아직 어려서 자기가 충분히 해내고 즐길 수 있을 거라는 사실을 스스로 깨닫지 못하고 있지만, 새로운 상황에서 아무 문제도 없을 거라는 사실을 확신할 때였다.

이런 일이 있었다. 10대 때 마리아는 친구 가족에게 스웨덴에 같이 가자는 초대를 받았다. 마리아는 가고 싶어 하지 않았다. 에스텔은 가야 한다고 주장했다. 여행을 떠난 지 열흘 후 마리아는 가라고 등을 떠밀어줘서 얼마나 고마운지 모른다고 스톡홀름에서 전화를 걸었다.

하지만 대부분의 경우 에스텔은 '아니오'라고 말할 수 있는 딸의 권리를 지켜야 했다. 초등학교 때 마리아의 반에서 살육되는 동물들에 관한 영화를 본 적이 있었다. 마리아는 큰 충격을 받고 교실에서 나가버렸고 담임교사는 깜짝 놀랐다. 에스텔은 딸에게 네가 옳았다고 말해주었다. 무엇이든 자신에게 그렇게 큰 고통을 주는 것을 억지로 볼 필요는 없다. 이 사건 이후 비슷한 사건을 몇 차례 더 겪은 후에 결국 에스텔은 마리아를 사립학교로 전학시켰다. 그곳에서 마리아는 꽃을 피웠다. 학교의 졸업생 대표가 되었고 하버드 대학에 지원해보라는 격려를 받았다.

에스텔은 늘 마리아의 자존감을 향상시키는 데 중점을 두었다. 고등학교 때 마리아는 키가 계속 자라 183센티미터가 넘었지만 자신이 남들과 다르다고 느끼는 하나의 특징일 뿐이었다. 마리아는 '수줍음이 많았지만' 자존감과 민감성의 조화는 그녀를 타고난 리더로 만들었다. 유치원 때부터 아이들은 그녀의 말을 잘 듣고 그녀의 아이디어를 따라 했다.

마리아는 새로운 사람을 만날 때는 늘 조심스러웠지만 다른 아이들과 어울리고 싶어 했고 실제로 문제없이 그렇게 했다. 다만 다른 아이들에 비해 더 적은 수의 아이들과 어울렸을 뿐이다. 에스텔의 말에 따르면 마리아와 다른 아이들 사이에는 늘 '민감성 차이sensitivity gap'가 존재하는 것 같았다고 한다. 다른 아이들은 마리아처럼 사려 깊거나 빈틈없지 않았다.

현재 성인이 된 마리아의 인생이 마냥 수월한 것만은 아니다. 그녀는 여전히 자기가 그렇게 민감하거나 키가 크지 않았으면 좋겠다고 생각한다. 마리아는 현재 스물일곱 살이고 아직 인생의 동반자를 만나지 못했다. 엄마의 말에 따르면 '그녀는 항상 남자에게서 결점을 발견'한다. 그녀가 어렸을 때 느꼈던 '민감성 차이'가 가까운 사람, 특히 민감하지 않은 가까운 사람에게서 결점을 찾아내는 민감한 사람들의 기본 특기와 결합한 것처럼 보인다.

마리아는 대학 졸업 후 여러 번 거주지를 옮겼는데 더 조용한 곳을 찾으려는 노력에서였다. 그녀는 자신의 전문 분야에서 성공했고 외국 여행을 갈 때 더 이상 망설이지 않는다. 10대 때 거부했던 스웨덴 여행 이후 그녀는 수많은 곳을 다녔다. 그녀는 건강하고 자신의 미래에 대해 자신만만하다. 그녀는 민감하고 반응적인responsive 양육 덕분에 훌륭하게 잘 자란 민감한 아이이다.

민감한 아이에게 부모는 더 중요하다

때때로 토크쇼에 나와 유전이 모든 것을 결정하고 양육은 중요하지 않다고 주장하는 사람들이 있다. 이는 짚어봐야 할 문제이기는 하다. 한때 아이의 성격을 형성하는 데 있어서 양육, 특히 엄마의 역할이 너무 지나치게 강조되었다. 천성적 기질의 역할에 대해 아무도 고려조차 하지 않았다. 그러므로 확실히 균형을 맞출 필요가 있었다.

그러나 아이러니컬하게도 양육은 매우 중요하고 민감한 아이들을 키울 때는 훨씬 더 중요하다는 사실이 연구 결과 확실해졌다. 원숭이들을 데리고 한 실험에서(인간을 데리고 할 수 없는 종류의 실험이다), 태어날 때부터 특별히 차분한 어미에게 자라도록 계획된 '반응이 빠른'(민감한) 새끼 원숭이들은 불안정한 어미에게 자란 새끼 원숭이들에 비해 훨씬 쾌활하게 자랐고 심지어 무리의 리더가 되기도 했다. 한편 어미에게서 억지로 분리해 자라게 한 민감한 원숭이들은 성인이 되었을 때 민감하지 않은 원숭이들보다 이 심리적 외상, 즉 트라우마trauma에 더 크게 영향을 받았다.

민감한 아이들이 이처럼 양육자로부터 완전히 분리당하는 문제에 봉착할 일은 별로 없을 것이다. 그러나 중요한 사실은 스트레스나 우울증 때문에 집중력이 떨어진 사람, 필요한 순간에 빨리 옆에 있어주지 않는 사람, 친밀한 사람을 잃을까 봐 과도하게 두려워하는 사람이 아이를 돌볼 때 민감한 아이들이 다른 아이들에 비해 더 크게 영향을 받는다는 사실이다. 또 다른 연구에서 미네소타 대학의 메건 거너와 동료들은 생후 9개월 된 민감한 아기들이 엄마와 30분 동안 떨어져 있는 동안 세심하고 주의 깊은 '놀이 친구'와 남겨졌을 때 그렇지 못한 사람과 남겨졌을 때보다 생리적으로 훨씬 덜 괴로워한다는 사실을 발견했다. 세심한 보육자의 존재는 엄마와 함께 있는 것과 거의 비슷한 효과를 낳았다. 하지만 세심하지 못한 보육자는 엄마와의 분리를 훨씬 고통스럽게 만들었다. 그리고 그러한 현상은 민감하지 않은 아기보다 민감한 아기에게 더 크게 나타났다.

엄마와의 안전 애착과 불안전 애착에 관한 또 다른 연구에서 엄마에게 불안전 애착된 생후 18개월의 민감한 아기들은 새로운 상황에 놓였을 때 힘들어하는 반면, 안전 애착된 민감한 아기들은 거의 영향을 받지 않는다는 사실을 발견했다. 또한 민감하지 않은 아기들은 엄마와의 관계가 안정적이든 그렇지 않든 상관없이 새로운 상황에서 별로 괴로워하지 않았다. 간단히 얘기해서 오로지 불안전 애착된 민감한 아기들만이 새로운 상황에서 매우 고통스러워했다. 여러 연구가 동일한 결과를 확인했다.

그렇다면 결론은 무엇인가? 반응적이고 민감한 돌봄은 안전 애착된 아기에게 '신체적 고통' 시스템의 활성화를 줄일 수 있는 자원을 제공해주었다. 아이의 기질이 새로운 상황을 '잠재적' 위험으로 경험하도록 왜곡했을지라도 말이다. 다시 말해, 민감한 유아가 엄마와 떨어져야 하는 스트레스 상황에 놓일 때 잘 돌봐주는 사람과 남겨진다면 괜찮을 것이고, 그렇지 못한 사람과 남겨지면 괜찮지 않을 것이다. 만약 이들이 특별히 낯설고 힘든 상황에 놓인다면 엄마와의 불안전 애착에 영향을 더 크게 받을 것이다.

민감한 아이들은 필요한 때 적절한 도움을 받을 수 있을 것이라는 생각에 영향을 많이 받는다. 민감한 아이들은 위험에 대해 더 잘 인식하기 때문에 그러한 상황에 있을 때 도움을 받을 수 있다는 사실을 인지할 필요가 있다. 게다가 이들은 엄마나 다른 사람들의 지지와 돌봄이 어느 정도 수준인지 더 정확하게 인식한다.

같은 가족이라도 아이마다 다르게 느낀다

흥미롭게도 연구가들은 가족이 아이의 성격에 영향을 미칠 만한 어떠한 일을 하든지 간에 가족 안에 있는 아이들에게 각각 다르게 영향을 미친다는 사실을 발견했다. 마치 아이들 각자가 완전히 다른 가족 안에서 자라는 것처럼 말이다. 이는 아이들이 태어날 때마다 부모가 처해 있는 상황이 달라서이기도 하고, 아이들 각자가 매우 달라 부모가 다르게 반응하기 때문이기도 하다. 혹은 역으로 똑같은 양육 방법이 기질이 다른 두 아이에게 완전히 다르게 영향을 미치기 때문이기도 하다. 대부분의 부모들이 완전히 '좋기만' 하거나 완전히 '나쁘기만' 할 가능성은 거의 없는데, 누구나 자기와 잘 맞는 기질이 하나쯤은 있기 때문이다.

여기서 하고자 하는 말은 만약 당신에게 한 명 이상의 아이가 있다면, 한 아이는 당신의 보살핌 속에 잘 자라는 반면 다른 아이는 그렇지 않을 수 있다는 것이다. 하지만 이해와 훈련으로 큰 변화가 생길 수 있다는 사실 또한 밝혀졌다.

'합치성goodness of fit'은 부모와 아이가 같은 기질을 가지고 태어나는 것보다 더 중요하다. 조화가 적합하다는 것은, 즉 잘 맞는다는 것은 아이가 자신의 타고난 행동 방식을 지지하고 격려해주는 환경 속에 있음을 의미한다. 가령 어떤 가족에서 스포츠를 좋아하지 않는 조용한 예술가는 이상적이라고 여겨지는 반면, 다른 가족에서 이 아이는 커다란 실망거리가 될 것이다. 하지만 부모가 아이를 있는 그대로 받아들이기만 한다면 둘 사이는 언제나 잘 맞을 것이다. 그리고 부모가 자신의 방법을 아이에게 맞춰 잘 조절한다면 말이다. 부모가 아이의 기질을 이해하는 훈련을 받는 것에 대한 여러 연구는 일관적으로 같은 결과를 보여주는데, 이러한 훈련을 받은 부모의 아이들은 문제를 거의 보이지 않는다는 것이다.

이 책은 기본적으로 부모와 아이가 서로 잘 조화되기 위해서 어떻게 해야 하는지에 대한 이야기다. 모든 부모와 모든 아이 각자가 고유하기 때문에 누군가에게 매우 중요한 이야기가 책에서 언급되지 않을 가능성도 있다. 그렇기 때문에 기질에 대해 잘 알고 있는 의사나 상담사를 알아봐서 민감한 아이를 키우는 동안 의지하는 것도 현명한 방법이다. 그렇게 하면 당신이 위기에 처해 있다고 느낄 때 누군가를 찾아 헤매고 다닐 필요가 없을 것이다. 우리는 세금 관련 일을 볼 때나 집을 사려 할 때 전문가를 찾는다. 왜 아이를 키우는 일에 있어서는 그렇게 하지 않는가?

일단 당신은 이 책을 통해 민감한 아이와 먼 여행을 떠날 것이다. 왜냐하면 대부분의 '아동 전문가'들은 잘 모르고 있지만 민감한 아이들에 대해 해야 할 이야기가 너무 많기 때문이다. 가장 큰 이야깃거리 중 하나로 시작해보자. 민감한 아이와 '잘 조화되기' 위해서는 우선 '최고 책임자'인 당신을 아이가 엄청나게 민감하게 느낀다는 사실을 인정해야 한다. 나도 이에 대해 모르고 있었지만 민감한 아이를 두기 전에 이러한 사실을 깨닫게 해준 사건이 있었다.

일방적인 방식이 정답은 아니다

다양한 종의 개가 존재한다는 사실은 다양한 부류의 아이들 또한 존재할 수 있다는 사실을 이해하는 데 도움이 된다. 어떤 개는 어떤 사람에게 잘 적응하지만 다른 사람에게는 그렇지 않다. 하지만 주인 또한 자기 개의 기질에 적응하도록 배울 수 있다. 제시간 안에만 배운다면 말이다.

어렸을 때 부모님은 내게 비글 한 마리를 사주셨는데 나는 보자마자 '스타'라는 이름을 지어주었다. 비글은 작고 거친 사냥개인데 예민한 코를 가지고 있어 모든 곳을 탐색하고 돌아다닌다. 주위를 탐색하고 다닐 때면 비글은 '자신이 쫓는 냄새'를 제외하고는 다른 사람이나 다른 물건에 큰 관심을 보이지 않는다. 비글은 코가 민감하지만 다른 곳은 전혀 그렇지 않은 것 같다.

스타가 약 한 살 정도 됐을 때 엄마와 나는 스타에게 복종 훈련을 시켰고 반려견 대회에 데리고 나가기로 했다. 대회장에서 스타는 끈에 매여 있을 때는 천사 같다가 끈을 풀면 총알처럼 튀어나가 어떤 때는 몇 블록이나 달려가 버리기도 했다. 자신만의 보물을 찾아서 말이다. 그 후 우리는 푸들을 키웠는데 푸들은 쇼에 완벽한 외양을 지니고 있었지만 막상 무대에 서면 너무 긴장해 신경이 팽팽해져 끊어질 지경이었다. 또한 극도로 겁이 많은 데다 지나치게 많은 관심을 요구했다.

독립하고 결혼한 후 나는 다른 개가 갖고 싶어졌다. 왜인지는 모르겠지만(내 자신이 민감한 사람인지도 몰랐고 개가 민감성을 보인다는 사실도 몰랐다) 나는 늘 보더콜리를 동경했다. 나는 복종 훈련 쇼에 나가기엔 보더콜리만 한 개가 없을 거라고 확신했다. 그래서 나는 수소문했고 곧 똑똑하고 헌신적인 친구 하나가 생겼다.

샘은 내 마음을 읽을 수 있는 것처럼 보였다. 대소변 가리기 훈련은 식은 죽 먹기였다. 나는 샘이 '최초의 실수를 하고 있는' 동안 그저 바깥에 내다놓았을 뿐이고 그 후 샘은 단 한 번도 똑같은 실수를 저지르지 않았다. 치아가 나는 동안에는 오직 한 가지 물건만 망가뜨렸을 뿐이다. 어느 날 저녁 나는 보통 때보다 늦게 집에 돌아왔고 오래된 정신 생리학 책 조각들을 발견했는데 공교롭게도 책 제목이 『동물의 감정Animal Emotions』이었다. 샘이 글자 읽는 법이라도 배운 걸까 하는 생각이 들었다.

샘이 생후 9개월이 됐을 때 나는 잡아당기면 죄어지는 목걸이를 씌우고 앉는 법을 배우기 위한 첫 번째 복종 훈련 수업에 데려갔다. 나는 샘의 등을 밀고(살짝 밀면 개가 반항하고 되밀 거라고 배웠다) 머리를 들도록 목걸이를 홱 잡아당겨 주의를 모은 다음 단호하게 말했다. "앉아." 샘은 땅바닥에 무너지듯이 주저앉아 온 몸을 떨었다. 원하던 반응이 아니었기 때문에 나는 샘을 다시 일어서게 만들어 표준적인 방법을 반복했다. 밀고, 잡아당기고, 명령했다. 샘은 낮게 몸을 웅크린 채로 바닥에 앉아 몸을 더 심하게 떨었다. 샘의 눈은 나에게 애원하고 있었다. "왜죠? 제가 무슨 잘못이라도 했나요?"

훈련을 그만두고 다시 생각해봐야 한다는 것을 알고 있었지만 다음 날 나는 같은 방법을 반복했다. 나는 일단 샘이 한 번만 제대로 해내면 칭찬해줄 수 있을 것이고 그러면 더 잘 이해할 거라고 생각했다. 하지만 우선 제대로 앉기부터 해야 했다.

샘을 거의 망치기 일보 직전에서야 나는 가벼운 토닥임과 친절한 말투가 더 효과적이라는 사실을 비로소 깨달았다. 사실 샘은 내가 그 목걸이를 풀어주기 전까지 계속 떨고 움츠러들어 있었다. 내가 무엇을 원하는지 샘에게 이해시키기만 하면 된다는 사실을 깨닫자 샘은 앉는 법, 가만히 있는 법, 따라오는 법을 비롯해 훨씬 많은 것을 금방 배웠다. '여기서 기다려, 구석에 가서 쉬어, 여기에서 나중에 보자, 가서 잡아, 가지고 와, 소들을 몰아, 강아지들을 모아, 마당에 있는 아기를 지켜' 같은 것들이었다. 샘은 종종 내가 미처 시키기도 전에 무엇이 필요한지 이미 알고 있었다. 남편과 내가 밤에 숲속에서 서로 잃어버렸을 때 우리를 만나게 해줬고 집에 도둑이 들었을 때 알아서 쫓아냈다. (가족들은 주머니에 핫도그를 가지고 있는 도둑이었다면 스타가 어디까지고 따라 갔을 거라고 농담하곤 했다.)

우리에게 무엇이 필요한지 알고 그것을 하기 위해 많은 신경을 쓰는 것이 샘에게 자연스러운 일이었다. 왜냐하면 샘은 매우 '민감'했기 때문이다. 반려견 경연대회는 그 후로 한 번도 다시 가지 않았다. 사람들의 구경거리로 만듦으로써 샘의 선의를 이용하고 싶지 않았기 때문이다. 끈을 풀어도 계속 복종할지는 미지수였지만 어쨌든 스타에게는 평범한 방법들이 충분히 잘 통했고 내가 원하는 것을 가르칠 수 있었다. 하지만 샘을 가르칠 때는 훨씬 더 특별하고 사려 깊은 태도가 필요했다.

동물이나 아이가 당신의 마음을 읽을 수 있다면 사랑하는 권위자인 당신이 심한 말을 할 때 큰 충격을 받을 것이다. 이들에게는 다른 방법을 적용해야 한다. 나는 아들이 태어날 때 민감성에 대해 '정식으로' 알지 못했다. 아들이 다 커서 집을 떠날 때까지도 몰랐다. 하지만 샘은 내게 좋은 직관적 화두를 던져주었다.

민감한 아이의 양육에 기술이 필요한 이유

나는 샘과 훈련을 시작하기 전까지만 해도 내가 개 훈련을 꽤 잘 시킨다고 생각했다. 이를 증명하는 트로피와 리본이 진열대에 꽉 차 있었다. 하지만 샘이 나를 겸손하게 만들었다. 또한 그렇게 많은 스트레스를 준 것에 대해 죄책감을 느끼게 했고, 일반적인 방법이 왜 효과가 없는지 당황하게 했고, 실패에 대해 우울함을 느끼게도, 그렇게 나약하게 행동하는 것에 대해 화가 솟구치게도, 고립감을 느끼게도 했다. (만약 표준적인 방법이 효과가 없다면 누구에게 도움을 요청해야 한단 말인가?) 나는 샘이 왜 그렇게 이상하게 행동하는지에 대해 집착했고 노력을 두 배로 늘려 샘을 훨씬 더 나빠지게 만들었다. 그 상황에서 샘을 훈련시키는 일은 결코 만족스러운 일이 아니었다.

민감한 아이를 양육하는 데 기술이 부족하면 비슷한 감정이 생길 수 있다. 당신은 자신이 양육을 꽤 잘한다고 생각할 것이다. 이미 아이들을 다뤄본 경험이 있다면 더욱 그러할 것이다. 그런데 당신을 겸허하게 만드는 이 아이가 짜잔 하고 등장했다.

나는 민감한 아이의 부모들로부터 많은 이야기를 들었다. 자기 품에서 고통스러워하는 아이를 볼 때 느끼는 죄책감, 아이가 나약하고 까다롭게 굴고 '아무것도 아닌 일'에 울음을 터뜨릴 때 느끼는 창피함 등 많은 이야기가 있다. 당혹감도 느낄 것이다. 어떤 부모들은 우울함을 느끼는데 특히 아이 때문에 밤마다 잠을 계속 못 자다 보면 그러기 쉽다. 분노, 자신이 부적합하다는 생각, '정상적인' 아이를 가진 다른 부모들에게 느끼는 소외감 등을 경험할 수도 있다. 어떤 부모들은 피해의식을 느끼거나 덫에 갇힌 것처럼 느끼거나 인생을 뺏겼다고 느낀다. 이러한 것들은 결혼생활, 다른 아이들, 부모의 건강에 영향을 줄 수 있다. 만족스러운 상황은 절대 아니다.

아이가 문제를 일으킨다면 잘하고 있는 것이다

어떠한 민감한 아이는 다른 민감한 아이보다 더 키우기 어렵다. 어떤 아이들은 별것 아닌 일을 가지고 호들갑을 떠는 진정한 '오버쟁이'이거나 요구가 많은 '왕자님'이다. 이는 완고함, 유연성, 감정적 강도 등과 같은 아이들의 기질적 측면과 아이의 역할 모델, 일반적 환경에 영향을 받는다(만약 인생의 좌절 때문에 괴로워하고, 요구가 많아지고, 통제력을 상실한 경험이 있다면 이해할 수 있을 것이다. 아이라고 해서 별반 다르지 않다).

아이러니컬하게도 만약 부모가 이 특성을 적극적으로 수용하고, 필요할 때 곁에 있어주고, 아이에게 반응을 잘 해준다면 아이는 아기일 때 더 많은 문제를 일으킬 것이다. 아이는 자유롭게 자신의 감정을 있는 그대로 표현한다. 화를 내고, 심하게 흥분하고, 좌절하고, 상처 입고, 놀라고, 압도당한다. 그러나 일단 감정이 잦아들고 나면 숙련된 부모는 이러한 감정에 어떻게 대처할 수 있는지 아이에게 가르친다.

부모가 곁에 잘 없고 반응을 잘 해주지 않으면(아마도 부모 자신이 압도되었거나 강렬한 감정에 불편함을 느끼기 때문일 것이다) 민감한 아이는 부모에게 수용되기 위해서 자신의 감정을 숨길 것이다. 그러나 아이는 이러한 억눌린 감정을 어떻게 해결해야 하는지 배우지 못할 것이고, 이러한 억눌린 감정은 성인이 된 후 다른 방식으로 수면에 떠오를 것이다. 그리고 이때가 되면 훨씬 고치기 어렵다. 그래서 나는 어떤 부모들이 "우리 애는 한 번도 문제를 일으킨 적이 없어요"라고 말할 때 늘 걱정스럽다.

양육의 악순환

매우 열심히 노력했는데도 아이가 여전히 행복하거나 활발하거나 '정상적'이지 않은 것을 발견하는 부모들에게 일종의 악순환이 생긴다. 부모는 걱정을 떨치지 못하고 아이를 자신의 기대에 부응하도록 만들기 위해 열심히 노력한다. 그러나 아이는 부모가 원하는 방식으로 행동하지 않고(왜냐하면 할 수 없기 때문이다), 그러고 나서 부모는 더 걱정하고 더 열심히 노력한다. 그리고 이런 상황이 무한 반복된다. 결국 부모와 아이 모두 낙오자가 된 것처럼 느낀다.

이 책의 첫 번째 조언으로 돌아가보자. 아이의 특이한 행동은 당신의 잘못이 아니고 아이의 잘못은 더더욱 아니라는 점을 깨달아라. 민감한 아이는 일부러 까다롭게 구는 것이 아니다!

이러한 악순환은 민감한 아이와 민감하지 않은 부모에게 더 흔하게 나타난다. 다음 장에서 이러한 상황에 대해 자세히 논의할 것이다. 하지만 심지어 민감한 부모조차도 민감한 아이를 어떻게 다뤄야 하는지 잘 모르는 경우가 많고 아이가 달라지기를 간절히 바라기도 한다.

자기만의 양육 방식에서 벗어나라

미첼의 엄마 샤론은 자신과 아들이 둘 다 민감하다는 사실을 알지 못했다. 샤론은 꽤 힘든 가정에서 자랐다. 전혀 민감하지 않은 가정이었다.

그녀는 어떻게 가족들에게 적응했는지 기억하지 못했다. 다만 본능적으로 적응했을 뿐이다.

하지만 샤론은 자신의 아기 미첼에게 매우 민감했다. 그녀는 노래 부르는 걸 좋아했지만 아기가 노래 듣는 것을 별로 좋아하지 않는다는 신호를 놓치지 않았다. 좀 더 자란 후 미첼은 노래 부르는 것도 별로 좋아하지 않았다. 아들의 빛나는 모습을 보기 위해 그렇게 보내고 싶었던 어린이 합창단에도 결코 들어가려 하지 않았다. 샤론은 미첼이 핼러윈 축제 때 분장 옷을 입지 않으려 하고 네 살 때까지 입에서 고무젖꼭지를 떼지 않자 또 한번 실망했다. "미첼은 앞장서려 들지 않았어요. 항상 다른 아이를 따라 하거나 흉내 내거나 했지 리더는 아니었죠." 그녀는 슬펐다.

그러던 어느 날 한 강사가 미첼의 유치원에 와서 민감한 아이들에 대한 강의를 했다. "갑자기 머릿속이 환하게 밝아진 느낌이었어요." 샤론은 말했다. 그녀는 얼마나 아들을 이해하고 싶었는지 그리고 자신만의 방식에서 벗어나고 자책을 그만하고 싶었는지 이야기했다. "어떻게 해야 할지 마음속으로는 알고 있었어요. 하지만 그렇게 하지 않았고 결과에 대해 내 자신을 책망할 뿐이었죠. 특히 다른 가족들이 내 방식에 문제가 있다고 생각할 때 자책감은 더 심해졌죠. 이제 그 모든 게 끝났어요. 이제 저는 아들의 행동에 맞춰 제 자신을 새롭게 하고 있습니다. 필요한 게 뭔지 제게 말하게 하고요."

"미첼은 훌륭한 점이 아주 많아요. 사랑스럽고 예의 바르죠. 이제 미첼이 가족 모임 때 재롱 같은 걸 떨고 싶어 하지 않아도 문제가 안 돼요. '애가 별로 하고 싶지 않나 봐요'라고 말하는 게 오히려 기쁠 지경이에요. 다른 사람이 모르는 걸 저는 아주 잘 알고 있다는 게 정말 기분 좋은 일이거든요."

민감한 아이들의 여섯 가지 특징

이제 민감성의 여섯 가지 특징을 알아보고, 부모가 올바른 기술을 습득하기 전까지 각 특징이 어떠한 문제를 일으킬 수 있는지에 대해 이야기해보자.

① 미묘한 것들을 잘 인식한다

이 얼마나 훌륭한 특징인가? 특정한 상황에 있을 때는 말이다. 자기를 바라보는 사랑에 가득 찬 눈빛 하나하나를 다 알아채고 똑같은 눈빛을 돌려주는 딸아이를 생각해보라. 딸아이는 갓난아기 남동생이 배가 고픈 걸 눈치 채고 당신에게 알려줄 수도 있다. 심지어 살아 있는 화재 경보기가 될 수도 있다. 어떠한 곳에 약간의 연기만 있어도 모든 사람에게 알려줄 것이다. 그러나 역으로 어떠한 상황에서는 이보다 더 고통스러운 특징이 있을 수 없다. 특히 민감한 아이들은 사소한 것이 마음에 들지 않으면 즉시 알아차린다. "사과에 껍질이 남아 있잖아. 껍질 싫어하는 거 알잖아." "방에서 지독한 냄새가 나."(당신은 전혀 이상한 냄새를 맡을 수 없다.) "내 컴퓨터 옮겼죠?" "좋아하는 빵이긴 한데 상표가 달라요. 이건 가루가 너무 많아요."

민감한 아이들이 모두 미묘함을 인식하는 것은 아니다. 불분명해 보이는 소수의 아이들이 있는데 이 아이들은 내면세계에 더 관심을 두고 있거나 큰 소음, 밝은 조명, 매운 음식 등 강렬한 요소에 더 자극을 받아 미묘한 일에는 상대적으로 신경을 덜 쓰기도 한다. 혹은 음식, 옷, 사람들 분위기 등 오직 한 분야에서만 미묘함을 인식하는 아이들도 있다. 민감한 아이에게 이 특징은 어디 한군데에서건 꼭 나타나기 마련이다. 7장에서는 이 특징 때문에 발생할 수 있는 문제들에 대해 어떻게 대처할 수 있을지 구체적으로 알아볼 것이다. 여기에서는 우선 일반적인 조언을 제시하겠다.

• 아이를 믿어라. 아이가 어떠한 것이 아프고, 간지럽고, 따끔거린다고 말한다면 실제로 그러한 것이다. 똑같은 것이 당신에겐 아무 문제가 되지 않더라도 말이다.

• 민감한 아기를 키운다면 잘 먹이고 편안한 상태를 유지하라. 아이는 짜증을 덜 부릴 것이고 당신이 불편함을 해결해줄 때까지 더 잘 기다릴 수 있을 것이다.

• 민감한 아이가 당신의 말을 이해할 수 있을 정도로 충분히 성장하면, 우선 아이의 불편함을 인정해주고 아이에게 그 불편함이 언제 어떻게 끝날 것인지 알려주어라. 혹은 정말로 어쩔 수 없을 때는 해줄 수 있는 게 없다는 사실을 알려주도록 하라. 만약 당신이 아이의 반응에 대해 진정한 존중과 아이의 절박한 필요에 대한 공감, 그럼에도 당신이 아무것도 해줄 수 없다는 데 대한 확실한 이유, 가령 쇼핑을 끝내야 한다든지, 드라이클리닝 된 옷을 가지러 가야 한다든지, 이미 사놓은 물건을 낭비할 수 없기 때문에 아이가 좋아하지 않더라도 제품을 일단 다 써야 한다는 등의 모습

을 보여주면, 아이는 이를 이해하고 기다릴 줄 아는 능력을 터득하고 성장할 것이다.

• 아이의 기대치에 한계를 설정하라. 어떤 아이들은 신발 끈이 불편하게 매져 있다고 느낀다. 그러나 당신이 신발 끈을 열네 번 다시 매주더라도 여전히 제대로 안 돼 있다고 느낄 수도 있다. 이 생각에 너무 사로잡혀 있고 기분이 다운돼 있기 때문이다. 다른 때에 이에 대한 이야기를 나눠보자. 앞으로 그런 일이 있으면 아이가 원하는 방법에 맞춰서 최선을 다해 다섯 번은 묶어주겠지만 그 이상은 안 된다고 말이다. 당신 또한 기분이 안 좋아질 수도 있고 언제까지고 계속할 시간이 없기 때문에 아이는 다섯 번으로 만족해야 한다.

• 공손함과 사회적으로 바람직한 태도에 대한 기준을 고수하라. 단 감정이라는 게 때때로 어른이 감당하기에도 비이성적이고 압도적일 수 있다는 것을 유념하라. 만약 아이가 '사소한 일'처럼 보이는 일에 모든 통제력을 잃어버린다면 그 순간 할 수 있는 최선을 다해 상황을 개선하라. 만약 이게 불가능하다면 아이가 울거나 소리 지르게 그냥 둔 채로 안고 있거나(아이가 어리다면) 옆에 있으면서 공감해주는 게 좋다. 그다음 날쯤 모든 게 진정이 된 후 다음번엔 더 낫게 행동하려면 어떻게 해야 할지 이야기를 나눠보도록 하라.

• 가능하다면 아이에게 해결책을 선택하도록 하라. 양말에 대해 까다로운 아들을 두고 있는 부모는 아이에게 마음에 드는 양말을 고르게 했다. 만약 마음에 드는 게 한 개도 없다면 그것은 엄마나 아빠의 잘못이 아니다.

② 쉽게 과잉 자극을 받고 지나치게 긴장한다

1장에서도 말했듯이 미묘함을 인식하는 아이는 너무 많은 것이 한꺼번에 밀어닥치면 압도된다('너무 많은 것'은 외부에서 올 수도 있고 매우 두려운 것이나 흥미진진한 것을 상상할 때처럼 내면에서 올 수도 있다).

자극이 많을수록 신체는 그것에 대처하기 위해 긴장한다. 모든 동물과 인간은 자극의 적정한 수준을 추구한다. 이는 숨쉬기와 마찬가지로 자동적이다. 자극이 너무 적으면 우리는 지루해하고 계속 움직인다. 라디오를 켜거나 친구에게 전화를 건다. 반대로 자극이 너무 많으면 불편해하고 감당하지 못한다. 진정하려고 애쓰지만 만약 그렇지 못하면 야구를 하든, 수학 문제를 풀든, 무슨 일을 하고 있는지에 상관없이 최고의 능력을 발휘하지 못한다.

민감한 아이들은 더욱 쉽게 지나친 긴장 상태에 빠진다. 예를 들어 딸은 당신과 함께 집에서 공 잡는 연습을 할 땐 완벽하게 잘 하다가도 정작 실제 소프트볼 게임에서는 공을 잡을 때마다 떨어뜨릴 수 있다는 뜻이다. 아이는 경기를 싫어하기 시작할 것이고, 게임할 때마다 울음을 터뜨리지만 그래도 경기에 계속 나가고 싶어 할 것이고, 당신도 아이가 그러길 바랄 것이다. 단순한 시합을 둘러싸고 왜 이렇게 법석을 떨어야 하는지 당신은 의아할 것이다. 아이를 경기에 나가게 해야 할 것인가, 아니면 그만두게 해야 할 것인가?

우선 지나친 긴장이 엄청난 어려움을 야기하는 분야가 민감한 아이에게 있다는 점을 이해해야 한다. 이 분야는 보통 아이가 예전에 실패를 경험해봤거나 실패하면 어떻게 될지 상상해본 활동들이다. 다음번에 해볼 때는 더 편안해지기보다 더 긴장하고 초조해할 것이고, 심지어 더 못할 수도 된다. 하지만 수행 불안performance anxiety이 항상 원인인 것은 아니다. 아이들은 온 힘을 다해 잘해내고 싶고 그럴 자신감도 있지만 조명과 관중들 때문에 긴장할 수도 있다.

지나치게 긴장하는 경향을 좋은 점으로 볼 수 있을까? 지나친 긴장 자체는 결코 도움이 되지 않는다. 하지만 조금만 긴장을 풀면 편안한 수준에 도달할 수 있는 수준이라면 도움이 된다. 예를 들어 민감한 아이들은 보통 쉽게 지루해하지 않는다. 그리고 이들은 다른 아이들은 노력을 기울이지 않을 만한 상황에서 더 신경을 많이 쓰고 적극적으로 관여한다.

민감한 아이들 중에 쉽게 긴장하지 않는 아이들도 있을까? 대부분의 민감한 아이들은 스스로 편안함을 느끼고, 많은 압박이나 높은 자극하에서도 매끄럽게 수행할 수 있는 분야를 하나쯤은 가지고 있다. 하지만 보통 다른 분야에서 긴장이 나타난다는 게 문제다. 7장에서는 긴장에 대처하는 일반적인 방법에 대해 다룰 것이고, 8장에서는 긴장이 사회적 상황에서 아이를 숫기 없게 만들 때 어떻게 대처해야 할지를 다룰 것이다. 그보다 우선 몇 가지 일반적인 조언을 나눠보겠다.

• 아이가 잘하는 영역이 있다는 점을 간과하지 마라. 스포츠, 예술이나 자기표현, 학과목 공부, 마술 쇼, 코미디, 관심 있는 어른과의 대화, 상상 놀이에서 다른 아이들을 이끄는 것 등 아이가 잘할 수 있는 영역은 무궁무진하다. 아이가 흥미를 느끼는 영역을 선택해서 천천히 시작하라. 단 처음에는 모든 시도가 성공적인 결과를 낳도록 유의해야 한다.

내 아들에게는 이 방법이 드라마와 작문에 있어 맞아떨어졌다. 아들이 여덟 살에 연기 수업에 등록했을 때 나는 선생님에게 아이를 칭찬해달라고 몰래 부탁했다. 이미 스포츠에서 너무 많은 실패를 맛보았기 때문이다. 아이는 첫날 수업을 마치고 환희에 가득한 얼굴로 달려 나왔다. "선생님이 저보고 타고난 배우래요!" 아이는 그 후로 단 한 번도 그 수업을 빠지지 않았다. 작문에 관해서는 아이가 숙제를 단정하게 타이핑하지 않거나 잘 마무리하지 않은 채로 제출하지 않도록 신경을 썼다. 좋은 성적과 칭찬 덕분에 아이는 작문을 사랑하게 되었다.

• 아이가 능숙해질 정도로 예행 연습을 많이 하게 해 어떠한 상황에도 당황하지 않게 하라. 아이가 실제로 기술을 발휘할 곳과 똑같은 환경과 장소에서 연습을 시키는 것이 좋다. 야구 연습을 할 거면 야구장에 직접 가서 연습하라. 아이가 수학 시험을 볼 준비가 되어 있다면 몇 가지 문제를 내주고 시간을 재서 풀게 한 다음 아이와 함께 점수를 매겨보아라. 절대 민감한 아이가 시험을 볼 때나 사람들 앞에서 뭔가를 해야 할 때 준비되지 않은 상태로 가게 하지 말라.

• 잘못될 수 있는 일들과 그럴 때 대처할 수 있는 방법에 대해 이야기를 나누라. 실수에 관해 이야기를 나누고 실수를 어떻게 이해해야 하는지에 대해 의논해보라. 가령 야구 시합 중 9회 말에 동점인 상황에서 아이가 스트라이크 아웃을 당했다고 가정해보자. 이러한 상황은 야구를 하는 사람 누구에게나 한 번쯤은 일어날 수 있다는 점에 대해 미리 이야기를 나눠라. 이 상황을 참을 만한 상황으로 만들기 위해 아이는 자기 자신과 주위 사람들에게 무엇이라고 말할 수 있을까? (실패하리라는 예상 심리

를 심어주는 것처럼 보이는가? 절대 그렇지 않다. 아이는 이미 실패를 상상해보았을 가능성이 크다. 당신은 대처 능력의 씨앗을 심는 것이다.)

• 지나친 긴장이 수행 능력이나 편안함에 미치는 영향에 대해 설명하라. 아이가 충분한 능력을 가지고 있지만 초조함(혹은 소음, 새로운 장소, 관중, 혹은 다른 과도한 자극)이 방해가 될 수 있다는 점을 설명하라. 아이에게 다음 이야기를 들려주어라. 작은 대회에서는 자기 분야의 세계 기록을 깰 수 있는 여자가 있었다. 하지만 올림픽에서는 단 한 번도 그렇게 하지 못했다. 그녀와 나는 올림픽은 세계 최고의 선수를 정하는 시합이 아니라 '매우 강한 스트레스 상황 속에서' 세계 최고인 선수를 정하는 시합이라는 결론을 내렸다.

• 아이의 어떤 능력은 압박에 의해 많은 영향을 받지 않는다는 점에 주목하라. 예를 들어 예술 작품을 잘 만든다든지 반려동물이나 식물을 숙련되게 잘 돌본다든지 개인적인 목표를 달성하면 되는 장거리 달리기나 하이킹 같은 육체 활동에 뛰어나다든지 하는 경우가 그러하다.

• 아이가 경쟁을 떠나 다양한 활동을 즐길 수 있도록 도와라. 가령 아이는 차 안에서 당신과 큰 소리로 노래를 부르거나 지지를 아끼지 않는 가족들 앞에서 연극을 할 수 있다. 이 활동들을 즐기기 위해 반드시 어린이 합창단에 가입하거나 무리해서 연극반에 들어야 할 필요는 없다. 만약 재능이 보인다면 제대로 배워보라고 격려해줄 수도 있다. 하지만 '프로가 되는 것'보다 제대로 즐길 줄 아는 게 더 중요하다.

③ 더 강렬하게 감정적으로 반응한다

민감한 아이는 일단 상황에 익숙해지고 나면 반응은 가라앉지만 최초의 처리 과정 동안 반응은 나선형으로 상승할 수 있다. 1장에서 말했듯이 민감한 아이들은 모든 것을 더욱 완전하게 처리하려고 하기 때문에 다른 아이들에 비해 더 강렬한 감정적 반응을 보인다. 새로운 감정적 상황을 경험하고 그 상황의 완전한 의미와 결과를 더 많이 상상할수록 그 영향력은 더 커진다. 행복, 기쁨, 만족, 충만함, 흥분이 더 커진다는 의미다. 그리고 비참한 감정도 더 커진다.

이러한 강렬한 반응을 위해 완전히 발달되고 의식적인 정신이 필요한 것은 아니다. 이러한 강렬한 반응은 영아 때부터 시작해 아주 어린 아이들에게도 존재한다. 비록 말로 표현하지 못하더라도 말이다. 자신의 감정에 대해 말할 수 있을 정도로 성장한 아이들 또한 이를 인식하고 있지 않을지도 모른다. 우리 모두는 어떠한 감정이 수용될 수 없다고 보이면 이를 억누른다. 이렇게 억압된 감정은 신체적 증상 또는 말로 설명할 수 없는 배치背馳된 감정으로 나타난다.

아동심리사에 의해 흔히 관찰되는 가장 일반적인 예는 남동생이나 여동생이 태어나서 기쁘다고 주장하는 어린아이이다. 물론 이러한 반응은 기특해서 부모가 모두에게 자랑할 만한 것이다. 하지만 아이는 그 대신 어떤 공포에 사로잡힌다. 가령 개한테 잡아먹힐까 봐 두렵다든지 화장실에 가는 것이나 원숭이 사진 보는 게 두렵다든지 하는 것이다. 이러한 비정상적인 공포는 현명한 부모나 상담사가 큰 강아지가 작은 강아지를 잡아먹는 게임 같은 놀이를 하면서 사람들이 가지고 있는 다양하고 정상적인 감정들에 대해 진솔하게 이야기를 나누면 자연스레 사라질 것이다. 새로운 남동생이나 여동생이 생기면 분노를 포함해서 다양한 감정이 생길 수 있다는 점을 말해주면 된다. 어떠한 감정들에 대해서 이야기를 나눠도 그 감정에 따라 하고 싶은 대로 막 하지만 않는다면 가지고 있어도 괜찮은 것이다.

아기인 여동생을 미워하는 것처럼 자신의 감정이 큰 문젯거리가 아니라 하더라도 민감한 아이들은 자신의 혼란스러운 내면세계를 세상의 다른 사람들에게 잘 보여주지 않을지도 모른다. 내향적인 사람들(민감한 아이들의 70퍼센트)은 모든 감정을 내면에 간직한다. 반면 감정적이고 외향적인 민감한 아이들은 자신의 감정을 더 많이 표출할 것이다.

민감한 아이들은 부당함, 갈등, 고통에 다른 아이들보다 괴로움을 더 많이 느낀다. 예를 들어 민감한 아이들은 열대우림의 훼손, 인종 차별, 동물 학대 문제 등에 마음 깊이 슬퍼할지도 모른다. 이들은 이러한 문제가 가져올 끔찍한 결과를 미리 내다보는 경향이 있다. 또한 다른 아이가 괴롭힘 당하는 것을 봐도 매우 괴로워한다. 부모가 눈앞에서 싸운다면 입맛을 잃어버릴 것이다. 이 특징들은 모든 아이가 전형적으로 보이는 특징이지만 민감한 아이들에게는 훨씬 더 강하게 나타난다.

예외가 있을까? 물론이다. 어떤 민감한 아이들은 자신의 감정에 대해 강한 자기규제 능력을 발전시킨다. 지나치게 강한 경향도 있다. 어느 정도의 감정을 느껴야 하느냐는 모든 사람이 직면하는 문제다(어떤 사람들은 선택의 범위가 좁지만). 그리고 그 대답은 그 사람이 속해 있는 문화권과 가족 스타일, 그리고 특히 부모가 감정 표현에 대해 아이에게 어떻게 가르치느냐에 의해 결정된다. 민감한 아이에게 감정을 조절하는 법을 가르치기 위해 특별한 말을 할 필요는 없다. 민감한 아이는 무엇이 요구되는지 너무 잘 알고 있다. 예를 들어 자신이나 아이의 감정 강도가 부끄럽거나 두려운 부모들은 감정을 회피함으로써 감정을 표현하지 않는 게 가장 좋다는 메시지를 전달한다.

한편 민감한 아이가 자주 감정적 통제력을 잃어버리는 부모와 함께 살고 있고, 자신은 선천적으로 감정적 규제 능력이 강하다면 아이는 감정을 완벽히 통제하는 것이 부모가 만든 혼돈 속에서 살아가는 데 더 유리하다고 결론 내릴 수도 있다. 우리는 7장에서 강렬한 감정을 다루는 문제에 대해 더 자세히 이야기를 나눌 것이다. 다음은 그전에 알아두어야 할 일반적인 조언들이다.

• 당신이 감정을 다루는 법에 대해 생각해보고 아이가 어떻게 감정을 다루기를 원하는지에 대해 생각해보아라. 각각의 감정에 대해 생각해보아라. 슬픔, 공포, 사랑, 행복, 분노, 호기심 어린 흥분. 당신이 자랄 때 어떤 감정이 허용되지 않았는가? 똑같은 교훈을 아이에게 가르치고 있는 것은 아닌가?

• '정서 지능Emotional Intelligence'에 관한 책을 읽어봐라. 가령 메리 쿠르신카Mary Sheedy Kurcinka의 『아이, 부모 그리고 파워 게임Kids, Parents, and Power Struggle』은 아이를 위해 건전한 감정 코치가 되고자 하는 부모들을 도와주는 훌륭한 책이다. 이 책에는 어떠한 유형의 아이가 있는 부모라도 도움을 받을 수 있는 조언이 많이 나온다. 예를 들어 행동에 대해 일장연설을 늘

어놓기보다는 아이의 감정에 우선 귀를 기울여야 한다는 말이 나온다. 또한 차분해지고 진정할 수 있는 방법에 대해 아이에게 미리 가르쳐주어야 하고, 아이가 자신의 감정을 인식하는 것을 도울 수 있도록 아이가 보이는 감정적인 힌트를 잘 파악해야 한다는 말도 나온다.

• 아이와 감정에 관해 이야기를 나눠라. 특히 민감한 아이들은 자신이 느끼고 있는 감정이 무엇인지 그리고 무엇이 그 감정을 야기했는지 이름 붙일 수 있어야 한다. 이를 통해 아이는 자신이 혼란스러운 내면에 통제력을 가지고 있다고 느낄 수 있다. 당신이 비슷한 감정을 어떻게 다루었는지 함께 이야기해봐도 좋다.

• 아이가 혼자 힘으로 할 수 있을 때까지 아이의 부정적인 감정을 '수용해주도록' 노력하라. 가장 이상적인 방법은 아이를 조용한 곳으로 데려가 아이가 자신의 감정을 완전히 표출하게 하면서 차분하고 비방어적인 자세로 옆에 있어주는 것이다. 당신의 태도는 "더 말해줘, 모든 걸 말해줘, 또 다른 건 없니"여야 한다. 이러한 완전한 표출을 통해 당신과 아이는 나중에 무엇이 진짜 원인이었는지 파악할 수 있을 것이고, 동시에 아이는 홀로 몰래 참을 필요 없이 내면에서 일어나고 있는 모든 것들을 느낄 수 있을 것이다. 아이가 시간이 지나 경험이 쌓여 혼자 부정적인 감정들을 수용할 수 있을 때까지 아이와 함께 수용해주는 게 좋다. 이 수용 작업에 대해서는 7장에서 더 자세히 살펴볼 것이다.

• 긍정적인 감정에도 주파수를 맞춰라. 부정적인 감정에 관심과 존중을 보이는 것과 동등하게 긍정적인 감정에도 반응하라. 아이가 터질 것 같이 기쁘고 행복한 상태에 있을 때 "그렇게 기운이 넘치면 방 청소하면

딱 좋겠다"와 같은 말로 아이의 기분에 찬물을 끼얹지 말라.

• 과도한 자극과 지나친 긴장이 모든 감정적 반응, 특히 부정적 감정을 증폭시킬 수 있다는 점을 유의하라. 기분은 하룻밤 잘 자고 나면 나아질 때가 많다. 반면 잠을 자지 않고 해결해보려고 애써 이야기를 계속하다 보면 자극은 더 커진다. 항상 이렇게 말해보자. "자고 나서 생각해보면 어떨까?"

• 만약 어떤 강렬한 감정이 며칠 동안 지속된다면 도움을 구하고 싶을지도 모른다. 이러한 감정은 우울, 불안, 분노, 행복하지만 잠을 잘 수 없는 '극도의 흥분' 상태 등이다. 이런 경우 아이를 반드시 심리치료사에게 데리고 갈 필요는 없다. 그 자체로 아이에게 큰 스트레스가 될 것이다. 우선 아이 없이 당신과 전문가 둘이서 아이에 관해 이야기를 나눌 수 있을 것이다. 또한 상담의 목표는 지속적인 감정이 무엇 때문에 생긴 건지 알아내는 것이지 단순히 약물을 복용해 이 상태를 벗어나는 게 되어서는 안 된다. 약물 치료는 최후의(하지만 매우 중요한) 수단이다.

④ 다른 사람의 감정을 잘 헤아린다

인간이 사회적 동물이라는 점을 감안해보면, 미묘함에 대한 인식과 강렬한 감정적 반응이라는 두 특징을 결합하면 다른 사람의 감정을 강하게 인식하는 경향이 되는 건 너무 당연하게 느껴진다. 이 얼마나 훌륭한 자질인가. 이 자질은 당신의 아이를 공감 능력이 뛰어난 아이로 만들어주고 직관적인 리더로 만들어줄 것이다. 또한 아이는 어떠한 것이든 돌보는 데 능숙하고, 가까운 사람에게 관심이 필요할 때 옆에 있어줄 것이다.

다시 말하지만 다른 사람의 감정에 대한 이러한 인식은 아기 때부터 존재한다. 모든 아기는 자기를 돌보는 사람의 감정을 강하게 인식한다. 자신의 생존이 이에 달려 있기 때문이다. 심리학자들은 아기의 생애 초기에 엄마가 잘 돌보는 것과 엄마와 아기 사이의 애착이 매우 중요하다고 강조하는데, 엄마들에게 죄책감을 느끼게 하려는 의도에서 하는 말은 아니다. 이는 우리가 영장류이기 때문에 생기는 현실일 뿐이다. 좋을지 안 좋을지 모르지만 민감한 아기들은 자신을 돌보는 사람들에게 예민하게 동조한다 attune. 부모들의 약 40퍼센트는 어린 시절에 안전 애착secure attachment을 경험하지 못했기 때문에 이런 부모는 자신의 아이에게 안전한 메시지 보내는 법을 배워야 한다. 이는 매우 중요한 문제다. 우리는 이에 관해 6장에서 더 논의할 것이다.

어느 정도 성장한 민감한 아이에게 가장 큰 문제 중 하나는 미처 당사자도 인식하지 못하고 있는 다른 사람의 감정을 인식할 수 있다는 것이다. 많은 경우 사람들은 예의를 지키거나 당혹스러운 상황을 피하기 위해 자신의 공포나 분노를 부정한다. 혹은 정말 자신의 감정을 인식하지 못하기 때문에 그렇게 하기도 한다. 그래서 "정말 하나도 짜증 안 났어요", "조금도 두렵지 않아요"와 같은 말을 던진다. 하지만 민감한 아이들은 미묘한 신호를 감지하고 상대의 감정을 정확히 포착한다. 그래서 다른 사람의 감정에 대해 알면서도 내색할 수 없는 난처한 상황에 대처해야 한다. 상대방이 말로는 전혀 다른 메시지를 말하고 있으니 말이다.

한 민감한 여성은 어린 시절 가장 친한 친구와 몇 번 싸웠는데 서로 얼마나 질투하고 경쟁적이냐에 대해서였다. 그녀의 친구는 항상 그렇지 않다고 부인하다가 어른이 되어서야 그 사실을 인정했다. 하지만 이 여성은 어린 시절 내내 자신이 제정신이 아니거나, 모든 이야기를 꾸며내고 있는 건 아닌지 의심해야 했다. 만약 당신이 자신의 감정을 잘 파악할 수 있고 그 감정에 대해 솔직할 수 있다면 아이에게 큰 도움이 될 것이다.

사람들은 '숫기 없는shy' 민감한 아이에게 말한다. "다른 사람이 어떻게 생각할지 너무 걱정하지 마. 사람들은 네가 있는지도 몰라!" 하지만 이는 민감한 아이에게 믿기 어려운 말이다. 왜냐하면 민감한 아이는 사람들이 안 그러는 척하면서 얼마나 자신과 남을 비교하고 있는지를 포함해 주위 사람에 대한 모든 것을 감지하고 있기 때문이다. 하지만 민감한 아이가 자신감을 느낄 수 있도록 키운다면(5장에서 다룰 예정이다) 아이는 다른 사람이 자신을 쳐다보는 것을 느끼지만 좋은 의미로 추정하거나 별로 중요한 일이 아니라고 받아들일 것이다.

공감 능력에 관해 보자면, 민감한 아이들은 무언가에 압도되었을 때 일시적으로 다른 사람의 욕구에 대해 거의 인식하지 못할 수도 있다. 하지만 아이가 지속적으로 다른 사람에게 무관심하거나 거리를 둔다면 뭔가 심각한 문제가 생긴 것이다.

다른 사람의 감정에 대해 잘 인식하는 이 특징 때문에 민감한 아이는 다른 사람의 욕구를 자신의 욕구보다 우선시할 수도 있다. 그들에게 (그리고 자기 자신에게) 감정적 고통을 야기하고 싶지 않기 때문이다. 이 과정은 보통 무의식적으로 이루어지고 이러한 순응compliance은 특정한 사람들만을 대상으로 한다. 그 외의 사람들, 예를 들어 당신과 함께 있을 때 민감한 아이는 혈기왕성하고 솔직하고 요구 사항이 많을 수도 있다.

그러나 아이가 손해를 봐도 참는 사람이 되기로 선택한 것처럼 보인다면, 아마도 그렇게 하는 것이 다른 사람의 고통을 느끼는 것 혹은 다른 사람의 분노나 평가가 주는 위협감을 느끼는 것보다 더 낫다고 판단했기 때문일 것이다. 어떻게 하면 다른 사람의 감정을 인식하는 이러한 특징을 아이의 훌륭한 자산으로 만들어줄 수 있을까? 앞으로 더 논의하겠지만 일단 몇 가지 기본적인 방법을 살펴보자.

• 당신 자신이 다른 사람들의 감정을 인식할 때 어떻게 대처하는지 주의 깊게 살펴봐라. 만약 당신이 다른 사람의 고통에 대해 아무것도 느끼지 않거나 어떠한 반응도 보이지 않는다면 아이는 자신의 반응과 함께 홀로 남겨질 것이고 당신에 대한 존경심도 줄어들 것이다. 만약 당신이 다른 사람이 당신에 대해 어떻게 생각하는지는 전혀 상관없다는 식이라면 아이는 여전히 그러한 것에 신경 쓰는 자신에게 뭔가 결정적 문제가 있다고 느낄 것이다. 그러므로 이 문제에 대해 깊이 생각해보고 당신의 대처법에 대해 아이와 이야기하라. 예를 들어 많은 사람들이 고통을 겪는 어떤 대재앙에 대한 뉴스를 듣는다면, 종교적인 가르침을 받은 적이 있는 아이는 왜 신이 그토록 많은 사람에게 고통을 주는 것인지, 그리고 이 상황에서 희생자들을 위해 어떤 일을 할 수 있는지 알고 싶어 할 것이다. 아이들, 특히 민감한 아이들을 키우는 즐거움(또한 어려움) 중 하나는 삶의 묵직한 질문들에 답해야 하는 상황에 놓이는 것이다.

• 무슨 일을 할 수 있는지 아이에게 가르쳐라. 가령 연말 '기부 시즌'에 함께 나란히 앉아서 어떠한 일을 하는 자선단체에 기부하는 게 좋을지

선택해보는 것도 좋다. 그리고 다른 사람의 고통에 대해 '24시간 내내' 괴로워하는 일은 별로 도움이 되지 않는다는 사실에 대해서도 이야기를 나눠보아라. 일단 할 수 있는 최선을 다하고, 그 후에는 앞으로 나아가야 하는 것이다. 다른 사람의 평가를 의식하는 일에 관련해서 나는 '50대 50의 규칙'을 좋아한다. 50퍼센트의 사람들은 당신이 하는 일을 좋아할 것이고 나머지 50퍼센트의 사람들은 그렇지 않을 것이다. 그러므로 자신이 생각하는 최선의 방법에 따라 행동하는 게 낫다. 모든 사람을 기쁘게 할 수는 없는 것이다.

• 당신이 주위 사람들의 욕구와 자신의 욕구 사이에서 어떻게 균형을 잡는지 잘 살펴봐라. "싫습니다"라고 말할 수 있고, 다른 사람의 의견이 잘못됐다고 느낄 때 그 의견을 무시할 수 있는 능력이 자신에게 있는지 숙고해보아라. 아이는 당신을 따라 할 것이다.

• 거절할 수 있는 권리와 다른 사람의 의견을 무시할 수 있는 권리가 있다는 점을 아이에게 가르쳐라. 특히 다른 사람들을 돕거나 그들을 기쁘게 하려고 애쓰느라 에너지가 다 소모돼버린 사람은 아무에게도 도움이 되지 않는다는 점을 가르쳐주는 게 중요하다. 우리는 각자 자신이 해야 할 역할이 있지만, 혼자서 모든 일을 다 하거나 불면증에 시달리면서까지 염려할 필요는 없다. 한 크리스천 작가가 지적했듯이, 예수는 자신이 유대의 모든 사람을 치료할 수 있다는 사실을 알고 있었지만 밤을 새우면서까지 그렇게 하지는 않았다.

• 당신 자신의 문제나 다른 사람에 대한 비판을 아이와 지나치게 많이 공유하지 않도록 주의하라. 민감한 아이들은 훌륭한 친구, 마음을 터놓

을 수 있는 사람, 좋은 상담자가 되어줄 수 있다. 가깝고 이해심 많은 친구가 없는 부모에게는 특히 그러하다. 하지만 아무리 현명한 아이라 할지라도 어른의 문제는 아이에게 감당할 수 없는 부담이다. 아이는 힘들어하는 어른을 지지하는 법을 배우기 전에 세상에 대처하는 법부터 배워야 하고 부모에게서 힘을 얻어야 한다. 아이는 여전히 배우고 있는 중이다. 또한 당신이 남들을 속단하는 말을 들으면 민감한 아이는 다른 사람들도 다 그럴 것이라고 확신할 것이다.

• 아이가 자신의 욕구와 바람을 더욱 존중할 수 있도록, 선택할 수 있는 상황이 올 때마다 아이에게 선택하게 하라. 앞으로 자주 이를 강조할 것이다. 아이가 선택에 느리거나 아이가 무엇을 선택할지 당신이 이미 알고 있다고 해도 일단 의사를 물어보아라. "크래커 먹을래? 아님 빵 먹을래?" "제니보고 여기로 오라고 할까? 아님 네가 제니 집에 갈래?" 만약 아이의 욕구가 다른 사람과 충돌하거나, 다른 사람을 기분 나쁘게 하거나, 어떤 사람이 아이의 선택이 어리석거나 형편없다고 말한다면 아이에게 말해주도록 하라. 상대가 좋은 뜻에서 한 말이고 합리적으로 들리는 충고라면 잠시 동안 예의를 갖춰 고려해보는 것이 옳지만, 자신의 욕구와 의견을 가질 권리는 누구에게나 있고, 자신의 경험으로부터 배울 권리 또한 누구에게나 있는 것이라고 말이다.

• 가능한 한 가족 안에 있는 모든 구성원의 바람이 동등하게 관심받고 존중될 수 있도록 하라. 말하자면 동등하고 상호적인 공감 능력을 키우도록 연습하라는 것이다. 그렇지 않으면 민감한 아이만 가족 안에서 더 많이 양보하는 사람이 될 수 있다. 두 명의 민감한 아이들을 키우는 어떤 부

모는 '일일 통치자'의 권리를 아이들에게 번갈아서 준다. 제니가 통치자인 날이면 제니는 자동차 앞좌석에 앉을 수 있고, 전화를 받을 수(혹은 안 받을 수) 있고, 디저트를 맨 먼저 먹을 수 있고, 강아지를 산책시킬 때 줄을 잡을 수 있다. 무엇이든 자신이 좋아하는 것들을 자기 뜻대로 할 수 있는 특권을 주는 것이다. 다음 날은 개러스가 결정할 차례다. 자신에게 배정된 날이 올 때마다 아이들은 서로에게 신경 쓸 필요 없이 자신이 원하는 게 무엇인지 알아내고 이에 따라 행동한다. 민감한 아이에게 이것은 커다란 안도이며 동시에 중요한 경험이 될 수 있다.

우리 가족의 경우를 보면 우리는 문제가 될 정도로 서로에 대해 배려를 많이 한다. 하루라도 우리 셋 중 한 명이 "정말 미안한데"라고 말하는 걸 듣지 않고 지나갔으면 좋겠다는 농담을 하곤 했을 정도다. 때때로 우리는 서로의 공기를 들이마시고 있다는 사실에조차 사과하고 있는 것처럼 보이기도 한다. 이러한 이유 때문에 우리는 각자의 생일날이 되면 식료품 가게에 함께 가서 생일인 사람이 저녁에 먹고 싶은 음식을 고르는 전통을 만들었다. 이러한 연습이 다른 사람과 함께 있는 상태에서 자신만의 방식을 고수할 때 생기는 일종의 죄책감을 넘어서는 데 도움이 됐으리라 생각한다.

⑤ 새롭고 위험할 수 있는 상황에 들어가기 전에 신중하다

민감한 아이들은 모든 상황에서 매우 많은 것을 보기 때문에 익숙한 상황에서도 매번 뭔가 새로운 면을 감지한다. 두 명의 아이가 아침에 주방으로 들어온다고 상상해보자. 민감하지 않은 아이에게 매일 보내는 다른 여느 날과 별다를 바 없는 아침이다. 하지만 민감한 아이는 아빠의 코트가 없는 것을 보고 아빠가 일찍 출근했다는 사실을 알아차린다. 또한 엄마가 기분이 별로 안 좋은 것 같다고 느끼고, 문 뒤에 있는 종이봉투를 보고 누군가 뭔가를 급하게 숨긴 듯한 인상을 받는다. 또한 약간 탄 토스트 냄새를 맡고 쓰레기통에 접시가 깨져 있는 걸 본다. '엄마 아빠가 또 싸웠나? 아니면 내일 있을 내 생일 파티 준비하느라 정신이 없으셨나?'

익숙한 상황에도 민감성이 이렇게 실력 발휘를 한다면 완전히 새로운 상황에서는 더욱 그러할 것이다. 민감한 아이는 상황에 들어가기도 전에 이미 많은 정보를 처리한다. 그냥 저절로 그렇게 되는 것이다. 깜짝 파티는 그저 파티일 뿐이고, 바다는 그저 바다일 뿐이며 아이들이 좋아하고 보자마자 뛰어드는 곳이라고 생각하는 민감하지 않은 부모들에게 이 사실은 매우 실망스러울 수 있다. 하지만 민감한 아이는 모든 것을 체크해 보고 싶어 할 것이고, 억지로 하라고 강요받으면 반항하거나 이러한 즐거움을 전부 거부할 수도 있다.

그러나 한편으로 민감한 아이의 이러한 특징은 부모의 입장에서 볼 때 반가운 것이기도 하다. 민감한 아이들은 나무에서 떨어지거나, 미아가 되거나, 차에 치이거나, 담배를 피거나, 유괴되거나, 못된 어른들에게 이용당할 가능성이 상대적으로 낮다. 아이들은 이러한 위험에 대해 주의를 받았을 것이고, 낯선 상황이 닥칠 때마다 이런 위험이 있을 가능성은 없는지 점검할 것이다. 10대에게 이 특징은 더욱 유용하다. 민감한 10대 아이들은 안전하게 운전한다(혹은 운전하려 하지 않을 수도 있다. 내 아들은 스물일곱 살이 될 때까지 이 거대한 책임을 짊어지려 하지 않았다. 이 아이들은 마약, 섹스, 범법 행위, 친구 선택 등에 있어서 매우 신중하다).

하지만 당신은 아이가 새로운 경험들을 놓치는 것 또한 원하지 않을 것이다. 마리아가 10대 때 스웨덴 여행에 초대받았던 경우처럼 말이다. 마리아는 가지 않겠다고 고집을 부렸지만 엄마는 가야 한다고 주장했다. 나중에 스톡홀름에서 걸려온 행복에 넘치는 전화가 그녀의 엄마가 옳았음을 증명해주었다.

물론 민감한 아이들이 새로운 상황에서 그다지 신중하지 않은 경우도 있다. 1장에서 우리 뇌 안에 있는 '멈춤 확인 시스템'과 '돌진 시스템'에 대해 배웠다. 민감한 아이들은 전자가 강하지만 두 시스템은 완전히 독립적이기 때문에 어떤 아이들은 두 시스템 다 강하다. 두 시스템이 다 강한 아이들은 주의가 깊으면서도 동시에 모험을 좋아한다.

1장에 나왔던 오토바이를 타고 스카이다이빙을 즐기는 앤을 기억할 것이다. 앤은 이러한 모험을 즐기지만 그녀가 얼마나 안전 규칙을 확실하게 마스터하는지, 그리고 회복하기 위해 얼마나 많은 휴식 시간이 필요한지는 오직 그녀의 부모만이 알고 있다.

우리는 원숭이처럼 나무에 오르고 스키 타는 것을 좋아하는 척 또한 만났다. 척은 한 번도 뼈가 부러진 적이 없는데 익숙하지 않은 나뭇가지와 스키장 경사지를 접할 때마다 샅샅이 점검하기 때문이다. 이러한 사실은 척의 엄마만 알고 있다. 모험에 열광하고 이를 장려하는 문화 때문에 부모만이 아이의 신중한 면을 아는 경우가 있다. 전진하기 전에 멈추는 민감한 아이의 특징과 관련된 문제와 이에 대처하는 법에 대해 8장과 9장에서 자세히 논의할 것이다. 우선 몇 가지 일반적인 조언부터 살펴보자.

• 아이의 신중함이 어떠한 이점을 가지는지 기억하라. 그러면 그 신중함이 '쿨하지 않아' 보일 때 실망하지 않을 수 있을 것이다.

• 아이의 시각에서 바라봐라. 당신은 같은 상황을 이전에 많이 겪었지만 아이는 그렇지 않다. 당신은 도로 옆에 있는 절벽이나 길의 그늘진 부분을 더 이상 신경 쓰지 않을 것이다. 그리고 당신에게는 위험이 훨씬 적다. 당신은 이미 익숙해져 있기 때문에 개와 파도와 차 같은 것들이 작게 느껴진다. 공중에 떠 있는 제트 비행기 따윈 더 이상 무섭지 않은 것이다. 그러나 아이에겐 다르다.

• 아이가 이미 정복한 과거의 상황들과 비슷한 것들을 상기시켜줘라. "이번 가족 모임은 지난번 메이 할머니 생일 파티랑 비슷할 거야", "바다는 큰 욕조라고 생각하면 돼. 파도는 네가 욕조 안에서 몸을 움직일 때 생기는 것과 비슷한 거야", "슈가 올 거야. 지난주에 낸시네 파티에서 만난 적 있지?"와 같이 과거 비슷한 상황을 상기시켜줘라.

• 한 번에 한 단계씩 밟아나가라. 이 단계들에 대해서는 7장에서 얘기할 것이다. 작고 쉬운 일들을 각 단계로 삼아 아이가 거부하지 않고 완전히 성공하고 성취감을 느끼게 하라. "그러고 싶지 않으면 아무한테도 말 안 걸어도 돼. 그냥 가서 보기만 해. 게임 해도 되고." 잠시 살펴보고 난 후 말해볼 수도 있을 것이다. "네가 우리 강아지를 데리고 가면 누군가 무슨 종이냐고 분명히 물어볼걸."

• 피신처를 제공하라(다른 사람의 주의를 쏠리게 해 아이가 당황하게 만들면 안 된다). "파티에서 떠나고 싶을 때면 언제라도 네 방에 가도 좋아. 그냥 나가면 돼. 누가 물어보면 내가 말해줄게", "네가 나가서 휴식을 취하

고 싶어 할지도 모른다고 선생님께 미리 말씀드렸어. 그러고 싶을 땐 그냥 선생님께 말씀드리렴."

• 아이가 미래에 새로운 상황을 탐험하는 데는 성공이라는 요소가 가장 중요하다. 기억하라. 민감한 아이들도 돌진 시스템을 가지고 있다. 지나치게 위험해 보이지 않는 이상 아이들은 탐험을 원한다. 그러므로 아이에게 위험을 최소화하는 동시에 탐험을 하면(도를 넘지 않는 상태에서) 얻을 수 있는 것들을 강조하라. "네가 저 깊은 곳에 들어가서 물고기처럼 수영하는 걸 보고 엄마는 정말 감동받았단다. 작년 여름까지만 해도 수영을 전혀 못했던 걸 생각해보면 정말 큰 발전이지? 다음 주부터 중학교 생활이 시작되지? 시간마다 교실을 옮겨 다니게 될 거야. 생각해봐. 어떤 선생님 수업이 지루하고 어떤 아이가 마음에 안들 경우에 꾹 참고 하루 종일 그 교실에 있을 필요가 없는 거야. 그리고 네가 신청한 두 가지 선택과목도 듣게 될 거야. 직접 친구들에게 가르쳐도 될 만큼 많이 알잖아. 장담하는데, '수영에 푹 빠졌던 것처럼' 곧 모든 걸 잘해내게 될 거야."

⑥ 아이가 남과 다르다는 것 때문에 타인의 주의를 끈다

지금까지 말한 민감한 아이를 키울 때 만나게 되는 여섯 가지 문제는 각 특징 자체에서 직접적으로 기인하는 게 아니라 다른 사람이 이를 보는 방식에서 기인하는 것이다. 아이가 이 특징들을 숨기는 데 매우 탁월하지 않다면 아이는 더 많이 느끼고 알아차리는 사람, 그리고 행동하기 전에 일단 멈춘 후 모든 것을 숙고해보는 사람으로 알려질 것이다. 다른 사람을 만날 때, 특히 소수 그룹에 속한 사람(민감한 사람들은 소수에 속한다)을 만날 때 이들이 우등한지 열등한지, 그리고 자신이 우러러봐야 하는지 아니면 그 반대인지 판단하는 것은 거의 인간의 본성이다. 이는 남과 '달라' 보이는 아이들 누구라도 직면하게 될 문제다.

여섯 가지 도전 과제 이외에 남들과 다른 아이를 키우는 데에는 많은 장점 또한 존재한다. 우리의 모토를 기억하는가? '평범함을 뛰어넘는 아이를 키우고 싶다면 기꺼이 평범함을 뛰어넘어야 한다.' 어떤 교사들, 친구들 그리고 친지들은 당신 아이의 남다름이 경이롭다고 생각할 것이다. 이러한 사람들로부터 아이는 우리 사회에서 상대적으로 다수이며 자신과는 다른 민감성에 그다지 감명받지 않는 사람들을 만날 때 필요할 자존감을 얻을 수 있을 것이다.

정말로 어떤 문화권에서는 민감하다는 것이 사회적으로 유리하게 작용하고 존경의 대상이다. 자연과 가까이 사는 사람들은 자기 지역의 민감한 약초 채집자, 사냥꾼, 샤먼들을 존경한다. 중국과 캐나다의 초등학생 아이들을 비교한 한 연구는 '민감하고 조용한' 아이가 중국에서는 인기 있지만 캐나다에서는 별로 인기가 없다는 사실을 발견했다. 아마 중국이나 유럽처럼 풍부한 예술적, 철학적, 영적 전통을 가지고 있는 구舊 문화권이, 개척자 정신을 가진 '마초' 남성과 '터프한' 여성을 우대하는 미국, 캐나다, 라틴 아메리카, 호주 같은 신新 이민 문화권보다 민감성의 진가를 인정하는 능력이 더 뛰어나기 때문일 것이다.

생각해보면 거칠고, 공격적이고, 충동적이고, 탐색이 빠른 문화권들은 더 평화롭고, 진지하고, 민감한 가치들을 가지고 있는 문화권을 잠식하고 팽창한다. 군대를 동원하든, 공격적인 경제 스타일로 밀어붙이든, 자기 문화를 무차별적으로 살포하든 어떠한 형식에서라도 말이다. 하지만 이는 토끼와 거북이의 경주와 같을지 모른다. 민감성을 중시하는 개인들과 문화권이 최후의 생존자가 될지도 모른다는 얘기다.

물론 두 특징을 결합하는 문화권이 최종적인 승자가 될 가능성이 더 유력하다. 자연을 훼손하거나, 열등한 그룹을 착취한다거나, 어린이 교육에 신경 쓰지 않는다거나 하는 문제가 장기적으로 어떠한 결과를 낳을지에 대한 통찰을 할 수 있어야 할 것이고, 이러한 통찰과 충동성 사이에 균형을 잘 잡을 수 있어야 할 것이다. 민감한 사람들이 존중받고 동등한 힘을 가진 사회는 이러한 실수들을 저지르지 않을 것이다. 앞서 얘기했듯이 세상에는 당신의 민감한 아이가 필요하다. 우리는 5장에서 민감한 아이에게 힘을 실어줄 수 있는 방법과 민감성에 대한 편견으로부터 아이를 보호할 수 있는 방법에 대해 논의할 것이다. 일단 몇 가지 요점부터 살펴보자.

• 이 특성에 대한 당신 자신의 태도를 점검하라. 연구 결과 북아메리카에서 자라는 거의 모든 사람은 유색 인종에 대해 무의식적인 편견을 가지고 있다고 한다. 편견에 따라 행동하지 않는 사람들은 자신의 이러한 타고난 무의식적 반응을 적극적이고 의식적인 방법으로 바꾼 사람들이다. 마찬가지로 당신이 '민감하고 조용한' 아이들이 덜 선호되는 문화권에 살고 있다면 당신은 아이를 위해서 이러한 반응을 넘어서야 한다. 그리고 이는 매우 현실적인 문제다. 연구는 특히 '숫기 없는' 아들이 엄마가 가장 덜 좋아하는 아이일 경우가 많다고 말해준다(반면 '숫기 없는' 딸은 집에서 엄마의 특별한 친구가 되는 경우가 많다).

• 이 특성에 대해 아이와 대화를 나눠라. 이 특성으로 인해 생길 수 있는 문제점들을 인정하고 동시에 이 특성이 가지는 장점들을 지목하라. 어떤 부모들은 자신의 아이가 남들과 다르다는 사실 자체를 언급하는 걸 두려워한다. 아프리카계 아이를 입양한 유럽계 미국인 친구가 있었다. 내가 아이에게 훌륭한 아프리카계 미국인들에 대한 책을 선물로 보냈을 때 친구는 그 책을 돌려보냈다. 아이에게 자신이 다르다는 인식을 심어주지 않을 작정이라고 했다. 마치 다른 점을 전혀 눈치챌 수 없다는 듯이 말이다. 아이의 다름을 무시하는 일은 효과가 없을 것이다. 오히려 당신의 침묵이 백 마디 말보다 아이에게 더 큰 영향을 미칠 것이다.

• 다른 사람들의 말에 어떻게 반응하고 싶은지 생각해봐라. 특히 아이가 당신의 말을 옆에서 듣고 있을 때 어떻게 말할지 고민해보아라. 지식이 뒷받침된 똑똑한 답변을 준비해놓으면 당신은 거의 무적일 것이다. 왜냐하면 대부분의 사람들은 아직 이 특성에 대해 잘 모르기 때문이다. 구체적인 방법에 대해서는 5장에서 배울 수 있을 것이다. 아이는 이와 똑같은 답변을 다른 사람들과 있을 때 이용할 수 있을 것이다. 또한 당신이 주위에 없을 때 다른 사람들한테서 자꾸 들어 내면화된 자기비판 의식에 반격할 수도 있을 것이다.

• 아이가 문화와 심리학에 대해 이해할 수 있을 정도로 크면 민감성에 대한 사람들의 반응이 어디서부터 나왔는지 그 뿌리와 역사를 설명해주도록 하라. 어떤 문화권에서 민감성이 칭송받는지, 그리고 어떤 문화권에서는 그렇지 않은지 설명해주라. 어떤 사람들, 특히 남자들은 자신 안에 민감성과 비슷한 것이 있다는 사실을 밝히는 데 두려움을 느낀 나머지 이

주제에 대해 이상한 태도를 취하기도 한다.

나는 마초 유형의 남성 진행자들이 진행하는 토크쇼에 출연한 적이 몇 번 있었는데 그들은 이 주제에 대해 이야기할 때 마치 거의 신경쇠약 직전인 지경처럼 보였다. 기묘하고 신경질적인 웃음을 터뜨리는가 하면 부적절한 질문을 해대고 내 말에 집중을 하지 않았다. 그들은 아마 어린 시절 넘어져서 울고 있을 때 누군가가 "뚝 그치고 마마보이처럼 굴지 말고 남자답게 굴어"라고 호통쳤던 기억을 되새기고 있었을 것이다. 이 주제에 대해 자주 얘기하다 보면 당신과 아이도 이러한 과장된 반응들을 오히려 즐길 수 있을 것이다.

• 불필요한 관심, 칭찬 혹은 동정으로부터 아이를 격리하라. 때때로 어떤 사람들은 아이의 민감성을 발견하고 그 비범함에 놀랄 것이다. 하지만 아이가 민감하게 태어나기 위해 특별히 노력을 한 게 아니기 때문에 이 자체를 '과도하게' 칭찬하거나, 아이가 자신이 남들보다 우등한 존재라고 느끼게 해서는 안 된다. 아이를 동정하는 일은 더더욱 불필요하다. 민감한 아이들을 동정해서는 안 된다. 설사 남들이 이런 행동을 한다 하더라도 당신과 아이가 어떻게 하느냐가 중요하다.

민감한 아이의 부모만이 느끼는 기쁨

보통 이런 종류의 책은 여러 문제를 알아내고 이를 해결하는 데 대부분의 페이지를 할애한다. 그러나 이러한 방식으로는 민감한 아이의 진가를 알 수 없고, 부모가 민감한 아이를 키우면서 느낄 수 있는 많은 기쁨을 인식하고 한껏 즐길 수 없다. 그러한 의미에서 잠시 시간을 내 당신이 어떠한 축복을 받았는지 살펴보자.

• 모든 일에는 밝은 면이 있다. 아이가 필요로 하는 이해와 도움을 제공하면 아이는 당신에게 마음속 깊이 고마워할 것이다. 아이는 심지어 다른 사람들에게 당신을 최고의 부모라고 칭송할 것이다. 그리고 당신이 가족 안팎에서 생기는 여러 힘든 문제를 성공적으로 해결할 때 당신과 아이는 깊은 연대감의 순간들을 즐길 수 있을 것이다. 아이가 공포를 정복하고 다른 아이보다 훨씬 자신감에 차게 되면 그 짜릿한 성공을 함께 나눌 수 있을 것이다. 또한 놀림이나 편견에 대응하는 법을 함께 알아낼 때 당신과 아이는 마치 동료가 된 것 같은 기분을 맛볼 수 있을 것이다.

• 아이는 당신이 모든 것을 더 깊이 인식할 수 있게 해줄 것이다. 아이는 당신이 아이가 없었다면 생각해보지 않았을 것들, 즉 아름다움, 뉘앙스, 사람들 사이의 미묘함, 인생에 대한 질문들을 전해줄 것이다. 당신이 민감하더라도 민감한 아이는 세상에 대해 아이 특유의 신선하고 예민한 시각을 보여줄 것이다. 당신은 모든 종류의 질문에 대해 답을 구해야 할 것이고 그 과정에서 자신의 내면을 들여다보는 기회도 가질 수 있을 것이다.

• 당신과 아이는 더 깊은 방식으로 맞닿을 것이다. 물론 맞닿기 위해서는 두 사람이 필요하다. 당신은 아이가 특히 가까워지고 싶어 하는 순간과 떨어져 있기를 원하는 순간 모두를 수용하는 법을 배워야 할 것이다.

• 아이는 의식적, 무의식적 부분을 모두 포함해 당신에 대해 잘 알

것이고 이로 인해 당신은 자기 자신에 대해 더 많이 알게 될 것이다. "엄마, 저번에 저한테 별로 맘에 안 든다고 말한 아줌마한테 왜 좋아한다고 말했어요?" "아빠, 너무 피곤해서 쓰러질 지경이라고 해놓고 왜 바닥 청소하시는 거예요?"

• 잘 자란 민감한 아이는 내면세계와 외부세계에서 발견한 모든 아름다움에 대해 깊은 감동과 즐거움을 느끼면서 자랄 것이다. 그리고 깊은 곳에서 끌어올린 이 보물들을 다른 사람들도 즐길 수 있도록 여러 방식으로 표현할 것이다.

• 잘 자란 민감한 아이는 세상에 큰 공헌을 할 것이다. 무대 뒤에서든 무대 앞이나 무대 정중앙에서든 말이다. 민감한 사람들은 예리한 관찰자이자 사색가이기 때문에 이들은 전통적으로 발명가, 법률인, 의사, 역사가, 과학자, 교사, 상담사, 영적 지도자인 경우가 많다. 또한 통치자와 정복자들을 위한 조언자였으며 예언자기도 했다. 공동체에서 이들은 오피니언 리더인 경우가 많고, 사람들이 누구에게 투표해야 할지 혹은 가족 문제를 어떻게 풀어야 할지에 대해 답을 구하려 할 때 찾는 이들이다. 무엇보다 이들은 매우 훌륭한 부모와 파트너가 된다. 또한 이들은 사회 정의와 환경 문제에 대해 깊이 걱정하고 공감한다.

민감한 아이를 키우면서 얻는 특별한 즐거움들은 이 이외에도 무궁무진하다. 정말 많지 않은가? 그러므로 우리의 모토를 다시 한번 유념하자. '평범함을 뛰어넘는 아이를 키우고 싶다면 기꺼이 평범함을 뛰어넘어야 한다.' 이제 본격적으로 시작해보자.

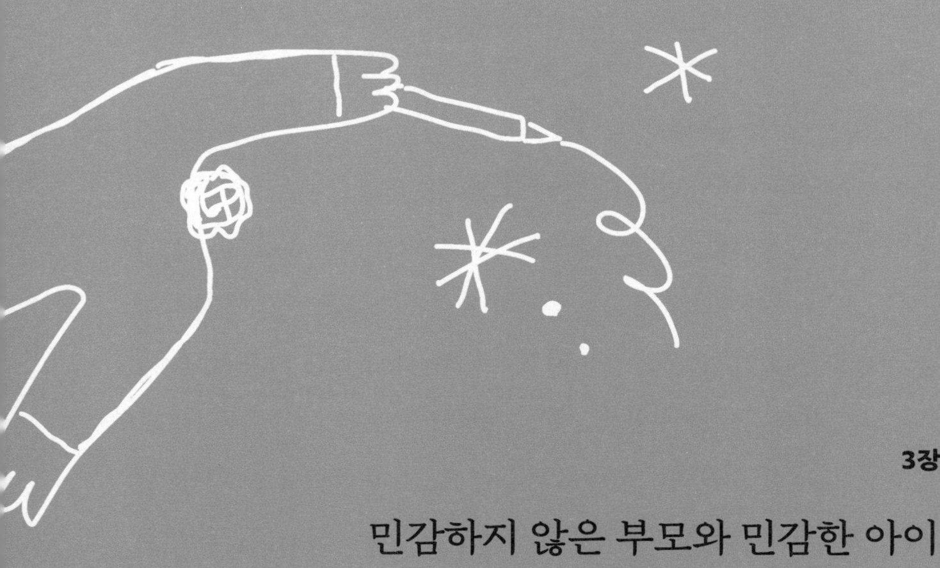

3장

민감하지 않은 부모와 민감한 아이

민감하지 않은 부모가 민감한 아이와 함께할 때 어떤 일이 일어날까? 나와 내 아이가 가지고 있을지도 모를 또 다른 중요한 기질인 탐색 추구 성향과 함께 민감하지 않은 부모가 민감한 아이를 키울 때 가질 수 있는 이점과 문제점을 집중해서 알아보자.

당신은 민감한 사람인가?

민감성은 유전적 특성이지만 민감한 아이의 부모 중 한 명이나 아니면 양쪽 부모 다 민감하지 않을 가능성이 꽤 있다. (가까운 친척 중에 민감한 사람이 있을 가능성도 있는데 그 사람은 아이와 신체적 특징이 비슷할 수도 있다.) 당신이 민감한 사람인지 아닌지 알아보려면 이 장의 끝부분에 나와 있는 자가진단을 해보길 바란다.

민감한 부모든 그렇지 않은 부모든 모두 이 장을 읽어야 할 필요가 있는데 민감한 부모라 하더라도 아이와 똑같은 방식으로 혹은 똑같은 정도로 민감한 것은 아니기 때문이다. 또한 아이 주위의 민감하지 않은 사람들에게 어떻게 조언해야 할지에 대해 도움을 얻을 수도 있을 것이다. 자가진단을 통해 자신이 민감한 사람이라는 걸 방금 처음으로 알았다면 확실히 이 장을 읽고 싶을 것이다. 전 장에서 만난 샤론이 그랬던 것처럼 지금까지 민감하지 않은 부모로서의 시각만 견지해왔을 것이기 때문이다.

본격적으로 이야기하기 앞서 한 가지 유념해주길 바란다. 글의 간결성을 위해 나는 '매우 민감한 사람이 아니다non-highly-sensitive'라는 표현 대신 '민감하지 않다nonsensitive'라는 표현을 자주 사용할 것이다. 그러나 결코 '무신경하거나 둔하다는insensitive' 의미는 아니다. 전문적인 용어로서 '민감성'이라는 특정한 유전적 특성을 가지고 있지 않다는 의미다.

아빠의 역할이 중요하다

아빠들은 자신이 민감한 사람이든 그렇지 않든 간에 이 장을 특별히 주의 깊게 읽을 필요가 있다. 왜냐하면 남성들은 민감하지 않은 부모로서의 시각을 가질 가능성이 더 크기 때문이다. 남자라는 존재를 무신경함과 동격화하는 경향 때문인데, 이 '무신경하다는 것'은 미묘함을 인식하지 못하고 자극, 스트레스, 고통이 어떤 수준이든지 간에 이를 '남자답게 받아들일 수 있는' 것을 의미한다. 그러나 '민감성을 가지고 태어나는 남성의 비율은 여성과 동일하다.' (하나 알아둘 것은 자가진단에서 중간 범위의 점수만 기록했다 하더라도 남성이라면 민감한 사람일 수 있다는 사실이다.) 민감한 아이들이 세상에 적응하는 데 아빠의 역할은 월등하게 중요한데, 세상에서 어떻게 해나가야 하는지 아이들에게 가르쳐주는 사람은 전통적으로 남성들이기 때문이다.

민감성과 탐색 추구 성향

높은 탐색 추구 성향High Novelty Seeking이란 매우 강한 돌진 시스템(1장에서 설명한)을 가짐으로써 생기는 특성을 가리키는 용어다. 높은 탐색 추구 성향을 지닌 사람들은 스릴을 좋아하고 '늘 만나는 오래된 사람들과 있으면 쉽게 지루해하고 탐험을 즐긴다(토마스와 체스의 용어로 이들은 높은 접근성highly approaching을 지닌 사람들이다). 예를 들어 이들은 마음에 들었던 장소에 다시 가는 것보다 새로운 장소에 가는 걸 좋아한다. 또한 여행할 때 여행지가 낯설수록 더 좋아한다. 이들은 인생의 어떤 시기에 호기심 삼아 마약에 손대 보기도 하고 틀에 박힌 일상을 별로 좋아하지 않는다.

앞에서 말했듯이 민감한 동시에 탐색 추구 성향이 높을 수 있다. 그러나 만약 당신이 두 가지 성향을 다 가지고 있다 하더라도, 높은 탐색 추구 성향은 당신을 민감하지 않은 사람과 비슷하게 보이도록 만들 수 있다. 높은 탐색 추구 성향을 지닌 사람과 민감하지 않은 사람 둘 다 민감한 아이보다 새로운 상황에 쉽사리 진입하기 때문이다. 그러나 그 이유는 서로 다르다. 탐색 추구 성향을 지닌 사람들은 새로운 경험을 원하기 때문에 그렇게 할 것이고, 민감하지 않은 사람들은 멈춰서 확인하는 것에 대해 별로 신경 쓰지 않기 때문에 그럴 것이다.

이러한 유사성에도 불구하고 탐색 추구 성향을 별도로 논의해야 하는 경우가 한 가지 있다. 당신과 아이 모두 민감한 동시에 높은 탐색 추구 성향을 지니고 있는 경우다(탐색 추구 성향에 대한 연구를 아직 완성하지 않아서 아이가 이 성향을 지니고 있는지 알아볼 수 있는 테스트를 제공할 수는 없지만 개인적 판단으로 충분히 잘 알아낼 수 있으리라 생각한다).

당신과 아이 모두 이 두 성향을 가지고 있다면, 문제는 두 사람 다 쉽게 지루해하고, 항상 새로운 경험을 갈망하지만, 동시에 쉽게 압도된다는 점이다. 자극에 대해 두 사람이 수용할 수 있는 적정 범위는 매우 좁다. 그러므로 자신이 감당할 수 없게 하루를 계획하거나 전체 인생을 계획하면 거의 자기파괴적으로 보일 수 있고, 그 결과 지치거나 고통스러워하거나 심지어 병에 걸릴 수도 있다. 그리고 계속해서 자신의 탐색 추구 성향을 억제하는 데 실패한다면 민감성도 동등하게 높기 때문에 이로 인해 만성적인 질병에 시달리게 될지도 모른다.

물론 우리 사회는 탐색 추구 성향을 더 지지한다. 예를 들어 회사의 고위 관리직 사람들은 대부분 업무를 위해 전 세계를 여행해야 한다. 높은 탐색 추구 성향을 지닌 사람들은 여행과 새로운 곳을 구경하는 일 자체를 즐기기 때문에 별 문제가 되지 않을 것이다. 그러나 이들이 동시에 매우 민감한 사람들이라면 심신의 소모가 심할 것이다.

이러한 이야기를 하는 이유는 당신이 자신에게 있는 이 두 가지 기질을 어떻게 관리해야 할지 알아내고 아이에게 가르쳐야 할 의무가 있기 때문이다(이 주제에 관한 책이 아니기 때문에 이에 대해서는 다른 경로를 통해 더 자세히 이야기 나누도록 하자).

당신과 아이가 매우 다른 기질을 가지고 있다면

만약 당신이 어느 한쪽에 치우쳐 있고(민감하지 않고, 탐색 추구 성향을 가지고 있고, 아마도 외향적이라면) 아이는 다른 한쪽에 치우쳐 있다면(민감하고, 탐색 추구 성향을 가지고 있지 않고, 아마도 내향적이라면), 둘 사이에는 매우 심각한 차이가 있을 것이다. 이제부터 말하는 모든 것들은 당신에게 정말로, 정말로 중요하다.

우선 민감하지 않은 부모와 민감한 아이는 엄청나게 잘해낼 수 있다. 2장에서 나는 '합치성goodness of fit'에 대해 말한 바 있다. 그러면서 부모와 아이가 잘 맞는다는 게 같은 기질을 가지고 있음을 의미하는 게 절대 아니라는 점을 강조했다. 사실 여러 가지 면에서 기질의 차이는 이점이 될 수 있다. '잘 맞는다는 것A good fit'은 문화, 가족, 부모 등 주위 환경에서 주어진 기질을 특별히 잘 지지해주는 것을 가리킨다. 만약 부모가 아이와 잘 맞지 않는다는 점을 깨닫는다면 변화하고 적응할 수 있다.

하지만 적응하기 위해서는 우선 자신이 적응할 필요가 있다는 점을 먼저 깨달아야 한다. 민감하지 않은 사람으로서 당신은 20퍼센트의 민감한 아이들보다는 자신과 비슷한 나머지 80퍼센트의 아이들에게 익숙해져 있을 것이다. 그러므로 당신이 가장 먼저 해야 할 일은 당신의 아이가 다른 아이들과 다르다는 현실을 받아들이는 것이다. 아이가 가면 놀이를 하는 것도, 교묘히 조작하는 것도 아니다. 당신이나 파트너가 양육에 실패한 것은 더더욱 아니다.

아이를 수용하는 데 있어 가장 중요한 부분은 당신이 민감한 기질에서 마음에 드는 부분 전부를 정확히 알아내는 것이다. 하지만 이상하게 느껴지고, 좌절감을 안기고, 실망스러운 부분 전부를 인정하는 것은 더더욱 중요하다. 민감성 때문에 당신이 부모로서 경험하지 못할 일들이 분명히 있을 것이고, 아이가 경험하는 걸 지켜보지 못할 일도 있을 것이다. 이 모든 것을 충분히 애도해야 한다.

당신은 아이를 여름 캠프에 단 한 번도 보내지 못할 수도 있고, 아이가 리더로 활약하는 모습을 보지 못할 수도 있다. 또는 친구들한테서 걸려온 전화로 아이 전화통에 불이 나는 것을 보지 못할 수도, 아이가 새로운 환경에서 즉시 행복해하고 자발적으로 참여하는 모습을 보지 못할지도 모른다. 어떤 민감한 아이들에게는 이런 일이 일어날 것이고, 어떤 민감한 아이들에게는 이런 일이 일어나지 않을 것이다. 영원히. 하지만 대신 다른 기쁨들이 있다. 이것은 '패키지 딜package deal(취사선택을 허용치 않는 일괄 거래)'이다. 어떠한 것이 패키지에 들어 있지 않다 해도 이를 수용해야 한다. 어떠한 인간이나 어떠한 성격이나 어떠한 인생도 완벽하게 모든 것을 가질 수는 없다.

오로지 이러한 한계들을 수용하고 애도한 후에야 당신은 문제 해결에 적극적으로 참여할 수 있고 자신만의 창의적인 해결책을 제시할 수 있다. 그렇게 하기 전에는 어떠한 훌륭한 제안을 해도 당신은 "맞아요. 하지만" 같은 종류의 반응만을 보일 것이다. "맞아요. 하지만 아이가 그렇게 하지 않을 거예요", "맞아요. 하지만 그건 내게 너무 어려운 일이에요" 또한 당신 내면의 어떠한 곳에서는 여전히 아이의 다름을 진정으로 수용하지 않은 채 저항할 것이다. (만약 이 과정이 힘들다면 내 세 번째 책 『타인보다 민감한 사람의 사랑』에서 민감한 사람과 민감하지 않은 사람 사이의 관계에 관한 부분을 찾아 읽어보라고 권하고 싶다. 결국 부모와 아이 사이도 일종의 애정 관계이므로 도움이 될 것이다.)

자신이 혼자가 아니라는 사실은 늘 위안이 된다. 1장에서 만났던 영리한 아홉 살 남자아이 랜들의 이야기로 돌아가보자. 랜들은 다른 사람의 집에 가는 것을 좋아하지 않기 때문에 소수의 친구들하고만 친하게 지낸다. 랜들은 야구를 좋아한다. 그러나 익숙하지 않은 코치가 가르치는 걸 원하지 않았기 때문에 결국 랜들의 엄마가 팀의 코치를 맡게 되었다. 정말 대단한 엄마가 아니지 않을 수 없다. 랜들의 엄마 매릴린은 민감하지 않은 사람이고 민감한 아이에게 맞춘다는 게 얼마나 힘든 일인지 뼈저리게 느꼈다. 그러나 결국 그녀는 해냈다.

남자아이를 강하게 키우려는 부모들

매릴린은 '모든 일에 바로 뛰어드는' 여성이다. 그녀의 남편은 그렇지 않다. 아들 랜들은 아빠를 닮아 태어날 때부터 확실히 민감했다. 랜들은 아기였을 때 몇 가지 음식만 먹었고 걷기 시작하면서부터는 새로운 사물을 보면 접근하기 전에 일단 물러서서 살펴봤다. 하지만 매릴린은 사업상 할 일이 많았고 랜들은 유모의 보살핌 속에서 자랐다. 아기였을 적에는 모든 것이 편안하고 질서정연했다. "아기 때 거의 울지 않았어요." 매릴린은 말한다.

그 후 매릴린은 랜들이 놀이 그룹에 낄 만큼 컸다고 생각했다. 그녀가 오후 2시경 집에 올 때면 랜들은 행복해하고 있었다. 단, 놀이 그룹으로 향하기 전까지만 말이다. 랜들은 공황 상태에 빠져 소리를 지르고 엄마가 계속 옆에 있어야 한다고 떼를 썼다. 또한 엄마가 같이 가지 않으면 아이들과 놀지 않겠다고 했다. 그리고 자신이 첫 번째로 생일 파티 장소에 도착하지 않으면 생일 파티 가는 것도 싫어했다. 심지어 파티 중에 집에 일찍 데리고 와야 할 때도 많았다.

매릴린이 특별히 힘들게 느꼈던 점은 랜들이 누가 뽀뽀하거나 껴안는 걸 좋아하지 않는다는 거였다. 랜들은 사랑스러운 아이였지만 단지 누가 가까이서 뭘 하는 걸 견디지 못할 뿐이었다. 매릴린과 조부모들이 얼마나 실망했을지 한번 상상해보라. 랜들은 그들에게 첫 손자였다. 랜들이 '정상인' 걸까? 매릴린은 매우 걱정이 되었다. 지금 와서 생각해보면 자신과 아이가 확연하게 다르다는 것을 부인하기 위해 온갖 노력을 다한 것 같다고 매릴린은 말한다.

랜들이 유치원에 다니기 시작하면서 매릴린은 의문에 대한 답을 얻었다. 유치원을 다니는 게 쉽지 않을 거란 생각이 들어서 매릴린과 랜들은 입학하기 1년 전부터 수시로 유치원을 방문했다. 그럼에도 불구하고 첫째 날에 랜들은 공포에 사로잡혔고 다음 날부터 매일 그랬다. 이 시점에서 매릴린은 아이를 직접 유치원에 데려다줄 수 있도록 일하는 시간을 줄여야겠다고 결심했다. 가족, 친척들과 친구들은 '지나친 관여'라고 만류했지만 아랑곳하지 않았다. 그리고 랜들이 교실에서 첫마디를 꺼낼 때까지 6개월이 더 걸렸다. 무슨 일이 벌어지고 있었던 걸까?

다행히 랜들의 담임교사는 알고 있었다. 랜들의 담임 피터슨은 자신 또한 민감한 사람이었고 오랫동안 교실에서 수십 명의 민감한 아이들을 관찰한 결과 민감한 아이들에 대해 어느 정도 이해하게 되었다. 그녀는 랜들이 어떤 활동에 참여하기 전에 충분히 시간을 가질 수 있도록 배려해주었으며 매릴린에게 아들에 관한 모든 것을 설명해주었다. 랜들은 완벽히 정상이고 다만 다른 아이들에 비해 별도의 시간이 더 필요할 뿐이며 소음, 타인, 예상치 못한 일들에 쉽게 압도될 수 있다고 말해주었다. 특히 매릴린의 스타일을 보고 나서 피터슨은 아이의 불안에 관심을 기울이고 그것을 믿어주고 대신 너무 지나치게 밀어붙이지 말라고 조언했다.

그해가 저물 즈음이 돼서야 비로소 랜들은 피터슨 부인의 수업에서 편안함을 느꼈다. 현재 랜들은 초등학교 4학년이고 학교를 좋아한다(거의 담임교사 덕분이다). 랜들은 무엇을 해야 할지를 알고, 해야 할 일을 아주 잘해내기 때문에 교사들은 랜들을 좋아한다. (교사들은 민감한 아이들에게 이렇게 큰 변화를 일으킨다. 적합한 교사를 찾는 일에 대해서는 8장에서 더 자세히 얘기할 것이다.)

랜들과 매릴린은 현재 어떻게 지내고 있을까? 매릴린은 아들을 '대단한 아이'라고 부른다. 그녀에 따르면 랜들은 자기 자신에 대해 이해하고 난 후 매우 안도했다고 한다. 랜들은 필요한 게 있으면 엄마에게 말하고 그녀는 그의 얘기를 들어주고 지지해준다. 엄마로부터(그리고 담임교사와 보낸 시간들로부터) 랜들은 자기가 바깥 활동보다 집에서 책 읽는 걸 더 좋아하는 게 전혀 문제가 안 된다는 사실을 배웠다. 그는 학교에 있을 때는 친구들과 잘 지내고 사교적이지만 방과 후에 다른 활동을 더 하는 걸 원하지는 않는다.

매릴린 또한 많은 변화를 겪었다. 한때는 아들을 밀어붙여서 공포를 극복하게 만드는 게 자신의 임무라고 생각하던 때가 있었다. 특히 남자아이를 '응석받이로 키우면' 이는 아이를 '방치하는 것'이고 그러면 아이의 '역기능dysfunction'이 더욱 활개를 칠 거라고 생각했다. 이제 그녀는 자신이 그보다 더 어리석을 순 없었다는 사실을 깨달았다. 그녀의 임무는 바람직한 행동에 대한 자신의 기준을 고수하면서 아이를 이해하고, 보호하고, 격려해주는 것이다.

예를 들어 이제 매릴린은 랜들이 키스와 포옹보다 악수를 더 좋아한다고 친척들에게 말해준다. 대신 애정을 표현하는 차원에서 악수와 예의 바른 인사말 정도는 반드시 필요하다고 주장한다. 두 사람은 대화를 통해 이 합의점에 도달했다.

과거를 되돌아보면서 매릴린은 자신이 초기에 밀어붙인 게 유치원을 시작하면서 아이가 공황 상태에 빠진 원인 중 하나가 아닌지 여전히 걱정한다. "제 스스로가 민감하지 않기 때문에 서로 사이가 안 좋을 때도, 스트레스 받을 때도 많았죠." 그녀는 회상한다. 그러나 두 사람은 현재 올바른 길을 따라가고 있고 이 점이 중요하다. "제가 여전히 가끔 좋지 않은 상황에 밀어붙일 수도 있다는 사실을 아이에게 일깨워줘요. 하지만 늘 최선의 선택을 하기 위해 노력하고 있고 아이의 생각에 대해 적극적으로 듣습니다. 솔직히 예전 어느 때보다 요즘 아이의 말을 잘 듣는데요. 아이 말이 틀릴 때가 별로 없답니다."

매릴린에 따르면 랜들의 아빠는 아들과 같은 기질을 공유하고 있다고 했다. 나는 그를 인터뷰하지는 않았지만 아내가 아이를 키우느라 고군분투하고 있는 동안 그가 어디에서 무얼 하고 있었는지 의문이었다. 하지만 그는 이제 아이 양육에 적극적으로 참여하고 있다고 한다. 랜들은 요즘 아빠에게서 골프를 배우고 있다. (골프는 민감한 아이에게 좋은 게임이다. 미묘한 요소들의 경중을 비교해 모든 것이 맞아 떨어지는 한순간을 노리기 때문이다.) 매릴린은 언제나 랜들이 여럿이 함께 뛰는 팀 스포츠에서 두각을 나타내기 바랐지만, 이번 기회에 랜들이 무엇을 좋아하는지 다시 한번 알 수 있게 되었다.

민감하지 않은 부모가 갖는 이점

매릴린이 민감한 사람이 아니었기 때문에 랜들이 얻을 수 있었던 많은 이점을 간과해선 안 된다. 그리고 당신이 민감하지 않기 때문에 당신의 민감한 아이가 누릴 수 있는 이점들도 간과하면 안 된다.

• 당신은 아이에게 더 많은 모험을 선사할 것이다. 매릴린은 랜들이 혼자서라면 시도조차 해보지 않았을 활동들에 랜들을 참여시켰다. 그 결과 랜들이 딱 한 가지 팀 스포츠를 좋아 한다는 게 밝혀졌다. 바로 야구다. (야구는 민감한 아이들에게 좋은 팀 스포츠다. 축구나 농구보다 덜 빠르고 덜 난폭하고 미묘한 부분이 많이 있다. 팀 스포츠를 하는 것은 다른 아이들, 특히 남자아이들이 사람들이게 받아들여지기 위해 거의 필수적으로 거쳐야 할 코스가 됐다.)

스포츠든 다른 어떤 것이든 일반적으로 민감하지 않은 부모는 민감한 아이를 새로운 장소에 데려가고 새로운 것들을 시도해보게 하고 모험을 하게 한다. 만약 아이가 이를 견디어내고 조금이라도 성공을 거둔다면 아이는 다른 새로운 활동을 시도해보는 데 더욱 적극성을 띄고 심지어 열성을 보이기도 할 것이다. 모든 부모들은 민감한 아이가 새로운 영역을 개척할 수 있도록 부드럽게 그리고 때때로 강하게 용기를 주어야 한다. 강한 밀어붙임이 필요할 때가 생기면 민감하지 않은 부모는 서슴지 않고 그렇게 할 수 있을 것이다.

• 당신은 견고한 버팀목이 되어주고 균형을 유지해줄 것이다. 아이가 공포, 분노, 슬픔 혹은 다른 어떤 감정에 압도되어 갑자기 화낼 때, 또는 그냥 무언가에 압도되어 있을 때 당신은 이러한 것들을 덜 느끼기 때문에 아이를 진정시킬 수 있을 것이고 아이의 방응을 '수용할' 수 있을 것이다(2장에서 설명한 대로). 당신이 아이의 민감성을 이해하고 있고 아이의 과잉 반응에 격분하지만 않는다면 말이다. 아이는 당신의 차분한 반응을 따라할 것이다. 아이는 같은 상황에서 당신이 어떻게 다르게 반응하는지 배울 것이고, 미래에 그러한 상황이 다시 생기면 배운 것을 적용할 것이다.

• 당신은 민감한 부모보다 더 쉽게 아이를 위해 소리를 높이고 보호해줄 것이다. 매릴린은 조부모들이 랜들에게 뽀뽀하려 했을 때 아이를 방어해주었다. 그리고 8장에서 우리는 그녀가 집단 괴롭힘 문제에 어떻게 대처했는지 살펴볼 것이다(그녀는 끼어들거나 아이 편에 서서 싸우지 않고서 훨씬 창의적인 방법으로 문제를 해결했다). 민감한 부모는 정면 대결이 가져

오는 심한 자극을 원하지 않기 때문에 이런 상황에서 뒤로 물러설지도 모른다. 혹은 적절한 도움을 받지 못한 어린 시절을 보냈고, 유사한 경험 가령 할머니가 안아봐야 한다고 고집을 꺾지 않았거나 덩치 큰 아이들이 발로 계속 차거나 하는 경험을 많이 했다면 다 안다는 듯이 이런 말로 타이를지도 모른다. "받아들여야 할 거야."

• 당신은 아마 다른 사람들과 소통을 잘할 것이고 마음속에 있는 말을 별다른 주저 없이 말할 수 있을 것이다. 이러한 일종의 '실황 방송running commentary'을 통해 아이는 어른들이 어떻게 사고하고 대처하는지 알 수 있을 것이다. 또한 아이는 화가 나거나 혼란스러운 상황에서도 그렇다고 솔직하게 얘기하지 않는 말수 없는 부모에 대해 불필요하게 염려해야 할 일도 없을 것이다.

민감하지 않은 부모라면 이런 점에 주의하라

• 당신은 아이가 세상을 다른 식으로 경험한다는 사실을 믿기 어려울 것이다. 다른 사람의 경험이 자신의 것과 완전히 다를 때 이를 인정하기란 항상 어렵다. '아무도 절대 그런 식으로 느끼진 않을 거야'라고 생각하기 때문에 당신은 자신이라면 어떨지에 맞춰 이유를 찾아보려고 애쓸지도 모른다. 예를 들어 민감한 아이가 불평할 때 '실제론 안 그럴 거야'라든지 '관심이 필요한 거군'이라고 생각하는 것이다.

• 당신은 자주 인내심의 한계를 느낄 것이다. 오랫동안 멈춰서 고민

하지 않고, 과감히 말하고 행동하는 사람인 당신에게 인내는 진정으로 큰 도전일 것이다. 그러나 발전시켜야 할 좋은 덕목이기도 하다.

• 당신의 볼륨은 너무 크다. 이 말은 당신이 너무 큰 목소리로 말한다는 의미가 아니라 당신이 선택하는 단어가 강압적일 수 있다는 얘기다. 모든 사람은 자신의 기준으로 봤을 때 적당한 강도intensity로 이야기한다. 하지만 민감한 아이들은 의사소통할 때 제스처, 시선, 뉘앙스, 목소리 톤 등을 중요하게 생각한다. 그러므로 민감한 아이에게 당신은 실제보다 더 무뚝뚝하게 얘기하거나 심지어 모질게 얘기하는 것처럼 느껴질 수 있다. 만약 당신이 이런 방식으로 이야기한다면(당신은 자주 그럴 것이고, 이는 어쩔 수 없다) 아이는 당신의 생각을 의도한 바와 매우 다르게 받아들일 것이다. 특히 비판과 노여움을 표출하는 동시에 여러 가지 제안을 한꺼번에 하면 아이는 감당하지 못할 것이다. 당신이 말하는 스타일에 너무 질린 나머지 내용은 귀에조차 안 들어올지도 모른다. 혹은 당신의 말이 아이에게 '지나치게' 영향을 미쳐 아이가 자신만의 생각을 잃어버릴 수도 있다.

또한 민감한 아이가 자신의 마음속 깊은 감정에 대해 얘기할 때 당신은 특히 부드럽게 말해야 한다. 마치 깊은 바다에서 갓 잡아 올려 밝은 빛에 익숙지 않아 몸부림치는 바다 생명체를 함께 붙잡고 있는 것처럼 말이다.

• 아이는 당신이 때때로 지루하게 느껴질 것이다. 민감한 아이들은 신기하고, 깊고, 때때로 유머러스한 통찰력을 지니고 있다. 하지만 이들은 또한 조용히 있는 것을 좋아한다. 이들이 자신의 마음에 대해 얘기하자면 끝이 없을 것이다. 긴 여행을 떠나는가? 그렇다면 쉼 없이 계속 대화를 이

어갈 생각일랑 일찌감치 버리는 게 좋다. 아이는 창밖을 하염없이 바라보거나 책을 읽고 싶어 할 수도 있다. 혹은 당신이 지루해한다는 사실을 알고 있기 때문에 당신을 즐겁게 해주려고 애쓰거나 이것저것 새로운 시도를 해볼지도 모른다. 하지만 아이에게는 휴식 시간이 반드시 '필요하다.' 그리고 민감한 아이가 새로운 무언가를 시도하는 걸 기다리기란 여간 지루한 일이 아닐 수 없을 것이다.

• 아이가 당신과 함께 있기를 원하지 않거나 육체적인 접촉을 원하지 않으면 거절당한 기분이 들지도 모른다. 이런 반응을 아이가 당신을 좋아하지 않는다는 신호로 오해하기 쉽다. 또한 아이는 커가면서 당신과 있을 때보다 다른 사람들과 있을 때 훨씬 더 친근하게 굴 것이다. 하지만 다른 사람들과 있을 때는 그렇게 해야 한다는 의무감에서 그럴 때가 많고, 이와 상관없이 옆에 있는 자체로 충분할 만큼 당신을 좋아하고 신뢰한다.

• 의도하지 않게 아이의 민감성을 이용하고 있는 자신을 발견할 수도 있다. 민감한 아이에게 기다리라고, 착하게 굴라고, 고민을 들어달라고, 뭔가를 해달라고 요청하기란 식은 죽 먹기다. 민감한 아이들은 보통 어른들의 말에 잘 따르려고 노력하기 때문이다. 그러나 이 아이가 '착하고, 협조적이고, 현명하고, 성숙한 아이'기 때문에 다른 가족들이 일을 적게 해도 되고 문제 해결에 나서지 않아도 된다면 이는 정당하지 않고 가족에게도 해가 된다.

서로의 행복을 위해 부모만이 할 수 있는 일들

① 아이가 세상을 다른 식으로 경험한다는 사실을 믿기 어려울 때

• 아이의 경험을 이해할 수 있도록 할 수 있는 모든 것을 다 하라. 어떠한 상황이 오면 아이에게 어떻게 인식하고 있는지 물어보라. 상상력을 동원해 유추에 따라 생각해보면 도움이 될 것이다. 예를 들어 셔츠 안쪽에 붙어 있어 목을 간지럽게 하는 상표는 알레르기 피부 반응만큼이나 아이에게 불쾌한 느낌을 준다. 몇몇 민감한 어른과 친분을 쌓고 그들의 현재 경험과 아이였을 때 경험에 대해 물어보는 것도 좋다. 민감한 아이를 키우는 다른 부모들과 이야기를 나눠도 좋은데 그 사람이 민감하든 그렇지 않든 상관없다. 그들이 상황을 어떻게 인식하고 대처하고 있는지 살펴보라.

• 기질 상담에 대해 고려해보라. 큰 도움이 될 것이다.

• 만약 경험이 풍부하고 이해심 많은 교사가 있다면 아이에 대해 물어보라. 다른 아이들에 비해 상대적으로 어떤지, 그리고 민감한 아이들을 어떻게 생각하고 있고 어떻게 다루는지에 대해 물어보라. 교사들은 매우 많은 아이를 만나기 때문에 다채로운 정보를 제공해줄 수 있을 것이다.

• 아이의 행동에 대해 더 복잡하고, 성인이 가질 법한 마키아벨리적인 동기를 부여하지 마라. 단지 부모 자신이 그러한 행동을 경험해보지 못했다는 이유만으로 말이다. 당신은 아이가 겁 많고, 게으르고, 무관심하고, 반사회적이고, 과민하고, 반항적이고, 불평불만이 많고, 일부러 당신을 미칠 지경이 되도록 만들고 있다고 생각할지 모른다. 물론 민감한 아이는 이럴 수 있다. 그러나 추측에 따라 행동하기 전에 자신의 생각이 의심의

여지없이 옳은 건지 확인해보길 바란다.

• 당신이 어렸을 때 즐겼던 것을 아이가 똑같이 즐길 거라고 기대하지 마라. 그리고 아이가 놓치며 살고 있다고 생각되는 일들에 대해서 아이에게 너무 미안함을 느끼지 마라.

• 너무 심하게 밀어붙이지 마라. 이는 매우 중요한 문제다. 가끔 밀어붙여야 할 때도 있을 것이다. 다만 에스텔이(2장에서) 마리아에게 스웨덴에 가라고 밀어붙였던 것처럼 당신이 그렇게 하지 않으면 아이가 나중에 후회할 거라는 확신이 들 때에만 그래야 한다. 8장에서는 아이를 부드럽게 격려해 한걸음씩 바깥세상으로 나아갈 수 있게 만드는 방법에 대해 알아볼 것이다.

• 당신의 어린 시절을 환상적으로 포장하여 아이가 부러워하거나 열등감을 느끼게 만들지 마라. 아이가 여름 캠프에 가거나 축구 시합에 참여하도록 유혹하려는 요량으로 당신은 민감한 아이들이 별로 좋아하지 않는 이런 활동들에 화려한 포장을 입히려 들지도 모른다. 당신의 어린 시절은 훌륭하고, 역동적이고, 용감무쌍하고, '정상적'이었다. 그러나 꼭 당신이 아니어도 모든 TV 광고, 영화, 어린이 책은 아이에게 이러한 인상을 심어주기 위해 안달이 나 있다. 민감한 아이는 다른 종류의 기쁨을 갖게 될 것이며 이 기쁨이 훨씬 더 클 수 있다는 점을 명심하라.

② 인내심의 한계를 느낄 때

• 연구하라! 인내심은 민감한 아이를 키우는 데 필수 덕목이다. 마음속으로 숫자 10까지 센다든가 약간 떨어져 있는 시간을 갖고 빈방에 가서

기분을 푼다든지 하는 여러 전략을 개발하라.

• 아이에게 질문을 했다면 인내심을 갖고 대답을 기다려라. 만약 아이가 대답을 할 건지 안 할 건지 잘 모르겠다면 아이에게 여전히 생각 중이냐고 물어보라. 자연히 인내의 한계가 느껴지겠지만 이를 있는 그대로 표출하면 아이의 대답만 더 늦어질 것이다.

• 아이에게 결정을 내리라고 했으면 충분히 생각할 시간을 주도록 하라. 천천히 결정을 내릴 시간이 없다거나 인내심을 갖고 기다릴 수 없다면 애초에 아이에게 묻지 말라.

• 만약 아이에게 새로운 것을 시도해보게 하고 싶다면, 충분한 준비 시간을 갖고 아이를 그 안으로 천천히 안내하라. 한걸음 한걸음씩(더 자세한 내용은 8장에서 다룰 것이다). 이렇게 할 시간이 없거나 당신이 이렇게 하고 싶은 기분 상태가 아니라면, 새로운 활동을 제안하지 마라.

• 당신이나 다른 아이들보다 아이가 안전성에 대해 더 많이 요구한다 하더라도 인내심을 가져라. 민감한 아이들도 화재, 강도, 살인에 관한 뉴스를 듣는다. 또한 아이는 예상치 못한 지연으로 소중한 어떤 것을 놓칠 뻔했을 때 겪었던 끔찍한 초조함을 기억하고 있을 것이다. 이들은 이러한 사건들이 어떠한 결과를 가져올 건지 본능적으로 상상한다. 밤에 문단속을 두 번씩 해야 하고 영화 보러 가기 전에 엄청 일찍 출발해야 하는 게 짜증 나겠지만, 발생 가능성이 있는 문제들에 대해 미리 관심을 두고 조심하다 보면 결국 두 사람의 인생은 훨씬 느긋해질 것이다(공포에 대처하는 법에 대해서는 7장에서 자세히 살펴보자).

③ 당신의 큰 볼륨에 주의하라

• 항상 아이에게 이야기할 때 표현의 수위를 낮추도록 노력하라. 다른 민감하지 않은 가족들도 그렇게 하도록 연습하라. "대체 왜 그랬어?"와 같이 비난하는 것으로 오해할 수 있는 냉정하고 갑작스러운 질문은 피하도록 하라.

• 아이에 관한 농담을 하거나 아이를 놀리지 않도록 하라. 아이가 잘못 이해할 수 있다. 놀리는 행위는 민감한 아이들의 기분을 깊이 상하게 한다. 왜냐하면 민감한 아이는 놀리는 사람 자신조차 인식하지 못하는 기저의 적대감이나 우월감을 느끼기(혹은 두려워하기) 때문이다.

• 아이를 바로잡아줄 필요가 있을 때 낮은 볼륨을 이용하라. 보통 그 정도면 충분하다. 화를 내거나 더 이상 애정을 주지 않을 것 같은 분위기를 풍긴다든지 하는 다른 위협거리를 이용해서는 안 된다(5장에서 더 자세히 살펴볼 것이다). 심지어 흔한 '타임아웃'(아동을 정해진 장소에 정해진 시간만큼 앉혀 반성의 시간을 갖게 하는 일종의 벌 ― 옮긴이)도 민감한 아이에게는 너무 지나칠 수 있다. 짧게 한마디 하는 게 보통 충분하다.

• 아이가 복종하지 않는다면 생길 결과에 대해 극단적으로 예측하지 말라. 다음처럼 말하는 것이 가장 안 좋다. "왜 그 잎사귀 주웠어? 그러지 말란 말 못 들었어? 그 잎사귀 먹으면 죽는다고." 이러한 표현 방식은 공포만 야기할 뿐이다. 위협적이지 않은 설명과 함께 하지 말라는 얘기만 하면 충분하다. "이 식물 보이니? 올리앤더라는 이름을 가지고 있어. 예쁜 꽃이 피지만 잎사귀나 꽃잎을 먹으면 절대 안 된단다. 먹으면 몸에 안 좋아. 엄마가 길에서 어떤 잎사귀도 집지 말라고 하는 이유는 네가 아직 식

물들을 잘 구분하지 못하기 때문이야. 올리앤더 잎사귀 같은 게 네 손에 들어가서 먹게 되는 일이 생기길 원치 않는단다."

• 어떠한 생각을 큰 소리로 입 밖에 낼 때는 주의하라. 아이에게 당신의 생각을 확인시켜줄 때나, 그렇게 하지 않으면 당신이 화났거나 기분이 안 좋다고 오해할 수 있는 상황에서는 크게 말하는 게 도움이 된다. 하지만 불필요할 때 좌절이나 근심에 가득 차 크게 소리 지르지 마라. 당신의 안 좋은 기분에 별도의 에너지가 부가돼 아이는 질식할 것이다.

• 말을 너무 많이 해서 아이가 조용해지지 않도록 주의하라. 아이는 무슨 말을 해야 할지 당신만큼 빠르게 생각할 수 없다. 당신은 우선 뛰어들고(혹은 말하고) 나서 조금 후에 생각하는 경향이 있다. 아이는 당신이 말한 것에 대해서 그리고 뭐라고 답해야 할지 곰곰이 생각한다. 하지만 그동안 당신은 이미 주제를 바꿔버렸을지도 모른다. 침묵의 시간을 잠시 허용하라.

• 민감한 아이의 가장 깊은 생각이나 감정에 대해 이야기할 때는, 가장 부드럽고, 정중하고, 조용한 톤으로 말하라. 만약 주의 집중이 어려울 때 아이가 어떤 이야기를 꺼낸다면, 아이에게 당신이 완전히 집중할 수 있을 때까지 기다려달라고 말하라. 만약 당신이 깊이 생각하지 않고 답하거나 건성으로 일관한다면 아이는 당신이 너무 무심하고 깊이가 없어서 마음을 터놓을 상대로는 적합하지 않다고 결론 내릴 것이다(많은 민감한 성인은 어릴 때 자신을 이해해준 사람이 아무도 없었다고 말한다. 나는 그들의 주위 사람들이 선의는 있었지만 분별없는 반응을 보인 탓에 기회를 박탈당한 건 아닌지 궁금하다).

그러므로 아이가 당신에게 천사를 봤다는 얘기를 하면, 우선 커피 테이블에서 발부터 떼라는 요구로 말을 가로막지 마라. 부모들은 항상 그런다. 이러한 방식은 천사 이야기, 천사 그 자체도 빠르게 지워버린다.

④ 지루함을 느끼지 않으려면

• 한 가지 활동을 할 때 아이보다 당신이 빨리 지루해하리라는 점을 예상하라. 아이가 그만둘 준비가 될 때까지 할 수 있는 무언가를 가져가라. 어떤 아이는 물에 익숙해지는 데 오랜 시간이 걸렸지만 현재는 물을 아주 좋아한다. 한 부모는 이렇게 말하기도 했다. "창의력 교실 수업 시간이 끝날 때쯤 아이는 막 흥미를 붙이려던 참이었죠."

• 아이가 행동하거나 반응하기를 기다리는 동안 인내심 기르는 연습을 하라. 그렇게 하는 게 혈압에 좋을 것이다.

• 긴 자동차 여행을 떠난다든지 둘이서만 같은 장소에 오랫동안 있어야 할 때 라디오나 음악 플레이어 등을 가지고 가라. 아이에게 말하고 싶은 게 있으면 음악을 끄고 말을 걸라고 하고 아이가 말을 걸면 성심껏 대답해주도록 하라. 때때로 아이에게 의견을 말해주고 아이가 당신과 얘기 나눌 준비가 되었는지 살펴보라.

• 아이와 접촉을 포기하기 전에 당신과 하고 싶은 일이나 말하고 싶은 게 없는지 분명하게 물어봐라. 그런 게 있다면 좋겠지만 각자 가만히 있어도 행복할 거라는 의미를 담아서 말하라. 아이는 단지 약간의 격려나 특정한 화제가 필요한 걸지도 모른다. 하지만 당신이 자기와 함께 있는 걸 좋아한다는 걸 분명히 알 필요가 있다.

⑤ 아이가 혼자 있고 싶어 하거나 나를 거절한 것처럼 느껴진다면

• 아이는 정말로 프라이버시와 조용하고 휴식을 취할 수 있는 시간이 필요할 뿐이라는 사실을 믿어라. 이를 오해하지 말고 아이가 뭔가 잘못하고 있다고 생각하더라도 이 상태에서 나오게 만들려고 애쓰지 마라. 이에 관한 민감한 아이들의 욕구는 당신보다 훨씬 크다. 그러므로 당신은 거절당한 느낌을 받거나, 비판적이 되거나, 놀라지 않도록 노력해야 한다.

• 아이가 무심하다고 느끼는 대신, 자신이 아이가 가장 고마워하는 보호자라는 사실을 유념하라. 때때로 당신의 욕구로부터 아이를 보호해야 할 때도 있을 것이다. 당신은 더 강한 자극을 견딜 수 있고 더 많이 일하고, 여행하고, 놀 수 있는 능력이 있기 때문이다. 하지만 역설적이게도 이를 통해 당신과 아이는 더 가까워질 수 있다. 다른 사람들보다 서로를 더 잘 이해할 수 있기 때문이다. 다른 사람들 또한 아이와의 시간을 원할 것이고, 당신은 왜 아이가 가족 모임에 오랫동안 머무르지 않는지, 왜 결혼식에 참석하지 않는지 그들에게 설명해줌으로써 아이를 도울 수 있다. 매릴린이 자신이 아들을 진정으로 이해하는 유일한 사람이라는 것을 알게 된 후 얼마나 감격했는지 기억해둘 만하다.

• 함께 여러 가지 일을 할 때 아이가 필요로 하는 것을 제공해주면서 부모로서의 기쁨을 맛볼 수 있을 것이다. 아이에게 잘 맞는 일과와 휴식 시간을 정해줌으로써 민감한 아이를 잘 돌보면 큰 기쁨을 느낄 수 있을 것이다. 아이가 이러한 종류의 보살핌을 필요로 하지 않는 것처럼 느껴지는가? 자세히 살펴보라. 부모가 이렇게 조절하는 걸 귀찮아한다는 걸 아이가 감지하면 아이는 부모의 조절 없이 지내보려고 시도할 것이다. 그러

나 직접적인 관계가 없어 보이는 문제들이 생긴다. 가령 휴가 도중 아이가 아프다든지 악몽을 꾼다든지, 잠드는 데 문제를 겪는다든지 하는 형태의 문제들이다. 당신이 아이의 욕구에 세심하게 마음을 쓴다면 아이는 더 행복해질 것이다.

• 아이가 피곤할 때와 과잉 자극 받을 때 어떠한 신호를 보내는지 터득하라. 그리고 멈추라. 아이가 한계점에 도달해서 당신과 어떠한 것도 더 하지 않으려 들기 '전에' 멈추는 게 좋다(6장에 나와 있는 단서들을 참고하라). 이 한계점은 당신이 피곤을 느끼기 시작하는 때보다 훨씬 이를 것이다. 그러므로 정신을 바짝 차리고 지켜보아야 한다. 하지만 이 방식을 통해 아이가 당신을 '거부하기rejecting' 이전에 당신이 먼저 멈춰줄 수 있을 것이다.

• 아이에게서 정보를 캐려 애쓰지 마라. 만약 성공한다 하더라도 아이는 침해당한 기분을 느낄 것이다. 대화를 위한 공간을 만들고 관심을 보이되 강요하지는 말아야 한다. 내 아들의 경우에는 잠자리에 누워 있을 때가 일종의 배출구가 열리는 시간이었다. 태생적으로 올빼미 체질인 아들은 불만 좀 늦게 끄면 학교에서 무슨 일이 있었는지, 또는 요즘 어떠한 일들이 있는지에 대해 얘기했다. 이렇게 하는 게 건강에 좋은 수면 방법은 아니었을지 모르지만 아이가 자신을 괴롭히는 것을 숨기고 있을지 모른다는 걱정을 줄일 수 있었다. 결과적으로 이렇게 짐을 내려놓는 시간을 가진 후에 우리 둘 다 더 푹 잘 수 있었다.

• 아이가 신체적 애정 표현, 가까이 있는 것, 대화 등을 별로 좋아하지 않는다면 약간의 거리를 두고 부드럽고 열려 있는 태도로 계속 손을

내밀라. 대안적인 방법들을 시도해보라. 어깨를 가볍게 두드리는 게 포옹이나 뽀뽀보다 더 나을 수 있다. 또한 특별한 프로젝트를 함께하는 게 대화보다 더 나을 수도 있다. 누군가와 밀착하고 싶은 것은 정상적인 애정 표현 방법이다. 아이는 그 생각 자체는 좋게 생각할 것이다. 행동만 아니라면 말이다. 다른 사람들이 손을 내밀어줄 때 고맙게 받아들이는 법을 아이는 반드시 배워야 한다.

• 먼저 물어봐라. "한번 안아봐도 될까?" "손잡고 걸어갈까?" "굿나잇 뽀뽀할래?" 이러한 방식으로 당신은 아이를 놀라게 하지 않을 수 있다. "싫어요"란 말은 아이의 권리로 담담하게 받아들이고 "좋아요"란 말에 기뻐서 날뛰지 마라. 일하느라 하루 종일 아이를 보지 못한 부모는 특히 지키기 어려울 것이다. 하지만 일단 먼저 물어보는 습관을 들이고 나면 민감한 아이는 곧 애정 표현에 훨씬 관대해질 것이다.

• 아이가 긴장을 풀 때까지 기다려보라. 과도한 자극이 문제일 수도 있다. 특히 아이가 학교를 마치고 나서나 당신이 직장에서 돌아온 후 다시 만날 때 그럴 수 있다. 아이의 거부 행위는 아이가 극도의 피로를 느끼는 자신의 문제를 당신에게 안심하고 털어놓을 수 있다는 증거다.

• 아이가 원할 때 원하는 방식대로 애정을 표현할 수 있도록 격려하라. 쪽지를 통해서일 수도 있고 선물을 통해서일 수도 있다. 깊은 고마움을 표현하라.

• 신체적인 접촉을 포기하지 마라. 다만 가볍고 간단하게 하라. 아마 손잡는 정도가 좋을 것이다. 간단한 게임이나 상상 놀이를 할 때 자연스럽게 접촉하는 것도 좋다. 아이에게 어떤 스킨십이 좋은지, 또 어떤 스킨십

은 싫은지 물어보라.

• 만약 당신과 아이가 성gender이 다르다면 아이가 성에 관련된 정보나 갑작스러운 성적 충동 때문에 고민할 나이는 아닌지 살펴보라. 아이와 성sex은 매우 어려운 주제이고 이 책의 범주를 넘어선다. 하지만 민감한 아이들의 특성상 사람들 사이에 오고 가는 성적인 메시지와 미디어에서 다뤄지는 성적인 메시지에 강하게 영향받을 수밖에 없다. 또한 아동 성범죄에 관한 뉴스를 들을 수도 있다.

아마 지금이 아이와 같은 성의 부모가(혹은 가까운 친척이) 이 분야에 대해 아이가 어느 정도 알고 있는지 알아볼 적기일 수도 있다. 그리고 당신과 아이 사이에 어떠한 성적인 일도 일어나지 않을 것이라는 점을 아이가 알 수 있도록 당신이 하는 모든 비언어적 신호를 명확히 하라. 예를 들어, 아이가 아주 어릴 때에는 부모가 옷을 벗은 채 돌아다녀도 상관없지만 아이가 더 크고 나면 이는 아이에게 혼란을 주고, 공격적이고 지나친 자극일 수 있다.

⑥ 민감한 아이를 이용하지 않도록 주의하라

• 아이를 속마음을 털어놓을 수 있는 친구나 상담자로 이용하는 사람들에 대해 특별히 주의하라. 민감한 아이들은 일반적으로 상대방의 말을 잘 들어주고 매우 공감 능력이 뛰어나다. 그래서 친구들 그리고 심지어 주변 어른들조차 민감한 아이들에게 자신들의 문제, 비밀, 공포에 대해 털어놓는 경우가 많다. 당신은 이에 대해 한계를 설정하는 게 가능하고, 또 그래야 한다고 아이에게 가르쳐야 한다. 주제를 전환하기만 해도 충분한

경우가 많다. 아픔은 서로 동등하게 공유해야 하고 어느 한 사람에게 지나치게 부담되어서는 안 된다. 만약 사람들이 진정으로 큰 문제에 처해 있다면 도와줄 수 있는 다른 사람을 찾아야 한다. 별로 큰 문제가 아니라면 아이가 듣고 싶어 하지 않더라도 사람들은 혼자 감당할 수 있을 것이다. 만약 어떤 사람이 너무 부담이 되고 어떻게 해줘야 할지 잘 모르겠다면 당신에게 와서 상의하라고 미리 말해두는 게 좋다.

• 아이에게 개인적으로 허락받지 않은 상태에서 아이의 능력에 대해 자랑하지 마라. 민감한 아이들은 너무 많은 관심을 받는 데서 생기는 자극을 별로 좋아하지 않는다. 이들은 사람들이 정말 그러고 싶어서 그런 건지 아니면 누군가에게 떠밀려서 관심을 보이는 건지 궁금해할 것이다. 그리고 이 과정에서 잘 모르는 사람들과 능숙하게 대화하는 것 같은 일을 해야 한다면, 아이는 사전에 리허설을 많이 했거나 그러한 상황에 익숙하지 않은 이상 지나친 긴장감 때문에 평소만큼 잘해내지 못할 것이다. 만약 아이가 잘해내지 못한다면 그것은 당신 때문이다. 하지만 아이는 그렇게 생각하지 않을 것이다.

• 아이가 의무적으로 집안일을 해야 하거나 어떤 특별한 희생을 해야 한다면 아이가 이를 공정하다고 느끼도록 해야 한다. 자주 이에 관해서 물어보고 대답을 주의 깊게 들어보길 바란다. 민감한 아이들은 이용당할 수 있다. 또한 이들은 다른 사람들과 마찬가지로 자신이 이용당하고 있지 않은 때에도 이용당하고 있다고 '느낄' 수 있다(연구 결과 사람들은 집안 일이 완전히 동등하게 분배되어 있을 때에도 자신이 전체 일 중 약 70퍼센트를 하고 있다고 느낀다고 한다).

민감한 아이들은 불만에 대해 직접 언급하지 않기 때문에 진실이 묻힐 수도 있다. 그러나 깊이 생각해보고 처음부터 끝까지 돌이켜본 후에 아이는 강한 피해의식을 갖게 될 수도 있다. 때때로 민감한 아이는 완벽한 신데렐라의 모습으로 정말로 많은 일을 한다. 그러므로 어떤 특별한 희생이 필요한 때에 당신을 가장 잘 이해하고, 기꺼이 돕고자 하는 아이에게 너무 많은 것을 요구하지 않도록 조심하라. 대의를 위한 아이의 고귀한 희생에서 이득을 보는 사람은 아이가 아닌 다른 가족들일 것이다.

민감한 아이가 당신의 약점을 지적할 때

민감한 아이들은 다른 사람들의 결점과 미묘하고 무의식적인 '그늘'을 매우 잘 인식한다. 슬프지만 사실이다. 이러한 것들은 모든 사람들이 잊어버리고 싶은 것들이다. 민감한 부모들은 민감한 아이들의 비판적인 성격에 대해 아주 잘 알고 있다. 자신들도 그러하기 때문이다. 하지만 다른 사람들의 결점에 대해 잘 인식하지 못하는 민감하지 않은 부모들은 민감한 아이가 지나치게 비판적이거나, 이상하거나, 너무 꼬치꼬치 캐는 걸 좋아한다고 생각할 수 있다.

하지만 아이는 관찰한 것들을 표현해야 한다. 어렸을 때 민감한 아이들은 자신이 이상화하는 부모가 잘못을 저지르는 걸 알아가면서 마음속 깊이 환멸을 느끼고 무거운 짐을 지게 된다. 민감한 아이에게는 솔직하게 말하면 관계가 손상될 것이라는 두려움을 느끼지 않고 알아차린 것들에 대해 말할 수 있는 자유가 주어져야 한다. 사실 이는 양심적인 당신의 아이에게 비판에 대처하는 법과 완벽하지 않고도 잘 살아갈 수 있는 법을 직접 보여줄 수 있는 좋은 기회기도 하다.

그러므로 당신은 아이가 면밀히 관찰한 바를 말할 때 이에 방어적으로 대하거나 상처받지 않도록 노력해야 한다. "웨이터가 계산서에 잘못 기입했는데 왜 그것만 냈어요?" "다이어트 중이라고 하시지 않았어요?" "35킬로미터 제한 속도 구역인데 왜 50킬로미터로 달리고 계세요?" 이런 말들은 너무 정확하고 날카로워서 당신의 심기를 불편하게 만들지도 모른다.

기억하라. 당신의 아이는 모든 사람에게서 이런 종류의 흠을 느낄 것이다. 그리고 이러한 흠을 가지고 있지 않은 사람은 세상에 아무도 없다. 그러므로 다시 한번 말하지만 지나치게 방어적이 되지 않도록 노력하라. 침착하게 대응하지 못하겠으면 잠시 시간을 달라고 한 다음 다른 곳에 가서 아이의 말이 맞는지 생각해보고, 돌아와서 솔직하게 인정하라. 물론 맞지 않는 말이 있다면 부인해야 한다. 만약 당신이 인내심을 가지고 이를 훌륭히 잘해낸다면 가족 모두에게 훌륭한 롤모델이 될 수 있을 것이다.

하지만 다른 사람과 말다툼을 할 때 그동안 관찰한 바를 들먹이는 건 나쁜 버릇이라고 아이에게 분명히 가르쳐야 한다. "엄만 거짓말쟁이에요. 소득세 내면서 거짓말했잖아요. 전화로 얘기하는 거 다 들었어요." "제가 속인 건 사실이지만 엄마도 게임할 때마다 속이잖아요." 말다툼을 할 때 상대방의 약점과 취약한 부분에 대해 폭로하면 상대와의 신뢰는 무너지게 된다. 말다툼을 할 때는 현재의 주제에만 집중해야 한다.

모든 관계에서는 서로가 서로의 부족한 부분에 대해 자유롭게 얘기할 수 있는 시간이 필요하다. 특히 민감한 아이들에게는 더욱 그러한데, 이들은 비판하는 법과 비판받는 법에 대해 배울 필요가 있기 때문이다. 이러한 시간을 가질 때는 양쪽 다 차분한 상태로, 서로에게 도움을 주려 애쓰고, 상대방의 의견을 기꺼이 받아들일 준비가 돼 있어야 한다. 야외에 바람 쐬러 나갔을 때나 오랫동안 차를 타야 할 때, 또는 밤에 안 자고 깨어 있을 때가 이러한 시간을 가지기에 적당하다.

보통 때 이런 얘기를 나누기 힘들다면 가족 모임 때 이런 방법을 써 보는 것도 괜찮다. 커플끼리 해도 좋다. 먼저 서로에 대해 정말로 좋아하는 것 세 가지를 말하라("넌 좋은 아이야"처럼 모호하게 표현하지 말고 "네가 엄마에게 친절하게 대해줘서 정말 좋아"처럼 구체적으로 말하는 것이 좋다). 그러고 나서 당신과 잘 안 맞는 것 한 가지를 말하라("엄마가 노크 없이 방에 들어오면 정말 화가 나요"와 같이 구체적인 예를 들어야 하고 '나'의 감정에 대한 문장이어야 한다).

언제까지나 맞춰주기만 할 수는 없다

지금까지 나는 당신에게 인내심을 가지고, 존중하고, 볼륨을 낮추라고 이야기했다. 하지만 아이는 민감하지 않은 유형의 사람들과 어울려야 한다. 세상에는 민감하지 않은 사람이 훨씬 많다. 아이가 어릴 때에는 어른들이 아이에게 맞춰주고 적응하는 것이 옳다. 하지만 결국 아이에게 부모에게도 맞추라고 가르치게 될 것이다. 이는 당신이 민감하지 않은 사람이기 때문에 가질 수 있는 이점 중 하나다. 아이가 실전 훈련을 할 수 있는 첫 번째 기회를 제공해주는 것이다. 그러므로 아이는 커가면서 자신의 기질을 이해하게 되고, 동시에 당신과 다른 가족들의 기질에 대해서도 이해할 수 있게 된다.

랜들은 엄마 매릴린이 자신과 다른 성격을 가진 것에 대해 정확하게 이해하고 있다. 예를 들어 랜들은 엄마가 겁이 별로 없다는 걸 잘 알고 있다. 아마도 그는 엄마가 어느 정도 수준의 위험을 감수하는 걸 걱정스럽더라도 묵묵히 지켜보는 법을 배우고 있을 것이다. 랜들은 엄마의 용감함이 부럽다고 말한다. 그럴 때면 매릴린은 랜들이 자신의 질투심을 통제할 수 있도록 돕기 위해 '패키지 딜'에 대해 상기시켜준다. 민감하지 않은 사람은 충동성을 조심해야 한다는 단점이 있다.

민감하지 않은 사람들의 세계에 적응하기 위해 민감한 아이는 볼륨을 높이는 법을 배워야 한다. 만약 당신이 산보다 해변이 좋다는 아이의 의중을 놓쳤더라도 둘 중 누구의 잘못도 아니라고 부드럽게 말하라. 공을 주고받을 때 상대방이 공을 받을 수 있도록 충분히 길게 던져줘야 하는 것처럼 메시지가 당신에게 닿을 수 있도록 더 강하게 얘기하라고 말해주어라.

민감한 아이는 자신이 선호하는 것들에 대해 미리 고민해놓는 법을 배워야 한다. 그래야 결정에서 제외되거나, 다른 사람들이 아이의 결정을 기다리느라 인내심을 잃을 지경까지 가지 않을 수 있다. 아이가 어느 정도 자랐다면 기다리는 게 힘들다는 표현을 부드럽게 몇 번 해도 괜찮다. 만약 아이가 얘깃거리를 생각할 시간이 충분하지 않아 대화에서 소외된다고 느낀다면 아이와 함께 어떤 얘기를 할 것인지 미리 준비해보는 것도 괜찮다.

'다름'을 존중하라

다른 현실, 즉 다른 기질, 다른 문화, 다른 철학, 다른 종교 등에 대해 알게 되면 '다름'에 대한 깊은 존중감이 생긴다. 이는 교육, 여행 그리고 가까운 인간관계가 주는 가장 큰 선물일 것이다. 겸손함 또한 배우게 된다. 완벽한 사람은 아무도 없기 때문이다. 그리고 이 모든 것은 윤리의 근본이다. 당신은 아이를 통해 다른 것과 바꿀 수 없는 귀중한 지혜를 얻을 것이다. 두 사람이 세상을 바라보는 데 있어 근원적인 차이를 가지고 태어났기 때문에 서로 이러한 궁극의 선물을 주고받을 수 있는 것이다.

자가진단 테스트

당신은 민감한 사람인가

다음의 각 질문에 대해 느끼는 대로 답하시오. 자신에게 어느 정도 해당한다고 생각하면 ○표, 확실하지 않거나 전혀 해당하지 않는다면 ×표로 답하시오.

1	○	×	나는 주위에 있는 미묘한 것들을 인식하는 것 같다.
2	○	×	다른 사람들의 기분에 영향을 받는다.
3	○	×	통증에 매우 민감하다.
4	○	×	바쁘게 보낸 날은 침대나 어두운 방 또는 혼자 있을 수 있는 장소로 숨어 들어가 자극을 진정시킬 필요가 있다.
5	○	×	카페인에 특히 민감하다.
6	○	×	밝은 빛, 강한 냄새, 거친 천 또는 가까이에서 들리는 사이렌 소리 같은 것들에 의해 쉽게 피곤해진다.
7	○	×	풍요롭고 복잡한 내면세계를 갖고 있다.
8	○	×	큰 소리에 불편해진다.
9	○	×	미술이나 음악에 깊은 감동을 받는다.
10	○	×	양심적이다.
11	○	×	깜짝깜짝 놀란다.
12	○	×	짧은 시간 내에 많은 일을 해야 할 때 당황한다.
13	○	×	사람들이 불편해할 때 어떻게 하면 조금 더 편하게 해줄 수 있는지 안다. (조명이나 좌석 배치를 바꾸는 등)

14	○	×	사람들이 한 번에 너무 많은 것을 요구하면 짜증이 난다.
15	○	×	실수를 저지르거나 뭔가 잊어버리지 않으려고 노력한다.
16	○	×	폭력적인 영화와 텔레비전 장면을 애써 피한다.
17	○	×	주변에서 많은 일이 일어나고 있을 때 긴장한다.
18	○	×	배가 아주 고프면 강한 내부 반응이 일어나면서 주의 집중이 안 되고 기분 또한 저하된다.
19	○	×	생활의 변화에 동요한다.
20	○	×	섬세하고 미묘한 향기, 맛, 소리, 예술 작품을 감상하고 즐긴다.
21	○	×	내 생활을 정돈해서 소란스럽거나 당황하게 되는 상황을 피하는 것을 우선으로 한다.
22	○	×	경쟁을 해야 한다거나 무슨 일을 할 때 누가 지켜보고 있으면 불안하거나 소심해져서 평소보다도 훨씬 못한다.
23	○	×	어렸을 때 부모님과 선생님들은 내가 민감하거나 숫기가 없다고 생각했다.

점수 계산

위 질문에 12개 이상 ○표가 나왔다면 아마 매우 민감한 사람일 것이다. 하지만 솔직히 말해서 어떤 심리테스트도 100퍼센트 정확하지는 않다. 한두 가지 질문에만 해당하더라도 그 정도가 강하다면 민감한 사람일 수도 있다.

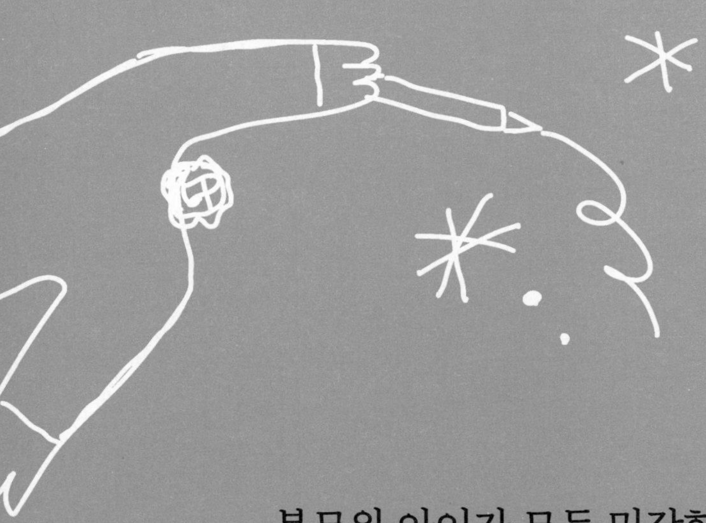

4장

부모와 아이가 모두 민감한 사람이라면

부모와 아이가 모두 민감한 사람일 때는 어떤 일이 일어날까? 민감한 사람이 함께일 때 얻을 수 있는 이점과 잠재적인 문제점, 그에 따른 해결책과 더불어 다른 가족 구성원과의 상호작용에서 긍정적인 변화를 꾀하는 방법을 살펴본다.

민감한 부모의 고충

나 자신이 매우 민감한 사람이기 때문에 한 명의 민감한 사람으로서 다른 민감한 이들에게 이야기하고 싶다. 민감한 아이들처럼 우리는 유용한 특성을 가지고 있다. 하지만 두 가지 상황에서 우리는 자주 어려움을 겪는다. 바로 무언가에 압도되었을 때, 그리고 남들과 다르지만 정상적인 존재로 홀로 서야 할 때다. 민감한 성인에 관한 책이 아니고 민감한 아이들에 관한 책이기 때문에 이 문제들에 대해 많은 논의를 하지는 않겠지만 우리는 최소한 이에 대해 고민해보아야 한다. 부모가 한 인간으로서 무엇에 대해 어떻게 느끼느냐는 아이들에게 항상 영향을 미치기 때문이다. 민감한 아이는 특히 영향을 많이 받는다.

우리가 매우 훌륭한 부모가 될 수 있다는 점을 인정해야 한다. 예를 들어 우리는 민감한 특성 때문에 아이의 욕구를 더 잘 감지하고 무엇을 해주어야 할지 용이하게 알아낼 수 있다. 그리고 우리는 신체 언어를 포함한 모든 언어에 민감하기 때문에 전 연령대의 아이들과 그들 고유의 사고방식에 가까운 방법으로 의사소통할 수 있다. 우리는 아이들의 걱정거리와 질문들을 이해할 수 있다. 다른 부모들이 이런 것들을 하지 못한다는 얘기가 아니다. 다만 우리가 이런 기술에 더 능하다는 의미다.

하지만 우리는 누군가를 완전히 책임져야 하는 하루가 또다시 밝아옴에 부담을 느끼며 잠에서 깨어날 수도 있다. 우리는 자신의 가치를 인정하기보다는 다른 민감하지 않은 부모나 책에 나오는 완벽한 부모와 자신을 비교하는 경향이 있다. 그러한 부모들은 우리보다 훨씬 에너지가 넘치고, 인내심이 강하고, 수완이 좋은 것처럼 보인다. 그들은 가족 생활에서 물러나 휴식을 취하는 시간을 갖지 않아도 되는 것 같아 보이며, 그런다 하더라도 그에 관해 죄책감을 느끼는 것 같지 않다.

민감한 사람이면서 동시에 부모 역할을 한다는 것이 얼마나 어려운 일인지 일단 인정하자. 우리는 혼자 있는 시간이 필요하다. 하지만 아기와 함께 있으면 진정으로 혼자 있는 시간이란 없다. 특히 한 명 이상의 아이와 파트너까지 있다면 더욱 그러하다(물론 파트너 없이 홀로 아이를 키운다면 훨씬 어려울 것이다). 더군다나 직업이나 노부모 등 여러 다른 책임까지 있다면 어떻겠는가?

중간에 깨지 않고 하룻밤을 푹 잔다든지, 창의적인 작업을 혼자 한다든지, 자연 속에서 시간을 보낸다든지, 기도나 명상을 한다든지 하는 자신이 원하는 일을 위해 시간을 낼 수 있었던 시절은 잊어버리는 게 좋다. 다른 사람들은 이런 것들 없이도 살아남을 수 있다. 우리도 잠시 동안은 가능하다. 하지만 결국 쇠약해지기 시작할 것이다.

아들이 태어난 지 얼마 안됐을 때 잡지를 대강 훑어보고 있는데 다음과 같은 제목의 기사가 시선을 사로잡았다. '지옥 같은 부모 노릇: 때가 너무 늦어버릴 때까지 아무도 말해주지 않는 것들.' 이 말이 무시무시할 정도로 들어맞았기 때문에 나는 맥이 풀리는 느낌이었다. 부모가 된다는 것은 지옥이었다. 그리고 아무도 내게 미리 경고해주지 않았다.

다행히 내게는 열심히 가사를 분담하려 하고 하루의 절반 정도는 집에 있을 수 있는 남편이 있었다. 또한 부모 노릇은 매년 더 쉬워졌는데 내 생각으로는 혼자 있을 수 있는 시간을 가질 기회가 더 많아졌고 내 욕구를 아이에게 설명할 수 있었기 때문인 것 같다.

민감하지는 않지만 재기가 넘치는 남편은 항상 나를 위한 해결책을 찾아주었다. 제일 좋았던 아이디어는 언젠가 남편이 하루 종일 밖에 있어야 할 때 낸 아이디어였다. 14개월 된 아기에게서 떨어져 나만의 시간을 가질 수 있게 해주기 위해 남편은 주방의 배치를 바꿔주었다. 남편은 주방 바닥에 많은 장난감을 가져다놓고 냉장고 밑에 발판을 놓아 내가 냉장고 위에 올라가 앉아 있을 수 있게 했다. 아들의 시야에서 벗어나게 한 것이다(아기놀이울이나 어린이 침대에 장난감들과 함께 두면 아이는 울부짖었다. 그런데 주방에 두면 신기하게도 내가 보이지 않더라도 혼자서 행복하게 놀았다). 냉장고 위에서 나는 아이가 나를 찾기 전까지 몇 시간 동안 책을 읽고 글을 쓸 수 있었다. 이상해 보일지 모르지만 얼마나 기발한 해결책인가! 짧지만 소중한 휴식 시간이었다.

민감한 아이가 민감한 부모에게 주는 선물

그렇지만 나는 세상의 어떤 것을 준다 해도 결코 양육을 포기하지 않았을 것이다. (하지만 앞의 '지옥 같은 부모 노릇' 기사를 기억하면서 나는 아이를 가지는 문제에 대해 심각하게 고민하는 민감한 사람들에게 말해준다. "우리 같은 기질을 가진 사람들에게는 아이를 갖는 것도, 갖지 않는 것도 매우 좋습니다. 어느 쪽을 택하든 현명한 선택입니다.") 내가 부모여서 기쁨을 느끼는 가장 본질적인 이유는 내가 아이를 사랑하기 때문이다. 나는 처음 본 그 순간부터 아이를 사랑할 수밖에 없었다. 어떤 일이 있어도 아이를 알아가는 걸 놓치고 싶지 않았을 것이다. 아이들은 약 10년 동안 지독하게 아이 행세를 한다. 하지만 그 후 50년 혹은 그 이상의 시간 동안 아이들은 당신의 친구가 되어줄 것이다. 다행히 서로 좋아한다면 말이다. 나는 모든 아기를 만날 때 이 사실을 기억한다.

민감한 부모에게는 또 다른 특권도 주어진다. 인생의 의미에 대해 더 깊은 이해를 할 수 있게 되고 삶의 지평이 더 넓어진다. 한 민감한 부모는 이렇게 말했다. "첫애를 낳기 전에 저는 항상 뒤로 물러서고 싶은 유혹을 느꼈어요. 아이를 가지게 되자 뒤로 내빼지 않고 세상 속에 뛰어들 수밖에 없었죠. 인생을 송두리째 바꿔놓은 경험이었습니다."

아이가 있으면 더 많은 것을 경험하고, 더 많은 사람을 만나야 하고, 더 많은 것을 새로이 시도할 수밖에 없는 건 자명한 일이다. 우리는 혼자였으면 하지 않았을 일들에 아이들을 위해 위험을 무릅쓰고 뛰어든다.

세 명의 민감한 아이를 두고 있는 민감한 부모는 말했다. "제 아이들이 제 스승이라는 게 제가 인생에서 얻은 가장 중요한 교훈입니다."

부모의 안정이 최우선이다

확실히 부모와 아이 모두 민감할 때 아이를 키우는 것은 특별한 상황일 수밖에 없다. 그러므로 당신이 알아야 할 것과 해야 할 것들을 구체적으로 살펴보자.

민감한 아이들은 부모의 감정에 깊이 영향받기 때문에 민감한 부모는 일과 여러 의무에 치이지 않고 차분하고, 행복하고, 건강한 상태를 유지하는 법을 터득하는 게 중요하다. 당신의 정서적 안정성이 이에 달려 있고 아이의 정서적 안정성 또한 마찬가지다. 아이가 성인이 된 후 문제를 고치려 노력하는 것보다 처음부터 아이를 올바르게 키우는 게 훨씬 쉽다. 내 말을 믿길 바란다.

그러므로 당신이 자신을 돌볼 때 당신은 이기적으로 굴고 있는 게 아니다. 당신은 아이 그리고 미래에 아이와 함께 살 사람들까지 배려해주고 있는 것이다. 이 책은 민감한 성인들에 관한 책이 아니기 때문에 자신을 돌보는 법에 관해 더 알고 싶다면 『타인보다 더 민감한 사람』과 『타인보다 더 민감한 사람을 위한 워크북The Highly Sensitive Person's Workbook』을 참고하길 바란다.

다음으로 당신에게 필요한 것은 당신이 민감하다는 게 아이에게 어떤 이점을 줄 수 있는지 완전히 이해하는 것이다.

민감한 부모가 갖는 이점

우선 이러한 상황일 때 어떠한 점이 좋은지부터 이야기해보자.

• 당신은 아이의 경험을 이해할 수 있다. 2장에서 에스텔이 딸 마리아를 키울 방법에 대해 어떻게 바로 알 수 있었는지 떠올려보라. 그들은 음식에 관련해서 아무 문제도 없었다. 에스텔 스스로 늘 간단한 요리를 즐겼기 때문이다. 옷 안에 붙어 있는 상표가 가려워서 잘라내는 데 있어서도 의문의 여지가 없었다. 에스텔도 자신을 위해 항상 그렇게 해왔기 때문이다. 마리아가 교실에서 동물이 도살당하는 영화를 보여주자 뛰쳐나왔을 때도 에스텔은 마리아가 왜 그랬는지 이해했다. 그리고 10대인 딸이 스웨덴을 자유로이 여행할 수 있는 기회를 포기하려 할 때에도 어떻게 대응해야 할지 알고 있었다.

• 당신은 이 특성 때문에 생기는 여러 불편한 점들에 어떻게 대처해야 할지에 대해 실전 경험을 가지고 있다. 뭔가를 수행할 때 긴장감에 어떻게 대처했는지 아이에게 현실적이고 자세한 이야기를 해줄 수 있다. 혹은 어떤 사람이 무신경하게 "오, 당신이 너무 과민한 것뿐이에요"라고 말했을 때 어떤 기분이었고 뭐라고 답했는지 말해줄 수도 있다. 또한 처음에는 어렵게 느껴졌지만 결국 괜찮았던 일들에 대해 정직하게 말해줄 수도 있다.

• 당신은 단지 자기 자신을 좋아함으로써 아이의 자존감을 높여줄 수 있다. 다음 장에서 이야기하겠지만 자존감은 민감한 아이들에게 녹록

한 문제가 아니다. 하지만 당신이 민감한 사람으로서의 자신을 존중한다면 아이는 당신에게서 해독제를 쉽게 흡수할 것이다. 공기를 들이마시는 것처럼 자연스럽게 말이다.

• 당신은 민감한 아이들이 깊이 생각하는 경향이 있는 질문들에 대한 대답을 가지고 있다. 아니면 적어도 생각해본 경험은 있을 것이다. 당신은 아이들이 원할 때 이러한 질문들을 잘 들어주고 함께 이야기를 나눠볼 수 있을 것이다. 또한 적절한 배려와 경외심을 갖추고 아이를 대할 것이다.

• 당신은 적절한 '볼륨'을 가지고 있다. 앞 장에서 얘기했듯이 우리 모두는 자신만의 볼륨을 가지고 다른 사람과 의사소통한다. 여기서 볼륨은 표현의 엄격하거나 거친 정도, 불쾌함을 주는 정도, 완고함 등을 의미한다. 민감한 사람들은 낮은 볼륨으로 부드럽게 대화하는 경향이 있다. 즉 목소리 톤이나 질문 내용, 침묵의 활용 등에 대해 매우 주의한다. 그리고 제스처, 뉘앙스, 단서 등을 이해한다. 그러므로 좋을 수도 있고 가끔은 나쁠 수도 있지만 당신과 아이는 마음속에 어떠한 생각을 지니고 있는지 보다 명확하게 소통할 수 있다. 두 사람 다 목소리 높여 싸우는 걸 별로 좋아하지 않을 것이다. 하지만 장담컨대 그런 일이 아예 없지는 않을 것이다.

비슷한 볼륨을 가지고 있기 때문에 두 사람 사이의 의사소통은 훨씬 수월해진다. 아들은 스물일곱 살이 되었을 때 마침내 운전을 배우기로 결심했다. 그리고 내게 운전을 배우기로 결정했다(모든 사람이 성인 아들에게 운전을 가르치는 일은 대재앙이 될 거라고 경고했지만 말이다). 우리는 잘해냈다. 왜냐면 나는 아들이 내면과 외면으로 어떠한 일들에 대처하고 있는지 잘 알고 있었고, 그렇기 때문에 목소리를 높여 경고하고, 지시하고, 확신시켜줘야 할 때와 집중할 수 있도록 조용히 있어야 할 때(대부분의 시간이었다)를 직관적으로 알고 있었다. 아들 또한 무력한 동승자로 옆에 있는 게 얼마나 피로한 일인지 잘 알고 있었고, 그래서 내가 가르치는 방식을 비판하기보다 적극적으로 지지하고 고마워했다.

• 당신과 아이는 음식, 미학, 여가 시간을 어떻게 보낼지 등에 대해 관심사와 취향을 공유할 수 있다. 모든 세대에게는 고유의 개성이 있기 마련이지만 당신과 아이는 서로 동의하는 부분이 많을 것이다. 몇몇 민감한 부모는 자신이 간단하고 담백한 음식을 좋아한다고 말했고 음식에 관해서 아이와 문제가 거의 없었다고 했다. 반면 민감하지 않은 부모들은 이 문제에 대해 훨씬 자주 언급했다.

싸움이 거의 일어나지 않는 집

아마 카린의 집에 대해 들으면 이 모든 점이 잘 와닿을 것이다. 직장에 다녀야 하는 부모들은 카린의 방법을 따라할 수는 없겠지만 그녀의 이야기에서 몇 가지 아이디어를 얻을 수는 있을 것이다.

두 민감한 10대들의 엄마이자 자신도 민감한 사람인 카린은 '양육의 세계에 들어가게 된' 사연을 내게 얘기해줬다. 그 당시에 그녀는 의과대학을 거의 끝마칠 무렵이었고 임신 중이었다(동시에 성공한 전문 음악가였다). 그러나 불행히도 아기는 태어난 지 15개월 만에 세상을 떠나고 말았다.

그녀는 이 고난을 이겨냈지만 아이를 키워본 경험을 통해 자신이 미래의 아이들과는 집에 함께 있기를 원한다는 확신을 얻었다. "아이들이 필요로 하는 게 무엇인지 알 수 있었어요."

그녀는 자신의 민감한 아이들에게 필요한 것 중 하나는 잘 정돈된 집이라는 사실을 깨달았다. 그녀는 잘 정돈된 집이 민감한 아이들이 차분한 상태를 유지하는 데 큰 도움이 된다는 사실을 확신했다. 그 결과인지 모르겠지만 아이들은 스스로 주위를 정리하는 걸 좋아했고 그녀만큼이나 깔끔한 물건들을 선호했다. 또한 아이들이 태어났을 때 카린은 결코 아이들에게 소리를 지르지 않겠다고 결심했다. 심지어 위층에서 아래층으로 부를 때조차 그러지 않으리라 마음먹었는데 자신이 소리 지르는 것을 좋아하지 않았기 때문이다. 그녀는 소리 지르는 것은 무례한 행동이라고 느꼈다. 그 결과 아이들 또한 집에서 결코 소리를 지르지 않는다.

게다가 카린은 휴식 시간과 조용한 사회생활을 원하는 아이들의 욕구를 항상 존중했다. 그리고 아이들이 여름 캠프에 가고 싶어 하지 않는다거나 휴식 시간 동안 혼자 책 읽는 걸 좋아한다는 이유로 아이들을 숫기 없다거나 소심하다고 평가하지 않았다. 또한 그녀는 두 아이 사이의 미묘한 차이점들을 잘 알고 있다. 그레첸은 소란을 더 수용할 수 있는 반면 래리는 보다 제한된 스케줄을 원한다.

무엇보다 카린은 아이들뿐만 아니라 자신에게도 스트레스를 줄여줄 수 있는 방법으로 아이들을 양육했다. 규칙적으로 식사를 준비하는 대신 그녀는 손에 아이들이 좋아하는 음식을 들고 다니며 자유로이 먹을 수 있게 했다. 아이들이 원할 때는 즉석 요리 스타일의 간단한 요리를 하기도 했다. 그녀는 아이들에게 좋아하지 않는 음식을 먹으라고 강요한 적이 한 번도 없다. 자연스럽게 아이들은 매일 같은 메뉴의 점심을 먹는 걸 좋아하게 됐고 그녀는 그걸 만들었다. 사과 두 개, 가장자리를 잘라낸 식빵에 땅콩버터를 바른 샌드위치, 멜론 여러 조각 그리고 물이다. 어떠한 소란도 없다.

동시에 그녀는 가능한 한 아이들의 욕구를 최우선에 두는 걸 목표로 했다(하지만 이렇게 하기 위해서 민감한 부모는 아이와 함께 있지 않을 때는 자기 자신을 최상으로 보살펴야 한다). 아이들이 피곤하고, 배고프고, 짜증을 부릴 때 카린은 그들을 우선 돌보고 자기 자신의 욕구는 잠시 동안 보류해두려고 노력했다. 아이들은 엄마가 자신을 열등하게 느껴서 이러는 게 아니라는 사실을 알고 있고, 자기들이 버릇없어질 거라고 생각하지 않는다는 사실 또한 잘 알고 있다. 그녀는 자신만의 한계선을 정해두고 있다. 카린은 이렇게 말한다. "그게 바로 부모가 된다는 것의 의미죠. 어른이기 때문에 저는 기다리는 게 좀 더 수월할 뿐입니다." 아이들이 연약한 어린 생명일 때 이렇게 돌보아주고 존중해주면 어떠한 결과를 낳을까? 아이들은 엄마를 존중하고 의젓하게 행동하게 된다. 그리고 확실히 스트레스가 적고 볼륨이 낮은 집이 된다.

아마 당신의 스타일은 다를 것이다(나는 하루에 최소한 한 끼는 가족이 다 같이 자리에 앉아 식사를 해야 한다는 주의다). 하지만 나는 카린이 민감한 사람들이 가진 가장 좋은 자산들(창의성, 강한 양심, 평온에 대한 사랑) 일부를 민감한 아이를 양육하는 데 잘 활용했다고 생각한다. 카린은 이렇게 조언한다. "아이가 민감할 수도 있다는 생각 자체를 즐겁게 받아들이세요.

일단 알게 되면 준비는 모두 끝난 겁니다. 남들과 다른 방식으로 아이를 키우고, 세상의 모든 '해야만 하는 것들should'에 질문을 던지기만 하면 됩니다."

민감한 부모라면 이런 점에 주의하라

• 당신이 민감한 아이의 양육에 어떤 식으로 접근하든지 간에, 당신이 어린 시절에 받은 양육 방식에 깊은 영향을 받을 수밖에 없을 것이다. 2장에서 만난 민감한 엄마인 에스텔은 자신의 민감한 딸인 마리아를 부모가 자기를 키웠던 방식과 완전히 다른 방식으로 키우고 싶어 했다. 하지만 부모와 정반대에 서려는 노력에는 반대 방향으로 너무 지나치게 치우칠 수 있는 위험이 도사리고 있다. 혹은 지금 아이의 나이에 자신이 가졌던 욕구들을 떠올리면서 이를 아이에게 투사하고, 정작 아이의 실제 상황을 깊이 고민하지 않을 수도 있다. 예를 들어 당신이 아이였을 때 병원에 대해 특정한 공포가 있었는데 아무도 당신의 고통을 알아주지 않았다면, 당신은 아이를 병원에 데리고 갈 때마다 끊임없이 확인하고 잘해낸 대가로 상을 줄지 모른다. 아이는 병원에 대해 전혀 싫어하지 않는데도 말이다. 그 결과 아이는 자신이 간과한 어떤 위험이 있는 건 아닌지 오히려 의문을 가지기 시작할 것이다.

• 가장 흔한 경우, 당신이 방향을 잘못 잡으면 과잉보호의 방향으로 흘러갈 가능성이 많다. 많은 민감한 성인은 부모가 자신을 지나치게 밀어

붙여서 항상 스트레스를 느끼고 자신이 부족하다고 느껴야 했던 일에 분노한다. 그러한 이유로 아이에게 반대로 할 가능성이 커진다(물론 일부 사람들은 자신이 과보호 아래서 자라 인생의 중요한 경험들을 놓치면서 컸다고 느끼기 때문에 아이를 과도하게 밀어붙이는 경향을 보인다).

• 당신은 아이를 새로운 경험에 충분히 노출시키지 않을 수도 있다. 아마 당신은 롤러코스터, 매운 핫도그, 스키 같은 것들을 시도해보았을 것이다. 그리고 이것들이 자신에게 잘 맞지 않다는 걸 알아냈을 것이다. 사실 당신은 자신이 좋아하고 싫어하는 것들을 명확히 알기 때문에 불필요한 위험과 자극에 자신을 내몰지 않을 것이다. 하지만 이 모든 것은 '당신'의 선택이다. 만약 당신이 자신의 경험을 제한한 것처럼 아이의 경험을 제한한다면 아이는 당신이 한 선택 사항들을 가지고 인생을 시작할 것이고 롤러코스터, 매운 핫도그, 스키 같은 것들에 대해 스스로의 힘으로 배울 수 있는 기회를 영영 잃어버릴 것이다.

• 당신은 아이가 괴로움을 느낄 때 함께 괴로움을 느낄 것이고, 이는 아이가 고통에 대처하는 법에 영향을 미칠 것이다. 아이가 신체적 혹은 감정적 고통을 느낄 때 당신은 민감하지 않은 부모들보다 더 괴로워할 가능성이 크다. 하지만 2장에서 말했듯이 아이에게 필요한 것은 부모가 차분하게 있으면서 이러한 강렬한 감정들을 '수용해주는' 것이다. 당신에게 더욱 어려운 일이겠지만 이렇게 해야 한다.

• 당신은 아이를 위해 자신의 의견을 강력하게 주장하는 데 어려움을 겪을 수도 있다. 민감하지 않은 유형의 사람들이 메시지를 이해할 수 있도록 볼륨을 높여 얘기하는 일이 당신에게 익숙하지 않을 수도, 불편할

수도 있다. 가령 "안 돼요. 우리 애는 그렇게 하는 걸 싫어해요!"라고 단호하게 말해야 할 경우가 있다. 당신은 그렇게 해야 하고, 아이는 그러한 확고함을 보고 배워야 한다.

• 당신은 가족 안에서 자신의 욕구를 강력히 주장하는 데 어려움을 겪을 수도 있다. 부모로서 민감한 사람들은 모든 가족의 욕구가 완벽히 충족되고, 모든 일을 깔끔하고 계획성 있게 정리하고, 모든 가족이 해야 할 일을 끝마치기 전까지 자신은 쉴 수 없다고 느끼는 경우가 많다. 이는 다른 가족을 매우 위험한 유혹에 빠져들게 만든다. 어떤 걸 하고 싶지 않을 때 모든 것을 도맡아 하는 사람에게 떠넘겨버리는 것이다. 이는 아이의 성격에 결코 좋은 영향을 미치지 않는다.

• 당신이 자신의 특성이나 자기 자신에 대해 나쁜 감정을 품고 있으면 아이는 당신으로부터 이를 배울 것이다. 이는 천천히 조금씩 흡수된다. 말에 의해서가 아닌 행동에 의해서다. 절대 아닌 척할 수 없다. 당신은 자신이 민감한 사람인 것을 좋아해야 한다.

• 당신은 실제 그러한 것보다 당신과 아이 사이에 유사성이 더 많다고 오해할 수 있다. 만약 당신이 민감한 아이를 키우면서 과거로부터 벗어나지 못한다면 당신은 자신의 민감성을 너무 의식한 나머지 아이가 당신과 거의 쌍둥이에 가깝다고 오해할 수 있다. 예를 들어 똑같은 것들을 좋아하거나 싫어한다고 생각할 수 있다. 그러나 민감한 사람들은 좋아하고 싫어하는 것에 있어서 엄청난 다양성을 보인다. 나는 공포 영화나 이유 없이 폭력적인 영화를 좋아하지 않는다. 아들은 아무 영화나 잘 보고 아무리 폭력적이라도 잘 만들어진 영화라면 괜찮다고 생각한다. "그저 영화일 뿐

이에요"라고 아들은 말한다. 이는 쉽게 이해하고 잊어버릴 수 있는 차이였다. 하지만 다음은 처음에 잘 이해하지 못했던 차이에 대한 이야기다.

지나친 동일시는 위험하다

아들과 나는 둘 다 초등학교 때 친구 사귀는 데 어려움을 겪었다. 우리 둘 다 스포츠를 잘하지 못했고(잘하길 바랐던 적도 없다) 학교라는 곳이 늘 그렇듯이 아이들은 무리를 지어 놀았는데 우리는 이 무리 속에서 활발하지도 편안하지도 않았다. 대신 둘 다 집에서 일대일 놀이를 할 수 있는 친한 친구들 몇 명만 있었다.

어느 날 나는 아이에게 몇 년 동안 가져왔던 생각을 말했다. 내가 그랬던 것처럼 거절당한 느낌이나 다른 아이들보다 열등하다는 느낌을 받지는 않는지 물어보았다. 아이는 자기는 다른 아이들을 별로 좋아하지 않고 아이들이 지루하다고 말했고, 자신에게는 아무 문제도 없다고 생각한다고 말했다. 말하자면 자기가 구사하는 유머 스타일의 진가를 이해하지 못하기 때문에 오히려 아이들에게 문제가 있다는 것이었다.

나는 심장이 멎는 듯했다. 나 자신의 낮은 자존감을 아이에게 투사해 왔던 것이다. 그리고 그럼으로써 다시 상처받고 있었던 것이다. 학교 아이들에 대한 아들의 영웅적 태도는 나보다 훨씬 나은 시각이었다. 사실 이제 성인이 된 아들은 초등학교 4학년 때부터 중학교 2학년 때까지를 자신의 인생에서 가장 암울했던 시절로 기억한다. 나는 아이가 5학년 때 썼던 에

세이를 보고 마음이 편치 않았다. 에세이의 주제는 '우리는 왜 친구가 필요한가'였는데 아이는 제목을 바꿔 '우리는 왜 친구들이 필요하지 않은가'에 대한 에세이를 썼다. 하지만 어쨌든 아이는 자신의 자존감을 유지하고 있었다. 그런데 다른 또래 친구들이 그런 것처럼 나는 아이가 자신에게 뭔가 문제가 있다고 믿고 있을 거라고 생각하는 듯한 인상을 남김으로써 아이의 자존감에 치명적인 손상을 입혀버렸다.

민감한 아이에게 민감한 부모가 할 수 있는 일들

• 늘 신선한 시각을 가지고 접근하고 아이와 지나치게 동일시하지 않도록 주의하라. 아이의 다른 특징들 모두에 대해 잘 살펴보라. 처음 시작하기에 좋은 방법은 아이가 민감하지 않은 나머지 부모와 어떤 점이 비슷한지 알아내는 것이다. 당신과 아이 둘 다 잘 알고 있는 사람에게 도움을 요청해 두 사람이 어떻게 다른지 말해달라고 하는 것도 좋다.

• 과보호를 피하고 아이를 새로운 경험에 노출시키고 싶다면 당신의 불안감을 통제하라. 위험 요소에 대해 현실적으로 생각하라. 어떤 일이 일어날 가능성에 대해 살펴보고, 실제 부상을 당할 위험과 아이가 당신 때문에 공포, 한계, 기술 부족, 후회로 점철된 삶을 살 위험 사이의 경중을 저울질해봐라. 만약 불안감이 너무 지나치다면 전문가의 도움을 받는 게 좋다. 자신의 과장된 공포를 아이와 공유하지 않도록 주의하기 바란다.

• 아이가 어떤 새로운 것에 관심을 보인다면 당신이 그것에 아무 관

심이 없더라도 아이가 시도하는 걸 지켜봐주어라. 물론 그 활동은 안전하고 아이의 나이와 능력에 걸맞아야 한다. 그리고 아이가 자신이 패배자라고 느끼면서 도망치리라는 게 거의 확실한 활동이어서는 안 된다. 이 지점에서 매우 주의하길 바란다. 키가 작은 아이들도 농구를 잘할 수 있고 동작이 서투른 아이도 발레 수업을 즐길 수 있다. 성공이냐 실패냐에 대한 생각은 보통 교사에 따라, 그리고 교실 안에서 학생들끼리 서로 얼마나 지지하느냐(경쟁하는 게 아니라)에 따라 달라진다. 아이가 스키, 승마, 오토바이 타는 걸 배우고 싶어 하는가? 축구 캠프에 가거나 연극 무대에 서고 싶어 하는가? 이러한 것들은 당신을 걱정하게 만들 수 있다. 능력 있고, 친절하고, 부드럽게 말하는 강사나 코치, 아이의 열정을 공유할 수 있는 친구를 찾아라. 당신의 자리를 대신해줄 수 있는 누구라도 좋다. 그리고 시도하게 하라.

• 아이가 어떤 것에도 별로 흥미를 보이지 않는다면 선택할 수 있는 사항이 충분히 많은지 점검하라. 민감한 부모로서 당신은 별도의 노력을 해야 한다. 하지만 자신의 유사한 성향을 잘 활용할 수도 있을 것이다. 가령 어렸을 때 많은 것을 시도해보지 않아서 후회스럽다고 아이에게 말할 수 있다. 혹은 인생에 대해 더 잘 준비해야겠다는 생각이 들어서 인생의 어느 지점에서 스스로 변화했던(그리고 기뻤던) 경험을 묘사해줄 수도 있다. 또는 다른 사람들이 정말 즐기는 것처럼 보이는 몇 가지 것들에 일단 온 힘을 다해 익숙해지고 나자 결과적으로 얼마나 행복해졌는지 말해줄 수도 있다. 그러고 나서 한 달에 하나씩 새로운 일을 시도해보자고 의견을 맞출 수 있다. 당신도 같은 목표를 세우고 이게 얼마나 어렵게 느껴지는지

공감을 나눌 수도 있을 것이다.

• 아이가 힘들어하기 때문에 당신도 힘들다면 더 넓은 관점으로 바라보라. 종교가 있다면 신의 뜻에 대해 생각해보라. 혹은 운명의 공평하지 않음을 받아들일 수 있는 어떠한 설명에 관해서라도 생각해보길 바란다. 운명은 공평하지 않다. 사람들은 어떤 식으로든 각자 직면해야 할 어려움을 가지고 태어난다. 그리고 그로부터 배우고 성장한다. 당신의 아이도 자신만의 어려움을 가지고 있다.

당신은 최상의 조건을 만들어주고, 인생의 부침을 겪으면서 어떻게 자신을 유지할 수 있었는지 조언해줄 수는 있겠지만 아이의 입술에서 운명의 잔을 떼어낼 수는 없을 것이다. 다른 사람의 고통에 깊이 빠져 압도되는 건 그 사람에게 전혀 도움이 되지 않는다. 특히 자신이 고통을 딛고 일어서는 법을 찾을 수 있도록 부모가 도와주길 바라는 아이일 때는 더욱 그러하다.

• 아이를 위해 다른 사람에게 당신의 주장을 강력히 펼칠 수 있도록 해야 한다. 그래야 할 필요가 있을 때, 그리고 아이가 혼자서 그렇게 할 수 없을 때, 혼자 하게 두면 안 될 때 그렇게 해야 한다. 당신에게는 훌륭한 체험이 될 것이고 아이에게는 귀중한 본보기가 될 것이다.

필요하다면 화술 훈련 코스를 듣는 것도 좋다. 똑 부러지게 말하지 못할까 봐 두렵다면 일단 종이에 적은 다음에 암기하거나 크게 읽어보아라. 나중에 이렇게 말해야겠다고 생각된다면 그냥 지금 말하라. 얼굴을 마주보고 말하기 곤란하다면 편지를 보내거나 이메일을 쓰는 방법도 있다. 도저히 못 하겠다 싶으면 배우자나 다른 친척, 배려 많은 교사에게 부탁하

라. 아이의 손위의 형제자매가 동생을 괴롭히는 아이들과 맞설 수도 있다. 아이가 자기를 지지해주는 사람은 아무도 없고, 아무도 자기를 도와줄 수 없고, 따라서 민감한 사람들은 천성적으로 소심하고 쉽게 희생자가 될 수 밖에 없다고 느끼도록 내버려두지 말아야 한다.

• 아이에게 당신의 권리를 강력하게 주장하라. 때때로 당신의 욕구를 우선시해야 할 때가 있다. 그래야 아이를 잘 돌볼 수 있고 아이는 다른 사람들 또한 자기처럼 욕구를 가지고 있다는 사실을 배우게 된다. 아이가 자라면서 당신은 자신의 욕구에 더 제한을 가할 것이다. 하지만 카린의 경우를 기억하라. 그녀는 아이들을 최우선시했지만 아이들을 망칠 정도로 그러진 않았다. 그녀는 아이들을 위해 집을 질서정연하게 유지했지만 포기해야 할 부분에 있어선 창의성을 발휘했다. 가령 그녀는 규칙적으로 요리하지 않았다. 그녀의 아이들은 일종의 책임감을 발달시켰다. 자기 물건을 정리하고, 엄마에게 소리 지르지 않고, 자기 옷을 관리하는 것에 대해 책임을 진다. 또한 정해진 시간에 잠자리에 들고 스스로 숙제를 한다. 당신뿐만 아니라 아이를 위해서도 아이가 자신의 행동과 기분 상태와 집 안 상태에 대한 책임을 더 지게 만드는 게 좋다.

• 자신을 돌보는 게 사치처럼 느껴진다면 비행기 산소마스크에 관한 교훈을 기억하라. 당신은 아이보다 먼저 산소마스크를 써야 한다. 의식을 잃은 부모는 아이에게 어떤 도움도 줄 수 없기 때문이다. 내 아들은 걸음을 떼기 시작했을 때 저녁 식사 시간마다 소리를 지르곤 했다. 아이를 기쁘게 해보려고 온갖 방법을 다 써봤지만 소용없었다. 그때쯤 나는 명상 수업을 듣게 됐는데 수업 내용 중 하나는 저녁 식사 시간 전 20분 동안 명상

을 하라는 거였다. 그 결과 나는 '나만의' 20분을 나에게 온전히 쏟을 수 있었다. 그러고 나서 아이의 울음은 멈췄다. 그전에는 우리 둘 다 자기도 모르게 긴장했었던 것 같다. 이제 둘 다 차분해졌다.

자신을 돌본다는 것은 이와 같다. 결국 '가족을 잘 돌보는 일'이기도 한 것이다. 그리고 자신의 욕구를 무시하면 당신이 자신을 2등 시민으로 생각하고 있다는 메시지를 무의식중에 내보내게 되고, 자연스럽게 아이 또한 자신이 하위 계급이라고 느끼게 되기 쉽다.

• 당신의 자존감을 위해 다음 방법을 시도해봐라. 당신이 태어나기 전에 자신의 기질을 선택할 수 있었다고 상상해보라. 그리고 이 기질이 가지는 장점과 세상에 기여할 수 있는 부분 때문에 스스로 민감한 기질을 '선택했다'고 상상해보라. 한번 생각해보길 바란다.

• 아이를 키우면서 저지르는 모든 실수에 대해 지나치게 죄책감을 느끼거나 너무 미안하게 생각하지 마라. 당신이 해야 하는 요구들, 아이에게 야기하는 문제들, 아이가 당신의 아이로 태어나고 같은 운명을 나눈 이유로 견뎌야 하는 희생들에 대해서도 마찬가지다. 실수를 하게 되면 이를 인정하고 몇 가지 실수나 잘못을 저지르면서도 잘 살아갈 수 있다는 것을 아이에게 가르쳐주어라. 실수를 저지르면 알아챈 즉시 혹은 나중에라도 말하라.

아이가 몇 가지 희생을 할 수밖에 없는 상황이라면, 아이가 이 희생으로부터 심리적 회복력resilience을 배우고 인격을 형성할 것이라는 사실을 잊지 마라. 아이를 모든 실망과 희생으로부터 보호하면 아이는 작은 폭군 또는 일종의 괴물이 될 것이다. 또한 민감한 아이들은 희생으로부터 보호

받으면 다른 아이들만큼 고생하지 않는 것에 대해 죄책감을 느낄 가능성이 크고, 미래에 희생이 필요할 때가 오면 어떻게 대처해야 할지 배우지 못한다.

부모로서의 죄책감을 극복하다

내 아들은 세 살부터 열두 살까지 우리 부부가 중요한 사회운동에 모든 시간을 쏟는 걸 참아야 했다. 함께 참여한 사람들 중 자녀를 두고 있는 사람들은 이 일 때문에 아이들과 시간을 보내지 못하는 것에 대해 매우 죄책감을 느꼈다. 그런데 우리를 방문한 한 발달 심리학자는 떠나면서 우리 둘 다 훌륭한 부모처럼 보인다고 말해주었다. 우리 부부가 유일하게 못 하고 있는 건 한계를 설정하는 것이라고도 했다. 아이들(그들 중 일부는 민감한 아이들이다)이 우리를 협박하고 지치게 하기 위해 우리의 죄책감을 이용하고 있는 것처럼 보인다고도 했다. 내 경우에 아들이 잠잘 시간에 동화책을 읽어주기 원하면 당연히 한 권을 읽어주었다. 기진맥진한 상태임에도 불구하고 말이다. 그러고 나서 아들이 원하면 두 번째, 세 번째 동화책을 더 읽어주어야 했다. 다른 시간에 함께 있어주지 못하는 것에 죄책감을 느꼈기 때문이다.

그녀는 스케줄을 점검해보고 우리가 다른 직업을 가진 부모들만큼 아이와 시간을 보내고 있는지 확인하고(우리는 그렇게 하고 있었다), 아이에게 우리가 어떤 중요한 일을 하고 있는지 아이에게 잘 설명해주라고 했다. 그렇게 함으로써 아이가 어린이집에서 오후를 보내야 할 때 그 순간 자기도 부모의 중요한 일에 참여하고 있다고 느끼게 하라고 했다. 아들은 이 생각을 문제없이 받아들였다. 정말로 아들은 언제나 부모의 이상주의를 자랑스러워했다.

나머지 가족들은 민감한가

아이의 인생에는 당신보다 더 많은 사람이 있다. 엄마, 아빠, 아이의 전형적인 3인 가족, 혹은 두 엄마, 두 아빠, 양부모, 혹은 한 명의 부모와 한 명의 조부모, 혹은 또 다른 가족들(심지어 한 명의 부모와 그 부모의 직업)은 민감한 아이에게 사회생활에 대해 많은 것을 가르쳐줄 수 있고, 큰 희망과 회복력을 잠재적으로 심어줄 수 있다. "한 사람이 나를 도와줄 수 없다면 아마 다른 한 사람(또는 누군가)이 나를 도와줄 거야."

만약 부모가 둘 다 민감한 사람이라면 민감한 아이는 민감성을 가치 있게 여길 수 있게 되고, 민감성에 대해 모든 것을 알고 있는 셋(혹은 그 이상)의 작은 문화에서 큰 지지를 받을 수 있을 것이다(그 후에는 가족 안에 있는 덜 민감한 아이들이 자신이 이상하다고 느끼지 않도록 도와야 한다).

부모 중 한 명만 민감한 사람일 때

부모 중 한 명이 민감한 사람이고 다른 한 명은 그렇지 않을 때, 민감한 부모와 아이는 더 강한 유대감을 가지게 될 수 있다. 최소한 가끔씩은 그렇다. 랜들의 엄마 매릴린은 아홉 살인 랜들이 자신과 함께 있는 것보다 아빠와 함께 있는 걸 좋아한다는 사실을 눈치챘다. 랜들의 아빠는 민감한 사람이고 매릴린은 그렇지 않다.

가족 안에서 비슷한 면을 지니고 있는 사람들끼리 친하게 되는 건 당연하다. 보통 같은 성별끼리 뭉치는 경우가 많지만, 어떤 면을 중요시하는지는 시간의 흐름에 따라 바뀔 수 있고, 그 결과 동맹은 계속 변한다. 우리 가족의 경우를 보면 아들은 때때로 아빠와 더 가깝다. 둘 다 남자이고, 둘 다 대화하는 걸 좋아하고, 둘 다 유대교를 믿는다(아이의 선택이었다). 그러나 어떤 때는 나와 아들이 더 가깝다. 우리는 글쓰기에 대한 열정, 예술적 취향, 〈스타트랙〉에 대한 애정 그리고 다른 민감한 특징들을 공유한다.

부모와 아이가 매우 특별한 유대감을 가지면 항상 기쁨과 위험이 공존한다. 위험은 이 유대감이 부모 간의 유대감에 그림자를 드리우거나 위협하기 시작할 때 발생한다. 또는 부모로부터의 유대감이 지나치게 특별해져서(심지어 로맨틱하거나 성적sexual 으로 변해서) 아이의 성장을 가로막을 위험도 있다. 아이는 부모와 깊숙이 친밀한 상태를 환영하는 것처럼 보일지 모르지만 아이는 다른 부모를 경험해본 적이 없기 때문에 이게 너무 지나치다는 판단을 내릴 능력이 없다.

부모 중 한 명이 민감한 사람이고 다른 한 명은 그렇지 않을 때, 양육 전략을 결정하는 데 있어 각각의 부모가 어떠한 역할을 맡을 것인가 하는 문제 또한 존재한다. 때때로 민감한 부모는 무의식적으로 민감성이 결점이라고 생각하면서, 민감하지 않은 배우자가 아이를 민감하지 않도록 키우기를 바라면서 조심스레 물러난다. 특히 자신의 특성을 싫어하는 남성들이 이럴 수 있다. 또한 사회생활 때문에 바쁜 민감한 아빠들은 왜 가정생활이 그렇게 압도적으로 느껴지는지 깨닫지 못한 채, 항상 양육을 어려운 것으로 생각할 수 있다. 아이와 유사하게 민감한 엄마는 민감하지 않은 남편이 민감한 아들을 '진정한 남자'로 키워주길 바라거나 딸을 자신보다 더 터프하고 자유롭게 키워주길 바랄 수도 있다.

하지만 민감한 부모가 민감한 아이의 양육을 떠맡는 경우가 더 많다. 민감한 부모가 진정한 권위자와 보호자로서의 역할을 수행하면서 덜 민감한 배우자는 소외감을 느끼고, 자신이 쓸모없고 아무 힘도 없다고 느끼거나 민감한 두 사람에게 질려버릴 수도 있다. 이는 아이에게도 좋지 않고 부부관계에도 안 좋은 영향을 미친다. 앞 장에서 봤듯이 민감하지 않은 부모는 민감한 아이를 키우는 데 많은 기여를 할 수 있다. 이들은 균형감, 안정감, 모험, 열정 등을 아이에게 가르쳐줄 수 있다. 게다가 민감한 아이는 생물학적으로 민감하지 않은 부모에게서 성격의 50퍼센트를 물려받았다. 그런 특성들을 다루는 데는 민감하지 않은 부모가 전문가다.

민감한 아이가 부부관계에 미치는 영향

민감한 아이처럼 남들에 비해 강한 기질을 가지고 있는 아이는 아이를 키우는 도중에 발생하는 예기치 못한 문제들을 어떻게 풀어야 할지의 문제와 '우리 아이는 다른 아이들처럼 행동하지 않는다'고 느끼는 문제 때문에 양쪽 부모에게 심각한 갈등을 야기하는 경우가 많다. 그러고 나서 무엇을 탓해야 하는지 혹은 누구의 책임인지에 대한 문제가 야기된다. "당신은 항상 힘든 일이 생기면 애가 문제를 회피하고 뒤에 숨어 있게 만들잖아." "당신이 애한테 자꾸 소리 지르니까 애가 무서워서 한마디도 못 하잖아."

부모 중 어느 쪽이 아이와 더 많은 시간을 보내는 그 사람은 규칙적인 일과를 정하고 해결책을 모색하는 데 더 많은 신경을 쓰는데, 덜 적극적인 부모는 이를 불필요한 데다가 애를 망치는 일이라고 생각하는 경우가 많다. 이는 아이가 주위 사람들에게 민감성을 숨기고, 그러한 이유로 적극적이지 않은 부모에게 별다른 문제를 일으키지 않으면 더 심각해진다. 양육에 관여를 덜 하는 부모는 이렇게 생각하거나 말한다. "뭐가 문제야? 나랑 있을 땐 아무 문제도 없는데?" 결국 민감한 아이가 인생을 잘 헤쳐 나갈 수 있도록 돕는 일에 더 노력하고 있는 부모는 배우자에게 신경 쓸 에너지가 남아 있지 않게 되고 이는 배우자의 질투를 유발하게 된다.

이러한 위험이 도사리고 있다는 것을 미리 알면 이를 피할 수 있다. 파트너의 견해를 존중하고 당신의 견해와 어떻게 균형을 잡을 수 있을지 생각해보길 바란다. 다른 방식을 제시할 때에는 매우 조심스러워야 한다.

모든 양육 전문가가 동의하듯이 부모는 팀이어야 한다(이혼한 경우라면 더욱 그러하다). 특히 민감한 아이의 부모는 아이가 특별한 특성을 가졌다는 것을 인정하고, 이 특성의 장점이 무엇인지 그리고 이에 관해 문제가 발생하면 어떻게 대처할지에 대해 서로 동의해야 한다. 그렇게 하지 못하면 아이는 자신이 결함투성이의 무력한 존재라고 느낄 뿐만 아니라 부모의 불화가 자기 탓이라고 느낄지도 모른다.

민감한 아이와 민감하지 않은 형제자매

가족의 구성과 역학 관계는 매우 복잡한 문제기 때문에 몇 가지 일반적인 요점만 제시하겠다. 한 아이가 다른 아이들보다 더 민감하고 이를 표현하는 데 제약을 받지 않는다면 이 아이는 특별한 대우를 받을 것이고, 그러면 더 적은 욕구를 가지거나 다른 종류의 욕구를 가진 형제자매가 분노할 것이다. 예를 들어 (1장에서 묘사한 특성들을 이용해서) 활동적이고 적극적인, 민감하지 않은 아이는 제약과 경고가 더 필요하기 때문에 민감한 아이가 비교적 더 많은 자유와 책임을 가지고 신뢰받는 것에 대해 분개할 것이다. 또는 착한 민감한 아이는 순응적이지 않고 활동적이고 자기주장이 강한 형제가 자기와 싸웠을 때 벌을 받지 않고 넘어간다면 분노할 것이다. 아이들이 싸울 때 부모는 선택을 해야 하고 더 주장이 강한 아이의 손을 들어주는 일이 많기 때문이다.

아이들 모두가 민감하다고 해도, 상대적으로 한 아이는 더 자기주장이 강하고, 활동적이고, 순응적이지 않을 것이다. 그리고 다른 아이가 '착한 아이' 혹은 '철든 아이'로 받아들여지게 만들 것이다.

형제들은 서로 엄청나게 다르고, 짝을 이루는 특성들을 나눠 가지고 이를 양극단으로 발달시킨다. 짝을 이루는 특성들 둘 다, 즉 형제자매 모두 최소한 한 명의 부모에게 그 가치를 인정받는다면 문제가 별로 심각하지 않다. 그러나 만약 이 중 한 특성이 가치를 인정받지 못한다면 그 특성을 가지고 있는 아이는 무시당하거나 무거운 짐을 진 것 같은 느낌을 받는다.

예를 들어 이렇게 말하는 부모들이 있다. "딸은 모르는 게 없는 천재고, 아들은 운동에서 세계 챔피언이야." 이렇게 말하는 건 괜찮다. 그러나 이렇게 말하는 부모도 있다. "딸은 모르는 게 없는 천재야. 전 과목 다 최상위권이지. 그리고 아들은 (한숨을 쉬며) 여전히 스포츠에 관심이 더 많아."

부모는 아이들의 유형 모두를 존중해야 하고 이들이 양극단으로 분열되는 것을 줄이도록 해야 한다. 위의 예에서 부모는 두 아이가 지적 능력과 신체적 능력 중 한쪽만 완벽하게 특화하기보다는 두 능력 모두를 온전하게 발전시키길 바랄 것이다. 하지만 사회는 한쪽에 전문화하는 것을 더 좋아한다. 더 효율적이기 때문이다. 요리사는 요리를 잘해야 한다. 댄서는 춤을 잘 춰야 한다. 춤 잘추는 요리사는 고맙지만 사양이다. 그러나 개인은 보통 다방면으로 균형 잡힌 삶을 살 때 더 행복하다.

한 아이가 민감한 아이이고 다른 아이는 그렇지 않을 때 부모가 두 아이 각자의 특성을 존중하고 그사이에 균형을 잡는 데 실패하면 문제는 더 심각해진다. 단순한 관심사나 취향이 아닌 천성적 기질 차원의 문제이기 때문이다. 민감한 아이를 착하고, 현명하고, 성숙하고, 협조적이고, 똑똑한 아이로 보고 민감하지 않은 아이를 충동적이고, 과장적이고, 말썽만 피우는 문제아로 보는 것은 너무나 쉽다. 반대로 민감한 아이를 겁이 많고, 억압돼 있고, 숫기 없고, 불안감이 많은 돌연변이 아이로 보고 민감하지 않은 아이를 용감하고, 사교적이고, 명랑하고, 재미를 추구하는 '정상적인' 아이로 보는 것 또한 너무나 쉽다. 사실 부모가 인정하고 격려한다면 두 아이 모두 양쪽 특성을 다 가질 수 있다.

어떻게 하면 정반대의 기질들을 동등하게 매력적으로 보일 수 있게 할 수 있는지에 대해 뒤에서 다시 얘기를 나눌 것이다. 하지만 당신이 개인적으로 어떠한 기질, 능력, 관심사 등을 선호한다 해도 이를 정직하게 내보일 필요도 없고, 이것이 바람직하지도 않다. 당신과 당신이 덜 좋아하는 아이가 지금부터 6개월이 지나면 완전히 다른 사람이 될지 누가 알겠는가?

민감한 아이는 형제자매를 사랑한다

민감한 아이 자크는 다섯 살 때 두 살 어리고 덜 민감한 동생에게 극도로 질투를 느끼고 가학적으로 대해 누구도 옆에 가기 힘들 정도였다. 무슨 일이 있었던 걸까? 자크의 남동생은 걷는 법과 말하는 법을 배웠고 가족의 구성원으로 존중받고 있었다. 게다가 동생은 자기주장이 강하고, 활동적이고, 고집이 센 데다가 민감하지 않은 아이라서 부모에게서 많은 관심을 받고 있었다. 동생이 세 살이 되면서 이 모든 게 영향력이 더 커졌다.

동생은 자크의 물건에 손대고 자크의 공간에 침투하기 시작했다. 또한 우량아였기 때문에 자크의 신체적 우월감에 도전하기 시작했고, 아들을 운동선수로 만들길 원했던 아버지에게서 더 많은 관심을 받기 시작했다.

그런 중에 자크는 초등학교에 입학하게 됐고 학교생활은 자크에게 매우 힘들었다. 특히 동생이 엄마와 함께 있는 동안 자신은 엄마와 떨어져 있어야 한다는 사실이 자크를 더 힘들게 했다. 그 결과 몇 년 동안 자크는 거의 증오의 화신처럼 보일 정도가 되었다. 자크는 동생이 하는 모든 일에 집착했고 동생의 모든 행동에 비판을 가했다. 동생에게 주어진 모든 특권을 동등하게 가지기 위해 싸웠고 동생이 선물을 받거나 누군가에게 애정 표현을 받으면 짜증을 부렸다. 부모가 잠시 등을 돌릴 때면 동생을 때렸고 동생이 자기나 자기 물건에 손이라도 댈 성 싶으면 이것이 얼마나 부당한 일인지에 대해 자세하고 신경질적인 일장 연설을 시작했다.

부모는 어떤 문제가 있는지 이해했고 최선을 다해 두 아이들에게 인내심을 보이고 사랑을 주었다. 또한 둘에게 쏟는 관심에 균형을 맞추려고 노력했다. 작은 아이에게 더 많은 관심이 '필요했지만' 자크도 만만치 않았다. 혼자 두면 괜찮았지만 동생과 단 둘만 내버려두면 사단이 났다.

얼마 동안 아무도 자크에게 큰 호감을 가지지 못했다. 하지만 아무도 이 사실을 입 밖에 꺼내지 않았고 부모는 친구에게, 심지어 나에게도 그러한 얘기를 하지 않았다. 그리고 몇 년이 지난 지금 아직 초등학교에 다니고 있는 두 아이는 좋은 친구이자 놀이 상대다. 자크는 사려 깊고, 이성적인 아이이고 심한 증오나 공격성의 흔적일랑 눈 씻고 찾아봐도 찾아볼 수 없다.

무슨 일이 있었던 것일까? 자크는 잠시 질투 어린 증오의 에너지에 사로잡혔던 것이라 말할 수 있다. 모든 인간이 이런 감정에 빠질 수 있지만 성인은 아이보다 이를 숨기는 데 더 능할 뿐이다. 자크는 이를 숨길 수 없었기 때문에 주위 사람들에게 증오의 화신으로 비친 것이고, 반대로 사랑스럽고 순수한 동생이자 희생자는 선善의 화신이 된 것이다. 심지어 자크도 동생을 미워하는 자기 자신을 견디지 못했을 것이다.

그러나 자크의 부모는 자크에 대한 믿음을 잃지 않았다. 두 아이는 모두 대부분의 선함과 약간의 나쁜 충동을 가지고 있을 뿐이었다. 자크의 동생도 우리도 마찬가지다(아마도 자기방어였겠지만 자크의 남동생은 울면서 희생자 연기를 해 형을 궁지에 빠뜨리는 데 천부적 재능을 보였다). 두 아이는 모두 있는 그대로 온전히 사랑받았다. 자크에게 별도로 관심을 보이고 칭찬해주는 동시에 둘을 동등하게 사랑하고, 더불어 시간이 흐르자 문제는 저절로 해결되었다. 시간이 흐른 것도 도움이 되었는데, 동생은 자크의 진짜 놀이 상대가 될 수 있을 정도로 컸고, 자크는 동생에게 학교에서 배운 것을 가르치고 동생이 성공적으로 해내면 기쁨을 느낄 수 있게 되었다.

내가 여기서 강조하고 싶은 것은 자크의 부모가 자크가 빠졌던 '모 아니면 도'라는 생각의 함정에 빠지지 않았다는 것이다. 이들은 자크를 한 가지 에너지나 태도와 동일시하지 않았고, 이를 이유로 자크를 거부하지도 않았다. 여전히 성장하고 있고 상처받기 쉬운 존재인 작은 아이가 부모에게 소심함, 완고함, 약함의 표본으로밖에 받아들여지지 않는다면 이보다 안타까운 일이 어디 있겠는가?

한편 민감한 아이들은 민감하지 않은 아이들보다 새로운 형제를 진심으로 사랑하는 경향이 더 강하다(그러나 가족의 막내가 새로운 아이로 교체될 때 불가피하게 생기는 무의식적인 분노감과 상실감을 결코 간과해서는 안 된다). 사실 민감한 아이들은 동생이 민감하든 그렇지 않든 상관없이 동생에게서 큰 도움을 받는다. 동생이라는 존재는 민감한 아이가 리드하고 보호하고 상담하고 가르치게 해주며, 민감한 아이들은 천성적으로 좋아하는 이러한 역할에서 자신감을 쌓게 된다.

그럼에도 불구하고 어떨 때 동생은 민감한 아이를 심각하게 방해할 수 있다. 깊은 사고나 복잡한 상상을 중단시키거나, 방에 들어오려 한다거나, 소중한 물건에 손을 댐으로써 말이다. 앞 장에서 랜들에 대해 소개했다. 랜들의 엄마에 따르면 랜들의 여동생 지니는 오빠와 정반대다. "지니는 나가서 노는 걸 좋아하고, 교류하는 걸 좋아하고, 아무 친구나 집에 잘 데려와요. 랜들이 동생에게 짜증낼 만도 하죠. 지니는 오빠한테 다가가고 싶어 하고 랜들은 동생이 저리 갔으면 하죠. 하지만 우리는 가족이에요. 그냥 그런 겁니다. 싫어서가 아니라요." 맞는 말이다.

아이들의 싸움에 현명하게 대처하기

특히 한 아이가 민감한 아이이고 다른 아이가 그렇지 않을 때, 형제들은 서로 같이 어울리거나 서로를 사랑하라고 강요받아서는 안 된다. 서로 인내하고 서로에게 버릇없이 굴지 않는다면 그것으로 충분하다. 그러나 이는 매우 필수적이기도 하다. 민감한 아이들은 형제, 특히 자신보다 나이 많은 민감하지 않은 형제가 놀리거나 비판하면 심하게 상처받는다. 부모는 형제들이 충분한 대처 방법을 습득하기 전까지 갈등을 자기들끼리 해결하도록 내버려두어서는 안 된다.

아이들이 배울 수 있는 간단한 갈등 해소 기술로는 동등한 기회를 가지고 서로의 의견을 들어보기, 잠시 떨어져 있는 시간을 가지기, 창의적이고 공정한 타협 방법 찾기 등이 있고 아이들이 생각해낸 자기들 나름대로의 방법도 좋다. 아이들이 이러한 기술을 습득했다고 해도 규칙이 잘 지켜지고 있는지 지켜봐줄 어른이 당분간 필요하다. 욕설, 구타, 일방적 공격 그리고 상대의 신체와 영혼에 상처를 입히는 어떠한 것도 용납돼서는 안 된다. 연습을 통해 아이들은 자신들의 싸움을 진정으로 해결할 수 있게 된다. '연습'이 필요하다.

가족과 기질에 대해 이야기하라

민감한 아이들뿐만 아니라 모든 아이들은 각자 어떤 종류의 타고난 기질을 가지고 있다. 그러므로 민감성이 대화 주제로 떠오르면 이를 계기로 다른 가족의 기질에 대해서도 이야기를 나눠보길 바란다. 다만 모든 것을 한 가지 원인으로 돌리는 '환원주의자reductionist'가 되지 않도록 주의하길 바란다. 여러 경우 사람들은 기질 때문이 아니라 문화, 양육 방식, 자신에게 중요한 사람들, 현재 상황 혹은 비슷한 경험들 때문에 지금과 같이 행동한다. 예를 들어, 빨간 불일 때 일단 멈추는 것, 명절 선물을 주고받는 것, 폭풍이 몰아치면 대피하는 것은 기질과 하등의 관계도 없다.

이에 주의하면서 1장에서 묘사한 여덟 가지 특성을 이용해 가족과 이야기를 시작해보길 바란다. 만약 가족들이 흥미를 보인다면 1장 끝에 제시한 일곱 가지 특성을 이용하여 모든 가족들의 등급을 매겨보고, 민감성을 테스트해보고, 각자의 탐색 추구 성향novelty seeking에 대해서도 살펴보길 바란다(3장 참고). 성장한 민감한 아이와 함께는 성인 민감성 테스트에 있는 항목들에 대해 이야기를 나눠보고, 각 항목에 대해서 어떻게 느끼는지 얘기해보고, 어느 항목에서 다른 사람들이 같은 응답을 했고 같은 생각을 가졌는지 얘기해봐라. 그런 후에 각 특성마다 가족들 각자의 그래프를 그려봐라. 기억해야 할 점은 가족들 개개인 각자가 자신이 그 특성을 얼마나 가지고 있는지 결정하는 최종 권한을 가져야 한다는 것이다. 구체적 예를 들어 각 특성이 가지고 있는 긍정적 측면을 서로 북돋아주고 칭찬해주는 것도 좋을 것이다. "네가 끈질기지 않다고? 자전거 타는 거 배울 때 탈 수 있게 될 때까지 포기하지 않았던 거 기억 안 나?"

긍정성을 유지하라

각 특성의 양극단에 대해 말할 때 긍정적인 용어를 사용해 밝은 분위기를 유지하라. 예를 들어 활동성 수치가 높은 걸로 나오면 '나대는'이란 말보다는 '적극적인'이나 '에너지가 넘치는'이란 말을 사용하는 게 좋다. 반대는 '느린' 이나 '게으른'이 아닌 '차분한'이 될 것이다. 감정적 반응이 강한 것을 두고서 '격정적인', '신경질적인' 혹은 '지나치게 과장하는' 같은 말을 사용하는 것보다 '원기 왕성한'이나 '강한 감정을 가지고 있는'이라고 표현하는 게 더 좋다. 이 반대는 '둔한'이 아닌 '온순한'이나 '낙천적인'이 될 것이다.

하지만 긍정적인 이름이 붙었다고 해서 사람들이 강한 주장을 가진 사람, 에너지가 수그러들지 않는 사람, 흥미로울 정도로 예측 불가능한 사람과 함께 있는 걸 항상 '좋아한다'는 걸 의미하지는 않는다. 한 사람의 기질에 대해서 결코 나쁘거나 틀렸다고 평가할 수 없다. 마찬가지로 특정한 기질을 가진 사람의 행동에 다른 사람이 보이는 감정적 반응에 대해 나쁘거나 틀렸다고 말할 수 없음을 가족에게 분명히 설명하기 바란다. 중요한 것은 서로의 '차이'에 대해 인정하고 잘 지내는 것인데 이는 인간이 극복해야 할 커다란 문제들 중 하나이기도 하다. 그리고 그 최전선에는 가정이 있다.

마지막으로, 당신은 너무 많은 이름표를 붙이는 게 아닌지 염려할지도 모른다. 만약 극단적으로 표현한다거나, 상대방의 코를 납작하게 만들거나, 싸움 중 상대를 미묘하게 비난하기 위해 사용된다면 그럴 수 있다("나한테 한 번도 차례를 주지 않잖아. 네가 너무 '완고하기' 때문이야." 아이들에게 논쟁의 주제에 집중하라고 가르치라. 완고한 사람도 다른 사람과 무언가를 공유할 수 있고, 그러므로 고집과 이 문제는 아무런 관련이 없다. 상대방을 비난하면 오직 논쟁만 가속화될 뿐이다). 이러한 이름표를 붙이는 이유는 내가 누구인지 다른 사람이 알아주는 것은 기분 좋은 일이기 때문이다. 즉 개인의 정체성을 확인해주기 때문이다. 이는 다른 사람이 당신이 근원적으로 어떠한 사람인지 알기 위해 충분히 애쓰고 있고, 실제로 감지했고, 이제 당신이 어떠한 사람인지 안다는 걸 의미한다.

처음 민감성을 화두로 삼을 때

당신이 민감성을 긍정적 혹은 중립적 태도로 이야기하기 시작하면 재미있는 일들이 가족 안에서 발생한다(커플 사이에도 마찬가지다). 모든 가족들이 '민감한' 사람이 되고 싶어 하는 것이다. 그러므로 당신 혹은 민감한 자녀가 무엇에 민감한지 구체적으로 설명해주면서 이야기를 시작하는 게 좋을 것이다. 그 대상은 큰 소음, 거친 대화, 냄새, 누가 손대는 것, 놀라게 하는 것 등 다양할 수 있다. 자기 테스트를 해보고 구체적으로 정하길 바란다.

또한 '민감성'이라는 단어가 특별하고 기술적인 방식으로 사용된다는 점을 설명하기 바란다(이 특성을 설명하는 데 더 적절한 단어를 생각해내기란 어렵다. 너무 긍정적으로도, 너무 부정적으로도 들리지 않는 단어다). 이 경우에 민감성은 친절하거나, 공감 능력이 뛰어나거나, 예술적이거나, 통찰력이 있는 것을 의미하지 않는다. 물론 민감한 사람들이 최상의 상태에 있을 때 그들은 이러한 자질들에 덧붙여 양심적 경향, 지적 경향, 직관과 다른 많은 미덕을 보인다. 하지만 민감한 사람들만이 이러한 자질을 독점적으로 가지고 있는 것은 아니며 이들이 무언가에 압도되었을 때 이러한 모습은 사라져버린다. 민감성은 중립적 특성이고 두 가지 기본 생존 전략 중의 하나다. 두 가지 전략 중 하나는 민감성인데 행동하기 전에 관찰하고 심사숙고하는 것을 의미한다. 다른 하나는 빨리 행동하고 많이 시도해보는 것을 의미한다. 각 전략이 어떠한 상황에서 성공적이고 어떠한 상황에서 그렇지 않은지는 쉽게 알 수 있을 것이다.

하지만 가족 안에서 민감한 사람이 '공인된 환자' 취급을 받는 경우 또한 빈번하다. 말하자면 모든 가족들이 이 사람에게 뭔가 문제가 있고, 그러므로 나머지 가족들에게는 아무 문제도 없다는(마치 모두가 완전무결하다는 듯이) 데에 무의식적으로 동의하는 것이다. 혹은 민감한 아이는 실망스러운 모든 일에 대한 책망을 듣고 비판받는 희생양이 될지도 모른다("재가 저렇게 숫기 없지만 않았어도…", "재가 불꽃놀이를 좋아하기만 했어도…"처럼 말이다). 혹은 민감한 아이는 신데렐라처럼 모든 사람들이 부리는 사람이 될 수도 있다. "정말 자신감이라곤 하나도 없는 애야. 우리가 이것저것 시켜도 아무 말도 안 하는데 뭐 어쩌겠어."

민감성을 더 긍정적인 방향에서 바라보기 시작하면 민감한 아이는 권한을 부여받을 것이고 오래된 역할과 습관은 흔들릴 것이다. 모든 가족 안에는 사랑과 '권력 이동' 둘 다가 존재한다. 권력이 상호작용의 주요 원동력이었던 가족은 누구에게 권한이 부여되느냐에 변화가 생기면 모든 사람에게 커다란 영향을 미친다. 때때로 그러한 이유로 민감한 아이를 원래의 자리에 그대로 두려는 시도가 생기기도 하고, 새로운 '문제 멤버'가 발견되기도 한다.

가족 안에 있는 사람이 가족 내에 어떠한 문제가 있는지 알아내기란 쉽지 않다. 가족 내에 어떠한 문제가 생겼다는 의심이 든다면 '경험 많고, 인정받는' 가족심리치료사를 만나보고 새로운 방향으로 나아갈 수 있는 가벼운 자극을 받는 것도 좋은 방법이다.

기질에 관한 대화가 가족 치료로

당신이 민감한 아이와의 관계를 고민하는 민감하지 않은 부모이든, 가족들이 각자의 기질에 대해 이야기하는 것을 돕고 있든지 간에 민감성에 대해 생각해보는 것은 그 자체로 큰 변화를 일으킬 것이다. 가족 구성원들이 더 평등해지고 서로 진가를 인정할 수 있는 기회가 될 것이다. 그러므로 기질에 관해 이야기를 나누는 자체가 훌륭한 '가족 치료'가 될 수 있다.

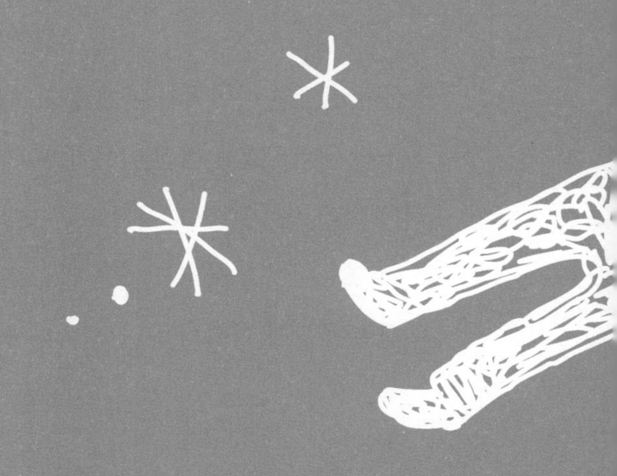

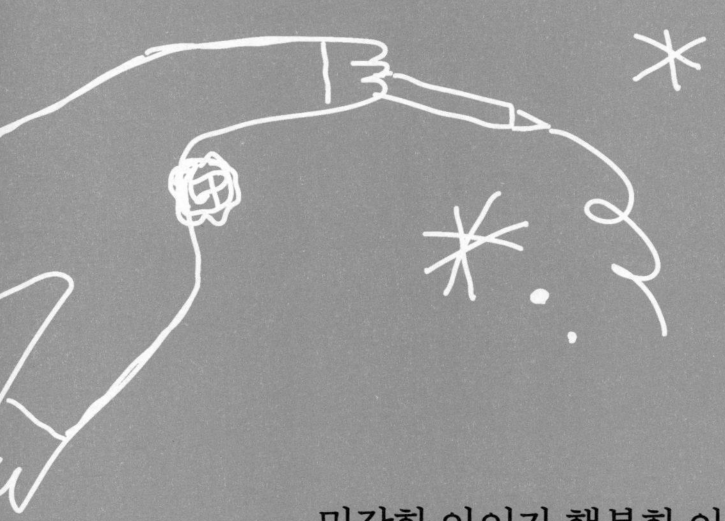

5장

민감한 아이가 행복한 아이로 자라는 육아의 4가지 열쇠

민감한 아이의 자존감을 지켜주는 것은 왜 중요할까? 민감한 아이가 행복한 아이로 자라날 수 있는 네 가지 열쇠에 대해 알아본다. 자존감과 수치심 줄이기, 현명한 훈육과 민감성에 대해 이야기하는 법까지 부모와 아이가 충돌하지 않고 변화할 수 있는 방법들에 대해 알아보자.

첫 번째 열쇠, 자존감 키우기

아이의 자존감은 인생의 기복에 따라 오르락내리락하지만 자신에 대해 기본적으로 가지고 있는 긍정적이거나 부정적인 태도는 계속 발달한다. 자신에 대한 기본적인 태도가 부정적이면 성취에 대해서는 중요하게 생각하지 않고 실패만을 진실로 받아들인다. 당신이 이 책을 읽고 있다는 것은 아이에 대해 충분히 신경 쓰고 있다는 의미이고, 당신의 아이는 자신이 가치 있는 존재라고 느끼고 바람직하고, 견고하고, 현실적인 자존감을 이미 가지고 있을 가능성이 크다. 그러나 이 자존감이 충분히 견고하지 않을 수 있는 몇 가지 이유가 있다.

첫째로, 아이가 잘못한 게 있으면 바로 잡아주고 훈계를 하는 게 당연하지만 만약 당신이 적절한 방법을 사용하지 않는다면 민감한 아이는 당신의 꾸지람을 자신의 가치에 대한 총체적인 평가로 받아들일 수 있다

(2장에서 비글 강아지 스타와 보더콜리 강아지 샘에 대해 했던 말을 기억해봐라). 민감한 아이들은 보통 규칙을 지키는 걸 좋아하고 자신이 어떤 실수를 했다고 들으면 다음에는 같은 실수를 저지르지 않기 위해 유념한다. 처음부터 제대로 하는 게 이들의 유전자에 새겨져 있는 생존 전략의 핵심이다. 너무 많은 비판을 하면 민감한 아이들은 자신이 늘 틀리다고 생각하는 게 속 편하다는 결론에 도달할 수 있다.

민감한 아이들이 낮은 자존감을 가지기 쉬운 두 번째 이유는 민감한 아이들은 가혹하게 자기를 비판하는 경향이 있기 때문이다. 민감한 아이들은 날카로운 관찰자이자 평가자다. 영화나 책, 음식 등을 평가할 때 이들은 타고난 비평가다. 이들은 사랑과 수용이 필요하다고 여겨지는 사람들에게는 가엽게 여기는 마음으로 평가를 접어둔다. 그러나 일반적인 사람들에 대해서는 가차 없이 비판하는데, 이는 자기 자신 그리고 가까운 사람들에게도 마찬가지다(가까운 사람들은 거의 자신의 일부이기 때문에 그들이 최선을 다하기를 바란다).

하지만 정확하게 비판하는 이들의 능력에 대해 오해하지 말아야 한다. 민감한 아이들은 '자신을 향하는 비판'은 잘 소화하지 못한다. 민감한 아이들은 자신의 실수에 대해 지나칠 정도로 반성하기 때문에 이들에게는 비판이 전혀 필요 없을 때가 많다. 이들은 자기 스스로를 처벌한다.

세 번째로, 당신이 주위에 없을 때 다른 사람이 민감한 아이에게 어떤 말을 할지 혹은 어떤 행동을 할지 통제할 수 없다. 오로지 아이가 어떤 말을 듣든지 그 말을 정확하게 해석할 수 있도록 아이의 마음을 준비시켜 줄 수 있을 뿐이다. 그리고 2장에서 말했듯이 서구 문화권 아이들은 민감한 사람에게 그다지 호의적이지 않은 문화에서 자라고 있다. 서구 문화권에 사는 소년들은 자신이 고통, 비판, 과도한 자극, 다른 사람의 감정 등에 민감하다는 사실을 드러내면 힘들어질 수 있다. 하지만 아이가 민감성에 대해 다른 사람들로부터 긍정적인 말들만 듣는다손 치더라도 아이는 세상이 자신에게 맞춰서 돌아가고 있지 않다는 점을 알아야 한다. 당연한 말이지만 "원래 그래"라는 말은 아이에게 자신이 정상궤도에서 벗어나 있다는 생각을 무의식적으로 심어줄 수 있다. 그러므로 민감한 아이들은 자신의 욕구와 정체성에 대한 이해가 일반적으로 부족한 데 대해 내면적인 답 혹은 해독제를 찾을 수 있도록 도움을 받아야 한다.

마지막으로, 자존감과 '수치심 줄이기'가 매우 중요한 또 다른 이유는 일단 성인이 되면 이를 변화시키기가 매우 어렵기 때문이다. 내게 상담을 받으러 오는 성인들은 부모의 양육 과정과 학교생활에서 피해를 입은 민감한 사람이 많은데, 이들은 크게 무시당해서 자신이 중요하지 않은 존재라고 느꼈거나 최악의 경우에는 자신에게 근원적으로 뭔가 문제가 있는 것처럼 취급당한 경험이 있다. 어른이 되어서도 이들은 깊은 수치심을 계속해서 느낀다. 문제에 직면해서 해결하기 이전까지 수치심과 낮은 자존감은 매일 참을 수 없는 고통을 야기한다. 이는 만성적인 최악의 신체적 고통과 맞먹을 정도의 감정적 고통이다.

또한 낮은 자존감은 민감한 아이들이 친구들, 인생의 동반자를 찾는 데 방해가 될 수도 있고 자신의 재능을 완전히 펼치는 것을 방해할 수도 있다(혹은 이들은 자신의 가치를 증명하려는 시도에서 재능을 과잉 개발할 수도 있다). 이러한 감정들을 어른이 되어서 해결하려면 많은 노력과 비용이 든다. 본질적으로 이 과정은 뇌를 다시 프로그래밍 하는 과정이다. 그러므로 부모로서 당신은 처음부터 아이의 뇌가 올바르게 프로그램화될 수 있도록 할 수 있는 모든 일을 하고 싶을 것이다.

자존감의 4가지 원천

우선 자존감에 대해 간단히 살펴보자. 자존감에 대해 아이들은 최소한 네 가지 원천을 가지고 있다. 이 중 첫 번째가 가장 중요하다. 자존감의 첫 번째 원천은 자신이 존재한다는 이유만으로 한 명 혹은 더 이상의 사람들에게 사랑받고 있다는 느낌이다. 성취와는 아무런 관계가 없다. 이 느낌이 견고하고 안정적으로 되기 위해서는 태어나면서 혹은 그 직후에 발달하기 시작해서 어린 시절 내내 유지되어야 한다. 아이가 자신을 좋아하지 않는 사람들을 만나거나 부모가 사랑으로 충만해 있는 것처럼 느껴지지 않을 때에도 상관없이 말이다.

만약 이 느낌이 안정적이라면 아이는 성인이 되어서 자신을 사랑하는 사람들이 주위에 없을지라도 자신에 대한 기본적인 만족감을 전 생애 동안 유지할 수 있을 것이다. 자존감은 일반적으로 자신이 좋아하는 사람들이 대부분 일단 자신이 어떤 사람인지 알게 되면 자신을 좋아할 것이라고 기대하는 일종의 안심감이다. 그러므로 자존감은 필요할 때 다른 사람에게 의지할 수 있게 해주고, 사랑의 감정을 느끼면 표현할 수 있게 해준다.

세 가지 다른 자존감은 능력과 관계 있다. 우선 사회적 자존감이 있는데, 이는 자신에게 친구를 사귈 수 있고, 타인의 관심을 받을 수 있는 재미있는 이야기를 할 수 있고, 그룹에서 발표하거나 그룹을 리드할 수 있는 능력이 있다고 느끼는 것이다. 사회적 자존감은 가정에서 생기기 시작해서 가까운 친구들에게로 확대되고 연습과 성공을 거친 후에 거의 모든 사회적 상황으로 확대된다. 다음으로는 신체적 자존감이 있는데 이는 외모와 능력, 조화 능력에 대한 자신감을 가리키고 자신의 신체가 기술을 배우거나 게임을 하거나 업무를 수행하는 데 아무 문제가 없다고 신뢰할 수 있는 느낌을 말한다. 또한 다른 사람의 신체만큼 자신의 신체가 훌륭하다는 느낌을 가지는 것을 말한다. 그리고 마지막으로는 지적 자존감이 있다. 지적 자존감은 학습 과정에서 가지는 자신감을 말하고 자신이 적어도 특정 분야에서는 또래들만큼 잘할 수 있다고 느끼는 것이다.

때때로 우리는 한 가지 혹은 네 가지 자존감이 전부 높은 사람들을 만난다. 그들은 어떠한 준비 없이 모든 것을 잘해낼 수 있다고 믿거나, 부주의하거나 밉살스럽게 굴어도 사람들이 자기를 좋아해줄 거라고 믿는다. 하지만 나는 민감한 아이가 이렇게 구는 것은 한 번도 보지 못했다. 민감한 아이들은 '우울한 현실주의자'인 경향이 있는데 이들은 자신의 수행능력이 어떤지 혹은 다른 사람들이 자신에 대해 어떻게 생각하는지에 대해 추정할 때 우울해질 정도로 정확성을 띈다. 반면 대부분의 사람들은 긍정적인 면만을 보고 자신에게 지나치게 관대한 측면이 있다.

민감한 아이들의 현실주의는 납득이 된다. 현실주의는 한 번 할 때 모든 것을 올바르게 하려 하는 이들의 천성적 전략에 매우 중요하다. 게다가 이들은 자신이 할 수 없거나 좋아하지 않는 것들을 시도해보는 데 따르는 과잉 긴장을 좋아하지 않는다. 특히 이들은 사랑받고 있다고 느끼다가 정반대의 증거를 발견하고 충격받거나 상처받기를 원하지 않는다. 그러므로 민감한 아이에게 비현실적이고 과장적인 자존감을 심어줄 게 아니라 긍정적인 현실주의를 심어주어야 한다.

실제로 조만간 당신의 아이는 '어두운' 부분(착한 아이가 되기 위해서 무의식 속으로 밀어 넣어놓았던 인간적 충동과 욕망)에 대해 예민하게 느끼게 될 것이다. 좋든 나쁘든 민감한 아이들은 일반적으로 무의식에 있는 것들을 다른 사람보다 잘 의식한다. 이들에게는 무의식을 가리고 있는 베일이 더 얇다. 그래서 이들이 부풀려진 자아상을 오랫동안 가지고 있는 일은 거의 없다.

이들은 자신이 때때로 끔찍할 정도로 이기적이거나 악의적이 되고 싶어 하는 때가 있다는 것을 잘 알고 있다. 민감한 아이가 이러한 어두운 면들을 수용할 수 있고, 당신 또한 이를 수용할 수 있다고 믿게 만드는 것은 당신의 임무다. 아이는 '나쁜' 생각을 가지는 것은 '나쁜' 일을 하는 것과 완전히 다르다는 사실을 배워야 한다. '나쁜' 생각에 대해 인지하게 되면 나름의 이점이 있다. 이는 우리가 그 나쁜 생각들을 주시할 수 있다는 것을 의미한다. 그러므로 이들이 현관에서 문을 두드릴 순 있겠지만 뒷문으로 몰래 들어오는 일은 없어진다.

핵심은 민감한 아이들은 자신의 능력, 미덕, 자신이 얼마나 사랑받고 있는지와 얼마나 사랑스러운지에 대해 과장해서 추정하는 것을 두려워하기 때문에 이들이 이를 가치절하하고 있지는 않는지 확인해봐야 한다는 것이다. 그리고 안전한 경우에 한하여 조금 과장해서 생각하는 것도 괜찮다고 격려해주는 게 좋다. 자신에게 "나는 할 수 있어!"라고 말하는 것은 합리적인 전략이다. 문밖으로 빨리 탈출하기 위해서는 자신감을 약간 과장할 필요가 있다.

1장에서 만났던 척을 기억할 것이다. 척은 9세 남자아이이고 스키 타는 걸 즐기고 나무에 올라가는 걸 좋아하지만 항상 깊은 주의를 기울인다. 척은 오래 망설인 끝에 처음으로 숙박을 하는 여름 캠프에 가게 됐다. 원래는 주말만 보낼 계획이었지만 용기를 내 일주일을 버텨보기로 결정했다. 하지만 캠프 측에서는 2주간 참여해야 한다고 주장했다. 척은 자기 형과 사촌(민감한 아이들이 아닌)에게 지지 않으려는 마음에서 그렇게 하기로 결정했다. 그리고 캠프 진행자에게 이들과 같은 방에서 잘 수 있는지 거듭 확인했다. 그러나 도착하자마자 척은 형과 사촌이 다른 방에 배정된 걸 알게 되었다. 척이 텅 빈 방을 둘러보다가 낯선 아이들이 밀어닥치자 눈물을 머금는 걸 보고 척의 엄마는 무척 걱정되었다. "집에 갈까?" 엄마가 물었다.

민감하고 현실적인 척은 갑자기 얼굴에 굳은 결의를 띠고서 더 자신감 있는 아이로 변했다. "안 갈래요. 방에는 잠잘 때만 있으면 되니까요." 그리고 척은 머물렀다.

아이의 자존감을 높여주는 법

• 당신 자신을 보라. 민감한 아이들은 어떤 것도 별로 놓치지 않는다.

이들에게 행동 자세, 목소리 톤, 얼굴 표정을 포함한은 말보다 더 크게 어필한다. 만약 당신이 자기 자신이나 아이가 민감한 것에 대해 혹은 다른 어떤 것에 대해 불만이 있다면 이들은 금방 알아차릴 것이다. 자신과 아이가 민감한 것이 자랑스러운가? 아니면 아이가 민감하기 때문에 어른이 돼서 불행하게 될까 봐 두려운가? 당신이 민감성에 대해 안 좋게 느낀다면 이를 해결해야 한다. 당신의 시각을 바꾸도록 하라. 지금 당장.

• 말도 중요하다. 아이의 민감성이 나타나면 긍정적으로 이야기하라 (하지만 너무 지나치지 않도록 주의해야 한다. 비밀스러운 걱정거리를 감추기 위해 '지나치게 떠벌리는' 것처럼 보이고 싶지 않다면 말이다). 아이가 휴식 시간을 필요로 할 때 이를 이 특성의 긍정적인 면과 연결시킬 수도 있을 것이다. "동물원에 갔다 와서 무척 피곤할 거야. 하나도 놓치지 않았잖아!" 특히 민감한 아이의 관찰 기술, 사물에 대해 깊이 사고하는 능력, 양심적 성향, 창의성, 직관, 공감 능력 등에 대해 칭찬해주도록 하라. 하지만 이러한 것들을 늘 기대하고 있는 건 아니라는 사실을 확실하게 알려줘야 한다. "이 꼬마 셜록 홈즈 같으니. 어디에 가든 하나도 놓치지 않는다니까"가 아니라 "동물원에서 하나도 놓치지 않았잖아"라고 말하는 게 더 좋다.

• 아이와 시간을 보내라. 누군가와 함께 있기를 원하는 것보다 더한 애정 표현은 없다. 애정은 말로도 표현하고 행동으로도 보여주어야 한다. 아동 정신과 의사인 스탠리 그린스펀은 매일 30분씩 아이의 의사에 따라 자연스럽게 함께 노는 '자유 시간'을 가질 것을 권한다. 이 시간은 최근 꾸지람 들은 일이나 수치심을 느꼈던 일 등 모든 종류의 상처를 치유해줄 것이다. 민감한 아이가 이 시간에 지나치게 자극받지는 않을지 염려스러

울 것이다. 어떤 날에는 30분이 너무 긴 시간일 수도 있다. 혹은 같은 방에서 각자의 일을 본다든지, 요리나 청소, 운전 등을 하면서 대화를 나눈다든지 하는 덜 자극적인 방법이 좋을 수도 있다. 하지만 아이와 시간을 보내기로 마음먹었다면 당신의 뜻이 아니라 아이의 뜻에 따라 어떻게 놀지 결정하도록 하라.

• 아이의 감정, 욕구, 의견, 취향, 결정에 대해 존중하라. 아이가 매우 어릴 때부터 그래야 한다. 만약 아이가 좋아하는 걸 해줄 수 없다거나 한계를 설정해야 한다 하더라도 최소한 아이 안에 있는 충동을 존중해주어야 한다. 다음처럼 간단하게 말해줘도 좋다. "네가 아이스크림 정말 좋아한다는 거 잘 알아. 하지만 우선 저녁부터 먹어야지?" "쿠키 구워보고 싶단 건 좋은 의견이야. 재미있을 거 같아. 하지만 벌써 10시고 엄만 내일 6시에 일어나야 해. 네가 주방에 11시나 12시까지 있으면 엄마도 못 자겠지?" 이러한 확인은 아이에게 인정받았다는 느낌을 준다.

• 아이가 민감하지 않은 사람과의 관계에서 자신을 이해할 수 있도록 도와라. 민감한 아이는 많은 사람이 자기 생각을 큰 소리로 표출하고, 준비 없이 생각나는 대로 말하고, 충동적으로 행동한다는 것을 알아야 한다. 이들은 그런 말을 하려고 의도한 게 아니거나 자신의 말이 예상치 못하게 그렇게 큰 영향을 끼치게 될지 몰랐던 경우가 많다. 이러한 경우에 대비해서 당신은 아이에게 의식적으로 주위 볼륨을 줄이고, 감정적으로 차단할 수 있는 법을 가르쳐야 한다. 예를 들어 이렇게 말해주는 건 어떤가. "아저씨가 별로 기분이 안 좋은가 봐. 그런 뜻에서 한 말이 아닌데 말이 잘못 나올 때가 있잖아." "내일 가서 정말로 그런 뜻이었는지 물어보는 건

어떨까?"(오늘 물어보면 "물론 물어봤죠"라는 방어적 반응을 보일지도 모른다.)

동시에 아이는 민감하지 않은 사람들은 종종 다른 사람의 말을 그리 잘 '듣지' 않는다는 사실을 알아야 한다. 이러한 사람들은 암시하는 바를 '알아채지' 못하거나 "글쎄요… 아마도요… 그게 당신한테 그렇게 중요하다면요" 같은 표현이 실제로는 거절을 의미한다는 것을 잘 이해하지 못한다. 민감한 아이는 민감하지 않은 사람들에게 다음과 같이 정확하게 말해야 한다. "저게 좋아요." "제 차례예요." "이제 제 방식대로 해봐요." "그만할래요. 싫어요." 상당한 연습이 필요할 것이다. 한 번에 한 상황씩, 아이의 말을 잘 들어주지 않는 사람에게 초점을 맞춘 상태로 연습하는 게 좋다.

하지만 아이가 볼륨을 높이는 걸 잘 못하거나, 자신이 무시당하고 있다고 느낀다면 아이가 피해의식을 느끼지 않도록 도와주길 바란다. 어떤 사람들은 그저 부드러운 목소리를 잘 듣지 않는 것일 뿐이다. (남편이 교수로 있는 롱아일랜드에 머무를 때마다 나는 '한 번도' 주문받는 사람이 만족할 정도의 볼륨으로 단호하고 빠르게 베이글 샌드위치를 주문하지 못했다. 나는 점원이 노려볼 때마다 침착하게 대응하려고 애쓴다.)

아이는 민감한 아이에게도 민감하지 않은 아이에게도 아무 문제가 없다는 점을 이해해야 한다. 단지 스타일의 차이일 뿐이다. 동시에 아이는 개인적 선호를 가질 수 있고 이를 자유로이 표현할 수 있다는 점도 배워야 한다. "네가 그렇게 말할 때 좀 무례해 보여."

• 아이가 약점을 언급할 때 아이의 강점들을 꺼내놓으라. 민감한 아이가 자신의 약점이나 실패에 대해 이야기할 때 '부탁컨대' 우선 아이의 감정을 존중해주길 바란다. "오늘 두 번이나 스트라이크 아웃 당해서 얼

마나 실망이 컸니.” 그 후 비슷한 상황이지만 반대의 결과를 낳았던 예를 언급하길 바란다. “하지만 엄마 생각은 좀 달라. 넌 지난주에 홈런을 쳤잖아” 혹은 “아니야. 야구는 너한테 잘 맞지 않는 것 같아. 하지만 넌 체조하는 거 정말 좋아하고 잘하잖아. 엄마가 알지” 혹은 “스포츠는 네 분야가 아닌가 보다. 하지만 엄마 생각에 넌 또래 누구보다 그림을 잘 그리는 것 같은데. 반 고흐가 과연 축구를 잘했을까?”

고집을 피우거나 논쟁에 돌입하지 말고, 단지 당신의 시각을 언급하기만 하면 된다. 그리고 아이의 능력을 과장하지 ‘않도록’ 주의해야 한다. 그렇게 하면 칭찬의 신뢰도를 훼손할 뿐이다.

실패한 일과 매치할 수 있는 성공한 일을 꺼내놓는 이 전략은 아이의 뇌를 자존감에 적합하게 시스템화하는 데 매우 중요하다. 연구 결과 사람들은 자기와 관련된 기억들을 두 ‘분류 시스템’ 중 하나를 이용해 저장한다고 한다. 낮은 자존감과 우울증을 가지고 있는 사람들은 자신의 모든 부정적인 특성을 같은 파일에 저장하는 경향이 있다. 그래서 실패나 취약한 부분에 대한 기억이 하나 마음에 떠오르면, 나머지 모든 것들이 함께 떠오른다. 반대로 다른 사람들은 가치중립적인 시스템을 가지고 있다. 그래서 스포츠와 관련된 경험들과 자신의 태도를 한 파일에 저장하고, 학업에 관련된 것은 다른 파일에, 사회생활에 관한 것은 다른 파일에 저장한다. 그러므로 한 이슈 아래에 강점과 약점이 모두 존재한다.

이 파일들은 어떻게 우리가 원하지 않는 강력한 ‘착하거나 아니면 나쁘거나’의 흑백논리 조합을 만드는가? 그 일부는 포괄적인 말을 이용해 이름표를 만드는 부모와 또래 친구들에 기인한다. “넌 나쁜 아이야.” 이 말을 들으면 민감한 아이는 자신이 했던 모든 안 좋은 행동들을 이 이름표 아래에서 다시 처리하기 시작한다. 아이는 생각한다. "오, 그래. 그 일도 했고, 그 일도 했고, 그 일도 했어" 또는 "넌 내 작은 천사야"와 같은 말을 들으면 모든 좋은 행동들을 생각해낸다.

그러므로 당신은 이러한 종류의 포괄적인 가치판단 문장을 사용하지 않도록 노력해야 한다. 그리고 아이가 만약 이러한 문장을 사용한다면 거꾸로 되받아칠 수 있도록 노력해야 한다. 위에서 스트라이크아웃 경험을 지난주의 홈런 경험을 상기시킴으로써 되받아친 것처럼 말이다. 아이는 당신이 '자기를 위해 변명해주고' 있다고 말할지도 모른다. 하지만 만약 그 변명이 타당하다면 아이에게 흡수될 것이다.

두 번째 열쇠, 수치심 줄이기

민감한 아이를 즐겁고, 자신감 넘치는 아이로 키우기 위한 두 번째 열쇠는 수치심 경향shame-proneness을 피하는 것이다. 수치심은 자존감의 부재보다 훨씬 더 심각한 문제다. 수치심과 약간 더 가벼운 단계인 죄책감은 강력하게 장착된 '자의식self-conscious' 정서들이다(자부심처럼 말이다).

심리학자들은 이 둘을 이렇게 나눈다. 죄책감은 특정한 잘못과 이를 바로잡기 위해서 어떤 일을 할 수 있을지에 초점을 맞추는 반면 수치심은 자기 자체가 나쁘다는 느낌이다. 그러므로 어떤 사람이 죄책감을 느낀다면 그 사람은 적극적 자아가 어떤 잘못을 저지를 수 있고 바로잡을 수도 있다고 생각한다. 반면 수치심을 느끼면 그 사람은 자신이 수동적이고 무력하다고 생각한다. 죄책감을 느낄 때 사람들은 뒤로 물러서기보다는 일을 바로잡거나 최소한 자신을 방어하고자 하는 의도에서 일에 개입하려 하는 경향이 있다. 그러나 수치심을 느낄 때 사람들은 시선을 돌리거나, 뒤로 물러서고, 슬럼프에 빠지고, 작아지고, 복종하거나, 차라리 사라져버렸으면 좋겠다고 느낀다. 정말 끔찍한 느낌이다.

아무도 수치심과 죄책감을 동시에 느끼지는 않는다. 그러나 마치 어떤 사람들이 천성적으로 불안감이 높거나 수줍음이 많을 수 있는 것처럼, 어떤 사람들은 수치심이나 죄책감을 잘 느끼는 성향을 띠게 된다는 면에서 이는 성격적 특성과 거의 비슷하게 될 수도 있다. 수치심, 죄책감, 수줍음, 불안감은 누구라도 어느 때나 느낄 수 있는 정서들이다. 그러나 어떤 사람들은 거의 항상 이 감정들을 느끼고 있다.

수치심을 느끼는 아이들

수치심에 대해 문화적 편견이 섞인 시각을 제시하고 싶지는 않지만, 중국과 일본처럼 공동체를 중시하는 문화권에서 수치심은 더 흔하고 더 거부감 없이 받아들여진다. 이 문화권에서 수치심은 사람들이 올바른 일을 하면서 서로 관계를 맺고 사는 걸 돕는다. 흥미롭게도 연구 결과 일본에서는 미국에 비해 수치심, 자존감, 자부심이 타인의 평가에 더 의존한다고 한다. 반면 미국에서는 자기 자신에 대한 개인적 시각을 고수하고 다른 사람들에 의해 지나치게 흔들리지 않는 게 미덕으로 여겨진다. 다른 사람의 시각을 별로 중요하게 생각하지 않기 때문에 미국인들은 비현실적으로 높거나 비현실적으로 낮은 자존감을 가지고 있는 경향이 있다.

반면 일본인은 이 정서들에서 개인별로 그다지 큰 변화 폭을 보이지 않는데, 그 이유는 이들이 다른 사람의 반응을 주의 깊게 관찰하고, 심사숙고해보고, 그러고 난 후에야 그 결과를 기초로 삼아 자신에 대한 시각을 결정하기 때문이다. 익숙하게 들리는가? 민감한 사람들이 일본에 가면 집에 온 것처럼 편안하다고 말하는 게 놀랄 일만은 아니다.

아이들을 매우 독립적으로 양육하는 문화권에서 수치심을 느끼는 것은 그 자체로 수치스러운 일이다. 그래서 이러한 문화권에서 민감한 아이들이 수치심을 느낄 때, 이들은 수치심을 느낀다는 것 자체에 대한 수치심을 또 느낀다. 그러나 수치심은 우리 행동의 함축적 의미를 알 수 있게 해준다. 다른 사람들에 의해 어떤 방향으로 유도된 게 아니라 우리가 한 행동이 끼친 영향을 볼 때 저절로 솟아나는 '자발적인 수치심'이 드는 순간은 우리가 정도를 걷고 있는지, 아니면 옆길로 벗어나 있는지 잘 알 수 있는 순간이다.

민감한 아이들은 이 자발적 수치심을 매우 쉽게 느낀다. 이는 민감한 아이들이 뭔가를 배우는 방법 중 일부다. 왜냐하면 수치심은 다음에 비슷한 방법으로 규칙을 어기는 걸 방지할 수 있는 강력한 방법이기 때문이다. 예를 들어 민감한 아이가 한번 가게에서 뭔가를 훔치는 게 수치스럽다고 느꼈다면(대부분의 아이들이 한 번씩은 시도해본다) 아이는 자기가 물건을 훔치는 그런 사람이 아니라는 걸 알게 되고, 자신이 그러한 수치심을 다시 경험할 일이 결코 없으리라는 사실에 안전한 느낌을 받는다. 민감한 아이들은 이 느낌을 사랑한다.

수치심에 대해 나름대로 중립적으로 얘기했지만, 수치심은 정말 매우, 매우 괴로운 감정임을 다시 한번 강조해야 할 것 같다. 민감한 아이에게 약간의 수치심은 큰 영향을 미친다. 수치심은 본질적으로 '나는 훌륭하지 않다'는 느낌을 준다. 민감한 아이를 바로잡는 수단으로 수치심을 이용하는 것은 대포로 참새를 쏘는 격이다.

수치심이 매우 강렬해지면 다른 사람이나 자신을 향해 광기 어린 적대성을 보일 수 있다. 당신이 분노를 폭발하고 있는 민감한 아이를 만난다면 아이는 아마 참을 수 없을 정도로 수치심을 느끼고 있는 상태일지도 모른다. 수치심 경향과 죄책감 경향을 비교한 대부분의 연구에서 수치심 경향이 훨씬 더 적대적이고, 폭력적이고, 공감 능력이 떨어진다는 결과가 나왔다. 수치심 경향이 강한 사람들은 맥베스처럼 막다른 구석에 갇힌 기분으로, 평생 동안 참을 수 없는 고통을 겪으며 살아야 할지도 모른다. 그리고 민감한 아이들에게 수치심에서 기인한 이러한 광적인 공격성은 거의 자기 자신을 향해 있다. 다음은 수치심을 피할 수 있는 방법들이다.

수치심을 피하는 법

수치심은 단순히 높은 자존감의 반대 이상을 의미하기 때문에 아이가 수치심 경향을 피할 수 있도록 몇 가지 별도의 주의가 필요하다.

• 다른 쪽 극단으로 가지 말라. 우선 심리학자 타마라 게르그송과 헤디 스테기는 정확히 무엇이 아이에게 수치심 경향을 야기하는지에 대해 연구했다. 그들은 수치심 경향에 관한 최악의 케이스는 혹독한 훈육이 아닌 훈육의 완전한 부재에 의해 야기된다는 것을 발견했다. 어떤 가정에서 부모는 아이가 하는 어떠한 행동도 올바를 가능성이 전혀 없다는 생각을 아이에게 심어주었으며, 그러한 이유로 이 가정에 훈육은 전혀 존재하지 않았다. 아이는 회복하기 힘든 절망감을 느꼈다. 우리는 다음과 같은 경우를 상상해볼 수 있다. 어떤 부모들에게 민감한 아이는 실망스러울 수 있다. 만약 그 부모들이 민감성은 선천적이고 바람직하지 않은 것이라고 결론 내리고, '희망 없는' 아이의 어떠한 면도 바꾸려는 노력을 하지 않는다면 어떻게 될까? 아이는 깊은 수치심을 느낄 것이다. 훈육에 대해서는 다음 섹션에서 더 자세하게 얘기하겠지만 서투른 솜씨로나마 민감한 아이를 변화시키고 바로잡으려 노력하는 것은 아이를 포기하는 것보다 훨씬 바람직하다.

• 당신 자신을 살펴보라. 많은 사람은 수치심을 훈육의 수단으로 삼았던 부모 아래에서 자랐다. "이 멍청아. 네가 해놓은 꼴 좀 봐!" "하나라도 똑바로 할 수 없니?" "넌 언제나 우유를 엎지르는구나." "지긋지긋하다 정말." "사람들이 뭐라고 생각하겠니?" 부모의 말들이 우리에게 얼마나 상처가 됐는지 잘 알면서도, 부모가 했던 말들을 똑같이 반복하고 있는 우리 자신을 발견할 때면 정말 놀랍기 그지없다. 자신의 수치심 경향이 어느 정도인지에 대해 철저히 인식하고, 자신이 수치심을 느꼈던 것과 같은 방식으로 아이에게 수치심을 주지 말길 바란다. 습관은 고칠 수 있다.

• 민감한 아이가 성취했으면 하는 것들을 강조하지 마라. 이런 유형의 격려는 당신이 아이를 유능하다고 보고 있음을 의미한다. 그러나 만약 당신이 과도하게 열중하는 경향이 있다면 어떤 것도 특별히 기대하지 않는 게 제일 좋다. 매일 아이 자체를 보려 노력하고, 아이가 무엇을 할 수 있을지 혹은 미래에 당신에게 무엇을 가져다줄지에 대해 생각하지 마라. 아이가 자신의 기준에 따른 성공적인 삶을 상상할 수 있도록 도와라. 나는 가끔 부모가 원하는 길을 갔다가, 그 길이 자신이 원하는 길이 아니고 자신의 기질에 적합한 길도 아님을 발견한 민감한 성인들을 본다. 그래서 그들은 실패하고, 혹은 실패를 예상하기 시작하고, 천직을 찾기 위해 늦은 나이에 모든 것을 새로이 시작해야 하는 상황에 이른다. 따져보지 않은 것이 깊은 수치감을 남긴다.

"커서 무엇이 될까?"를 주제로 대화를 나눈다면, 아이가 좋아하는 것, 아이가 이루고 싶은 것, 여러 라이프스타일이 아이에게 줄 수 있는 장점과 단점에 대해 이야기를 나누어라. 즉 이 주제에 대해 최대한 공명정대하게 이야기를 나눠야 한다. 당신의 희망사항은 옆에 살짝 제쳐놓는 게 좋다.

• 아이들을 비교하지 않도록 조심하라. 앞 장에서 얘기했듯이 형제자매들은 서로 엄청나게 다른 경우가 많다. 아이들 중 한 아이가 다른 아이만큼 눈에 찬다고 확실하게 말할 수 없다면 이 차이에 대해 일반적으로 이야기할 때 조심하길 바란다. 각 아이의 장점에 집중하고 절대 아이들을 비교해서는 안 된다.

아이를 아이의 친구와 비교하는 것은 수치심을 야기할 수도, 인정받았다는 느낌을 줄 수도 있다. 수치심을 느끼는 경우는 "숀이 하는 것처럼 그냥 일어서서 짧게 발표하면 되지 않니?" 같은 말을 들었을 때다. 인정받았다는 느낌은 "숀이 지금은 너보다 더 쉽게 발표할 수 있을지 몰라. 하지만 너는 반에서 유일하게 작문 숙제에서 모두 A를 받았잖아" 같은 말을 들었을 때 든다.

• 놀리는 행위를 주의하라. 어떤 사람들은 가족들이 서로 놀리는 걸 좋아하고, 놀리는 행위는 나름의 애정과 유머의 표현이라고 주장하는 가정에서 자랐다. 하지만 때때로 놀리는 행위는 겉으로 보기엔 쾌활한 방식 안에 적대적 메시지를 숨겨 전달하는 방식이기도 하다. 수치심을 일으키는 성격 묘사가 있기 마련이다. "오, 맙소사. 존이 요리를 하고 있네. 강아지가 잘 먹을 거야. 존이 잠자리에 들면 테이크아웃 음식 주문하러 가야겠다." 민감한 아이들은 절대 속지 않는다. 아이가 농담을 부드럽고, 애정 어리고, 재미있다고 받아들이고 있다는 데 확신을 가질 수 없다면 놀리는 걸 그만두는 게 좋다.

• 아이가 자신이 모든 가족 문제의 원인인 것처럼 느끼지 않는지 확인하라. 특히 어린아이들은 모든 것을 자기중심적으로 사고하는 경향이 있다. "내가 키우기 힘든 아이라서 엄마와 아빠가 싸운 거고, 이제 이혼하려고 해." "내가 동생에게 화를 내고 죽어버렸으면 좋겠다고 생각해서 동생이 지금 이렇게 많이 아픈 걸 거야." 이상한 방식이지만 아이들은 자신이 어떤 사건의 원인이라고 생각함으로써 기분이 더 나아지고 자신이 사건을 더 통제하고 있다고 느낀다. 특히 가족의 심각한 질병이라든가 부모의 이혼처럼 다른 대안을 떠올릴 수 없는 나쁜 일들이 생길 때 더 그렇게 생각하는 경향이 있다. 그러므로 무엇 때문에 그러한 문제가 발생하는지

에 대해 아이와 적극적으로 이야기하고, 아이가 안심할 수 있도록 아이의 나이에 적합하게 설명해주는 게 중요하다.

세 번째 열쇠, 현명하게 훈육하기

심리학자들은 어떻게 하면 아이가 옳고 그름에 대한 강한 의식을 가지고 자라도록 할 수 있을지에 대해 커다란 관심을 가지고 연구해왔다. 연구 결과가 사회에 지대한 영향을 미치리란 것은 자명하기 때문이다. 아이오와 대학의 그라즈나 코찬스카는 이 분야의 선도적인 연구가인데, 아이의 다양한 기질에 따라 다양한 방법이 서로 다른 효과를 보인다는 사실을 발견했다. 하지만 우선 몇 가지 일반적인 원리부터 살펴보도록 하자.

실험의 목표는 어떤 일을 하지 않는 데 있어 발각될까 봐 두려워하는 마음이 아닌 도덕심이 내적 이유가 되게 하는 거였다. 도덕심이 내면으로부터 솟아나올 때 이를 '내면화되어 있다'라고 표현한다. 가령 한 아이가 물건을 훔치는 건 '잘못된 행동'이기 때문에 그렇게 하지 않는 경우가 도덕심이 내면화되어 있는 경우다. 이유를 물으면 아이는 대답할 것이다. "부모님이 그러라고 했어요." "교회에서 그러라고 했어요." "모든 사람이 항상 다른 사람의 물건을 가져간다면 정말 끔찍할 거예요." (만약 도덕심이 내면화되지 않고 대부분의 사람들이 오로지 체포 여부만을 두려워한다면 절도를 막기 위해 엄청난 경찰 병력이 필요할 것이고 셀 수 없을 정도의 안전 경보기를 설치해야 할 것이다.)

코찬스카와 동료들은 도덕심이 아이와 양육자 사이의 사랑하는 관계에서 자연스럽게 시작하는 것처럼 보이는 데 주목했다. 아기들은 교감을 좋아하고 양육자를 기쁘지 않게 만드는 것을 싫어한다. 인간은 사회적 동물이기 때문에 아이와 양육자 사이에는 자연스러운 '상호 반응성'이 존재한다. 하지만 곧 양육자는 특정한 행동들을 금지하기 시작한다. 이러한 순간들은 아기를 화나게 한다. 아기와 양육자 사이의 조화는 깨지고 상대를 기쁘게 하고 싶은 동기와 자신만의 방식을 고수하고 싶은 동기 사이에 갈등이 발생한다. 아기는 자극과 고통을 받고 이러한 갈등은 여러 방식으로 계속 이어진다.

모든 것이 잘 해결되면 아기는 세 살경부터 부모의 시각을 수용하기 시작하고 이를 자기의 것으로 받아들인다. 부모와 아이 둘 다 사랑의 조화를 유지하고 싶어 하고, 복종해야 하는 이유를 기억하고 자신의 것으로 소화했기 때문이다. 예를 들어 다른 사람을 화나게 하거나 불쾌하게 하는 것은 위험하다는 것에 대해서 말이다. 이제 자기만의 방식대로 하지 않는 이유가 '내면화'된다. 아이는 자신에게 말할지도 모른다. "저건 만지지 않는 게 낫겠어. 엄마가 깨질 수 있는 물건이라고 하셨으니깐."

이제 흥미로워지는 지점이다. 연구가들은 아이가 지나치게 긴장하지도 않고 부족하게 긴장하지도 않을 때 가치가 가장 잘 내면화된다는 사실을 발견했다. 아이의 관심을 집중시켜야겠지만 그렇다고 아이가 두려움에 얼어버리게 만들 필요는 없다. 만약 행동을 바로잡아주려 할 때 아이가 긴장이 부족한 상태라면 기지개를 펴며 하품을 하고 이전과 똑같이 행동할 것이다. 이러한 아이들을 주위에서 자주 볼 수 있는데, 특히 부모가 어떤 강제 없이 지시만 계속해서 내릴 때 이런 행동을 보인다.

반면 지나치게 긴장한 아이들은 특정한 상황을 슬금슬금 피하기 시작한다(자신을 벌준 사람도 피한다). 하지만 이들은 자신이 왜 복종해야 하는지와 부모의 시각이 어떤 것이었는지 기억하지 못할 가능성이 크다(예를 들어 나는 아이 때 엉덩이를 두들겨 맞았던 유일한 순간이 아주 잘 기억난다. 하지만 나는 이 일에서 배웠던 도덕적 교훈이 무엇이었는지, 심지어 왜 얻어맞았는지 전혀 기억나지 않는다. 단지 공포감과 굴욕감만 기억난다).

만약 아이가 편안한 상태에 있고, 잘 집중하고 있는 상태라면 복종해야 하는 이유들을 잘 들을 수 있을 것이고, 이것이 다른 사람과 잘 살아가기 위해 필요한 중요한 정보들임을 알게 될 것이다. "소리 지르면 안 돼. 아빠 깨실 거야." "발로 차면 애니가 다치지." 그리고 좀 더 큰 아이들에게는 이렇게 말해도 된다. "몇몇 애들이 부정행위 한다는 거 알아. 근데 그건 자기에게 안 좋은 일이고 더 이상 자신을 정직하다고 바라보기 힘들게 돼. 게다가 모두에게도 안 좋은 일이야. 성적 자체가 부정확해져서 누가 도움이 필요한지 누가 잘하는지 알 방법이 없어지잖아."

민감한 아이는 타고난 내면화의 달인이다

이 연구 결과를 두고 그라즈나 코찬스카는 과연 '기질'이 도덕 교육에 어떠한 영향을 미칠지에 대해 흥미를 가졌다. 매우 어린 민감한 아이들을 데리고 한 실험에서 코찬스카는 민감한 아이들이 민감하지 않은 아이들보다 이미 내면화된 도덕심을 가지고 있는 경우가 훨씬 많음을 발견했다. 혼자 있고, 외적인 처벌을 받을 위험이 전혀 없을 때 민감한 아이들은 부모가 하지 말라고 한 것들을 거의 안 하는 경향이 있었다. 코찬스카는 이것이 비판이나 처벌의 위험을 피하려하는 민감한 아이들의 경향 때문인지, 혹은 무슨 일이 일어날지 알아차리고, 심사숙고하고, 그에 따라 행동을 억제하는 이들의 탁월한 능력 때문인지 궁금해했다.

예를 들어 코찬스카는 2~3세의 아이들에게 흠이 있는 물건을 보여주고 이를 '알아차리는지' 관찰했다. 일부러 흠을 낸 물건들이었다. 민감한 아이들은 더 관심을 가졌고 흠에 대해 걱정했다. 다른 실험에서 아이들을 다 모아놓고 아이들이 물건을 다루다가 고장 낸 것처럼(인형을 망가뜨렸다든지, 셔츠에 얼룩을 묻혔다든지) 상황을 꾸미자 가장 화를 내는 아이들 또한 관찰에 뛰어나고 민감한 아이들이었다.

코찬스카는 나이가 좀 더 많은 5세 아동들을 데리고 다른 실험을 했다. 걸릴 위험 없이 마음대로 규칙을 어기고, 부정행위를 하고, 이기적으로 행동할 수 있는 실험이었다. 민감한 아이들은 이러한 것들을 훨씬 덜 했다. 하지만 5세의 나이에는 앞에서 묘사한 대로 지나치게 긴장하지 않도록 부드럽게 가르친 '경우에만' 그렇게 했다.

내가 인터뷰했던 부모들은 코찬스카의 연구를 이미 스스로 해본 것처럼 보였다. 이들은 모두 비슷한 방법을 추천했다. 부드럽게 하고, 때리면 절대 안 되고, 수치심을 주지 말고, 애정을 철회해버리거나 홀로 내버려두지 말라는 것이다. 민감한 아이는 부모가 목소리 톤에 조금만 변화를 줘도 금방 알아차리고 충분히 힘들어한다.

민감한 아이들도 실수를 저지른다는 점에 부모들도 동의한다. 민감한 아이들도 규칙을 어긴다(학교에서보다 집에서 그런 경우가 훨씬 많다). 하지만 민감한 아이들은 보통 나중에 매우 심란해하고 후회하며 자기 자신을 처벌한다. 부모들은 이에 대해 얘기만 나눠보아도 충분하다고 말한다. 어떤 부모들은 가끔 아이에게 경각심을 일으키기 위해 처벌의 수치를 강화한다. 정해진 자리에 정해진 시간만큼 그대로 앉혀서 반성의 시간을 갖게 하는 타임아웃을 부과하거나 특정한 특권을 빼앗는다. 하지만 민감한 아이들이 울음을 터뜨리면서 몸을 떨고 통제할 수 없을 정도로 분노를 발산할 때 부모들은 아이가 한계 상황을 넘어섰다는 사실을 깨닫는다.

부모들의 경험과 앞선 연구 결과를 볼 때 처벌을 강화하는 것은 바람직하지 않다. 비록 어떤 전문가들은 "자신의 방식을 고수하고 더 강한 처벌을 사용하라"고 말하지만 이는 민감하지 않은 아이에게만 해당되는 말이다. 민감한 아이에게 이렇게 한다면 부모는 작은 것을 얻으려다 큰 것을 잃을 수 있다. 이렇게 한다면 민감한 아이는 깜짝 놀라서 그만둘 것이다. 부모가 이긴 것이다. 그러나 아이는 엄청난 고통을 느끼고 그 결과 교훈을 내면화하지 못한다. 일단 아이를 진정시킨 다음에 올바른 훈육 방법을 찾는 게 더 낫다(분노에 대처하는 법에 대해서는 7장에서 논의할 것이다).

또한 부모들은 훈육할 때 생기는 긴장을 최소한으로 유지할 수 있는 여러 아이디어를 제시했다. 그중 예방은 매우 큰 부분을 차지한다. 나이에 적합하고 명확한 기준 세우기, 부적절하게 표현되기 전에 욕구를 미리 만족시켜주기, 계획 세우기 등이다. 이들 각각을 살펴보도록 하자.

문제를 사전에 예방하는 법

명확한 기준을 가져라

부모로서 당신은 아이가 특정한 상황에서 특정한 나이에 어떻게 행동해야 할지에 대해 명확한 기준을 가지고 있어야 한다. 가령 음식점에서 네 살짜리 어린아이가 어떻게 행동해야 할지에 대한 기준, 열 살짜리 어린이가 낯선 사람에게 보여야 할 바람직한 예절에 대한 기준, 사과를 할 필요가 있을 때 어떻게 해야 하는지에 대한 기준 등이다.

만약 이러한 기준이 명확하게 있지 않다면, 그리고 아이가 어느 정도 컸다면 함께 결정하는 것도 좋은 방법이다. 집 안에서 소리 지르기, 욕설하기, 서로 비난하기, 때리기, 물건을 던지기, 다른 사람의 물건을 망가뜨리기, 음식 버리기, 연락 없이 30분 이상 늦게 오기, 계단 난간에서 미끄럼틀 타기, 가구에 발 올려놓기, 현관 열쇠 아무 데나 두기 등과 같은 행동들이 괜찮은 건지 의논해보는 것이다. 함께 정한 기준은 강제하기에 쉽다. 아이가 이미 내면화했기 때문이다. 하지만 아이가 아직 어려서 당신 혼자서 기준을 정해야 한다면 혹은 혼자 정하는 게 단지 당신 스타일이라면 기준을 '미리' 확실하게 정해놓아라.

기준을 미리 확실하게 정해놓으면 많은 논쟁을 피할 수 있다. 이미 합당한 이유를 함께 논의했기 때문이다(아이가 차분한 동안 규칙은 내면화됐을 것이다). 이 기준이 합리적이고 가능한지에 대해 아이의 의견까지 들어보았다면 더할 나위 없다. 아이가 스낵과 갖고 놀 장난감만 있으면 저녁 식사 때까지 얌전히 기다리겠다고 말한다면, 계약은 이뤄진 것이다.

하지만 서로 동의했다고 하더라도 아이가 당신의 기준을 모두 지킬 수 있으리라 과신하지는 말길 바란다. 특히 어리지만 조숙한 민감한 아이와 처음으로 부모가 된 사람들 사이에 이런 일이 많이 발생한다. 아이는 레스토랑에서 작은 천사처럼 조용히 앉아 있고, 세 살이라는 나이가 믿기지 않을 만큼 깊은 생각과 배려를 보인다. 부모는 무척 자랑스러워한다. 그러다가 갑자기 성질을 부리고 뭔가를 집어던져 엄마 이마에라도 맞추면 부모는 완전히 충격에 빠진다. 너무 놀랐기 때문에 모두가 과민 반응한다. 엄마는 아이가 너무 방종한 건 아닌지 염려하면서 '제멋대로 행동하고', '자신을 통제하지 못하는' 어린아이를 고쳐놓고야 말겠다는 심정으로 강력한 도덕의 화신으로 거듭난다. 아이는 수치심을 느끼고 자랑스러운 리틀 어른의 자리에서 굴러 떨어져 무력하고 한심한 아이의 역할로 돌아간 것에 대해 깊은 굴욕감을 느끼며 화를 낸다.

만약 아이가 복종하지 않겠다고 자주 난리를 피우거나 분노 발작과 같은 감정적 격발을 자주 보인다면 아이의 나이와 기질에 비해 당신이 너무 많은 것을 요구하고 있기 때문일 수도 있다. 기대를 낮추되 일관성을 지키길 바란다. 예를 들어 아이가 거실에서 장난감 없이 가만히 앉아 있을 수 있다고 기대하지 않는다면 다른 사람의 집에 방문했을 때도 마찬가지일 거라고 생각해야 한다.

기억하라. 기준은 당신에게 도움이 될 뿐만 아니라 아이의 문제도 줄여 준다. 예를 들어 척은 말할 때, 특히 강한 의견을 표현할 때 실수를 잘 저질렀다. 맞는 말일 때가 많았지만 버릇없이 말할 경우가 많았다. 그의 부모는 아이가 이렇게 통찰력을 표현하는 걸 완전히 눌러버리지는 않았다. 하지만 그들은 척에게 말소리가 들릴 수 있는 반경에 누가 있는지 주의하라고 요구했고 이를 기준으로 삼았다. 이 기준은 민감한 아이들을 위한 중요한 교훈을 담고 있다. 민감한 아이들은 자신이 생각하고 관찰하는 것들을 가감 없이 모두 표현해서는 안 되고 그것이 그 상황에서 상대에게 유용할지 아닐지 생각해볼 필요가 있다. 그렇지 않다면 말이 화를 부를지도 모를 일이다.

다른 사람들의 기대도 조정하라

만약 당신이 아이를 다른 사람에게 맡겨야 하는 상황이라면 당신과 그 사람의 기준과 훈육 수단이 비슷한지 확실하게 점검하라. 나는 아이를 아이 경험이 부족한 사람, 아이 키운 지 너무 오래된 사람, 혹은 너무 엄격하게 자란 사람에게 맡기지 않으려고 부단히 노력했다.

내가 대학에서 강의할 때 여섯 살이면서 민감하고 붙임성이 좋았던 아들은 집에 몇 번 초대했던 듬직하고 쾌활한 대학생에게 매우 긍정적인 인상을 받았다. 서로 호감이 충만한 것 같아서 나는 그 청년을 정식 베이비시터로 고용했다.

어느 날 집에 돌아와 보니 대소동이 벌어져 있었다. 학생은 아들이 끔찍한 거짓말쟁이라고 하면서 커서 비행 청소년이 될 거라고 주장했다. 왜 그랬을까? 아들은 샤워를 하고 싶지 않았다. 하지만 학생은 그래야 한다고 주장했다. 그래서 아들은 욕실에 들어가서 문을 잠그고 물을 틀어놓은 다음 옷을 벗고 잠옷을 입고 물을 내리고 나온 것이다. 완전범죄에 능하지 않았기 때문에 아들은 젖은 수건을 남겨두지 않았고, 그래서 딱 걸렸다.

내가 집에 도착했을 때 아들은 어느 아이라도 가질 수 있는 도덕적 허점에 대해 하나도 알지 못하는 학생에게 가혹하게 한바탕 설교를 듣고 난 후 공황 상태에 빠져 있었다. 이 사건 이후로 나는 아이에게 어른 수준의 행동을 기대하는 사람에게는 결코 아이를 맡기지 않겠다는 원칙을 세웠다. 또한 내가 없는 동안 해야 할 일의 세부 사항까지 아이, 나, 아이 돌봐주는 사람 셋이서 동의해놓지 않고서는 아이 곁을 떠나지 않으려고 노력했다.

그밖에 활용할 수 있는 방법들

또한 어떤 부모들은 무엇 때문에 아이가 규칙을 어기게 됐는지 알아보는 게 매우 중요하다고 말한다. 물론 그 과정에서 일관성을 지켜야 하고 특정한 사건에 대해 사후 조치를 취해주어야 한다. 예를 들어, 랜들의 엄마는 랜들이 여동생과 불공평하게 취급받고 있다고 느끼기 때문에 말썽을 피운다는 사실을 알아차렸다. 그리고 자신이 자기와 기질이 더 비슷한 딸에게 관심을 더 보이고 더 공감한다는 사실도 깨달았다. 그녀가 이 부분에서 자신의 역할을 조정하자 랜들의 말썽은 크게 줄어들었다.

멜리사는 자기가 원하는 것에 대해 고집을 피움으로써 종종 문제를 일으킨다. 그녀의 부모는 코트, 스낵, 휴식 등을 미리 제공해줌으로써 이러한 일이 생기는 걸 피한다. 당신이 아이에 관해 이미 알고 있는 사실을 바탕으로 아이의 욕구를 예상해 이를 미리 만족시켜주면 아이는 당신의 기준을 맞추면서 예의 바르게 행동할 것이다. 민감한 아이들은 불편하면 더 빨리 괴로워하고 더 빨리 '이성을 잃는다.' 그리고 이런 때에는 너무 불편하고, 압도되고, 배고프고, 피곤하고, 부끄럽고, 좌절했기 때문에 부모에게 복종할 수 없다. 이러한 상태를 피하는 것은 '굴복'이 아니라 이러한 아이에게 합당한 욕구를 채워주는 것이다.

유머와 기분 전환거리를 이용하는 것도 좋은 방법이다. 다른 아이들이 도착하기 전에 아이가 좋아하는 장난감들을 미리 치워놓는 것도 좋다. 윙윙 소리가 나는 차 뒤로 걸어가야 할 때 우스꽝스러운 노래를 불러보는 것도 괜찮다. 이렇게 한다고 해서 아이가 영영 다른 아이와 공유할 줄 모르게 된다거나 조용히 걸어갈 줄 모르게 된다는 걸 의미하지는 않는다.

마지막으로 민감한 아이들은 한 가지 일에서 다른 일로 전환하는 순간을 가장 어려워하는데, 이럴 때는 미리 경고해주는 방법이 도움이 된다. 일단 한계를 분명히 설정하고 이를 지켜야 한다. "5분 있으면 잠자리에 들 시간이야!" (그 후에 5분을 더 추가하지 마라.)

전환은 규칙적인 일과 속에서 단계적으로 이뤄지면 훨씬 수월하다. 갑작스러운 명령은 아이에게 실망감을 안겨줄 수 있고 아이가 복종하지 않거나 말싸움을 일으킬 수도 있다. "자, 이게 이야기의 끝이야. 잠자리에 가서 불 꺼." 이렇게 말하는 경우가 많지만 효과가 별로 없다. 또한 아이가 반항하면 이렇게 말하기 쉽다. "불평은 안 돼. 효과 없는 거 잘 알잖아." 이러한 말들은 전부 아이의 기분을 더욱 안 좋게 만들고 성질을 부리다가 벌까지 받게 만든다. 대신 이렇게 말해보자. "자, 보자. 파자마도 입었고, 이도 닦았고, 엄마가 책도 한 권 읽어줬고, 이제 뭘 해야 하지? 엄마는 네가 잠자리에 가서 불을 끌 거라고 믿어. 그게 우리의 일과잖아. 그렇지?" 아이가 책을 더 읽어달라고 하면 명령을 내리는 대신에 이렇게 말해보라.

"내일 오후에 더 많이 읽자. 잠자리에선 한 권만이야."

민감한 아이를 바로잡는 기본 단계

바로잡기correction와 훈계discipline는 다르다. 만약 당신이 어떤 것을 바로잡아줄 때, 아이의 행동에 변화가 생기거나 아이가 그 행동을 다시 하지 않으려 마음먹은 것처럼 보인다면 별도의 훈계나 처벌은 필요하지 않다. 민감한 아이가 규칙을 어겼거나 부모의 행동 기준을 지키지 않았다면 다음 단계를 이용하는 것만으로 충분할 때가 많다.

• 부모 자신과 아이의 긴장 상태를 살펴봐라. 만약 한 사람이나 아니면 두 사람 다 지나치게 긴장한 상태라면 부모 먼저 진정한 다음 아이를 진정시켜야 한다. 부모가 먼저 통제력을 되찾지 못한다면 아이가 통제력을 되찾도록 도와줄 수 없다. 만약 아이가 당신이 벌을 내릴까 봐 두려워하고 있다면 일단 안심시켜라. "우리는 이 문제를 같이 해결할 거야. 걱정하지 마." 지나치게 긴장한 아이에게 다음 같은 말로 긴장을 배가하지 마라. "집에 갈 때까지 꼼짝 말고 기다려!"

아이들이 지나치게 긴장했을 때 보통 이들이 정상으로 돌아오는 데는 20분 내지 그 이상의 시간이 걸린다. 아이의 긴장 상태를 풀어주려면 우선 다른 방으로 데려가라. 그리고 자리에 앉거나 침대에 나란히 누워라. 혹은 밖에 나가서 벤치에 함께 앉거나 잠시 산책을 하는 것도 좋다. 이럴 때 이용할 수 있는 둘만의 '이야기 장소'를 미리 만들어두는 것도 좋다.

앞서 말했던 아들의 가짜 샤워 사건에서 아이는 베이비시터 학생의 연설에 완전히 화가 나 있었다. 나는 아이를 벌주지 않은 채 일단 아이를 진정시키고 무슨 일이 있었는지 듣고 싶다고 얘기했다. 그리고 몇 가지 집안일을 먼저 하면서 아이가 기다리면서 초조해하지는 않는지 살펴봤다. 아이는 마침내 진정했다.

• 듣고 공감하라. 민감한 아이들은 자신의 행동에 대해 깊은 감정이나 충분한 이유를 가지고 있고, 부당한 일이 있으면 엄청나게 환멸을 느끼기 때문에 이들의 말을 잘 들어주는 것은 매우 중요하다. 아이의 감정과 시각에 대해 정확한 진술을 듣는 것은 다음에 나올 4단계에서 어떻게 해야 할지 결정할 때 도움이 될 것이다.

가짜 샤워 사건으로 돌아가서 아들은 내게 자기 입장에서 사건의 전말을 들려줬고 나는 내가 아이의 말을 잘 듣고 있다는 걸 아이에게 알려주었다. "너는 아침에 샤워를 했기 때문에 저녁에는 샤워를 안 해도 된다고 생각하는데, 하라고 하니까 얼마나 불합리하게 느껴졌을지 이해해. 엄마가 나가기 전에 미리 함께 결정했어야 했는데. 그렇게 못 해서 미안해."

명심하라. 잘 듣는다는 것은 다음 같은 지나친 단순화를 피하는 걸 의미한다. "그냥 샤워하기 싫었던 거지? 그렇지?" 혹은 "그래서 베이비시터에게 거짓말한 거구나" 같은 단순하고 빤한 결론을 피하는 것이다. 그리고 "왜 넌 항상 그렇게 말썽만 피우니?"와 같은 이런 낙인을 찍지 않는 게 좋다.

"그냥 형이랑 장난치려던 것뿐이에요" 같은 어설픈 변명을 듣는다면 어떻게 해야 할까? 이런 경우에는 더 깊이 살펴보거나 아니면 이 말을 액면 그대로 받아들이고 당신의 기준을 다시 세우는 데 참고할 수 있다. 그러나 아이가 변명을 할 때는 수치심을 느끼거나 처벌을 받고 싶지 않아서 그러는 경우가 많으므로 아이가 거짓말을 더 하도록 몰아세우지 않길 바란다.

만약 아이가 "저 거짓말 안 했어요. 정말 샤워했다고요. 거짓말하는 건 바로 그 형이에요"처럼 당신이 거짓말이라고 생각하는 말을 하기 시작하면 진실을 찾겠다고 아이를 거짓말쟁이로 만들어버리는 일은 피할 것이다. 대신 아마 이렇게 말할 것이다. "네 말을 믿어야 할지 베이비시터 말을 믿어야 할지 잘 모르겠어. 우리는 서로를 믿기 때문에 서로에게 진실을 말해야 해. 그리고 네가 그러기 위해 늘 최선을 다한다는 걸 잘 알아. 만약 그럴 수 없을 땐 언제라도 와서 무엇 때문에 힘들었는지 말하길 바라."

• 당신의 기준을 다시 말하라. 그리고 아이가 충분히 컸다면 기준에 대한 이유를 설명해주어라. "우리가 미친 듯이 화가 날 때는 종종 상대를 때리고 싶지. 하지만 우리는 그렇게 하지 않아. 서로를 싫어하게 되길 원하지 않기 때문이고, 누군가를 정말로 해치고 싶다는 생각을 갖고 있다는 걸 다른 사람에게 보이고 싶지 않기 때문이야."

가짜 샤워 사건으로 다시 돌아가서, 나는 이렇게 말했다. "오늘 무슨 일이 있었든지 간에 나는 네가 베이비시터에게 복종하고 정직하길 바라. 내가 그 사람에게 비용을 지불하긴 하지만 그 사람은 우리 집에서는 손님인 셈이고 정직하지 않은 행동이나 싸움을 해결해야 할 의무가 있는 건 아냐. 그리고 네가 그 사람의 말을 따르지 않는다면 엄마는 걱정돼. 왜냐면 위험한 긴급 상황이라면 보통 어른이 너보다 어떻게 대처해야 할지 잘 알기 때문이야."

• 후속 조치를 결정하라. 사과 같은 일종의 보상 행위가 필요한가? 이번 사건이 특별한 이유 없이 계속 반복되는 문제인가? 아이가 이 행동을 내면화할 만큼 충분히 자극받지 않았는가? 그렇다면 아이와 다음번에 같은 일이 생기면 어떻게 할 것인지 후속 조치를 결정하라(그리고 일관성 있게 적용하라). 다음번에 당신은 아이에게 이 후속 조치에 대해 상기시켜줄 수 있을 것이고 아이는 긴장하고 당신과의 대화를 떠올릴 것이다. 가짜 샤워 사건의 경우에 나는 아이에게 베이비시터에게 사과하라고 말하지 않았다. 나 자신도 그 사람에게 너무 화가 났기 때문이다.

• 아이가 미래에 할 수 있는 것을 얘기해줘라. 이는 아이에게 희망적인 느낌을 주고 충동에 대처할 수 있는 건강한 대안을 제시해준다. "내게 화가 나면 나를 때리고 싶을 정도로 화가 난다고 말해. 아니면 이런 베개 같은 걸 때리고 대신 때린 거라고 말해도 좋아"

가짜 샤워 사건을 경험 삼아 나는 아이가 베이비시터와 심각한 갈등이 생기면 우선 내게 휴대폰으로 연락하라고 한다. 샤워 사건 당시에는 아이에게 이렇게 말했다. "다음번엔 다르게 해야겠지? 그렇지?" 그리고 아이와 베이비시터, 나까지 셋이서 두 사람이 저녁을 어떻게 보낼 건지, 잠자리에서 무엇을 할 건지 얘기해보자고 했다. 그 후 아이의 의견을 들었다. 그리고 말했다. "네가 정말 베이비시터의 행동이 마음에 안 든다면 엄마가 집에 왔을 때 함께 얘기하고 다시 그 사람을 안 부르면 돼." 이런 비슷한 일이 다시 생길 때마다 나는 이 일종의 합의를 아이에게 떠올려주고 아이는 자신이 왜 계획대로 하지 않았는지 말한다.

나는 만약 베이비시터가 어떠한 식으로든 괴롭힌다면 내게 꼭 말해야 한다고 아이에게 강력하게 숙지시켰다. '쓸데없는 이야기를 늘어놓는 걸' 부추기고 싶진 않겠지만, 베이비시터에게 맞고도 착한 아이가 되고 싶어서 아무 말도 하지 않는 경우도 가끔 있으므로 이 점에 대해서 반드시 주의시킬 필요가 있다.

단순하게 말하고 수치심을 주지 마라

민감한 아이를 바로잡아줄 때 두 가지 점을 더 염두에 두길 바란다. 첫째로 당신은 아이의 나이와 상황에 맞춰주어야 한다. 아이가 아주 어릴 때나 당신이 빨리 대처해야 하는 상황일 때는 최대한 단순하게 말하는 것이 좋다. 길거리에서 아이를 붙잡은 후에 이렇게 말해야 한다. "앞으로 달려가고 싶은 거 알아. 하지만 엄마가 '서!'라고 외칠 땐 바로 서야 해. 왜냐면 언제 건너야 안전할지 엄마가 봐야 하니깐. 이젠 가도 좋아." (이 짧은 말 안에도 앞에서 말한 단계 중 대부분이 포함돼 있다.)

어린아이에게는 매우 단순하게 말해야 한다. "장난감 다 가지고 놀고 싶은 거 알아. 하지만 짐에게 하나 양보해야 해. 손님이나 친구들과는 함께 나눠야 하는 법이거든." 난처한 입장에 처해 있는 열 살 난 아이에게는 이렇게 말할 수도 있다. "네가 지금 기분이 안 좋고 별로 하고 싶지 않은 거 알아. 하지만 일단 근사한 저녁 식사에 초대해주신 할머니께 감사드리

자. 그런 다음 차 타고 집에 가면서 원한다면 이 문제에 대해 엄마랑 얘기 해보자."

두 번째로, 수치심에 대해 논의했던 점들을 늘 잊지 말길 바란다. 누군가에게 늘 교정받아야 한다는 생각은 수치심을 야기할 수 있다. 자기에게 근본적인 문제가 있는지도 모른다는 기분을 없애주기 위해 이렇게 말해주는 것도 좋다. "걱정하지 마, 신디. 사람은 누구나 실수를 한단다." "피곤했던 거 알아. 그리고 그 애들이 별로 맘에 안 들었지. 네가 친구들이랑 장난감 나눠서 잘 노는 거 자주 봤어. 오늘도 그런 거지."

마침내 진짜 훈계를 해야 한다면

• 아이의 행동과 관련된 가벼운 후속 조치를 결정하라. "만약 다시 발로 차면 저 멀리 떨어져 있는 의자에 앉아 있어야 할 거야." 하지만 아이가 수치심을 보이거나 공포 반응을 보이진 않는지 살펴보고 그에 따라 벌을 조정하라. "그래, 의자를 좀 더 가까이 가져오자. 됐지?"

한 민감한 아이의 엄마는 벌로 세 살 먹은 딸을 방에 홀로 둔 적이 있었다. "다시는 그렇게 안 했어요. 거의 경기를 일으켰거든요." 그리고 이 일이 있은 후 이 작은 소녀는 그 해 안에 벌을 받을 만할 일을 한 번도 저지르지 않았다. 그러므로 기억하라. 훈계(처벌)를 해야 할 때는 최대한 아껴서 하길 바란다. 앞서 말한 바로잡기 수단을 일깨워주고 기준을 다시 협의하는 것만으로도 충분할 때가 많다.

• 일관성을 가지라. 예측 불가능한 처벌은 민감한 아이들에게 부가적인 불안을 야기한다. 만약 당신이 발로 차는 건 안 된다고 말했는데 아이가 다시 찬다면 아이를 지정한 의자로 데려가라. 경고를 계속해서 반복하지 말길 바란다. 아이가 움직이려 하지 않으면 새로운 후속 조치를 말하라. "엄마가 시키는 대로 하지 않으면 여기 밖으로 내보낼 수밖에 없어." 밖으로 나가서 앞에서 말한 단계대로 실행하라. 들어주고, 공감하고, 당신의 기준과 이유를 다시 말하고, 후속 조치들을 결정하고, 아이가 대신 할 수 있는 것들을 상기시켜라.

만약 아이가 여전히 감정이 격발된 상태라면 아이도 어쩔 수 없는 상황일지도 모른다. 피로나 어떤 감정에 지나치게 압도되어 있는 것이다. 이에 대해서는 7장에서 더 이야기를 나누겠지만 아이와 공명하는 게 가장 중요하다. 아이를 안고, 진정시키고, 무슨 일이 벌어지고 있는지 설명해주려 노력하라. 그런 후에 당신도 아이 누구도 이기지 않는 중립적인 해결책에 도달할 수 있기를 바란다. 하지만 당신의 기준을 포기하거나 진정한 해결을 포기하는 게 아니라 나중으로 잠시 연기하는 것이다. 그리고 나중에 괜찮아지면 무슨 일이 있었는지에 대해 얘기해보고 같은 일이 다시 생기면 어떻게 할 것인지 얘기해봐야 한다. 그냥 잊어버리면 안 된다.

당신이 아이와 '파워게임'을 하고 있다고 느껴진다면 그 이유를 생각해보라. 민감한 아이들은 명민하고, 난해한 상대다. '교활'하거나 '사악'하다는 뜻이 절대 아니다. 당신은 무슨 일이 일어나고 있는 건지 알아내야 한다. 예를 들어 내 아들의 경우 우리 부부가 고안해낸 어떠한 벌에 대해서도 거부반응을 보이지 않았다. 진짜로 좋은 건지 그러는 척하는 건지는 잘 모르겠지만 말이다. "좋아요. 제 방에 가 있을게요." "괜찮아요. 저 영화 별로 보고 싶지 않았어요." 우리는 아들이 파워와 자존심을 다시 획득하고자 노력하고 있다는 사실을 파악했다. 벌을 내리는 행위가 우리 부부를 모든 권력과 모든 권위를 가진 것처럼 보이는 자리에 올려놓았기 때문이다. 그래도 우리는 일관성을 가지고 '효과 없는' 벌을 계속 주었다. 그리고 나중에 아이와 지적인 토론을 할 때나 보드 게임을 하면서 아이가 다시 우리와 동등하다는 느낌을 가질 수 있는(심지어 우리보다 낫다는 느낌을 가질 수 있는) 시간을 보냈다.

우리가 아이와 보낸 이 시간은 스탠리 그린스펀이 말한 '자유 시간 floor time'과 같다. 그린스펀은 하루에 30분 씩 아이가 원하는 대로 함께 시간을 보내라고 권유한다. 특히 영아와는 바닥에 앉아 아이와 눈높이를 맞추고 아이의 장난감을 가지고 함께 노는 게 좋다. 아이가 필요로 하는 관심을 줄 수 있을 뿐만 아니라, 벌을 받은 후 아이가 안전감과 자존감을 회복할 수 있는 훌륭한 방법이기도 하다.

• 더 큰 아이와는 특정한 행동이 사라지지 않으면 이유를 아이와 함께 찾아보도록 노력하라. 최근에 그런 일이 없었던 경우라면 더 좋다. 매우 부드럽게 시작하라. "너 정말 재밌는 얘깃거리가 많잖아. 그래서 엄마도 어느 정도는 이해해. 하지만 네가 얘기하고 싶을 때 가끔 엄마가 말하는 도중에 끼어든다고 느껴지는데 왜 그러는 것 같아?" 이 경우에 아이는 엄마가 이야기를 잘 멈추지 않는다고 말할 수 있다. 그리고 아이의 방식이 아닌 당신의 방식을 바꾸기로 결정할 수도 있다. 혹은 피로나 긴장이 이러한 행동을 야기하는 데 있어 어떠한 역할을 하는지에 대해 이야기를 나눌

수도 있다. 이야기를 나눈 후 두 사람은 행동을 바꾸는 데 어떠한 방식이 제일 좋을지 함께 결정할 수 있다. 그런 일이 있을 때마다 상기시켜주는 게 좋을까? 어떤 말로 상기시키는 게 좋을까? 기준을 잊어버린 것에 대해서 다른 후속 조치를 취하는 게 도움이 될까?

민감한 아이가 거짓말을 하거나 물건을 훔칠 때

즉각적으로 무거운 처벌을 내리지 않길 바란다. 아이가 교훈을 기억하기 바라지 처벌을 기억하기 바라지는 않을 것이다. 만약 아이가 이미 긴장 상태이거나 수치심에 빠져 있으면 서두르지 말기 바란다. 이런 경우의 일이 발생할 때, 혹은 아이가 거짓말 하는 것을 붙잡은 후에도 가장 우선적으로 할 일은 아이에게 진실을 이야기해줘서 고맙다고 하는 것이다. 사람들 모두 실수하면서 살고 있다고 이야기하고, 당신이 어린 시절 거짓말을 했거나 물건을 훔쳤던 경험이 있다면 그것에 관해 이야기를 나누어라.

아이가 점차 차분해지면 사람들이 서로 믿지 못할 때 가족이나 사회가 얼마나 큰 피해를 입을 수 있는지에 대해 얘기해보는 게 좋다. 그리고 어른들도 주차돼 있는 차를 들이받고 메모를 안 남긴다든지, 세금 관련 문제에서 부정을 저지른다든지 하는 일을 하고 싶은 유혹을 느낄 때가 많지만, 이러한 일을 통해 건질 수 있는 돈은 자신의 인성이나 자긍심에 끼치는 폐해에 비하면 비교할 가치조차 없는 것이라고 말하라.

아이가 처벌이나 수치심을 피하기 위해 거짓말을 할 수밖에 없는 상황을 만들지 않도록 조심하라. "네가 쿠키 가져갔니?"라고 묻는 대신 이렇게 말하라. "한 시간 전부터 쿠키가 좀 없어졌어. 그리고 네가 주방에 있었던 유일한 사람인 것 같아. 너도 알다시피 엄마는 네가 쿠키를 가져가는 걸 원하지 않아. 그러면 내가 가져가지 말아달라고 부탁한 물건들을 가져가고 싶은 유혹을 물리치려면 어떻게 해야 할지 얘기해볼까?" 민감한 아이들에게는 '거짓말'이나 '훔치다'라는 단어조차도 사용하지 않는 게 더 좋다.

너무 당연한 말이지만 만약 당신이 정직을 몸소 보여주지 않는다면 어떤 것도 소용없다. 예를 들어 할인 가격을 적용받기 위해 아이에게 나이를 속이라고 시키지 마라. 또는 아이가 전화 받을 때 당신이 집에 없다고 거짓말하라고 시키지도 마라.

갈등이 첨예화될 때

올 것이 왔다. 때때로 어떤 일들은 통제할 수 없이 마구 흘러간다. 우리가 여기서 말하는 것은 아이가 두 살 때 보이는 '분노발작tantrum'(7장에서 논의할 것이다)이다. 분노는 나이를 막론하고 발생할 수 있다. 쉽게 압도될 때, 수치심을 느낄 때, 행동을 교정받을 때 생기는 긴장에 의해 분노할 때, 혹은 부당하다고 여기는 것에 분노할 때 많은 민감한 아이들은 '폭발'한다. 또한 분노하지 않는다 하더라도 왜 상대가 틀렸고 자신이 맞는 건지에 대해 미묘하고 그럴듯한, 하지만 썩 좋지는 않은 이유들을 대며 자기 자신을 방어한다. 어떻게 해야 할까?

우선 7장에 나와 있는 '강렬한 감정에 대처하기' 부분을 먼저 읽길 바란다. 거의 모든 연령대의 아이들에게 적용 가능한 내용이다. 짧게 요약하자면 일단 진정하고 아이에게 공감해야 한다. 단 당신의 기준은 고수해야 한다. 진정하기 위해서는 민감한 아이뿐만 아니라 당신도 잠시 떨어져 있는 시간이 필요하다. 각자 홀로 떨어져 있는 것보다 같은 방에 말없이 조용히 있는 게 좋다. 특히 아이가 어릴 때는 더 그러는 게 좋다. 특정한 시간(20분이 적절하다)이 지나면 대화를 재개하기로 합의를 본 후 시작하라. 이 시간이 처벌이 아님을 명확히 하라. 두 사람이 진정할 때까지 주의를 분산시키기 위해 TV나 라디오를 켜도 좋다. 둘 다 차분해지면 다 괜찮아질 거라고 아이에게 말해주라.

긴장이 풀어지면 상호 존중하는 이성적인 대화로 돌아가도록 노력하라. 기억해야 할 점은 감정과 취향은 결코 틀렸다고 말할 수 없다는 것이다. 틀릴 수 있는 것은 행동 방식이나 표현 방식 그리고 자기만의 방식만을 고수하는 것 등이다. 이렇게 말해보자. "네가 그거 안 좋아하는 거 알겠어. 왜 그런지 말해줄 수 있니?" "기타 수업에 가고 싶지 않다면 다른 듣고 싶은 수업 있니?" "이 수업 좋아했었던 것 같은데. 어떤 점이 이제 싫은지 말해줄 수 있겠니? 변한 게 있니? 선생님께 말씀드려도 되고 다른 선생님을 구해도 되고."

그리고 동등한 수준의 대안들을 제시하라. "널 화나게 할 생각은 아니었어. 그러니까 너도 뭐가 좋고 뭐가 싫은 건지 차분하고 조리 있게 말해줬으면 좋겠구나. 잘 들을게. 그러면 함께 해결책을 찾을 수 있을 거야."

아이가 동의하는 합리적인 한계와 의무 사항을 협상하고, 만약 아이가 한계를 넘거나 합의 사항을 지키지 않는다면 어떤 후속 조치가 있을지에 대해 논의하라. 과열된 싸움 중에 당신 혼자서 후속 조치를 결정해버리지 '않도록' 주의하라. 이에 대해서는 나중에 자세히 논의하되, 더 행복한 가정이 되고, 좋은 인성을 키우고, 서로 합의를 지키고 중요한 한계선을 넘지 않겠다는 상호 신뢰를 쌓는 맥락에서 이야기하도록 하라. 당신 스스로 변화시키고 싶은 행동이나 아이가 당신이 바꿨으면 하는 행동을 화제로 삼는 것도 좋은 전략이다. 아이에게 당신이 그 행동에 한계를 설정하고 실패할 시 어떤 후속 조치를 가질 것인지 결정하는 걸 도와달라고 하라. 그렇게 되면 두 사람이 참여하는 행동 변화 수단이 되기 때문에 아이는 어른에 의해 처벌받고 있다는 느낌을 가지지 않을 것이다.

분노의 원인를 미리 없애는 법

첫 번째 규칙은 아이의 욕구를 존중해주는 것이다. 그러면 아이도 당신의 욕구를 존중해줄 것이다. 양쪽의 시각에서 각자의 입장에 대해 깊이 생각해보고 아이가 이러한 갈등은 어떻게 해결될 수 있는지 들을 수 있게 적극적으로 이야기하라. 예를 들어보자. "손님들을 위해 피아노 쳐드리고 싶지 않다는 거 알겠어. 나는 그랬으면 좋겠지만, 네가 그러고 싶지 않다니깐 괜찮아. 아무 문제없어."

어떻게 하는 것이 효과적일지 알아내야 하는 책임감을 아이에게 맡겨라. 왜냐하면 때때로 어떤 것도 아이의 맘에 들지 않을 수 있기 때문이다. "네가 쇼핑하러 가기 싫어하는 거 알아. 하지만 이 셔츠를 네가 갖고 싶은 것과 바꾸려면 가야 할 텐데? 언제 쇼핑하러 갈지 한번 생각해볼래?"

마지막으로 가능한 한 빠른 나이에 아이에게 책임감을 넘겨주어라. 특히 현실 생활에서 어떤 일을 하는 것에 어떤 식으로든 결과가 따를 때 그러는 게 좋다. 예를 들어 충분히 잠을 자지 않았다거나, 숙제를 제출하는 것을 잊어버렸다거나, 점심 사 먹을 돈을 안 가져갔다거나, 학교에 입고 갈 깨끗한 옷을 준비해놓지 않았다거나 하는 일들 말이다.

훈계할 때 피해야 할 일들

다시 한번 상기시키는 차원에서 훈계할 때, 아이가 거짓말을 하거나 물건을 훔쳤을 때 조심해야 할 몇 가지 사항을 제시하겠다.

• 싸움의 열기에 휩싸이지 마라. 당신은 부드럽고, 강하고, 확고해야 한다. 공공장소에 있거나 다른 사람의 집에 있다면 조용하고 둘만 있을 수 있는 장소로 옮겨라. 다시 한번 말하지만(너무 중요하다) 당신을 먼저 진정시키고 그다음에 아이를 진정시켜라. 광풍이 지나갈 때까지 이슈에 대해 이야기하려 애쓰지 말길 바란다.

• 애정을 철회하겠다고 위협하지 마라. "네가 그렇게 행동하면 엄마와 아빠는 널 사랑하지 않을 거야"와 같은 말은 치명적이다.

• 포괄적이고 되돌릴 수 없는 위협을 하지 마라. "네가 그렇게 행동하면 아무도 널 좋아하지 않을 거야." "네가 그렇게 행동하면 하느님이 널 지옥으로 보내서 벌주실 거야." 이러한 위협은 민감한 아이에게 평생의 상처가 된다.

• 감정적이거나 신체적인 폭력을 사용하겠다고 위협하지 말고 실제로 사용하지도 마라. 폭력에는 아이에게 상처 줄 의도가 있는 어떠한 것이든 다 포함된다. "이 멍청한 놈 같으니" 같은 말이나 몸을 한 대 때리는 것도 포함된다.

• 민감한 아이들에게 포괄적 지시를 하지 마라. "다른 사람 집을 방문할 때는 착하게 굴어야 한다" 혹은 "어디 갈 때 항상 잘 살펴"와 같은 말이다. 민감한 아이들은 이러한 말을 문자 그대로 받아들여 '항상' 이렇게 하려고 노력한다. 그리고 그럴 수 없는 경우에는 불안감을 느낀다.

• 싸우는 도중 기질 이야기를 꺼내지 마라. 현재의 이슈와 행동에 집중하기 바란다. "봐, 지금 또 예민하게 굴잖아"라고 말하지 마라. 대신 이렇게 말하는 게 좋다. "이 맛이 정말 맘에 안 드는구나. 그렇지? 그런데 어쩌지. 엄마는 네게 이 약을 먹여야 하는데. 이걸 네가 좋아하는 어떤 것과 섞어보면 좀 나을까?"

• 민감한 아이가 자신의 민감성을 무기로 다른 사람들을 조종하도록 내버려두지 마라. 이는 어려운 문제다. 아무런 이유 없이 남을 조종하는 사람은 아무도 없다. 보통 노력, 처벌, 죄책감, 무력감, 수치심 등을 피하기 위한 시도인 경우가 많다. 하지만 꾸며진 감정이나 과장된 감정은 '진정한 감정'과 다르고, 당신은 보통 이를 쉽게 알아차릴 수 있다. 당신이 알고 싶은 것은 그 뒤에 숨어 있는 진짜 감정이다. "저녁 식사 중 내가 자리를 비우면 멀미가 나고 토할 것 같은 건, 뭔가 두려운 게 있는 거니?"

만약 당신이 과장이나 조작에 숨어 있는 이유를 발견할 수 없다면, 당신이 원하는 행동에 집중한 채로 그대로 있고 현재 지켜져야 하는 기준(이 기준은 아이에게 이미 익숙할 것이다)을 고수하라. "나는 네가 저 장난감을 갖고 싶어서 죽을 지경인 거 알아. 하지만 우리는 생일 축하 선물만 사기로 했지? 그러니까 지금 당장은 이렇게 해야 해. 조용히 옆에 있을 건지 차에 돌아가 있을 건지 결정하렴. 엄마가 차에 돌아가면 네 기분이 얼마나 안 좋은지 이야기해보자."

만약 당신이 공감을 보이거나 아이의 말을 진지하게 받아들이면, 아이는 나중에 '토할 것 같았던' 저녁식사나 '죽을 지경이라던 협박'이 모두 단지 자기 기분이 얼마나 안 좋은지 표현하려는 수단에 불과했음을 인정할 것이다. 아이에게 다른 방법들이 있음을 알려주고, 이러한 전략을 자꾸 쓰면 다른 사람들의 불신을 사게 되고 결국엔 다른 사람들에게 이용당했다는 느낌을 주게 된다고 설명해주자.

네 번째 열쇠, 아이와 민감성을 이야기하기

많은 부모들은 아이들이 태어나면서부터 지닌 이 특성을 민감한 아이들과 이야기해야 하는 건지 아닌지 고민한다. 부모들은 아이가 자신이 다른 아이들과 다르거나 심지어 스스로에게 결함이 있다고 느낄까 봐 걱정한다. 모든 민감한 아이들은 늦든 빠르든 언젠가는 자신이 다른 아이들과 다르다는 사실을 깨닫는다. 당신은 민감성에 대한 긍정적인 시각을 보여주면 되고, 아이가 그때그때 원하는 세부 사항을 알려주면 된다. 예를 들어 아이가 궁금해하는 경우나 아이가 좋아하는 민감한 친척의 기질을 설명할 때 같은 경우가 아니라면, 민감성이 선천적 기질이라는 점을 굳이 말할 필요는 없다. 그러나 아이가 이 특성을 거대한 문제로 바라보고 부풀리고 있다면 이 특성에 대해 제대로 알려줄 필요가 있다. 예를 들어 아이가 어떤 상황에서 느끼는 어려움을 자신이 충분히 잘하지 못하거나 충분히 열심히 노력하지 않는 탓으로 돌릴 때와 같은 경우 실제로는 지나친 긴장이 원인일 수 있다.

원한다면 모든 주제가 자연스럽게 나오게 될 때까지 기다리는 것도 좋다. 유일한 문제는 아이의 특성에 대해 아이의 교사나 아이를 돌봐주는 다른 사람들과 얘기해야 할 때다. 만약 아이와 먼저 이야기를 나누지 않고서 이 사람들과 이런 이야기를 나눈다면 아이는 사람들이 자기에 관해 특별한 논의를 하고 있다고 생각할 것이다. 아이에게 들리지 않는 곳에서 말해도 마찬가지다. 당신이 이야기를 한 사람이 아이에게 언급하거나 단순히 아이에 대한 태도를 바꿀 수도 있다. 그러면 아이는 최악을 상상하게 될지도 모른다. 자신에게 뭔가 문제가 있기 때문에 주위 사람들에게 도움을 청하고 있다고 말이다. 혹은 자신이 없을 때 자기의 사생활에 대해서 얘기했기 때문에 당신을 신뢰할 수 없다는 경험치를 쌓을 수도 있다.

아이와 민감성에 관해 이야기하는 법

언젠가 이 특성에 대해 이야기할 때를 대비해서 몇 가지 예를 살펴보자.

• 기질에 대한 어떠한 이야기를 하더라도 아이의 연령에 적합하게 해야 한다. 어린 아이에게 혼란을 주거나 아이를 화나게 하는 방식으로 기질에 대해 설명해서는 안 된다. "넌 매릴린 이모 같은 성격을 가지고 태어났

어"와 같이 말이다. 아이는 매릴린 이모를 좋아하지 않을지도 모르고 좋아한다고 해도 아이는 '성격'이란 단어를 당신이 이해하는 것처럼 이해하지 않는다. 예를 들어 당신은 몇몇 특징을 공유하고 있다는 의미에서 한 말일지 모르겠지만 다른 특징들은 아니다.

• 아이 혼자만이 매우 민감한 것은 아니고 많은 다른 사람들도 그렇다는 점을 확실하게 알려주도록 하라. "넌 조용한 거 좋아하지. 항상 그랬지. 그냥 그렇게 태어난 거야. 조 삼촌도 그래. 많은 사람들이 그렇단다."

• 모든 사람들에게는 몇 가지 두드러지는 기질적 속성이 있음을 설명하라. 아는 사람들에게 이름표를 붙이는 것보단 일반적인 사람들에 대해 이야기하는 게 더 낫다. "급한 성질을 가지고 태어난 것처럼 보이는 사람 본 적 있지? 반면 어떤 사람들은 항상 느긋해. 너는 민감하게 태어났어. 다른 사람들은 안 그렇고."

• 기질 때문에 문제가 발생하면 기질 자체가 아닌 현재의 해결책에 초점을 맞춰라. 예를 들어 "스웨터를 가져왔어야 했는데"라고 말하는 게 좋다. "네가 민감하기 때문에 추위를 너무 잘 타니깐 말이야"라는 말은 덧붙이지 않는 게 좋다. 발생하는 모든 문제나 불편 사항을 이 특성과 연결시키고 싶지 않을 것이다.

• 위기 상황에서 아이가 최선의 노력을 다해야 할 때, 기질을 성공하지 못할 이유로 삼지 말라. 다음처럼 말하면 안 된다. "물론 거부에 화가 날 거야. 넌 매우 민감하니깐." 이런 상황에서는 아이가 포괄적 기대를 하는 것보다, 상황에 집중하고 자신을 규율할 수 있는 법을 배울 수 있도록 관련된 특정 사항에만 신경 쓰게 하는 게 더 낫다. 이렇게 말하는 게 좋다.

"애들이 너를 취급한 방식에 대해 화가 난 거 알겠어. 무슨 일이 있었어? 어떻게 해야 할 것 같아? 상황을 바꾸려면 다음번엔 어떻게 해야 할까?"

• 아이와 갈등 상황일 때 기질을 무기로 사용하지 말라. "가면 안 돼. 가면 지나치게 자극받을 거라는 거 알잖아." 다음과 같은 말은 더 안 좋다. "그렇게 과민하면서 거길 또 간다고?"

• 아이가 자신이 너무 민감한 것에 대해 불평하면, 민감성이 장점으로 작용했던 때를 언급하라. "관객들 앞에서 바이올린 연주하는 게 쉽지 않아서 짜증 나는 거 알아. 하지만 선생님이 네가 '정말 민감하게' 연주한다고 칭찬해주셨던 거 기억나지? 네가 관객들을 그렇게 의식하게 하는 것도 똑같은 민감성이란다."

• 아이가 변화시킬 수 있다고 생각되는 방식과 변화시킬 수 없다고 생각되는 방식을 명확히 하라. "관객들 앞에서 더 자주 연주하다 보면 더 편안해질 거야. 폴 정도로 편안해지지는 못하겠지만 때때로 즐기고 있는 자신을 발견할 수 있을 거야. 조금이라도 말이야. 일단 관객이 친구들 무리처럼 보인다면 네 연주를 들려주고 싶을 거야."

• 아이가 알고 좋아하는 사람 중에 민감한 사람이 있는지 확인해봐라. 유명한 사람에 대해 확신하는 것은 언제나 어렵다(조심스럽지만 나는 차이코프스키와 에이브러햄 링컨이 민감한 사람이 아니었나 생각한다). 유명한 사람이라면 책에서 암시를 찾아라. 어렸을 적 '사려 깊었다'든지 '수줍음이 많았다'든지, '민감했다'든지 하는 사람들을 찾아라. 이러한 사람들을 수집하라. 테니스, 음악, 스포츠 등 아이가 좋아하는 분야의 사람이면 더 좋다. 친구나 친척들 중에 민감한 사람이 없는지 알아보고 그 결과를 민감

한 아이에게 알려주어라. 개인적 만남을 주선해도 좋다. 어느 정도 성숙한 아이는 민감한 멘토로부터 큰 도움을 받을 수 있다.

아이의 민감성에 대해 다른 사람과 이야기하기

당신이 아이의 민감성에 대해 교사, 코치, 친척, 다른 학부모 등 다른 사람들과 이야기할 때, 당신이 어떠한 사람에게 말하고 있는지, 그리고 당신이 어떠한 맥락 속에서 이야기하고 있는지 항상 유의하길 바란다. 다음 질문들에 대해 생각해보길 바란다.

① 얼마 동안 당신의 이야기를 해야 하는가?
② 이 사람은 새로운 정보에 얼마나 개방적인가? 생각이 완고하고 이미 마음속에 딴 생각이 있는 사람과 이야기하고 있는가?
③ 상대방에게 잘 들어주기를 기대할 권리가 있는가? 예를 들어 전문적인 서비스로 상대에게 비용을 지불하고 있는가?
④ 미래에 이 사람과 잘 지내야 하는가? 낯선 사람에게 지나가는 말을 듣고 있는 중인가? 이 관계를 발전시켜야 하는지 결정하는 중인가?
⑤ 이 사람이 당신이나 당신의 자녀에게 어떠한 영향력을 가지고 있는가?
⑥ 이 사람이 누군가에게 당신이 말한 것을 반복할 수 있는가? 그리

고 왜곡될 가능성이 있는가? 이 사람에게 당신이 말한 것을 비밀로 지켜달라고 요청하고 싶은가, 그리고 이 사람의 성향이나 직업적 의무감을 고려해봤을 때 이 사람이 그렇게 할 것 같은가? (학교 상담사는 당신이 아이에 관해 말한 것을 교사에게 말할 의무를 지고 있는가?)

⑦ 또 다른 사람이 자리에 있는가? 아이가 알고 있는 누군가가 있는가? 당신이 말한 것을 오해해서 왜곡된 방식으로 반복할 사람이 있는가?

대부분의 사람들은 당신의 편이고 도와주고 싶어 한다. 그러므로 그들에게 아이에 관해 충분히 이야기하면 된다. 특히 그들이 베이비시터, 아이 친구의 부모, 아이를 더 잘 알고 싶어 하는 친척 등일 경우 민감한 아이와 함께 있을 때 어떻게 하는 게 가장 좋은지 알려주는 게 좋다.

말하는 것도 중요하지만 듣는 것도 중요하다. 아이를 가르치거나 아이를 돌봐주는 사람들에게 당신의 아이가 문제가 발생하면 어떤 식으로 해결하는지 물어보라. 아이들 경험이 많은 전문가들은 당신의 아이에 대해 신선한 시각을 제시해줄 수 있을 것이다. 또한 아이가 당신에게서 떨어져 있을 때 어떻게 행동하는지 살짝 들여다볼 수 있을 것이다.

준비 멘트를 미리 정리하자

상대방이 어떠한 반응을 보일지 모르지만 아이의 민감성에 대해 뭔가 말해야 할 때, 한 문장 안에 중요한 정보가 모두 들어 있는 일종의 '준비 멘트sound bite'가 필요하다. 자신만의 문장을 준비해도 좋다. 하지만 미리 생각해놓아야 한다는 게 중요하다. 혹은 다음 문장을 이용해도 좋다. "미리 말씀드리는 게 도움이 될 것 같아서요. 우리 아이는 전체 인구의 15~20퍼센트를 차지하는 매우 민감한 신경 체계를 가지고 태어나는 아이들 중 하나입니다. 모든 미묘한 것들을 잘 알아채지만 한꺼번에 많은 일들이 벌어지면 쉽게 압도되기도 한답니다"('변화에 의해' 압도된다든지 '고통에 의해' 압도된다든지 등 아이의 특성에 가장 적합한 어휘를 사용하라. 더 간단하게 말하기 위해 비율을 생략해도 되지만, 이 수치는 민감성이 상대적으로 일반적이고 정상적인 특성임을 확인시켜주는 역할을 한다). 상대방이 관심을 보이면 더 자세한 얘기를 나눌 수 있을 것이다.

빠르게 대답하자

또한 사람들의 특정한 의견들에 대해 어떻게 응답하는 게 좋을지 미리 생각해놓을 필요가 있다. 다음은 사람들이 자주 보이는 몇 가지 일반적인 의견들이고 이에 어떻게 대처할 수 있을지 몇 가지 예를 들어보겠다.

- "아이가 너무 숫기가 없어요." "흥미롭네요. 저는 아이가 숫기가 없다고 생각해본 적이 한 번도 없어요. 숫기가 없다는 말이 다른 사람들이 어떻게 생각할까 두려워한다는 의미라시면 아이가 그래 보일지도 몰라요. 하지만 대부분의 경우 아이는 그저 관찰하고 있거나 상황에 적응하고 있는 중이에요. 일단 준비가 되면 꽤 잘 움직여요. 민감하고 모든 것에 주파수를 맞추는 아이죠. 숫기 없다고 생각하진 않아요."

아이가 정말로 숫기가 없고, 동시에 민감하다면 이렇게 말할 수 있다. "맞아요. 다른 사람들이 자기에 대해 어떻게 생각할까 무척 신경 써요. 하지만 일단 상대방이나 있는 장소에 편해지거나 상대방이(혹은 다른 사람들이) 자기를 좋아한다는 사실을 알고 나면 괜찮아져요(다른 말로 하자면 "아이에 대한 당신의 평가는 상황에 도움이 안 돼요)."

• "아이가 너무 민감하네요." 혹은 "과민하네요." "저는 아이의 민감성을 아끼고 사랑하는데요. 혹시 아이의 행동이 당신에게 특별히 문제되나요?"

• "아이에게 무슨 문제가 있는 거죠? 이런 건 아이라면 모두 좋아하는 거 아닌가요?" "실제로 연구에 따르면(도움이 될 것 같은 때에만 이 말을 사용하라) 아이들이 좋아하는 음식은 서로 엄청나게 다르다고 해요." ('옷'이나 '놀이거리', '여름방학 동안에 하고 싶은 일', '일상이 얼마나 자극적이고 분주하길 바라는지' 등 뭐든지 적용할 수 있다.) 혹은 "모든 건 아이가 타고난 성격에 따라 달라지죠"라는 대답도 효과적이다.

• 막연하고 무례하게 밀어붙인다면 다음 구문을 능숙하게 사용하라. "아니오. 우리 아이는 그걸 하고 싶어 하지 않아요." "이건 아이에게(혹은 우리에게) 도움이 안 됩니다." 그러고는 더 자세하게 설명하지 마라. 더 이상 필요한 것도 없다. 한계를 정하고 그것을 고수하라.

민감성을 둘러싼 더 큰 갈등에 대처하기

만약 누군가 당신의 아이가 '비정상적으로' 행동한다고 주장한다면, 전문가가 제시한 의견이나 당신의 평가에 대해 이야기하라. 예를 들어

"아이 성격은 완전히 정상 범주 안에 속해 있다고 담당 소아과 선생님이 말씀하셨어요. 아이는 단지 매우 민감한 것뿐이에요." 당신이 습득한 지식에 대해서도 언급하라. "이 특성에 관한 연구에 대해 꽤 많은 자료를 찾아봤는데, 자신의 기질 유형에서 한 치의 오류 없이 정상적이에요." 만약 이 사람이 자신의 주장을 계속 고집한다면 호의는 고맙지만 전혀 도움이 되지 않는다고 정중하게 이야기하라. 그런 후 화제를 전환하는 게 좋다.

만약 누군가 한 아이만 특별 취급을 받을 순 없다고 한다면, 정말로 그러한지 물어보라. 특별 취급이 필요한 경우가 종종 있다. 심지어 법에서 요구할 때도 있다. 예를 들어 주의력결핍과잉행동장애, 난독증dyslexia, 시각장애나 청각장애 등 어떠한 장애를 가지고 있는 아이가 있다면 그래야 할 것이다. 이러한 예를 들면 상대가 상황을 친숙한 방식으로 바라보는 데 도움이 될 것이다. 하지만 아이가 장애를 가지고 있는 건 아니라는 사실을 확실하게 얘기하라. 아이는 정상적 기질 중 하나를 타고났을 뿐이며 아이에게 조금만 관심을 보이면 모든 일은 순조롭게 흘러갈 것이다. 도움이 필요하다면 소아과 의사나 기질 상담사에게 아이의 특성을 증명할 수 있는 편지나 전화를 요청할 수도 있을 것이다.

또한 궁극적으로 상대나 기관, 아이 모두 좋은 경험을 하도록 하기 위해 도울 목적으로 노력하는 것이지 다른 무언가를 바라는 건 아님을 분명히 하라. 아이의 불편을 경감하기 위한 본인의 목표만을 얘기하지 말고 상대나 기관의 목표를 매우 구체적으로 언급하라. 다시 한번 강조하지만 아이가 어떠한 형태의 장애나 증후군으로 고통받고 있는 게 아님을 명확히 하라. 만약 상대방이 그렇게 추정할 가능성이 크다면 부탁 자체를 안

하는 게 나을 것이다. 그럴 만한 가치가 없다.

당신이 소리를 높이지 않을 거라면

만약 어떤 사람이 민감성에 대해 부정확하거나 무시하는 말을 할 때 조용히 있기로 선택했다면 왜 당신이 그러한 접근법을 택했는지 아이에게 반드시 설명해주어야 한다. 예를 들어, 어떤 사람은 자기 의견이 너무 옳다고 생각해서 다른 사람 말은 들으려고도 하지 않는다고 이야기해줄 수 있을 것이다. 혹은 이 상황에 대처하기 위한 다른 계획이 있다고 말해줄 수도 있을 것이다.

아이와 세계 사이에 건강한 경계선 긋기

이제 당신은 네 가지 필수 요소를 배웠다. 자존감을 쌓는 방법, 수치심을 줄이는 방법, 적절하게 바로잡아주는 방법, 민감성에 대해 이야기할 수 있는 방법 등이다. 마지막으로 한 가지 더 강조하고 싶은 것은 아이가 건강한 경계를 만드는 데 이 네 가지 열쇠가 도움이 되리라는 점이다. 모든 민감한 아이는 자신만의 경계를 만드는 데 다른 아이들에 비해 도움이 더 필요하다. 한꺼번에 너무 많은 것을 받아들이고, 다른 사람이 생각하고, 느끼고, 말하는 것에 너무 민감해서 정작 자기 자신은 잃어버리고 간과할 수 있기 때문이다. 그러므로 개인적 경계라는 개념은 민감한 아이가 가까이 두어야 할 개념이다.

이 개념은 시스템 이론에서 나오는데, 시스템 이론은 거의 모든 것의 작업에 관해 얘기하고 비교하는 방법을 만들기 위한 시도다. 단세포 생물, 도시, 컴퓨터, 식물, 단체, 신체, 선반 등 어떠한 주제도 막론한다. 시스템 이론은 이 모든 것의 기본은 외부 경계이고 한 시스템을 다른 시스템과 분리한다는 것이다. 이 경계는 시스템이 필요로 하는 것은 받아들여야 하고 시스템에 해가 되는 것은 방출해야 한다.

어린 아이도 똑같은 일을 할 필요가 있다. 자신의 경계를 느끼고, 자신에게 좋은 것은 받아들이고, 자신에게 해가 되는 것은 방출해야 한다. 아이에게 좋은 것은 물론 사랑과 유용한 피드백일 것이고 이를 확실히 받고 있는지 아닌지 당신은 이제 알 수 있다. 이는 자존감을 쌓아준다. 아이에게 안 좋은 것들은 아이에게 뭔가 큰 문제가 있다는 메시지다. 당신은 또한 이제 만성적인 수치심을 피하는 법과 민감성에 대해 긍정적으로 말하는 법에 대해 잘 알고 있다. 또한 지나치게 압도적이어서 교훈을 얻기 힘든 그런 종류의 훈계를 어떻게 피할 수 있는지 당신은 잘 알고 있다.

이 자존감, 낮은 수치심 경향, 적절한 훈육 그리고 민감성에 대한 긍정적인 이해의 네 가지 요소는 민감한 아이가 건강한 경계를 세우는 데 도움이 될 것이다. 당신의 아이는 자신에 대해서 편안해할 것이고 상처받거나 거절당하거나 수치심을 느낄 것 같다는 불필요한 두려움 없이 자신에게 좋은 메시지와 사람들을 받아들일 수 있을 것이다. 아이는 자신이 틀렸다거나 자신의 경계나 의견이나 욕구를 지킬 자격이 없다는 생각에 쉽게 무너지지 않을 것이기 때문에 해가 되는 생각들을 방출해버릴 것이다. 아이는 자신의 판단에 자신감을 가질 것이다. 자신이 나쁜 생각들을 방출할 권리를 가지고 있고, 심지어 의무도 가지고 있다는 점을 느낄 것이다.

우리 모두는 빈약한 경계를 가지고 있는 아이들을 알고 있다. 이러한 견지에서 그들을 바라보지는 않는다 하더라도 말이다. 우리는 그들의 낮은 자존감을 지각한다. 이러한 아이들은 '아무도 나를 좋아하지 않는다면 사람들을 기쁘게 하기 위해 그들이 원하는 건 무엇이든지 해야 한다'라고 결심한 것처럼 행동한다. 자신에게 얼마나 해로운지에 상관없이 어떤 것을 받아들이고 행동한다.

우리는 너무 지나친 수치심을 느껴서 "이 고통을 멈추기 위해서라면 '무엇이라도' 할 거예요"라고 결심한 것처럼 보이는 아이들도 본다. 그 '무엇'이 약물과 같은 나쁜 것을 이용한다거나 자신의 수치심을 인정하는 것처럼 보이기 때문에 도움을 뿌리치는 것 등임에도 말이다. 혹은 "나는 곧 사라지거나 죽을 거야. 혹은 내가 동경하는 사람과 함께 있을 거야" 같은 태도도 있다. 이들은 자신을 다른 사람들로부터 구분 짓는 경계를 흐리게 만들거나 완전히 지워버리는 걸 선호한다. 이러한 모든 방식으로 아이들은 나쁜 것을 받아들이고 좋은 것을 방출하는 경향이 있다.

하지만 당신의 민감한 아이는 다를 것이다. 이 장을 시작하면서 당신은 아이가 수치심이 아닌 자신의 고유한 취향, 욕구, 능력에 대한 자신감에 따라 무엇을 받아들이고 무엇을 내보낼 것인지 확인하는 걸 돕는 법을 배웠다.

당신은 훈계하기 전에 아이의 이야기를 들어볼 것이다. 당신은 아이가 '자신의' 민감성에 대해 어떻게 생각하는지 이야기하도록 도울 것이다. 이 모든 것을 통해서 아이는 다른 사람들, 특히 자신보다 더 크고 더 강한 사람에 맞서는 법을 배울 수 있을 것이다. 이것이 세상이 필요로 하는 민감한 아이의 유형이고, 아이는 세상에서 자신의 존재를 마음껏 즐길 수 있을 것이다.

배운 것을 적용해보기

첫째, 아이의 특성을 아이와 배우자와 이야기해봐라.
이 정보를 누구와 공유하고 싶은지, 그리고 어떻게 하고 싶은지 함께 결정하라.
이상적으로는 아이 혼자만 데리고 하는 게 좋다. 아이의 바람을 존중하고
아이가 민감성을 침묵 속에 덮어놓고 싶다면 이유를 알아보는 게 좋다.
이번이 이 특성을 둘러싸고 있는 어떠한 수치심에 대해서 인지하고 제거할 수
있는 좋은 기회가 될 수도 있다. (기억하라, 민감성은 장점과 단점 모두를 지닌
중립적인 특성이다.) 그러므로 때가 되면 아이는 신뢰하는 사람들이 민감성에
대해 알게 되더라도 꺼려하지 않을 것이다.

둘째, 아이의 허락 하에 민감성에 대한 간략한 소개말인 당신만의 '준비 멘트'를
준비해보길 바란다. 그리고 아이에게 읽어보라고 하라.

셋째, 아이의 민감성에 대한 얘기가 나왔을 때 '더 잘 대응할 수 있었는데' 하는
후회가 남는 세 가지 상황을 생각해보라. 그리고 지금이라면 어떤 응답을 할지
깊이 생각해보라.

2부

민감한 아이와 함께 크는 법

영아기부터 청소년기까지

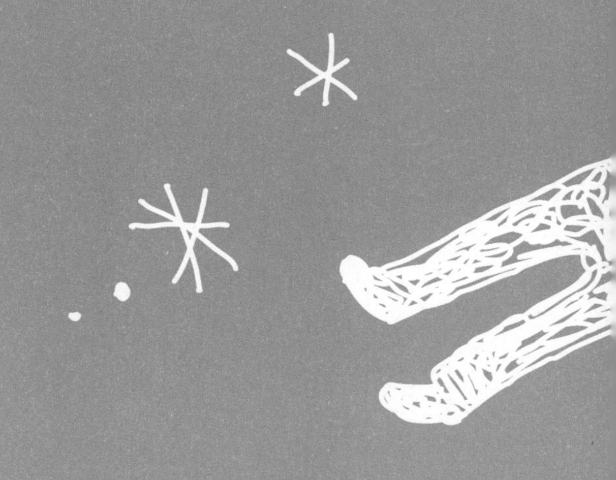

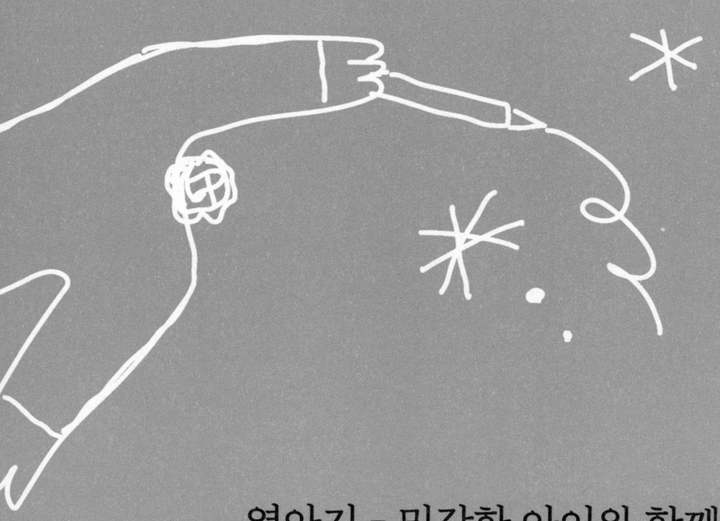

6장

영아기 - 민감한 아이와 함께하는 첫걸음

우리 아이가 민감한 아이인지 알 수 있는 건 언제부터일까? 또 아이가 너무 많이 울 때 부모는 어떻게 해야 할까? 지금부터 아이의 민감성을 알아채는 법, 민감한 아이의 수면 문제에 관한 것들을 나누고자 한다. 이번 장을 읽기 전에 알면 좋을 키워드 세 가지를 소개한다. 바로 애착, 동조, 자기조절이다.

민감한 아기를 알아보는 법

어떤 신생아가 자라서 민감한 사람이 될 것인지 아닌지 판단하는 확실한 방법은 아직까지 존재하지 않는다. 어떤 아기들은 처음부터 '반응적reactive'이고 계속 그렇다. 반응적인 아기들은 강한 자극을 경험하면 잘 우는 아기들이다. 아마 무언가에 놀랐다거나 과도하게 자극을 받은 경우일 것이다.

그리고 '이유 없이 심하게 우는colicky' 아기들이 있다. 이 아기들은 먹거나 몸무게가 느는 데 문제없고, 별다르게 아픈 곳도 없지만 생후 첫 4개월 동안 일주일에 최소한 4일씩 하루에 세 시간 이상 운다. 소아과 의사들은 오랫동안 이런 유형의 울음은 만성적인 소화불량이나 배앓이와는 아무 관계가 없다고 주장했다. 이는 주로 반응적인 아기가 과도한 자극으로부터 벗어나지 못할 때 나타나는 현상이다. 이에 대해서는 후에 더 자세히 논의하도록 하겠다.

신생아의 잘 우는 경향 혹은 오랫동안 우는 경향은 타고난 기질 이외의 여러 요소에서 기인한다. 단순히 신생아의 몸이 아직 잘 적응하지 못한 경우도 있고 아이가 부모의 불안이나 가족의 높은 스트레스에 반응하는 경우도 있다(이 시기에 분노와 공포는 차별화되지 않는다. 울음은 고통을 표현하는 것이고 양육자에게 보내는 신호다). 아이의 울음이 기질에서 기인한다고 해도 민감성 이외의 다른 기질 때문일 수도 있다. 예를 들어 1장에서 설명했던 특성들 중 감정적 반응 강도가 높거나 활동성 수준이 높거나 적응력이 낮기 때문일 수도 있다.

고통 반응을 자주 보이는 아기가 민감한 아기일 것이라고 바로 결론 내릴 수 없는 한 가지 이유는 많은 부모가 민감한 아기는 생후 첫해에 거의 울지 않았다고 말했기 때문이다. 부모들이 모든 것을 아이에게 적합한 상태로 맞춰놔서 민감한 아이가 울 이유가 없는 경우가 많은 것도 사실이다. 예를 들어 앨리스는 완벽한 아기였다. 어느 날 밤 전기가 나가 조명등 불빛과 잔잔한 음악이 사라져버리기 전까지는 그랬다. 그 후 그녀의 부모는 앨리스가 얼마나 민감한 아기인지 알게 되었다. 그리고 당신은 랜들을 기억할 것이다. 랜들에게는 훌륭한 유모가 있었고 두 살이 되어 엄마가 랜들을 놀이 그룹에 데려가려고 시도하기 전까지 아무도 그의 민감성을 눈치채지 못했다.

몇몇 민감한 신생아가 세심한 부모 덕분에 잘 울지 않는 건 사실이지만, 그렇다고 해서 더 많이 우는 민감한 아기를 둔 부모들이 아기를 잘못 다루고 있다고 생각하지는 말길 바란다. 어떤 아기들은 별다른 이유 없이 그냥 더 운다. 부모가 자기를 위해 뭘 해주든지 전혀 상관없이 말이다.

우는 정도를 보고 민감한 아기를 구별할 수 없다면 어떤 방법으로 민감한 아기를 알아볼 수 있을까? 마리아의 엄마는 딸이 미묘한 변화를 잘 인식하고, 돌아다니는 자기를 시선으로 좇으면서 생후 2주밖에 안 됐음에도 눈 맞춤을 지속해 딸이 민감하다는 사실을 알았다고 했다. 몇몇 다른 부모들도 아기가 비슷한 섬세함을 보였다고 언급했다.

나는 이러한 특성이 민감성을 더 잘 나타낸다고 생각한다. 하지만 당신 주위에 다른 아기들이 많이 있지 않은 이상 당신의 아기가 특별히 다르다고 인식하기 힘들 것이다. 하지만 자신하건대 대부분의 부모는 일단 이 특성에 대해 제대로 이해했다면 자신의 아이기 민감한지 그렇지 않은지 쉽게 구별할 수 있을 것이다. 또한 한쪽 부모나 혹은 양쪽 부모가 다 민감한 사람들이라면 아이가 같은 기질을 가질 가능성은 훨씬 커질 것이고 아이가 민감한지 그렇지 않은지 또한 쉽게 알아차릴 수 있을 것이다.

새로 태어난 당신의 아기가 매우 민감하다는 가정하에 당신이 특별히 알아야 할 것에는 어떤 것들이 있을까? 사실 아주 어린 민감한 아기를 돌보는 데 특별히 알아야 할 사항은 그리 많지 않다. 아기가 많이 울지만 않는다면 말이다. 만약 아기가 많이 운다면 이 장은 큰 도움이 될 것이다. 그렇지 않은 경우라면 갓 태어난 민감한 존재 안에서 얼마나 많은 일이 일어나고 있는지 이해하는 것을 목표로 삼아보자.

영아기 모든 문제의 해결책, 반응성

모든 신생아는 부모에게 한 가지를 바란다. 바로 '반응성'이다. 영아 연구가들은 향후 정신 발달에 있어서 반응성이 이 시기에 가장 중요한 요소라는 데 동의한다. 아기에게 반응적인 부모란 아기의 욕구를 돌보기 위해 애쓰고 아기의 신호와 감정(아기의 접촉 욕구, 자극 욕구, 보호 욕구, 자극을 줄여주길 바라는 욕구 등)에 반응하려고 애쓰는 부모를 말한다.

신생아가 무엇을 필요로 하고 무엇을 원하는지 정확히 알기란 매우 어렵다. 특히 첫 아기일 때는 더 그러할 것이다. 신생아는 말을 하지 못하고 시시때때로 괴로움을 표현하는 것 외에는 특별한 신호조차 보내지 않는다. 처음에 부모는 무엇이 문제인지 직관으로 알아차려야 하는데 이는 엄청난 섬세함을 지닌 부모에게도 불가능하게 느껴질 때가 많다. 하지만 경험이 쌓이면서 부모는 자기방어 차원에서라도 반응하는 법을 배우게 된다. 울어 젖히는 아기는 주변에 있는 모든 사람들을 짜증 나게 만들기 때문이다. 하지만 민감한 아기가 우는 이유를 추측하기 위해서는 영아들이 우는 일반적인 원인에 관해 좀 더 세밀히 들여다볼 필요가 있다.

모든 아기는 과도하게 자극받았거나 부족하게 자극받았을 때, 과도하게 긴장했거나 부족하게 긴장했을 때 운다. 이것이 아기가 처음 몇 주 동안 우는 이유의 거의 전부라고 말해도 과언이 아니다. 아기들은 긴장이 부족할 때 어떤 활동과 관심을 야기하기 위해 울음을 터뜨린다. 혹은 어떤 고통이나 불편함 때문에 생긴 자극 때문에 울음을 터뜨린다. 예를 들어 이 시기에 더위, 추위, 배고픔, 소음, 젖은 기저귀 등에 의해 야기된 느낌은 높은 자극과 전혀 차별화되지 않는다. 나중에는 특정한 자극에 특정한 반응을 보이지만 긴장의 수준에 따라 보이는 일반적인 반응 또한 남아 있다.

이미 배웠지만 민감한 사람들은 과잉 긴장overarousal 상태에 다른 사람보다 훨씬 빨리 다다른다. 그리고 그러기 이전에 이들은 자신의 긴장 정도를 조절하려는 신호를 보낸다. 영아 때 이들은 지나친 긴장을 끝내기 위해 얼굴을 돌리려고 애쓰거나 성질을 부리고 울음을 터뜨린다. 하지만 만약 당신이 '더 수용적인take more' 아기에게 익숙해져 있다면 이러한 신호를 알아차리거나 원인을 추측하지 못할 것이다. 오히려 아기가 안아주길 바란다고 생각하거나 먹을 것을 주거나 놀아주거나 얼러주길 바란다고 생각할지 모른다. 그러나 이는 아기에게 자극만 더할 뿐이다. 최대한 반응적이 되려고 애쓰지만 아기가 진정으로 보내고 있는 메시지를 놓치고 있을 지도 모른다. "그만해요! 너무 지나쳐요!"

아기가 받는 자극을 줄이는 방법

만약 당신의 아기가 전반적으로 건강하지만 너무 많이 우는 것 같다면 과도한 자극이 문제일 수도 있으므로 다음에 언급된 방법들을 시도해 보고 울음이 감소하는지 지켜보라. (울음이 감소하지 않는다면, 혹은 이 방법들을 너무 많이 시도한 경우라면 아이는 자극이 부족한 상태일 수도 있다. 또는 어떤 다른 것이 필요한 걸 수도 있다. 이에 대해서는 다시 살펴보도록 하자.)

• 아이를 '흥분시키지' 않도록 주의하라. 몸으로 하는 거친 게임과 커다란 목소리로 아이를 흥분시키지 마라.

• 대부분의 장난감을 치워라. 모빌, 사진, 귀여운 아기 용품들을 아이 침대 그리고 다른 곳들에서 치워라.

• 아기가 듣는 소리를 줄여라. 아기가 잠잘 때뿐만 아니라 하루 종일 그러는 게 좋다. 깔개를 깔고 커튼을 치고 음악은 조용하게 틀거나 아예 끄는 게 좋다. 목소리는 차분하고 조용하게 낮추어라. 신생아에게 가장 좋은 자극은 자궁 안에서 보냈던 생활과 닮아 있는 것이다. 얼러주기, 아늑하게 안아주기, 엄마의 목소리를 들려주기 등이 좋다.

• 아기가 좋아하는 대로 일과를 만들어라. 아기가 놀라는 일이 없도록 목욕이나 식사 같은 규칙적인 활동은 매번 같은 방법으로 같은 시간에 하도록 노력하라. 어떤 신생아들은 스스로 리듬을 찾기도 하지만 어떤 신생아들은 첫 주에 다소 규칙적이지 않기 때문에 도움이 필요하다.

• 나들이를 줄이거나 하지 마라. 그리고 당분간 손님들 방문도 사양하라.

• 가장 부드러운 순면 옷만 사용하라. 심플한 옷을 매일 동일하게 입히는 게 좋다.

• 세심하게 온도를 맞춰라. 방의 온도, 음식의 온도, 목욕물의 온도를 아이에게 적합하게 잘 맞춰라.

• 잠자는 시간은 특히 편안하게 만들어라. 매일 반복하는 잠자리 루틴을 만들고, 방을 조용하고 어둡게 하는 등 모든 방법을 동원해 아이가 잠을 충분히 잘 수 있도록 하라(잠에 대해서는 잠시 후에 더 설명하겠다).

• 아기를 안고 다녀라. 허리에 별다른 문제가 없다면 시중에 나와 있는 많은 아기 캐리어 중 하나를 사용하라고 말해주고 싶다. 한 연구에서 신생아를 둔 엄마들을 두 그룹으로 나눠 한 그룹(실험집단)은 하루에 두 시간씩 아기를 안고 다니게 하고 한 그룹(통제집단)은 매일 시각적인 자극을 증가시키라고 했다. 생후 6주가 되자 안고 다닌 아기들은 자극받은 아기들에 비해 하루에 한 시간씩 덜 울었다. 당신 곁에 있다는 것만으로 민감한 아기는 확실히 안심하고, 공포로 인한 자극이 줄어든다. 무엇보다 만약 당신이 아기를 매우 자극적인 환경에 데려가야 할 일이 생긴다면 반드시 아기를 몸에 밀착하기 바란다.

• 아기를 야외로 데려가라. 매일 일정한 시간에 잠을 재울 목적으로 나가는 게 제일 좋다. 솔직히 말하면 이건 순전히 내 개인적인 생각이다. 야외는 항상 나를 차분하게 만들어주기 때문이다. 유럽 아기들은 더 적게 우는 경향이 있는데 날씨가 최악인 경우만 아니면 이들은 늘 유모차를 타고 나와 야외에서 낮잠을 잔다. 사실 우리 아이의 첫 소아과 의사는 프랑스 사람이었는데 아들을 낮 동안 바깥에서 지내게 하라고 처방해주었다. 마치 우리같이 무식한 미국 부모는 이런 것도 모를 수 있다는 듯이 말이다.

• 가능하다면 태어난 첫해에는 이사나 여행을 피하라.

• 부모 자신의 평정을 유지하라. 되도록 스트레스를 피하려 노력하라. 아기 근처에서는 화를 내지 말라. 형제나 자매, 남매의 공격으로부터 아기를 보호하라. 아기를 다른 사람에게 맡겨야 하는 상황이라면 이 사람이 따뜻하고 반응을 잘 보이는 사람인지 확인하길 바란다.

아기가 우는 동안 할 수 있는 일

아기가 과도하게 우는 편은 아니라 하더라도 당신은 아기의 울음을 멈추기 위해 할 수 있는 일은 다 해볼 것이다. 스위스 출신 아동 심리학자인 알레사 솔터는 『울기와 분노발작Tears and Tantrums』에서 아기와 어린이들이 울도록 '허용해야allow' 한다고 주장한다. 특별한 통증이나 문제가 없는 게 확실하다면 말이다. 울음은 고통의 표현이기도 하지만 육체적, 정신적 스트레스로 인한 긴장을 해소하기 위한 하나의 방편이기도 하다. 특히 활동적이거나 감정적인 아기에게 더욱 그러하다. 이러한 종류의 해소는 매우 중요하다.

그렇다면 아기가 울 때 어떻게 해야 할까? 첫 번째로 솔터는 아기가 '혼자' 울도록 내버려두지 말라고 강조한다. 하지만 일단 모든 신체적 욕구를 충족시켜주고 나면 울음을 멈추게 하는 걸 목표로 삼지 말고 그저 아기에게 관심을 기울이면서 울게 두면 된다. 편안한 의자에 앉아서 아기를 안고 얼굴을 들여다보라.

만약 아기가 몸을 뒤로 뻗대며 벗어나려고 하면 부드러운 다독임으로 안심시키는 게 좋다. 아기를 들어 올렸다 내렸다 하거나 흔들지 말고 심호흡을 한 다음 마음을 편안히 먹고 아기를 얼마나 사랑하는지 생각해봐라. 아기에게 속삭여라. "사랑해. 넌 안전해. 울어도 괜찮아." 뭐가 문제인 거 같은지와 아기가 어떻게 느낄 거라고 상상하는지에 대해 얘기하라. 아기와 함께 울어도 괜찮다.

민감한 아이에게 이러한 접근법을 사용하지 말아야 할 때가 있을까?

아마 있을 것이다. 몇몇 민감한 아기는 가끔 매우 심하게 자극을 받은 상태라 혼자 놔둬야 할 것처럼 보이기도 한다. 이럴 때가 언젠지 아마 알 것이다. 아기의 하루는 너무 길었고 너무 피곤했다. 이러한 상황일 때는 두 사람 다 조용한 방에 들어가는 편이 더 나을 것이다. 아기가 휴식을 취할 수 있게 눕혀놓고 손을 아기 몸에 올려놓은 채 앉으라. 민감한 아기들은 특히 이러한 작은 무게감에 안심한다. 아기가 느끼는 자극은 조금 더 추가됐지만 아기는 당신이 바로 거기에 있다고 안심할 수 있다. 아기를 안거나 말을 걸지 않는 게 좋겠지만 당신과 아기만의 노하우가 있다면 시도해봐도 좋다.

마지막으로 『베이비 위스퍼Secretes of the Baby Whisperer: How to Calm, and Communicate with Your Baby』의 저자인 트레이시 호그의 조언에 귀를 기울여보자. 아기를 한 인간으로 대하자. 괴상망측한 표정을 지어서 깜짝 놀라게 한다든지 몸을 거칠게 흔든다든지, 다리를 머리 위로 올리는 일 따위는 하지 말라. 아기와 대화하라. 어떤 일을 할 건지 왜 그 일을 할 건지 설명하라. 아기도 인간이다. 생각보다 훨씬 많은 것을 이해한다.

아이가 여전히 너무 많이 운다면

우선, 너무 많이 운다는 것의 기준은 무엇일까? 평균적인 아기는 생후 첫 2주 동안 하루에 두 시간 정도 울고, 생후 6주쯤에는 세 시간 정도 울고, 생후 12주쯤에는 한 시간 정도 운다. 민감한 아기는 자극을 받았을 때 조금 더 울 수도 있다. 하지만 만약 아기가 생후 4개월이 넘었는데 한 번에 두 시간 이상 운다든지 하루에 총 세 시간 이상 운다면, 그리고 이 둘 중 한 증상을 일주일에 3일 이상 보인다면, 확실히 관심이 필요한 상황이다.

앞에서 설명한 대로 자극을 줄이면 이 문제도 대부분 해결된다. 그러나 그렇지 않다면 다른 방법을 강구해보아야 한다. 한 연구에서 짜증을 매우 잘 부리는 아기들을 생후 6개월 동안 추적 관찰했다. 한 살이 되었을 때 이 아기들은 여전히 짜증을 잘 부리고 있었고 엄마에게 불안전 애착된 경우가 많았다. 하지만 연구는 이 아기들의 엄마들이 짜증을 덜 부리는 아기들의 엄마들보다 더 반응성이 낮고 적극적이지 않다는 점도 발견했다. 엄마와 아기 사이를 점점 떨어트려 놓는 일종의 상호작용 같은 것이 존재하는 듯했다.

그 후 이러한 아기들을 둔 50명의 엄마들에게 특별 훈련을 통해 아기와 놀아주고 편하게 해주는 법을 가르쳐주었다. 이들의 아기들을 한 살 때 관찰해본 결과 훨씬 더 반응적이고 덜 울었다. 또한 더 사교적이고 똑똑했고, 엄마와 더 안전하게 애착됐다. 간단히 얘기하자면 이 장에 있는 정보가 당신의 아기에게 별로 도움이 되지 않는다면 전문가의 도움을 구하는 것도 좋은 방법이다. 중요한 것은 신생아는 자신이 어떻게 취급받고 있는지 정말로 잘 알고 있고, 이에 신경 쓴다는 점이다. 민감한 아기들이야 말할 필요도 없을 것이다.

이 장의 나머지 부분에서는 당신이 이 놀라운 아기를 이해할 수 있도록 도울 것이다. 당신이 아기에게 하는 일들에 아무 문제가 없다는 건 당신이 더 잘 알 것이다. 모든 일이 거의 자동적으로 이루어진다. 이 시기에 육아는 육체적으로 힘들지만 정신적으로 부담스럽지는 않다. 당신과 아기 둘 사이의 미묘한 의사소통과 당신의 본능 덕분에 대부분의 문제는 손쉽게 해결될 것이다. 이 시기에 당신이 아이에게 미치는 영향은 생애 중 가장 크다. 특히 언어 이전 시기의 정신preverbal mind에 크게 영향을 미친다.

민감한 아기는 당신의 기분을 알고 배우고 기억한다

사람들은 자신의 아기 시절을 기억하지 못하기 때문에, 신생아들이 자기에게 무슨 일이 일어나고 있는지 기억하지 못하고 전반적인 상황에 대해 잘 인식하지 못할 거라고 추정하는 경향이 있다. 완전히 잘못 알고 있는 것이다.

신생아가 얼마나 예민하게 상황을 인식하는지 보여주는 좋은 예가 있다. 우리 부부는 아들을 낳았을 때 병원에서 퇴원한 후 집으로 돌아가지 않고 곧장 친구 부부의 집으로 향했다. 부부는 각자 소아과 의사와 소아과 간호사였고 여섯 명의 아이를 두고 있었다. 당시 남편과 나는 브리티시 컬럼비아의 삼림지대에서 전원생활을 하고 있었고, 내가 제왕절개 수술을 받은 터라 그 집에서 산후조리 하는 게 무리라 생각한 친구들이 우리를 초대한 것이다. 주치의는 험한 곳으로 바로 보낼 수 없다고 했고, 일시적으로 거주할 수 있는 더 안정적인 장소를 찾기 전까진 퇴원 수속을 밟아주지 않을 거라고 했다.

친구네 집에 간 첫날 저녁 나는 머리에 떠오르는 모든 방법(그리 많진 않았다)을 동원해 아기를 으르고 달랬다. 하지만 아기는 울음을 멈추지 않았다. 내 맘을 상하지 않게 하려고 오랫동안 지켜보던 친구가 자기가 한번 안아봐도 되겠냐고 물었다. 그녀가 아기를 품에 안는 순간 아기는 거짓말처럼 울음을 뚝 멈추고 편안해졌다. 내가 계속 하고 있었던 걸 똑같이 했을 뿐인데도 말이다! 하지만 차이는 더 깊은 곳에 있었다. 그녀는 정서적으로 안정된 상태였고 난 아니었던 것이다.

배우고 기억하는 신생아의 능력은 우리가 흔히 떠올리는 수동적이고, 눈치 없는 신생아의 이미지와 정반대다. 신생아는 양육자에게 자신의 생존을 의존하고 있기 때문에 상대방이 어떠한 사람이고 그 사람과 잘 지내려면 어떻게 해야 하는지 기억하는 방법을 태어나면서부터 본능적으로 알고 있다. 실제로 몇몇 흥미로운 실험과 신체 반응 측정 결과 신생아들은 훌륭한 내현 기억implicit memories●을 가지고 있음이 밝혀졌다. 내현 기억은 의식이나 말을 통하지 않고 뭔가를 배우거나 생각을 형성하게 해주는 기억이다. 민감한 성인은 다른 성인에 비해 암묵적 학습에 더 능하기 때문에 민감한 아기들도 그러하리라는 것은 자명하다.

내현 기억에 대한 연구를 보면 신생아는 확실히 부모의 얼굴과 목소리를 알아보고 더 좋아한다. 또한 모국어에 대해서도 마찬가진데 낯선 사람이 말하더라도 그러하다. 신생아들은 보통 아빠의 목소리를 엄마의 목소리만큼 빨리 알아차리지 못하는 경우가 많은데, 이는 아마 이 학습 과정을 출생 전 자궁 속에서부터 시작하기 때문일 것이다. 이 학습 능력, 예를 들어 무엇이 익숙하고 무엇이 새로운지 인식하는 능력은 시간이 지나면

● 암묵 기억이라고도 하며, 이는 장기 기억의 두 종류 중 하나다.

서 증가하고 생후 7개월쯤에는 꽤 예리해진다.

아기가 배워야 할 중요한 세부 사항 중에는 다양한 감정 상태에 대한 신호가 있다. 이 신호를 보고 양육자가 자기에 대해 어떻게 느끼고 있는지 알 수 있기 때문이다. 이는 얼굴에 감정을 표현하고 그 의미를 이해할 수 있는 능력이 영장류(인간을 포함해 '원숭이와 닮은' 포유류 집단)에게 특히 발달한 이유다. 모든 영장류는 얼굴에 근육이 있고 이들 뇌의 특정 부위는 미묘한 표현을 감지한다. 아기가 매우 초기부터 얼굴과 감정 표현을 인식할 수 있다는 것은 전혀 놀라운 일이 아니며, 오히려 아기는 얼굴 보는 걸 매우 좋아한다. 하지만 아기는 당신의 얼굴을 가장 좋아한다. 그리고 당신의 표정으로부터 정보와 안도감을 얻기를 간절히 원한다. 저 소리는 괜찮은 건가요? 내가 옹알이하면 좋아요?

엄마들에게 어떠한 표정도 짓지 않도록 하는 실험이 있었는데 이는 아기에게 매우 고통스러운 일인 것으로 밝혀졌다. 또한 엄마와 아기를 분리해놓고 그들 각자에게 비디오카메라를 설치해 서로의 얼굴이 보이도록 하자, 엄마와 아기는 표정을 지으면서 모든 영장류 모자가 그러하듯이 익숙한 방식으로 상대의 표정에 반응했다. 하지만 카메라를 조작해 흐름을 어긋나게 한 다음 아기에게 방금 본 장면을 다시 보여주자 아기는 경기를 일으켰다. 예측하는 일이 일어나지 않으면 아기는 뭔가가 잘못됐다는 사실을 '안다.' 아기는 지식, 안도감, 안정감을 모두 당신으로부터 얻는다. 이것이 아기의 생존 방식이다.

신생아를 돌볼 때 반응성이 가장 중요한 요소라는 데에는 의심의 여지가 없다. 특히 민감한 아기는 당신의 기분을 잘 알고, 자신의 기분을 당신이 알고 있는지 알고 싶어 한다. 민감한 아이들의 부모는 이러한 정서적 민감성을 흔히 경험한다. 또한 민감한 아이들은 일반적으로 더 활성적인 우반구를 가지고 태어나는데, 우반구는 정서적, 사회적 지식을 관장하고 있고 그러한 이유로 이들은 정서적 인식을 더 뚜렷이 한다. 아기의 우반구는 아마 지금 매우 왕성하게 활동하고 있을 것이다. '당신'에 관한 모든 것을 알아내고 배우고 기억하느라 말이다. 그러므로 아이에게 당신 자신을 표현하라. 아이의 기분이 어떻다고 생각하고 있는지, 그리고 그에 따라 당신의 기분은 어떤지 얼굴 표정으로, 직접적인 말로 아이에게 표현하라.

생후 2개월부터 6개월까지의 육아

생후 2개월이 지나면서 아기는 당신에게 더 확실하게 반응할 것이고 피드백을 원할 것이다. 이 시기에 민감한 아기는 기쁨, 호기심과 같은 긍정적인 감정들을 가진다. 유일한 부정적인 감정은 긍정적인 감정들 때문에 원하게 된 것들을 얻지 못했을 때 생기는 분노다. 이 단계에서도 역시 민감한 아기는 주위에 있는 새로운 것들을 더 잘 알아챈다. 그리고 매우 사회적이 된다. 심지어 혼자 있을 때에도 아기는 상상 속의 당신에게 반응한다. 예를 들어, 이전에 당신과 함께 즐겁게 가지고 놀았던 장난감을 가지고 놀면 아기는 그때 보였던 기쁨을 똑같이 표현한다. 아기는 당신이 옆에 있다고 상상한다.

하지만 이 시기에 민감한 아기는 여전히 당신을 '자신을 조절해주는 타인'으로 이용할 것이다. 즉 자신을 안정시키거나 흥분시킴으로써, 여러 경험들에 좋고 나쁘다는 각각의 이름표를 붙임으로써, 놀이나 식사, 즐겁거나 즐겁지 않은 사건들을 시작하거나 끝냄으로써 자신의 감정적, 신체적 생활을 조절해주는 사람인 것이다. 당신은 이러한 일의 대부분을 맡고 있고 그러므로 당신의 존재는 아기에게 절대적이다. 특히 민감한 아기는 자극에 매우 예민하기 때문에 이를 통제하기 위해 당신에게 의존해야 한다. 그런데 흔히들 이 시기에 많은 장난감과 음악, 사회화 등 여러 자극이 '필요하다'고 말한다. 이러한 말을 들으면 어떻게 해야 할지 혼란스러울 것이다. 그러므로 다른 문화권에서는 아기에게 어느 정도 수준의 자극이 필요하다고 생각하는지 한번 살펴보도록 하자.

내 문화권의 방식이 정답은 아니다

문화권마다 좋아하고 권장하는 기질이 다르기 때문에 본인이 속한 문화권이 어떠한지는 다른 문화권과의 비교를 통해서 이해하는 게 더 빠를 것이다. 만약 당신이 속한 문화권에서 민감성을 그다지 장려하지 않는다면 당신은 책이나 다른 부모들에게서 얻는 조언에 대해 주의 깊게 고민해야 할 것이다. 그리고 다른 부모들을 따라갈 건지 아니면 독자적인 방향으로 나아갈 건지 결정해야 할 것이다.

코네티컷 대학교의 찰스 슈퍼와 사라 하크네스의 연구는 다른 문화권의 좋은 예를 보여준다. 이들은 네덜란드에 1년간 머물면서 네덜란드인이 아이를 양육하는 방식과 아이들의 기질에 대해 가지는 시각이 어떻게 다른지, 그리고 이에 따라 아이들이 자신의 기질을 표현하는 데 어떠한 영향을 받는지 연구했다.

우선 네덜란드인들은 기질을 중요한 문제라고 생각하지 않는다. 휴식, 규칙성, 청결 이 세 가지만 강조하면 아무 문제도 없을 거라고 믿기 때문이다. 앞의 두 가지를 강조하는 덕분에 네덜란드 아기들은 미국의 비교집단 아기들보다 하루에 두 시간을 더 잤다. 게다가 네덜란드 아기들은 깨어있을 때에도 훨씬 조용했고 미국 아기들처럼 들떠 있거나 활동적이지 않았다.

슈퍼와 하크네스는 미국 아기들이 더 활동적인 이유는 엄마가 이들을 더 자극시키기 때문이라고 생각한다. 미국 엄마는 아기들이 조용하거나 기분이 안 좋은 것 같으면 말을 걸고, 만지는 등 대체로 '활기를 북돋았다.' 그리고 미국 아기들은 더 높은 코르티솔cortisol 수치를 보였다(이는 콩팥의 부신 피질에서 분비되는 스트레스 호르몬으로 생명작용에 필수적인 호르몬이다. 그러나 너무 많이 너무 자주 분비되면 좋지 않다. 민감한 아이들이 자주 겪는 문제이기도 하다).

슈퍼와 하크네스는 미국 아기들이 높은 활동성 수치에 익숙해져 있는 상태이고, 이는 이들의 신경 체계를 영구적으로 변화시킬 것이라는 결론을 냈다. 이 변화는 아침에 더 차분하고 저녁에는 덜 차분한 식의 패턴을 보이면서 생후 약 16주에서 24주 사이에 자리를 잡았다. 아마도 이를 통해 왜 미국 아기들이 잠을 더 적게 자고(성인을 포함해서) 그렇게 많은 수면 문제를 겪는지 설명할 수 있을 것이다. 반대로 네덜란드 어린이들은 하루가 흘러갈수록 점점 더 차분해지는 경향이 있었고 밤에는 긴 잠을 잘 준비가 되어 있었다(미국식 접근법이 민감한 아이의 신경 체계와 얼마나 상반되는지 알 수 있을 것이다).

또한 연구가들은 미국의 아기와 어린이들이 어른들한테 재롱을 떨고 의지력을 보이고 요구를 하고 독립적이 되라고 부추겨지는 것을 관찰했다. 그러나 네덜란드에서는 아기와 어린이들에게 차분하고 조용하게 있고 예의를 잘 지키라고 한다. 어른끼리의 대화에 아이들 이야기가 나오기도 하지만 전적인 주제는 아니고 관심의 중심도 아니다. 민감한 아이에게 얼마나 좋겠는가.

마지막으로 네덜란드 부모들은 밤 7시 이후에는 밖에 나가지 않는다. 아무도 그들에게 나오라고 하지 않는다. 예를 들어 아기와 어린아이를 둔 부모들은 디너 파티에 초대하지 않는다. 네덜란드인들은 부모가 집에서 아이를 재워야 한다고 생각한다. 그리고 만약 학교에서 저녁에 어떤 이벤트가 있었다면(흔치 않다) 아이들이 늦잠을 잘 수 있게 그다음 날은 수업이 늦게 시작한다. 다시 말해 네덜란드의 이 모든 특징은 민감한 아이의 욕구를 더 쉽게 만족시키도록 되어 있다. 거의 자동적이다. 그리고 민감한 아이들이 자신이 정상이라고 느끼기도 더 쉬울 것이다.

네덜란드인들을 이상화하고자 하는 목적에서 하는 말은 절대 아니다. 다만 중요한 것은 문화권에 맞춰 프로그램화되어 있는 당신의 생각이 반드시 유일무이한 정답이지는 않다는 점이다.

과잉 자극하는 부모가 되지 말 것

부모들은 가끔 자신이 장난감 같은 것들로 아기를 지나치게 자극하고 있다는 걸 깨닫지만, 정작 자기 자신이 자극의 원천이 되고 있다는 사실은 깨닫지 못한다. 하지만 특히 아기가 앉기 시작하고 사랑스럽게 반응하는 이 시기에 부모들은 의도치 않게 아기를 과잉 자극할 수 있다. 아기와 엄마 간의 유대감에 대해 연구하는 대니얼 스턴은 아기들이 과잉 자극을 받을 수 있는 경우가 있다고 지적한다. 스턴에 따르면 항상 아기의 '얼굴 앞에만' 있는 엄마가 있었다. 이 엄마는 손으로 자신의 얼굴을 가렸다가 까꿍 하고 나타나는 놀이를 계속했는데 아기가 힘들어한다는 게 분명해 보였지만 본인만 의식하지 못하고 있었다.

아기는 엄마의 눈을 피하거나 얼굴을 보려고 하지 않음으로써 상황에 대처했다. 고개를 돌리거나 눈을 감아버리기도 했다. 나중에 걸을 수 있게 되자 아기는 다른 방으로 가버렸다. 하지만 불행하게도 이러한 생애 초기의 기억은 빠르게 체화되었다. 후에 이 아기는 사람들과의 친밀한 관계를 피하고자 하는 '회피형 성격'이 되었다. 스턴은 같은 연령대의 다른 아기에 대해서도 소개하고 있는데 이 아기는 엄마의 과잉 자극을 피하는 대신 지나치게 순응했다. 허공을 응시하면서 자기에게 무슨 일이 생기든 수용했다. 계속적인 과잉 자극에 대해 민감한 아기가 보일 수 있는 다른 유형의 반응이다.

스턴은 "적개심, 통제 욕구, 무신경함, (아이의) 거부에 대한 비정상적 민감성 등 부모가 여러 가지 이유로 아기에게 과잉 자극을 줄 수 있다"고 말한다. 단순히 아기의 민감성에 대해 잘 모르는 것도 한 가지 원인이 될 수 있을 것이다. 특히 자극을 더 좋아하거나 더 원했던 다른 자녀를 키운 경험이 있는 부모라면 더 그러할 것이다.

아기가 고통스러울 때 통상 어떠한 신호를 보내는지 알고 있다면 아기를 과잉 자극하는 것을 피할 수 있을 것이다. 아기는 이럴 때 울거나, 고개를 돌리거나, 고개를 숙이거나, 눈을 질끈 감거나, 허공을 응시하거나, 기타 방식으로 괴로움을 표현한다. 아기를 민감한 개인이라고 생각해보라. 자기만의 공간이 필요하지만 다른 사람들과 친밀하게 지냄으로써 안전하다는 느낌을 받을 필요도 있다. 이 둘 사이의 균형이 필요한 것이다. 아기는 이 둘 사이를 오고 가는 법을 배워야 하고 당신은 아기가 이동할 때마다 부응함으로써 도울 수 있다.

그러나 아기를 과잉보호해서도 안 된다. 민감한 아기를 인형처럼 투명 보호막 속에 두어서는 안 된다. 아기를 약간의 스트레스 상황에 노출시키면 상대적으로 경미한 스트레스 요소에 대한 반응은 오히려 줄어든다는 연구 결과가 있다. 단 아이가 이미 스트레스를 많이 받은 상황일 때에는 예외다. 그러므로 심리적 회복력resiliency을 키워주는 데 핵심은 '알맞은' 양의 자극과 도전 과제를 제공하는 것이다. 어느 정도가 알맞은지 알기 위해서는 반응적이고 민감한 부모가 되어 아기가 어느 정도를 수용할 수 있고 어떤 것이 유용하다고 생각하는지 알아내야 한다. 아기가 잠시 불편해할 수도 있지만 다음번에는 그 경험을 즐기고 더 차분하게 반응할 것이다.

생후 6개월 된 아기의 수면

생후 6개월경에 많은 민감한 아기는 다른 아기에 비해 쉽게 잠에 들지 못하고, 자다가도 자주 깬다. 나는 민감한 아기들이 이러는 게 이들이 주위를 더 의식하게 되면서 다른 사람들의 관심을 끌어 더 놀고 싶기 때문이 아닌가 생각한다. 한 소아과 의사는 이 시기의 아기들 중 약 25퍼센트가 밤새 잠을 자지 않는다는 사실을 발견했는데, 이들 중 대부분이 민감한 아기들이었다.

정상적인 수면이란 어떤 것일까? 물론 연령에 따라 달라지지만 보통 수면 패턴은 점점 나빠졌다가 점점 좋아진다. 생후 5개월경인 아기의 경우 자정부터 새벽 5시 사이에 일주일에 3일 이상 깨어 있는 비율은 10퍼센트에 불과하다. 그러나 생후 9개월경에 이 비율은 20퍼센트까지 증가한다. 그리고 생후 9개월이 지나면서 이 비율은 점차 안정적으로 감소한다.

과잉 자극이 불면의 원인인 경우가 많이 있기 때문에 낮 동안의 자극 때문에 아기가 밤까지 흥분된 상태인 건지 아니면 잠자리에 들기 전이나 후의 환경이 문제인 건지 살펴봐야 한다. 나는 아기가 혼자서 울다가 잠들게 내버려두어서는 안 된다고 믿는 쪽이다. 아기들은 홀로 남겨짐으로써 생길 수 있는 위험에 대해 정상적이자 본능적인 반응을 보이는 것이기 때문이다. 이를 애써 억누르기란 무리다. 하지만 때때로 달래는 것조차 너무 큰 자극이어서 어두운 방에서 울게 내버려두는 게 아이가 잠들 수 있는 유일한 방법일 때도 있다. 이는 아기가 그날 저녁에 어떻냐에 따라 달라진다. 사실 1971년 파리에서 보냈던 어느 저녁, 나는 '울게 내버려두기' 전략을 실행했고 더 좋은 방법을 찾아냈다.

생후 6개월경에 아들은 저녁에 쉽게 잠들지 않았고 잠들었다가도 금방 깨기 일쑤였다. 남편과 나는 수면 부족으로 미치기 일보 직전이었다. 그래서 그날 밤 우리는 아들을 침대에 그대로 울도록 내버려두기로 했다. 공교롭게도 바로 그날 밤 부유한 파리 출신 집주인은 가든 파티를 열었는데, 꼭대기 층에 있는 초라한 우리 집에까지 올라와 아기의 울음소리가 파티를 방해하고 있다고 말했다. 어떻게 할 것인가? 계속해서 파티를 방해할 것인가 아니면 우리의 시도를 중지하고 열심히 울고 나면 '보상이 따른다'는 교훈만 아기에게 심어줄 것인가? 그동안 공부만 하느라 실용적인 사고에는 영 소질이 없는 우리였지만 순간적으로 단순하지만 매우 기발한 해결책을 생각해냈다. 우리는 소리를 흡수하기 위해 아기 침대 위에 담요를 덮고 공기가 통하게 틈새를 남겼다. 아들은 곧 잠이 들었다.

그날 밤 이후 우리는 작은 잠자리용 텐트를 만들었다. 이 텐트 아래에 있으면 소음이나 불빛이 거의 들어오지 않았다. 아들은 그 아래에서 편안하고 안전하다고 느끼는 것 같았다. 거기에 눕히면 항상 곧바로 잠이 들었기 때문이다.

우리는 어디에 가든 이 텐트를 가지고 다녔다(그해에 유럽 전역을 돌았다). 아들은 늘 똑같은 작은 동굴 안에 머무를 수 있었다. 호텔에서도 늘 울기만 하던 아들에게 큰 변화가 생겼다. 세 살이 되어 보통 침대에서 잘 수 있게 될 때까지 이 텐트는 매일 밤 아들의 잠자리가 되어주었다. 여담이지만 대학생이 되어 독립해 자기 방을 마음대로 설계할 수 있는 기회를 얻었을 때 아들은 텐트를 만들었다.

수면 문제에 관한 다른 해결책들

수면 문제가 지속된다면 소아과 의사들은 때때로 가벼운 약물 요법을 권하기도 한다. 만약 이런 경우라면 대신 미지근한 카모마일 차를 사용하는 건 어떤지 물어보라. 하지만 이 방법을 쓰려면 반드시 의사에게 '확실하게' 물어봐야 한다. 에밀리오(아기놀이울에서 살다시피 했던 아이)는 잠드는 데 어려움이 많았고 그의 엄마는 이 방법에서 도움을 받았다.

앞서 언급한 바 있는 솔터 박사는 아이가 울다가 잠이 들게 내버려 둘 것을 추천한다. 단 부모의 품 안에 있어야 한다는 조건이다. 앞서도 말했지만 어떤 아기들은 기질적으로 매우 활동적이거나 강해서 혹은 일시적으로 너무 과잉 자극된 나머지 안으면 더 살아날 것이다. 특히 엄마에게서 모유 냄새를 맡거나 놀 수 있는 여지를 발견했을 때 더 그러할 것이다.

반면 어떤 아기들은 부모 품 안에서 울도록 내버려두는 것이 최선이고 그렇게 할 때 밤새 깨지 않고 잘 가능성이 커진다. 엄마들은 수유를 하기 때문에 아기가 울다 잠이 들 때까지 안고 있는 역할은 아빠들의 몫이다. 만약 아빠가 안을 때 울음이 잦아들기보다 더 거세지는 경향이 있다면 이는 아기가 자신의 감정을 마음 놓고 표현해도 될 만큼 안전하다고 느끼는 것이다.

생후 6개월경부터 생후 1년까지 발달하는 3가지

생후 약 6개월에서 10개월 정도가 되면 아기는 안기는 것이나 낯선 사람 만나는 것을 갑자기 좋아하지 않게 된다(일부 민감한 아이들은 태어날 때부터 이런 특징을 보인다). 이는 멈춤 확인 시스템이 작동하기 때문이며 특히 민감한 아기의 이 시스템은 고도로 발달되어 있다. 아기는 새로운 상황이나 새로운 사람을 과거의 기억과 비교해 익숙한 일인지 아닌지, 안전한 일인지 아닌지, 마음을 놓아도 괜찮을지 아닐지 결정한다. 자연히 아기는 어느 때보다 당신에게 의지할 것이고 어떻게 반응해야 할지 확인받고 싶어 할 것이다.

이 시기는 아기가 기어 다니거나 걷기 시작할 때이기 때문에 당신의 얼굴 표정은 중요한 소통 수단이다. 예를 들어 아기는 기어가다가 위험을 감지하고 어떻게 해야 할지 잘 모를 때 안내를 받기 위해 보통 엄마를 쳐다본다. 엄마가 웃으면 아기는 계속 기어갈 것이고 엄마가 찡그리면 멈출 것이다. 확실히 아기들은 방 안에 있는 아무나 쳐다보는 게 아니라 자신의 엄마를 쳐다보고 의지한다. 누가 중요한지, 누가 자신을 지켜보고 있는지 잘 알고 있다. 아기는 '당신', 즉 부모에게 애착되어 있다.

간단히 말하자면 이 시기는 아기가 소수의 신뢰하는 양육자들에게 애착되는 시기이고 그러므로 아기는 이들을 제외한 모든 사람들에게 훨씬 신중해진다. 아기는 양육자와의 다양한 상황에서 앞으로 무슨 일이 생길지, 좋은 일일지 안 좋은 일일지에 대해 매우 정확한 정신 모형을 발달시킨다. 만약 양육자들이 반응적이지 않다고 해도 최소한 예측 가능하고,

익숙하며, 자신을 돌보아줄 유일한 사람들이라는 것을 아기는 알고 있다.

아기가 특정한 양육자에게 보이는 이러한 친밀한 결속 능력을 '애착 Attachment'이라고 부른다. 그리고 아기와 양육자 간의 관계에서 나타나는 다양한 유형을 '애착 유형'이라고 부른다.

애착과 민감한 아기

다시 말해 애착 유형은 모든 아이가 친밀한 사람들에게서 무엇을 기대할 수 있는지에 대한 정신 모형을 발달시킨다는 뜻이다. 애착은 영아 때 발달하기 시작하지만 일단 형성되면 바꾸기 매우 어렵다. 애착 유형은 일생 동안 개인의 인생에 대한 관점을 통제하고, 우정과 결혼에 영향을 미치고 세상을 보는 시각이 낙관적이지 비관적일지 또한 결정한다. 그리고 미묘한 방식으로 개인의 전반적인 정신적, 신체적 건강을 결정한다.

당신의 아기가 당신과 다른 사람들에게 잘 애착되어 있는지 논의하는 이유는 다른 아이들보다 민감한 아이들에게 애착 결속의 안전도 수치가 미치는 영향이 크기 때문이다. 어린아이들 중 약 40퍼센트, 그러므로 성인 중의 약 40퍼센트가 '불안전 애착 유형insecure attachment style'에 속한다. 이 비율이 민감한 성인들에게 더 높아지는 것은 아니다. 하지만 문제는 불안전 애착이 이들에게 생겼을 때 훨씬 더 불리하게 작용한다는 점이다.

3장에서도 논의한 것처럼, 안전 애착된 민감한 아이는 새롭고 자극적인 상황에 맞닥뜨리면 민감한 아이들이 전형적으로 그러는 것처럼 처음에는 놀랄 것이다. 그러나 그 후 민감하지 않은 아이들과 비교해 더 위협감을 느끼거나 하지는 않을 것이다. 그러나 불안전 애착된 민감한 아이는 놀란 상태에서 위협감을 느끼는 상태로 전이한다. 그럴 수밖에 없다.

애착은 우리가 위험할 수 있는 새로운 상황에 처했을 때 안전을 지키고 현명한 판단을 내리기 위해 누구에게 의지해야 하는지 알려주기 위해 만들어졌다. 사소한 위험의 가능성도 즉시 감지해내는 게 민감한 아이의 특기이기 때문에 민감한 아이는 자신이 안전하다고 특히 느낄 필요가 있다. 불안전 애착된 민감한 아이들은 세상을 겪으면서 모든 새로운 사건과 마주칠 때마다 자신이 혼자라고 느끼고 그러한 이유로 버텨내는 데 어려움을 겪을지도 모른다. 모든 것이 두렵고 절망적일 것이다. 내 연구 결과 충분히 좋은 어린 시절을 보낸 민감한 성인들은 민감하지 않은 성인들보다 더 불안해하거나 우울해하지 않았다. 하지만 힘든 어린 시절을 겪은 민감한 성인들은 훨씬 그런 경향이 강했다. 영아 시기의 안전 애착은 민감한 사람이 정상적이고 행복하게 성장하기 위해 필수적이다.

애착 유형

충분히 예측할 수 있겠지만 불행하게도 불안전 애착 유형에 속하는 부모는 자신의 아이들 또한 불안전 애착되게 키우는 경향이 있다. 그들의 부모가 그들의 주요 롤모델이기 때문이다. 하지만 깨달음은 이 악순환의 고리를 끊을 수 있다. 그러므로 당신 자신의 애착 유형을 알아보기 위해 다음 설명을 잘 읽어보고 어디에 속하는지 한번 생각해보라.

안전하게 애착된 사람은 다른 사람들이 자기를 좋아해주고 돌봐줄 거라고 기대한다. 다른 사람과 친밀한 관계를 맺는 데 안전함을 느끼며 세상에 나가는 데 안전함을 느낀다. 사랑으로 인한 평온한 상태가 존재하며 이러한 상태는 바로 느껴지기도 마음속 깊은 곳에 숨어 있기도 한다. 그리고 이 느낌은 다른 사람과 연결되어 있고 친밀하다는 데서 비롯한다(확실히 일부 사람에게 이는 종교적 감정과 무관해 보이지 않는다. 애착 유형은 영적 믿음과 어느 정도 흥미로운 관계를 가지고 있다).

불안전 애착 유형에는 두 가지가 있다. 첫째는 '불안 집착형anxious preoccupation'이다. 이 유형의 아이들은 어린 시절 부모에게 들러붙고 혼자 남겨지는 것을 두려워한다. 그리고 성인이 되면 사랑받지 못하거나 버림받을까 봐 두려워하고 자신의 친밀한 관계들에 대해 거의 한순간도 빠짐없이 되새겨본다. 불안 집착형에 속하는 사람들은 보통 신뢰할 수 없는 부모에게 양육을 받은 경우가 많다. 부모는 어떤 때는 필요한 것을 주었지만 어떤 때는 주지 않았고 그래서 이들은 어떻게 하면 계속 돌봄을 받을 수 있을지에 대해 늘 염려할 수밖에 없었다.

또 다른 불안전 애착 유형은 '회피형avoidant'이고 부모가 아이가 주위에 있는 걸 원하지 않거나 아이를 무시하거나 학대하거나, 또는 부모가 심각하게 강압적이거나 과잉 자극적일 때 발달한다. 회피적인 아기들은 부모와의 접촉을 최소화하고 편안한 방식으로 세상을 탐색하지 못한다. 어떠한 문제가 생길 여지가 있는지 늘 긴장해 있어야 하고 양육자의 이러한 태도에도 불구하고 자신이 필요한 돌봄을 받을 수 있는 방법을 강구해야 하기 때문이다. 자연히 이들은 가능한 한 많은 것을 혼자의 힘으로 해결하려고 노력하고 감정을 거의 보이지 않는다. 성인이 되어서는 다른 사람과 친밀해지는 것이나 남에게 의존하게 되는 것을 피하려고 노력한다.

민감한 아이들에게 안전 애착을 발달시키기

민감한 아이들은 모든 것을 의식하고 쉽게 경계 태세를 늦추지 않기 때문에 민감한 아기가 안전할 수 있는 환경은 약간 더 제한적일 수밖에 없다. 민감한 아이에게는 부모의 공포나 스트레스가 아닌 아이의 욕구에 초점을 맞춘 매우 '민감하고 반응적인' 양육이 필요하다. 반면 민감하지 않은 아이들은 양육자가 보이는 더 넓은 범주의 행동에 나름대로 대처할 수 있다.

당신은 아마도 순간순간의 자연적 교감을 통해 민감한 당신의 아기를 안전하게 잘 돌보고 있을 것이다. 사실 민감한 아이들도 다른 여느 아이들과 비슷한 비율로 '안전 애착된' 걸로 봐서 민감한 아이를 둔 부모들은 대부분 이러한 특별한 세심함을 거의 자동적으로 보이는 것 같다. 하지만 몇 가지 주의 깊게 살펴봐야 할 부분이 있다.

첫째로, 민감한 아기를 주요한 양육자로부터 몇 시간 이상 분리하지 않도록 주의하라. 특히 태어난 첫해와 둘째 해에는 되도록 그렇게 하지 않는 게 좋다. 아기를 돌보아줄 사람을 고용할 예정이라면 동일한 사람에게 계속 맡길 수 있도록 노력하라. 인간(사실, 모든 포유류)은 일차적 양육자에게서 분리되면 잘 살 수 없다. 제때 밥을 주고 몸을 따뜻하게 해주더라도 상관없이 말이다. 극단적인 예를 보자면, 생후 바로 고립된 원숭이들을 연구한 결과 이들은 성인이 되어 짝짓기를 하지 못하거나 후손을 가지지 못하거나, 화를 가볍게 표출하지 못하고 화가 나면 다른 원숭이들과 죽을 지경이 될 때까지 싸웠다. 또한 심한 자해를 하거나 자기의 머리를 세게 때리고 폭식을 했다. 이 원숭이들에 비해 더 짧은 기간 어미에게서 분리됐던 원숭이들은 스트레스 상황일 때를 제외하면 정상적으로 행동하며 자랐다. 그러나 스트레스 상황이 되면 생리적으로, 행동적으로 불안해했다.

민감한 아이를 안전 애착되게 키우기 위해서는 최선을 다해 당신 자신의 스트레스 수치를 낮춰야 하고, 아이가 애착되어 있는 다른 사람들의 스트레스 수치도 낮춰야 한다. 부족한 식량 공급 때문에 만성적인 스트레스를 받는 어미 원숭이가 키운 원숭이들을 관찰한 연구에서 새끼 원숭이들은 스트레스가 쌓여 있는 어미 원숭이 옆에 머무르는 동안은 정상적으로 행동했다. 그러나 성인이 되자 이들은 복종적이고, 소심하게 변했고 가까이에 있는 아무에게나 빠르게 집착했다. 게다가 어미로부터 분리되었던 새끼 원숭이들이 그랬던 것처럼 불안과 우울함에 찬 행동과 신경화학 증세를 보였고, 영구적으로 변형된 뇌를 보였다. 이들도 애착의 정신 모형을 가지고 있었지만 앞날이 끔찍하리라는 예상밖에 할 수 없었던 것이다.

마지막으로, 민감한 아이들에 대한 연구에서 특히 주목할 부분은 민감한 아이들은 양육자가 충분한 유연성과 따뜻함, 전폭적 지지를 보여주길 바란다는 것이다(양육자의 '반응성'과 일맥상통하는 부분이다). 이들은 화내고, 벌주고, 방관적이고, 완고한 엄마와 있으면 안전하지 않다. 이 모든 것은 민감하지 않은 아이들에게는 그다지 중요하지 않다. 그러나 민감한 아이들에게는 너무나 중요하다. 그러므로 당신의 세심한 아기에게 동조하는 법부터 알아보도록 하자.

동조, 아이의 감정에 반응하기

동조attunement는 생후 6개월경부터 생후 1년 된 아기들에게 애착 다음으로 두 번째로 중요하게 영향을 미친다. 또한 애착의 형성에 가장 큰 기여를 한다고 보아도 무방하다. 동조와 비非동조의 순간에 대해서 그 동안 많은 연구가 이루어져왔다. 동조란 아기가 흥분, 공포, 기쁨 등 여러 감정을 표현하면, 당신이 이에 화답해 반응함으로써 당신이 아기를 잘 이해하고 있고 똑같은 감정을 느끼고 있다는 점을 알려줄 때 나타나는 미묘한 상호작용을 말한다. 동조는 부모와 아기 사이에 1분에 한 번 정도로 빈번하게 일어날 수 있다. 둘만 조용하게 있을 때도 일어날 수 있고, 아기가 새로운 사람이나 장소를 탐색하면서 부모의 의견을 듣기 위해 쳐다볼 때도 일어날 수 있다.

동조는 모든 연령대에서 중요하다. 하지만 생후 6개월과 생후 1년 사이에 특히 더 중요하다. 생후 9개월경 이전에는 아기가 감정을 표현하면 부모는 완전히 똑같은 방식으로 화답하는 경향이 있다. 비명은 비명으로, 옹알이는 옹알이로 말이다. 생후 9개월경 이후에 부모는 아기가 사용하는 것과 다른 '방식'의 표현 방법을 훨씬 많이 사용한다. 만약 아기가 표정을 지으면 부모는 소리를 낸다. 단 아기 얼굴에 표현된 감정의 유형과 강도에 일치시킨다. 민감한 아기가 일어서서 몸을 흔들거리며 깔깔대고 웃으면, 당신은 말할 것이다. "그래, 대단하지 않니?" 강한 어조의 "그래"는 아이의 신체적 에너지와 일치한다. 아기가 비명을 지르면 당신은 고개를 격렬하게 끄덕일지도 모른다. 다시 말해 동조는 상대를 단순히 똑같이 흉내

내는 것이 아니라 강도intensity, 존속 시간duration, 형태shape, 처음, 중간, 혹은 끝에 솟는 에너지, 주기rhythm 같은 게 일치하는 것이다. 동조는 아기가 당신이 정말로 '거기에 있는지 아닌지' 확인할 수 있게 해준다. 동조가 애착에 영향을 미치는 이유가 바로 이것 때문이다. 동조가 잘 안 되는 양육자와 있으면 안전하다는 느낌이 줄어든다(동조가 잘 안 된다는 것은 공포나 고통의 표현에 빠르게 반응할 가능성이 더 작음을 의미한다).

당신이 아기의 감정을 새로운 형태로 되표현해주는 동조는 이 시기에 발달하기 시작하고, 당신이 단순히 '행동'을 흉내 내는 것이 아니라 내면에 같은 '감정'을 지니고 있음을 아기가 알 수 있게 해준다. "엄마가 내가 느끼는 것을 느끼고 있어." 영아 연구가 대니얼 스턴은 이 짧지만 의미심장한 순간을 '대인 의사소통interpersonal communication'이라고 부른다. 즉 당신은 '다른 사람의 행동이나 믿음을 변화시키려는 의도 없이 그 사람의 경험을 공유하고 있는 것'이다. 이 순간들은 아기가 자신의 감정적 세계를 다른 사람과 나눌 수 있다는 생각을 발달시키는 데 필수적이라고 스턴은 말한다. "한 번도 동조받지 못한 감정 상태는 경험을 공유하는 대인 관계 맥락에서 고립된 채 오직 자기 혼자만 경험하게 될 것이다."

부모가 동조하지 않을 때

일반적으로 동조는 알아차리지 못한 상태에서 무의식적으로 일어난다. 아기도 엄마도 특별한 일이 일어난 것처럼 행동하지 않는다. 하지만 만약 연구가가 엄마에게 아기보다 더 강하게 혹은 더 약하게 반응해보라고 하면 아기는 즉시 멈추고 "무슨 일이죠?"라고 묻듯이 엄마를 쳐다볼 것이다. 대부분의 부모는 이러한 '동떨어진' 반응을 억지로 만드는 게 매우 어렵다고 느끼고, 부모가 이러한 반응을 보이면 아기도 확실히 불편함을 느낀다.

연구가들은 부모가 아기와 동조하지 않는 경우가 있음을 관찰했다. 다른 사람의 경험을 완벽하게 이해하고 반응할 수 있는 사람은 아무도 없다. 때때로 부모는 아기의 긴장 수치를 조정하기 위해 의도적으로 비동조한다. 즉 아이를 진정시키거나 긴장시키기 위해서다. 또한 모든 부모는 선택적으로 동조하며 이러한 방식으로 자신의 공포나 혐오, 기대를 아이에게 알려준다. 이러한 선택적 동조 중 한 가지 방식은 옷을 더럽히는 것, 장난감을 때리는 것, 자위행위 등에 대한 아기의 흥분에 반응하지 않는 것이다. 이러한 방식으로 부모는 아이에게 어떠한 감정이 승인되고 공유될 수 있고, 어떠한 감정은 그렇지 않은지 가르쳐줄 수 있다.

민감한 아이의 부모로서 당신은 특정한 비동조에 더 익숙할 것이다. 첫째로, 당신은 민감한 아이의 고통이나 공포에 큰 반응을 보이지 않을지도 모른다. 아기가 더 강해지고 행복해지길 바라기 때문일 것이다. 하지만 이러한 전략은 고통과 공포를 밖으로 표현하거나 다른 사람과 공유해서는 안 된다는 생각만 아이에게 심어줄 뿐이다(어린 소년에게 자주 일어나는 일이다). 이 감정들은 곧 '용납할 수 없는unacceptable' 감정이 되고 민감한 아이가 혼자서 감당하기에 매우 어려운 일이 되어버린다.

두 번째, 아기 때도 민감한 아이들은 매우 동조를 잘하기 때문에 자신이 부모에게 실망스러운 일이나 잘못된 행동을 하면 금방 알아챈다. 그 결과 당신이 오직 조용하고 순종적인 행동에만 동조한다면, 민감한 아이는 과도하게 순응적인extremely compliant 아이가 될 수 있다. 당신 마음에 조금 안 들더라도 아이의 열정을 너무 심하게 눌러버리지 마라. 아기의 어떤 행동을 저지해야 할 때 아기가 어느 정도 반항하고 화를 표출할 수 있도록 여지를 남겨두어야 하고 오히려 자유로이 표현할 수 있도록 장려하는 게 좋다.

이 모든 이야기는 당신이 아기에게 적절하게 동조하고 있지 '못하다는' 의미에서 하는 말이 절대 아니다. 당신은 완벽하게 잘하고 있을 것이고 완벽하진 않다 해도 '충분히 잘하고' 있을 것이다. 하지만 이러한 미묘한 상호작용에 대해 잘 알게 되면 당신은 민감한 아이에게 훨씬 더 반응적이고 민감한 부모가 되어줄 수 있을 것이다. 만약 당신이 동조하는 데 어려움을 겪거나, 아기에게 집중할 수 없거나, 아기에게 단순히 반응하기보다 아기의 행동을 당신 뜻대로 좌지우지하고 싶은 마음이 든다면 전문가의 도움을 구하는 게 좋다.

혼자 있는 시간의 역할

애착과 동조에 관해 지금까지 한 이야기를 바탕으로 아기를 사회적 접촉 없이 두면 절대 안 되겠다고 결론을 내렸다면 잘못 짚었다고 말해주고 싶다. 혼자 있는 시간은 뇌가 스스로 재구성하고 다시 균형을 잡을 수 있게 해준다. 민감한 아기는 민감한 성인과 마찬가지로 다른 사람들에 비해 이러한 재구성 시간이 더 필요하다. 천성적으로 모든 정보를 깊고 완전하게 처리하는 것을 선호하기 때문이다.

민감한 아기들은 자주 떨어져 있고 싶다는 신호를 보낸다. 아기와 잘 동조하고 있으면 그러한 신호를 예리하게 감지해 적절한 때에 아기에게 혼자 있을 수 있는 시간을 줄 수 있다. 애착의 안전성은 얼마나 많은 시간을 아기와 함께 보내는지에 따라 결정되는 것이 아니라 아이의 욕구에 얼마나 잘 반응하는지에 따라 결정된다. 그러므로 아기가 혼자 있고 싶어 할 때 혼자 내버려두는 것은 오히려 안전 애착을 강화한다.

혼자 있는 시간은 다른 방식으로도 안전 애착을 강화한다. 아기는 당신이 옆에 없을 때 당신에 대해 생각해보고, 당신이 옆에 없어도 여전히 존재하고 있다는 사실을 깨닫는다. 그러고 나서 욕구가 치솟으면 울음을 터뜨림으로써 아기는 감정에 대해 배우게 되고, 감정에 따라 행동해도 되고, 그에 대한 반응을 다른 사람으로부터 얻을 수 있다는 사실 또한 배우게 된다. 만약 아기가 이러한 욕구를 느끼기 전에 모든 것을 알아서 다 해준다면 아기에게서 이 경험을 박탈하는 것이다.

자기조절 능력을 키워라

생후 6개월에서 생후 1년이 된 민감한 아기들에게 세 번째로 중요하게 영향을 미치는 요소는 자기조절self-regulation이다. 자기조절 능력은 생후 10개월경 생기기 시작해 평생을 거쳐 계속 발달한다. 자기조절은 어떠한 감정에 따라야 할지 선택하는 능력이 발달하는 것을 가리킨다. 어떻게 하는 게 효과가 있는지 감지하고 당신의 반응에 동조함으로써 아기는 여러 가지 사실을 발견하기 시작한다. 배고픔을 즉각적으로 표출하고 싶지 않다든지, 손에 쥐어준 것을 먹기 싫다든지, 크고 시끄러운 것과 마주쳤을 때 두려움에 숨지 않아도 된다든지 하는 것들이다. 아마 아기는 자기가 어떤 음식들을 좋아하지 않는다거나 크고 시끄러운 것이 나름대로 재미있다는 사실을 발견했을 것이다.

이 모두는 민감한 아이들에게 매우 중요한데, 이제부터 강력한 멈춤 확인 시스템이 내리는 명령을 무시할 수 있게 됐기 때문이다. 돌진 시스템이 내리는 명령 또한 마찬가지다. 이들은 어떠한 것이 낯설기 때문에 긴장하지만 결국 앞으로 나아가기로 결정할 수 있다. 반대로 돌진하고 싶지만 신중하기로 마음먹을 수도 있다. 자기조절은 민감한 아이들의 삶에 엄청난 유연성flexibility을 부여해준다. 그러므로 이 능력이 뛰어나면 뛰어날수록 더 좋다. 특히 민감한 아이가 자기조절 능력이 뛰어나면 타고난 신중함을 자신의 통제 아래에 둘 수 있게 되고, 신중함은 두려움으로 바뀌지 않고 신중함 자체로 남게 된다.

자기조절의 원천

이러한 자기조절 능력이나 의지력은 일부 타고나는 것이다. 그리고 이러한 능력은 높은 '인지적 민감성perceptual sensitivity'을 가진 아이들에게 더 강하게 나타나기 때문에 민감한 아이들은 이 능력이 뛰어나다. 그러나 민감한 아이는 당신한테서 자기조절을 배운다. 당신은 어떻게 긴장을 조절해야 하는지 직접 대처하는 방식을 보여줌으로써 가르칠 수 있고 선택적 비동조selective misattunement를 통해 어떠한 반응이 적절한지 알려줄 수 있다. 특히 아이가 멈춤 확인 시스템이나 돌진 시스템 중 어떤 시스템을 작동하는 게 좋을지 가르쳐줄 수 있다. 예를 들어 소음이 너무 지나칠 때 당신이 귀를 막으면 아기는 그걸 보고 따라서 귀를 막을 것이다. 혹은 토끼를 쓰다듬으면서 당신이 짓는 웃음을 따라 할 것이다.

이제 동조의 영향력을 실감할 수 있을 것이다. 민감한 아기를 키우는 부모들에게 늘 강조하는 바지만, 당신이 동조를 통해서 아이의 자발성과 탐색 욕구를 고취한다면 아이는 강한 멈춤 확인 시스템에 덜 종속될 것이다. 하지만 당신이 아이의 자발성과 탐색 욕구를 억제한다면 아이는 자신을 과잉 통제하는 경향을 보일 것이다. 유전자상 매우 강한 돌진 시스템을 가지고 있지 않은 이상 말이다.

애착 또한 자기조절에 영향을 미친다. 부모로부터 비동조만을 경험하는 불안전 애착된 아이는 자기조절 또한 잘할 수 없다. 특히 아이는 자신의 강한 멈춤 확인 시스템을 제어할 수 없을 것이다. 새로운 문제 상황을 만날 때마다 충분한 지지를 느끼지 못할 것이기 때문이다.

완벽한 부모는 없다

기억해야 할 점은 한 순간도 놓치지 않고 반응을 잘 보이거나 완벽하게 안전 애착의 원천이 되어주는 부모는 아무도 없다는 사실이다. 때때로 우리는 아기를 어떻게 도와야 할지, 왜 아기가 울음을 멈추지 않는 건지 도저히 알 수 없을 때도 있다. 하지만 마침내 그 이유를 '알게 되면' 황홀한 안도감이 아기와 부모 모두에게 들 것이다. 게다가 아기들 또한 양육자에게 반응하기를 원하고 그럴 필요가 있다. 상호적인 것이다.

마찬가지로 아기에게 항상 완벽하게 동조하는 부모는 아무도 없다. 가끔 우리는 아이가 어떤 기분인지 잘 모른다. 알면서도 피곤해서 모르는 척할 때도 있다. 때때로 가치관과 문화 때문에 어떠한 상황에서 동조하지 않고, 그럼으로써 특정한 감정적 반응을 유발해야 하는 경우도 있다. 사실 완벽한 동조는 상대에게 거의 흡수된 것 같은 느낌을 준다. 아이는 부모와 함께 느끼는 감정으로부터 분리된 자신만의 개인적이고 고유한 감정의 세계를 잃어버리게 된다.

마지막으로, 문제 해결과 자기조절에 있어 완벽한 롤모델이 되어주는 부모는 아무도 없다. 특히 민감한 아이의 부모는 과잉 자극된 아이에게 어떻게 반응해야 할지 잘 모를 때 무력감을 느끼지 않을 수 없다.

모든 아기는 문제를 많이 일으킨다. 그리고 때때로 민감한 아기는 다른 아기들보다 당신에게 요구하는 게 더 많을 것이다. 하지만 기억하라. 10년이라는 짧은 시간 안에 이 작은 아기는 훌쩍 클 것이고 당신의 좋은 친구가 되어줄 것이다. 그러므로 지금 아기를 대할 때 좋은 친구를 대하듯이 하라. 시간이 흘러 당신은 이 첫해를 그리움과 갈망으로 되돌아보게 될 것이다(그리고 앞에 지나가는 모든 아기를 꼭 안아보고 싶은 마음도 생길 것이다). 이 시기에만 느낄 수 있는 사랑스러움과 친밀함이 존재하고, 이는 아기와 부모의 평생에 영향을 미친다. 이 순간을 최대한 즐겨라.

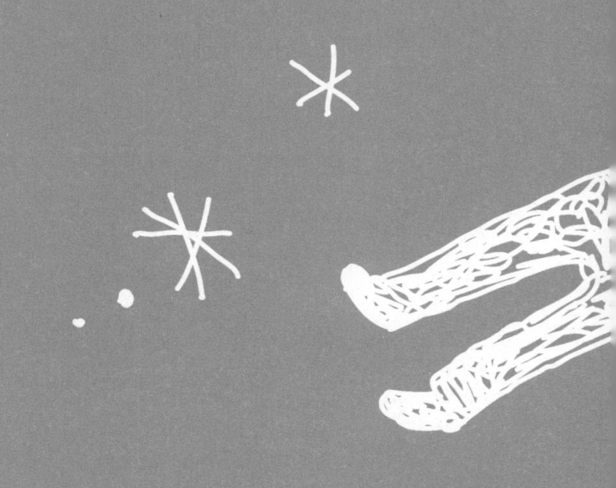

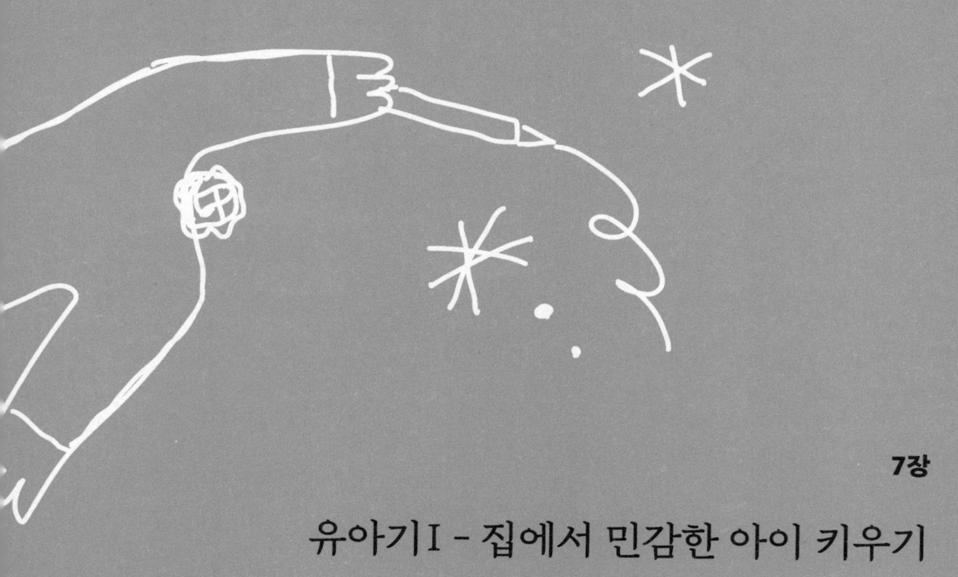

7장

유아기 I - 집에서 민감한 아이 키우기

한 살부터 다섯 살에 이르는 민감한 아이들은 어떻게 대해야 할까? 아이가 순간적인 변화에 대처하고, 불필요한 과잉 자극의 경험을 줄이는 법, 또한 강렬한 감정을 느낄 때의 대처법 등 다양한 이야기를 나누고자 한다. 음식과 옷에 투정을 부릴 때, 잠자리에 들어서 투정을 부릴 때, 차에 타기 싫어 울 때 등 아이와 함께하면서 마주할 수 있는 문제 상황에 맞는 해결책을 살펴보자.

민감한 아이에게 변화는 힘들다

잘 알고 있다시피 민감한 아이의 주요 문제는 과잉 자극과 과잉 긴장으로부터 야기된다. 그중 집에서 겪는 과잉 긴장은 변화가 가장 큰 원인이다. 민감한 아이는 여러 모로 확실히 변화에 어려움을 겪는 것처럼 보인다. 그리고 최종 결과는 늘 저항과 고통으로 얼룩진다. 익숙하지 않은 음식을 처음 먹어야 하든, 늘 같았던 하루 일과에 변화가 생겼든, 예상했던 것보다 오래 기다려야 하든, 놀고 있다가 밥을 먹거나 자야 할 때가 됐든, 당신과 함께 있다가 다른 양육자에게 가야 하든, 새로운 여동생이 태어나든 늘 그러하다. 잘 알고 있겠지만 계획상에 갑작스러운 변동이 생기거나 깜짝 놀랄 일이 생기는 것은 민감한 아이들에게 특히 괴로운 일이다. 새로운 경험을 해야 하거나 새로운 요구를 받을 때도 마찬가지다.

어떤 변화든 모두 전에 없었던 새로운 처리 자극을 수반한다는 점을 고려하면 민감한 아이가 어려움을 느끼는 것도 무리가 아니다. 아이의 입장에서 생각해보길 바란다. 당신이 B를 하기 위해서는 A라는 일을 준비하면서 했던 생각들을 완전히 재분류하고 변경해야 하는데 만약 B가 전혀 새로운 일이라면 정보 처리와 계획 수립을 더 많이 해야 한다.

어떤 유형의 변화는 하나의 익숙한 사람, 장소, 활동, 물건 등에서 또 다른 익숙한 것들로 '옮기는' 것이다. 나는 이를 '전환transition'이라고 부른다. 반면 어떤 변화는 완전히 새롭거나 예상치 못했던 것에 적응해야 하는 과정을 포함한다. 나는 이를 '적응하기adapting'나 '환경 변화에 대처하기'라고 부른다. 기억해야 할 점은 민감한 아이가 일반적으로 새로운 경험을 즐기는, 높은 탐색 추구 성향을 지니고 있다 하더라도, 새로운 경험에 적응하는 일은 아이에게 여전히 올라야 할 높은 산일 수 있다는 점이다. 머릿속으로만 상상해볼 때보다 실제 현실은 훨씬 자극적이다. 그럼에도 불구하고 어떤 경우든 민감한 아이는 이 경험이 안전할지 아닐지, 그리고 자신의 천성을 감안했을 때 어떻게 하면 성공할 수 있고 어떻게 하면 행복할 수 있을지 필사적으로 밝혀내야 한다.

괜찮아 보여도 아이는 아직 어리다

앨리스는 세 살이고 어린 나이에도 불구하고 다른 사람에게 자신이 무엇을 좋아하고 무엇을 싫어하는지 정확히 말하는 걸 '부끄러워shy'하지 않는다. 앨리스는 변화를 좋아하지 않는다. 똑같은 의자, 똑같은 옷, 똑같은 음식을 좋아한다. 앨리스는 낯선 사람이 집에 오는 걸 좋아하지 않는다. 특히 이들이 자기를 만지려고 하면 기겁한다. 또한 앨리스는 새로운 사람이 자신의 눈을 똑바로 쳐다보는 것도 별로 좋아하지 않는다. 엄마가 다른 사람을 무시하면 안 된다고 주장해서 앨리스는 다른 사람이 쳐다볼 때 손을 동그랗게 말아 안경처럼 눈 위에 올리고 있겠다고 조건을 걸었다. 이 방법을 통해 앨리스는 자신의 감정을 표현했고 꼬치꼬치 캐묻는 것 같은 시선으로부터 숨을 수 있었다.

유치원에 다니기 시작했을 때 앨리스는 처음 4개월 동안 유치원에서 한마디도 하지 않았다. 하지만 집에서 사촌, 이웃집 친구, 가족들과 있을 때면 앨리스는 '끊임없이' 이야기했고 농담을 늘어놓고 심지어 노래도 부르고 춤도 췄다.

앨리스는 갑작스럽고 유쾌하지 않은 돌발 상황을 경계한다. 또한 다른 사람들이 어떻게 반응할지 미리 내다본다. 다른 아이가 줄을 제대로 안 섰다는 이유로 벌을 받는 일이 생기면 앨리스에게는 다른 훈계나 지시가 필요 없다. 그저 보는 것만으로도 충분하다. 만약 누군가가 어떤 아이에게 무릎 위에 앉으라고 말하면 앨리스는 자기는 싫다고 즉석에서 말한다. 앨리스는 발끈하고 성질부리는 일도 거의 없다. 매우 성숙하다. 하지만 자신이 원하는 것을 잘 알고 있고 결코 포기하지 않는다. 그녀의 엄마의 표현에 따르면 '앨리스는 나이를 짐작할 수 없을 정도로 현명'하다.

앨리스는 여러 유형의 '전형적인 민감한 아이'들 중 한 명이다. 민감한 아이들 중에는 의지가 덜 강한 아이도 있고, 더 외향적인 아이도 있다. 이들은 제각각의 모습을 가지고 있지만 모두 변화를 싫어하고 민감한 신경 체계를 지니고 있다는 점에서 서로 통한다. 이들이 지금까지 얼마나 많은 변화를 겪었을지 상상해보라. 조그만 아기였다가 가족생활의 진짜 구성원으로 자리매김하나 싶더니 이제 유치원에 간다니. 작은 어른이라도 된 것처럼 갑자기 걷고 말할 수 있게 됐고 심지어 다른 어린이들보다 더 숙련돼 보인다. 하지만 이들은 엄청나게 자극적인 세상에 대처하기에 아직 조그만 어린아이에 불과하다.

아이가 변화에 적응하도록 돕는 법

민감한 아이들이 변화에 어려움을 겪는 건 사실이지만 이들은 반드시 이를 감당하는 법을 배워야 한다. 인생은 익숙한 일들 사이에서 끊임없이 매끄러운 전환transitions을 거듭하는 것이다. 아침에 일어나서 하루를 맞이하고, 학교에 가거나 직장에 가고, 집에 돌아와서, 잠자리에 드는 것이다. 한편 인생의 거대한 문제들은 사람들 혹은 환경에서 무언가 예상치 못한 것들을 직면할 때 생긴다. 우선 변화에 대처하는 일에 대한 일반적인 요점들부터 한번 살펴보자.

• 알게 된 사실을 인정하고 수용하라. 민감한 당신의 아이는 변화가 대부분 매우 힘들다고 생각한다. 당신의 아이만 그러는 것도 아니고 아이가 비정상인 것도 아니다. 예를 들어 랜들은 기저귀를 떼는 데 오랜 시간이 걸렸고 컵 사용하는 법을 배우는 데도 남들보다 오래 걸렸다. 에밀리오

가 아기놀이울을 떠나지 않았던 것을 기억하는가? 앨리스는 새 옷을 좋아하지 않는다. 다시 말하지만 모든 변화는 새로운 자극을 수반한다. 민감한 아이들은 남들보다 더 많이 감지하기 때문에 새로운 것도 더 많이 감지한다. 처음 보는 음식은 단순히 처음 보는 음식 차원이 아니다. 이상한 맛, 이상한 향, 이상한 질감이 느껴지는 음식이다. 마찬가지로 책을 읽는 것은 어두운 침대에 누워 잠에 들고자 홀로 애쓰는 것과 매우 다르다.

• 민감한 아이가 결국 변화에 적응할 것임을 믿어라. 충분한 시간만 주어진다면 문제없다. 새 옷을 입어야 할 일이 생기면 침대에 새 옷을 꺼내놓고 아이가 미리 익숙해질 수 있게 하라. 며칠이 지나지 않아 아이는 그 옷을 입을 것이다. 물론 가끔 적응하는 데 몇 년이 걸리는 일도 있긴 하다. 앨리스는 바닐라 아이스크림과 초콜릿 소스 모두 좋아하지만 이 둘이 서로 닿는 건 질색한다. 이런 면을 며칠 안에 변화시키는 건 무리겠지만 아이가 열 살 정도 되면 둘을 함께 먹는 데 별 무리가 없을 것이다.

• 변화가 있을 것을 미리 알면 아이가 육체적으로 준비를 갖추게 하라. 즉 건강하고, 육체적으로 튼튼하고, 휴식을 충분히 취하고, 영양을 골고루 섭취해야 한다는 의미다. 이 시기에 생기는 거의 모든 행동 관련 문제는 신체에서 어느 정도 기인한다. 피곤하다든지, 배고프다든지, 감기가 오려고 한다든지, 귀가 아프다든지, 알레르기 반응이 있다든지, 너무 덥거나 너무 춥다든지, 목마르다든지 등의 원인들이다. 이러한 상태는 어린 아이를 갑자기 습격하는 경우가 많고 민감한 아이의 경우 다른 아이들보다 영향을 더 많이 받는다. 그러므로 잘 대비하기 바란다. 건강을 유지하기 위해서는 자연 속에서 시간을 보내고 일정한 운동을 하는 게 좋다. 전문가

들은 줄넘기나 매트리스 위에서 점프하기 등 관절이 압축되는 운동이 좋다고 추천한다. 아이가 자신의 몸을 더 느낄 수 있기 때문이다.

• 아이가 이미 기분이 안 좋다면 변화나 스트레스에 잘 대응할 수 있을 거라고 기대하지 마라. 기분이 나아지길 기다리거나 유머나 게임, 산책, 평소에 효과 있는 다른 방법 등을 이용해 아이의 기분이 풀리도록 애써보라.

• 아이의 능력을 과대평가하지 마라. 민감한 아이들은 '성숙'하거나 '나이를 짐작할 수 없을 정도로 현명해' 보이는 경우가 많다. 그래서 민감한 아이의 부모 아이가 실제로 얼마나 작고 얼마나 어린지 종종 잊어버리곤 한다. 예를 들어 이 시기의 아이들은 어떠한 상황 변화 뒤에 숨어 있는 진짜 원인을 이해하지 못하고, 자기 나름의 추측을 해 스트레스를 받는다. 가령 아빠가 일주일간 출장을 떠난 일이나 키우던 강아지가 죽은 일이 자기 때문이라고 생각한다. 또한 이 시기의 모든 아이들은 생각, 꿈과 현실을 잘 구분하지 못한다. 민감한 아이들은 모든 일을 반추하는 성향이 있기 때문에 이러한 발달과 성장의 특징은 민감한 아이에게 더 큰 영향을 미친다. 마지막으로, 이 시기의 아이들은 변화와 그로 인한 자신의 감정이 영원하지 않을 것이라는 사실을 잘 모른다. 당신이 옆에 없어서 기분이 안 좋다면 아이는 당신이 영원히 가버린 줄로 알고 그 기분도 영원할 거라고 생각한다. 민감한 아이들은 '영원히 이럴 거야'라는 이런 공포를 다른 아이들보다 더 강렬하게 느낀다.

• 아이에게 부담을 주지 않을수록 아이는 금방 적응할 것이다. 아이는 당신이 원하고 있는 것을 이미 알고 있다. 아이에게 부담을 주지 않으

면 아이는 당신의 눈치를 봐야 할 필요가 없어진다. 그리고 질지도 모르는 권력 싸움을 하고 있다고 생각하지도 않을 것이다.

• 민감한 아이가 무력감을 느끼지 않도록 노력하라. 과잉 자극의 문제는 무력감에 의해 증폭되는 경우가 많다. "내가 허락한 적도 없는데 이렇게 되어버렸고 멈출 수가 없어." 무력감은 이제 막 돋아나고 있는 아이의 자아에 결코 좋지 않다. 아이들은 자기가 꼭 필요한 존재이길 간절히 원한다. 게다가 민감한 아이들은 이렇게 느낄 수도 있다. "이건 너무 엄청난 일이기 때문에 내가 할 수 있는 일은 아무것도 없어."

아이에게 힘을 되찾아주려면 언제 그리고 어떻게 변화가 일어날지에 대해 선택할 수 있게 해줘야 한다. "불을 끄기 전에 이야기를 하나 읽어줄까, 아님 노래를 하나 불러줄까?" "밥 먹기 전에 게임기 치울 거니, 아님 놔뒀다가 다시 할 거니?" 하지만 너무 많은 것을 선택해야 하도록 하지 않게 조심하라. 보통 두 가지 정도 선택 사항을 제시하는 게 가장 좋다. "치마 입고 싶니, 아님 바지 입고 싶니?" "이 치마, 아님 이 치마?"

또 기억해야 할 점은 새로운 옷과 새로운 음식 또한 무력감을 야기할 수 있다는 것이다. 음식은 몸 안으로 들어가는 것이고 옷은 몸 위에 걸치는 것이다. 그러므로 이들이 미치는 영향은 굉장히 개인적이고, 물리적이고, 잘못하면 강압적일 수 있다. 그러므로 이러한 경우에, 그리고 가능하다면 모든 경우에 맛없거나 견딜 수 없다고 생각하는 것을 먹거나, 입도록 강요당하는 일은 절대 없을 거라고 아이를 안심시켜라. 당신이 개인적으로 어떤 걸 시도해봤는데 괜찮았다는 정도만을 이야기하라(절대 아이가 시도해야 한다는 의미를 내포해서는 안 된다).

• 우선순위를 정하라. 민감한 아이의 인생에서 모든 것을 갑자기 한꺼번에 바꾸려고 들지 마라. 이번 달에는 침대에서 자는 것에 적응하는 걸 시도한다면 다음 달에는 고무젖꼭지 없이 지내는 걸 시도하는 것이다.

• 놀이를 통해 아이의 긴장을 풀어줘라. 만약 아이가 "잘못하면 어떡하지?", "난 저거 못 해. 아마 실수할 거야" 같은 태도를 보이며 모든 변화와 그 결과에 대해 '지나치게' 집착하는 것 같다면 놀이를 통해 아이의 긴장을 풀어주는 게 좋다. 가상 이야기를 만들어보거나 여러 선택에 따라 예측 불가능하고 재미있는 결과들이 나오는 게임을 만들어보라. 빠른 결정을 해야 하는 게임, 방 어지르기, 결정하지 않고 놔두기, 수수께끼, 잠시 동안 난장판 상태로 만들기 등 온갖 종류의 수단을 동원해 아이를 마음껏 놀게 하라. 목욕이나 빨래에 대한 걱정은 잠시 접어둔 채 아이가 젖거나 더러워지게 놔둬도 좋다. 유머와 창의력을 동원해보길 바란다. 절대 아이가 잘 못한다고 놀리거나 다른 아이와 비교해서는 안 된다.

하나에서 또 다른 하나로 매끄럽게 전환하기

익숙한 한 가지 활동에서 다른 활동으로 전환하는 것은 종일 일어나는 일이다. 그리고 민감한 아이는 당신의 숙련된 도움을 필요로 할 것이다. 그러므로 이 기술에 대해 특별한 관심을 가져볼 만한 가치가 있다.

기억하라. 민감한 아이에게 전환은 복잡한 감각적 투입을 수반한다. 매일 하는 일은 매번 똑같지만 동시에 매번 다르다. 여느 때와 같은 저녁 시간이지만 주방에서 풍기는 냄새는 처음 맡아보는 냄새다. 한편 저녁을 먹기 위해 그만 끝내야 하는 게임은 오늘따라 특히 마음을 사로잡는다. 사려 깊고 창의적인 아이는 깊이 빠져든다. 다음의 조언들은 마치 아이를 대신해 모든 일을 다 해주고 '너무 안이하게' 대처하는 것처럼 보일지 모르지만 시간이 지나면 민감한 아이는 스스로 할 수 있는 능력을 기를 것이다. 당신은 대처 기술을 가르치고 있는 것이다.

• 미리 경고하라. "5분 남았다." "이제 1분이야." 혹은 타이머를 설정하거나 장난감 태엽을 미리 감아 시간이 끝났다는 걸 알 수 있게 하라. 그리고 "이제 물에서 나올 시간이야"나 "잠자리에 들 시간이야"와 같은 말을 해당 시간에 앞서 재촉하며 하지 마라. 그냥 그 시간이 되면 하라.

• 가능한 것은 같게 유지하라. "원한다면 네 장난감 트럭을 식탁에 가져와도 돼." 변하지 않은 게 있다는 것을 강조하는 데 창의력을 발휘하라. 주방에서 낯선 냄새가 나기는 하지만 익숙한 음식들도 만들었다고 말해줄 수 있을 것이다. 저녁 식사 후에는 게임을 다시 시작할 수 있다고 말해줄 수도 있다.

• 마음을 끄는 '~하면 ~할 거야' 구문을 제시하라. "네가 욕실에서 나오면 몸을 잘 말리고 잠자리에 들기 전에 따끈한 코코아 한 잔을 마실 거야."

• 유머러스하고 재미있게 하라. 침실 안으로 들어가면서 음매 소리를 내며 '잠자리 시간 소'가 왔다고 인사해보는 건 어떤가?

• 전환을 놀이화해서 표현해봐라. 인형과 인형의 집을 이용하거나

동물 인형들을 이용해도 좋다. "패티는 놀고 있었어요. 그런데 저녁 준비가 다 되었네요. 패티는 기분이 어떨까요? 패티는 어떻게 해야 할까요?"

• 다시 말하지만, 선택권을 줘라. "엄마가 수건으로 말려줄까, 아님 혼자서 할래?" "잠자리에 들기 전에 책 읽어줄까, 아님 노래 불러줄까?" 내가 이 조언을 자꾸 반복하는 이유는 귀찮게 느껴질지 모르겠지만 이는 무력감으로 인한 아이의 반항을 줄여주고, 아이의 자기 감각sense of self을 강화시켜줄 뿐만 아니라 결국에는 당신의 시간도 절약해줄 것이기 때문이다.

과잉 자극에 대처하는 법

과잉 자극은 변화에서 발생할 수도 있지만 길고 흥미진진했던 하루나 너무 많은 소음 혹은 너무 많은 볼거리 때문에 야기될 수도 있다. 아이가 에너지 탱크가 가득 찬 채로 하루를 시작한다고 생각해보라. 아마 신경전달물질 세로토닌일 것이다. 그리고 여러 경험을 처리하면서 에너지는 약간 줄어들 것이다(혹은 잠을 잘 못 잤다거나 어디 아픈 데가 있다면 아이는 탱크가 가득 찬 채로 하루를 시작하지 못할 것이다). 에너지를 어떻게 사용할지, 그리고 에너지 탱크가 바닥을 보이면 어떻게 해야 할지 한번 생각해보라. 다음은 몇 가지 제안이다.

• 아이가 지나치게 자극받았다는 첫 신호를 빠르게 인식하라. 아이들마다 다르게 반응하지만 보통 과잉흥분, 짜증, 눈 비비기, 훼방, 흐느껴

울기, 밥 먹는 걸 거부하기 등의 양상을 보인다.

• 당신 자신이 천천히 걸어라. 대부분의 아이들은 휴식 시간이 주어지면 잠시 동안에 원상태로 회복하고 하던 일을 계속할 수 있다. 단 휴식 시간을 주지 않는다면 그럴 수 없다.

• 불필요한 자극을 줄여라. 더 많은 것에 노출될 일이 예정돼 있는 날에는 특히 더 주의하라. 예를 들어 이때 아이에게 심부름을 시킬 예정이거나 유치원에 가는 날에는 더 주의하라. 앞 장에서 말했던 아기에게 자극을 줄이는 방법을 참고해도 좋다.

• 가능할 때마다 충격을 완충해줄 무언가를 제공하라. 시골에 여행 갈 때는 모기약을 가지고 가고, 불꽃놀이를 보러 갈 때는 귀마개를 준비하고, 해변으로 여행갈 때나 아이들끼리 눈싸움을 할 때는 마른 옷을 미리 준비하라.

• 다른 사람에게 도움을 구하라. 아이가 하루 종일 감당할 수 있는 자극 총량을 염두에 두고 다른 사람에게 아이를 맡길 때는 특히 더 신경 쓰길 바란다. 그렇지 않으면 다시 만났을 때 치과에 데려가야 하는데 아이는 이미 방전 상태일 수도 있다. 아이가 어떠한 일들을 했는지 물을 때 아이에게 에너지가 대략 얼마나 남아 있을지 생각해보라.

강렬한 감정에 대처하는 법

민감한 영혼은 모든 것을 받아들이고 계속해서 생각한다. 한 경험에 대해 숙고해보는 것은 그 경험에 대해 감정적인 반응을 가지게 만든다. 더 숙고할수록 감정적 반응은 더 강해질 것이고 더 복잡해질 것이다. 처음에는 어떤 것을 단순히 두려워할지도 모른다. 그다음에는 그것을 증오한다. 그다음에는 분노한다. 그러고 나서 다른 사람들이 자신의 감정에 대해 어떻게 느낄지에 대해 두려워한다. 그 후 그것의 좋은 측면을 고려한다. 그것을 원하기 시작하기도 한다. 비슷하게들 흘러간다.

민감한 아이의 부모로서 당신은 아이와 상호작용하고 있을 때 이 모든 것을 추적하기 위해 노력해야 한다. 당신은 아이의 감정을 추측해보려 애써야 하고 '이름을 붙여줘야' 한다. 공포, 사랑, 즐거움, 호기심, 긍지, 죄책감, 분노, 슬픔, 절망 등 수없이 많을 것이다. 정서 지능에 대한 최신 연구에 따르면 이 이름을 붙여주는 작업이 굉장히 중요하다고 한다. 당신 자신이 미성숙하게 대처하는 경향이 있는 감정을 잘 살펴보거나 가족사로 인해 완전히 놓치고 살았던 감정을 살펴보는 것도 좋다(가정에서 기쁨, 긍지, 분노 등 능숙하게 다루는 감정이 있는가 하면 사랑의 표현처럼 서투르게 다루는 감정도 있다. 그리고 공포나 슬픔처럼 완전히 무시하려 애쓰는 감정도 있다. 이는 가정에 따라 다르다).

아이가 흐느끼고, 소리 지르고, 공포로 몸을 떨고 있을 때 차분하게 들어주고 함께 생각해보는 건 힘든 일이다. "네가 무척이나 기분이 안 좋다는 걸 잘 알겠어. 화도 나고 두렵고." 그러나 이는 반드시 필요한 일이다. 아이는 이 모든 감정을 홀로 겪어서는 안 된다.

아이가 자신과 자신의 우주가 산산조각 날 거라고 느끼지 않도록 민감한 아이의 강렬한 감정을 잘 '수용containing'해주는 데에는 일종의 패러독

스가 필요하다. 당신은 아이가 느끼는 것을 정확히 이해하고 있다고 말해야 한다. 하지만 당신은 '감염되어서는infected' 안 된다. 놀라지도, 분노하지도, 가슴이 내려앉을 만큼 슬퍼하지도 말아야 한다. 당신이 완전히 격앙되어 있다 하더라도 그것을 감추는 게 당신과 아이 모두에게 좋다. 당신이 무너지기 시작하면 아이는 더 나빠지면 나빠졌지 더 좋아지진 않을 것이다.

당신은 감정을 설명하고 수용해주려고 노력하면서 동시에 아이에게 이 상황이 영원히 지속되지 않을 것이고 곧 해결되리라는 점을 상기해주어야 한다. "발이 무척 아플 거라는 거 알아. 나도 신발에 돌이 들어오면 정말 화가 나곤 해. 이 진흙투성이 자리에서 벗어나기만 하면 저 쪽 벤치에 가서 꺼낼 수 있을 거야." 혹은 해결할 수 없는 문제도 있다. "나비넥타이처럼 생긴 파스타 먹고 싶었던 거 알아. 하지만 이것도 파스타야. 똑같은 재료로 만들어진. 다른 종류 사기 전에 일단 이 종류를 먹어치워야 하지 않을까?" 이 방법은 아이의 감정을 실재적인 것으로 받아들여준다. 그리고 시간과 다른 현실을 맥락에 두고 감정에 대해 생각해볼 수 있게 해준다.

민감한 아이가 감정을 과장하거나 꾸며댐으로써 당신을 '조종하고' 있는 것처럼 보인다면 이 아이가 마피아가 아닌 작은 어린아이에 불과하다는 사실을 유념하라. 아이는 항상 당신의 통제 아래에 있다. 만약 아이가 정말로 감정을 꾸며내고 있다면 어떤 정서적 이유가 있기 때문에 그럴 것이다. 이유를 생각해보라. 아니면 당신이 불신을 가지고 반응하고 있는 이유에 대해 생각해보라.

또 하나 기억해야 할 점은 이 시기의 아이는 당신의 반응에 따라 강렬한 감정을 느끼기 쉽다는 점이다. 당신이 두 팔에 식료품을 가득 안고서 엘리베이터 안에 있는데 두 살 먹은 아이가 자기가 자동차 키를 들고 가겠다고 우기고 있는 상황을 상상해보라. 갑자기 당신은 아이가 엘리베이터와 바깥 바닥 사이에 틈이 있다는 사실을 알아차린 걸 본다. 아이는 틈을 한 번 쳐다보고, 당신을 한 번 쳐다보고, 자동차 키를 한 번 쳐다본다. 당신은 "안 돼!"라고 소리 지르지만 이미 상황은 종료된 후다. 아이는 해맑게 웃으면서 흥미로워 보이는 구멍 속에 키를 떨어뜨려버린다.

이 시기에 아이가 할 수 있는 이런 행동은 절대 적대감에서 나온 것이 '아니다.' 당신이 이로 인해 얼마나 많은 불편을 겪어야 하느냐에 상관없이 말이다. 아이에게는 하나의 실험일 뿐이고 당신에게는 두 살짜리 아이와 살면서 겪는 삶의 에피소드일 뿐이다. 두 살이란 나이는 매우 어린 나이이다. 아이가 어른들이 생각하는 그런 동기로 그랬으리라 생각하지 말고 아이에게 어른 수준의 공감이나 죄책감을 기대하지도 마라. 당면하고 있는 문제에 화가 치밀 수 있겠지만 분노를 억누르도록 노력하라. 최대한 성인聖人에 가깝게 행동하라. 그렇지 않으면 민감한 아이는 죄책감과 수치심에 사로잡힐 것이다. 이 한 번의 행동으로 인해 일어나는 일련의 문제 상황들을 지켜보는 것만 해도 민감한 아이에게는 이미 충분한 형벌이다.

다음번에 만약 아이가 새 소파에 잉크를 엎지르는 일 같은 일을 저지른다면, 자신의 자녀를 포함해 수많은 아이를 키운 내 이모가 한 다음 말을 기억하길 바란다. 개인적으로 지금까지 들었던 수많은 양육 원칙 중 으뜸이라고 생각한다. "어떠한 물건도 사람보다 더 중요할 수는 없다."

아이가 흥분했을 때 부모가 할 수 있는 일

• 아이는 지금 통제 불능 상태란 사실을 기억하라. 그러므로 당신은 통제 상태를 유지해야 한다. 당신의 신체는 반대로 이야기하고 있을 것이다. 자체적인 반응을 가지고 있기 때문이다. 당신의 신체는 되받아치거나, 항복하거나, 차단하거나, 무너지거나, 나가버리고 싶을 것이다. 그러나 당신은 아이보다 나이가 많고 스스로의 반응을 통제할 수 있다. 당신은 아이가 스스로를 통제할 수 있게 되기를 바랄 것이다. 그러므로 몇 초 동안의 시간을 갖고 몇 번 심호흡을 한 다음 목표에 집중하라.

• 목표에 집중하라. 아이와 이어지고connect 아이를 이해시키고, 평정심 상태로 아이를 되돌리는 것이 당신의 목표일 것이다. 위협, 고립, 처벌은 두 사람을 이어주지 못한다. 아이를 압도했던 것과 똑같은 힘을 퍼붓고 있기 때문에 아이를 더욱 화나게만 만들 뿐이다.

• 아이에게 부드럽게 접근하라. 아이를 통제하거나 움직여야 한다면 급작스럽게 굴기보다는 부드럽게 접근해야 한다.

• 차분하게 이야기하고 소리 지르지 마라. 다시 말해 모든 행동에서 부드럽되 확고한 모습을 보이고 과잉 반응하지 마라. 또한 지금은 논쟁을 하거나 많은 것을 의논할 때가 아니다. 아무것도 아이에게 와닿지 않을 것이다. 어떠한 내용을 말하느냐보다 차분한 목소리가 더 도움이 될 것이다. 그저 보이는 대로 이야기하라. "너 지금 정말 화가 많이 났구나. 어디에 가서 이야기해보자."

• 개인적인 공간으로 옮겨라. 너무 환하지 않은 조명이 있는 조용한

방이 좋다. 진정하기 위해 혼자 있고 싶은지 당신이 옆에 있어줬으면 하는지 아이에게 선택하게 하라. 만약 아이가 당신을 원한다면 옆에 머물러라.

• 아이가 원한다면 아이를 안아줘라. 어떻게 안든 성질이 잦아드는 데 도움이 될 것이다. 잠시 동안 소리 지르고 울 수 있도록 내버려두어라. 아이가 가질 수 없는 것이나 할 수 없는 것에 대한 게 원인이라면 이렇게 말하라. "네가 ○○ 때문에 화났다는 거 알아."

• 이 모든 것이 공연한 법석처럼 느껴지고 아무 효과가 없다면 다른 어떤 일이 있는 건지 알아내라. 이 모든 게 과잉 자극 때문인가? 그런 경우가 많다. 당신의 감정적 상태가 상황을 이렇게 만들었나? 결국 이 시기의 아이에게 가장 강력한 자극의 원천은 바로 당신의 감정 상태이기 때문이다. 이렇게 성질을 부리면 당신의 관심을 끌 수 있다는 걸 아이가 배운 걸까? 혹은 이전에 발생했던 상실이나 공포 때문에 생긴 언짢음을 덮으려고 화를 내는 걸까? 아이의 눈높이에 맞추고 앉아서 추측해보라. "네 말을 더 잘 들어줬으면 좋겠니? 그 장난감 못 가져서 속상했니? 조지가 때렸니? 엄마가 말한 거 때문에 걱정되니? 집에 가고 싶니?" 한 번에 하나씩 물어보고 추측은 최대한 세 가지를 넘지 않도록 하라. 그리고 아이가 충분히 생각할 수 있도록 시간을 넉넉히 주어라. 아이가 고개를 끄덕이길 기다려라. 대답이 없다면 멈추어라. 한 가지 기억해야 할 점은 꼭 맞는 대답을 찾는 것보다 아이가 만족하는 대답을 찾는 게 더 중요하다는 것이다. 아이는 이제 더 이상 소리 지르지 않고 생각해보기 시작할 것이다.

• 예방이 최선의 방책임을 기억하자. 기진맥진한 상태가 될 기미가 보이는지 잘 살피고 만약 그럴 것 같으면 미리 조치를 강구하라. 그리고

이러한 감정이 무엇 때문에 촉발됐는지 알아보라. 산책에 데리고 나가지 않았다든지, 기다리게 했다든지, 음식을 똑바로 주지 않았다든지, 문을 혼자서 열지 못했다든지 하는 등 여러 이유가 있을 것이다. 그리고 감정에 속박당하기 전에 가능하다면 이렇게까지 되지 않도록 예방하라. 더 큰 아이들은 자신의 울화를 통제할 수 있고 어느 정도의 좌절은 참아야 한다고 생각한다. 그러나 이 아이들은 이제 막 그 기술을 배우기 시작했다. 돌아보면 얼마 전까지만 해도 이들은 자신이 원하기만 하면 당신이 모든 것을 다 들어주는 어린 아기였었다.

기진맥진 상태가 지속될 때

• 만약 상황이 좋아지지 않는다면 당신 자신의 감정부터 통제하라. 이 작은 아이는 당신을 거부하고 있는 것도, 당신을 조종하고 있는 것도, 당신에게 상처를 주려는 것도 아니다. 단지 압도되어 있을 뿐이다. 진정할 수 없다면 휴식을 취하라. 잠시 자리를 비우면 더 나아질 수도 있다. 가능하다면 다른 사람에게 도움을 청하라.

• 대화 대신 다른 것들을 시도해봐라. 물 마시기, 산책하기, 밖에 나가 놀기, 낮잠 자기 등을 시도해볼 수 있을 것이다. 감각을 완전히 변화시켜 보라. 거품 목욕, 음악 듣기, 진흙이나 따뜻한 물을 가지고 놀기, 등 문질러주기, 그네 타기나 어르기 같은 반복적인 움직임, 깊은 복식호흡 등이 있을 것이다. 유아도 이러한 것들을 배울 수 있다. 이는 아이의 버릇을 나

쁘게 만들기 위해서가 아니라 감정의 강도를 낮추기 위해서다. 어떤 일이 있었는지 그리고 바람직하지 않은 행동은 무엇인지 나중에 자세히 대화를 나누어야 한다.

• 기준을 지켜라. 당신이 변하지 않았다는 사실은 아이를 안심시킨다. 기준에 대해 언급하고 약간 변형된 방법으로 이를 적용하라. "네가 화났다는 건 알지만 엄마를 때리면 안 돼. 단 나를 좋아하지 않는다고 소리칠 순 있어." 만약 아이가 당신을 때린다면 일단 진정하라. 그리고 아이의 손을 부드럽지만 확고한 느낌이 들게 쥔 다음 말하라. "때리면 안 돼."

• 성질부린 것에 대해 아이를 벌주기 전에 깊이 고민해봐라. 두 사람 다 차분해질 때까지 우선 기다려라. 이것이 모두 과잉 자극 때문이라면 당신은 아이도 당신만큼이나 이 격발에 대해 당황했으리라는 점을 잘 알 것이다. 그러므로 벌을 내릴 필요는 없다. 그보다는 나중에 이런 일이 또 생기는 걸 막기 위해 두 사람이 어떻게 해야 할지에 대해 의논하는 게 좋다. 요즘 들어 이러한 행동이 반복되고 있다고 해도 아직 아이 혼자서 통제하기는 힘들다.

• 타임아웃을 사용하되 벌로 사용하지는 마라. 타임아웃은 일부 아이들에게 효과적일지 모르지만 민감한 아이들에게는 너무 스트레스를 준다고 민감한 아이의 부모들은 말한다. 타임아웃을 이용하더라도 옆에 있어주거나 손을 잡아주는 게 더 낫다. 하지만 때때로 민감한 아이는 완전히 혼자 있는 게 더 나을 수도 있다. 아이에게 이것이 벌이 '아니고' 진정하기 위한 하나의 방법임을 확실히 이해시켜라. "소파에서 머리 좀 식혀보자." "타임아웃을 좀 하는 게 어때? 엄마랑 여기 있어도 되고 네 방에 가서 놀

아도 돼."

• 넓은 시각을 견지하라. 연구 결과 이 시기에 울고 떼쓰는 게 허락된 아이들은 더 자신감 있는 아이로 크고 문제도 덜 일으킨다고 한다.

• 이 모든 과정에서 아이의 동맹군으로 있어주어라. 아이 또한 온몸의 힘을 쏙 빼놓는 이런 성질부리기를 하고 싶진 않을 것이다. 하지만 아이가 '무언가'를 원하는 건 사실이다. 다른 방식으로 아이가 자신을 표현할 수 있을지 함께 의논해보고 그럴 때 당신이 어떻게 해주길 원하는지 물어보라.

다른 아이를 향한 공격성과 분노를 보일 때

다른 아이들을 향한 공격성과 분노는 민감한 아이들에게서 흔히 볼 수 있는 모습은 아니다. 하지만 인터뷰한 부모들 중 일부가 이에 대해 언급했다. 어떤 아이들은 감정적이고, 적응에 느리고, 완고하고, 활동적이고, 쉽게 좌절하는 특징을 가지면서 (혹은 이 전부를 다 가지면서) 동시에 민감하다. 또한 어떤 아이들은 폭력적 싸움을 목격한 적이 있거나, 다른 사람이 자신을 과잉 자극하는 것을 막거나 자신의 경계를 침범하는 걸 막는데 분노를 표출하는 게 얼마나 효과적인 수단인지 잘 알고 있다.

때때로 어떤 아이들은 사회적 상황에 매우 압도되는 것처럼 보인다. 아이들이 실제보다 더 성숙하거나 사려 깊다고 부모가 기대할 때도 그렇다. 이럴 때 아이들은 주체할 수 없는 지경이 된다. 또한 어떤 아이들은 어떠한 좌절도 겪지 않도록 과잉보호를 받아서 막상 좌절이 닥치면 어떻게 대처해야 할지 모른다. 부모가 아이에 대해 너무 걱정하면 아이는 자신이 불쾌한 감정을 해결할 능력이 없다는 생각을 강화한다. 그러므로 감정적 폭발이 유일한 해결책이 되는 것이다. 활동적인 아이들일수록 더욱 그러하다. 다시 말하지만 공격성이 그들에게 남은 유일한 해결책인 것이다.

아이들은 텔레비전에 나오는 폭력적인 장면을 보고 영향을 받을 수도 있다. 폭력이 문제를 해결하는 방식이라고 생각하게 되는 것이다. 그러다가 내면에 억눌린 에너지가 가득 차고 지루함을 느끼면 토요일 아침에 보았던 재미있는 장면을 그냥 따라해보는 것이다.

이러쿵저러쿵 해도 이러한 행동에 대한 대부분의 이유는 2장에서 이야기한 '합치성'에 뿌리를 두고 있다. 아이는 자신의 기질 즉 본래적 존재방식이 환경과 잘 맞지 않을 때 분노한다. 다음은 몇 가지 도움이 되는 방법이다.

• 한계점에 다다르기 전에 다른 사람에게 미리 경고하는 법을 아이에게 가르쳐라. 당신이 보기에 아이가 한계점에 다다르고 있는 것처럼 보인다면 이렇게 말하라. "숀, 어떤 것 때문에 짜증이 난다면 무엇 때문에 그런지 얘기해줄래?" 이유를 알 것 같으면 구체적으로 말할 수 있다. "배고프니? 지미가 장난감 가져가버려서 화났니? 집에 가고 싶니?" 일이 발생한 후에는 아이에게 상기시켜줄 수 있다. "숀, 다음에는 집에 가고 싶으면 그렇게 화가 나기 전에 먼저 말하렴."

• 한계점에 다다르지 않을 수 있는 방법을 가르쳐라. 자기 진정 전략

self-calming tactics을 이용할 수 있다. (걷는다든지, 열까지 센다든지, 다른 사람에게 도움을 요청한다든지 하는 방법이 있다.) 혹은 어른에게 떠나자고 요청할 수도 있고 다른 사람에게 "당신이 나를 힘들게 하고 있어요"라고 말할 수도 있다.

• 분노를 표출할 수 있는 방법을 아이에게 모두 알려줘라. 아이가 선택할 수 있도록 말이다. 그중 일부는 허용되지만 일부는 아니다. 혹은 상황에 따라 달라질 수도 있다. 우리는 거의 모든 신체 부위를 이용해 분노를 표현할 수 있다. 째려보거나, 귀담아듣지 않거나, 말을 내뱉거나, 비웃거나, 쌀쌀맞게 대하거나, 속마음을 털어놓거나, 세게 치거나, 발로 차거나, 재빠르게 세게 차거나, 기타 등등 많은 방법이 있다. 이것들에 대해 말해줌으로써 아이의 지식 보유고를 넓혀주어라. 게임처럼 둘이 연기를 해봐도 좋을 것이다. 어떠한 방법은 괜찮고 어떠한 방법은 그렇지 않을지 이야기를 나눠보라.

• 아이가 어디에서 폭력을 접하고 그것이 문제를 해결하는 방법이라고 배우게 됐는지 살펴보자. 집인가? 또래들에게서인가? 텔레비전에서인가? 폭력에 대한 노출을 완벽하게 차단할 수는 없겠지만 폭력이 현실 세계에서는 용납될 수 없다고 이야기해줄 수는 있다.

1세와 2세 유아를 다루는 법

지금까지 변화에 대처하는 법, 불필요한 과잉 자극을 줄이는 법, 강렬한 감정에 대처하는 법 등 세 가지 일반적인 이슈에 대해 논의했다. 이제 악몽이나 자동차 여행 같은 구체적인 이슈로 들어가기에 앞서 민감한 유아highly sensitive toddler에 대해 일단 간략히 살펴보자.

1세 정도가 되면 아기는 걷기 시작하고 언어를 이해하기 시작한다. 아기는 당신을 이해한다. 증명할 수 있는 구체적 데이터를 가지고 있진 않지만 나는 민감한 아이들은 다른 아이들에 비해 더 일찍 부모를 이해하기 시작한다고 생각한다. 이들은 목소리 톤이나 제스처처럼 말뜻을 유추하는데 도움이 되는 미묘한 힌트들을 하나도 빠트리지 않고 잘 감지하기 때문이다(아이가 언제부터 말을 하기 시작하느냐는 여러 요소에 따라 달라진다).

언어는 아이가 경험을 공유함에 있어 신세계를 열어주는 동시에 새로운 혼란을 느끼게 한다. 특히 민감한 아이들에게는 더욱 그러하다. 예를 들어 어른들은 사람들이 항상 자기 속뜻대로나 자기 기분대로 말하는 건 아니라는 사실을 잘 알고 있다. 때때로 "싫어"라고 말하고 있지만 목소리나 말투는 "좋아"라고 말하고 있는 것 같을 때도 있다. 민감한 아이는 이러한 상황에 대처하는 법을 배워야 한다. 동시에 당신은 완전히 새로운 차원에서 정직하고 사려 깊은 인간으로 거듭나야 한다.

당신은 모든 것을 결정하기 전에 민감한 아이와 상의해야 할 것이다. 그리고 아이를 이해시키지 않고서는 어떠한 얘기도 더 진전시킬 수 없음을 깨닫게 될 것이다.

아이가 습득할 수 있는 좋은 자질들(안정감, 자신감, 공감 능력)은 이미 아이 안에 뿌리를 내리고 싹을 틔우려 하고 있다. 하지만 아직 뿌리를 내리지 못했다 해도 시간은 있다. 이 싹이 어떻게 자라날지는 매일의 일상에 따라 달라질 것이다. 그러므로 1세와 2세 아동에 관련된 몇 가지 전형적인 이슈에 대해 우선 살펴보자.

① 섭식 문제

모유 수유는 의심의 여지없이 모든 아기에게 가장 좋다. 대부분의 아기들은 모유를 그만 먹고 싶을 때 스스로 알려준다. 그러므로 아기가 모든 변화에 적응이 너무 느려서 시기를 놓칠까 봐 걱정이 되거나, 동생이 생긴 게 아니라면 서둘러 젖을 뗄 필요는 없다. 다른 음식을 도입할 때는 천천히 적응시키고 아이가 저항을 한다 해도 놀라지 않길 바란다. 맨 처음 아들은 바나나 으깬 것과 섞지 않으면 고기를 포함해 아무것도 먹지 않으려 했다. 그 당시에 우리는 파리에 살고 있었고 잘 익은 바나나 송이를 자주 사야 했다.

식사 시간은 다른 사람의 감정에 대한 동조와 존중을 보여줄 수 있는 이상적인 기회다. 만약 아기가 특정한 음식이나 특정한 브랜드를 좋아하지 않는다면 이를 존중하길 바란다! 아기의 섭식 문제는 보통 부모에게 문제가 있는 경우가 많다. 아기가 좋아하지 않는 것을 먹이려고 한다든지 하는 문제들이다. 아기는 자신의 삶에 대한 통제권을 거의 가지고 있지 않기 때문에 음식에 관한 좋고 싫음이라도 확실하게 존중받아야 한다.

그럼에도 불구하고 당신은 아이게 다양한 음식을 먹이고 싶고, 새로운 음식을 소개해야 할 때도 있을 것이다. 우선 당신이 그 음식을 얼마나 좋아하는지 아이에게 보여주길 바란다. 여러 번 보여주는 게 좋다. 그리고 기다려보라.

② 첫 분리

민감한 아이가 당신에게서 분리되는 것에 어떻게 반응할지는 다소 미지수다. 앞 장에서 얘기했듯이 어린 아기들은 완전히 홀로 남겨지거나 자신에게 반응적이지 않은 사람과 남겨지는 것에 대해 본능적으로 저항한다. 하지만 반응적이고 대처 능력이 좋은 데다 이미 잘 알고 신뢰하는 사람이 옆에 있다면 별문제가 안 생길 가능성이 크다. 만약 아기가 격렬하게 저항하고 한 시간 후에 확인 차 전화했을 때까지 울고 있다면, 가능하면 당분간은 분리를 피하는 게 좋다. 나는 세 살 이전까지는 아기를 익숙한 양육자로부터 최대한 분리하지 않는 게 좋다고 생각한다. 이렇게 오랫동안 붙어 있으면 아기는 오히려 더욱 독립적인 아이로 성장한다.

분리와 관련해서 세심한 배려가 필요한 이유는 어린 아기들, 특히 민감한 아기들은 이 경험을 트라우마로 기억하는 경우가 많기 때문이다. 나는 아기 때 엄마와 오랫동안 떨어지는 경험을 한 까닭에 강렬한 분리 불안을 갖게 된 민감한 성인들을 많이 만났다. 아기놀이울을 좋아하는 아이 에밀리오는 남동생이 태어날 때 엄마가 입원해 있는 동안 아빠, 할머니와 10일을 보내야 했다. 그 결과 에밀리오는 엄마가 자신을 다시 떠나버릴지도 모른다는 공포감을 가지게 되었고 이 공포감은 여섯 살이 된 지금도 여전히 남아 있다.

만약 당신이 아이를 좋은 양육자와 오랫동안 남겨둔다면 아이와 그 사람 사이에 일종의 유대감이 생길 수도 있다. 아들이 세 살이 다 됐을 때 할머니에게 한 달 동안 맡긴 적이 있었다. 우리가 돌아왔을 때 아이는 할머니를 무척 따르고 있었다. 할머니는 훌륭하신 분이었고 본인 자신이 숙련된 엄마이기도 했으며 한 달 내내 손자를 보살피느라 헌신한 터였다. 두 사람은 완전히 서로에게 빠졌다. 조금 서운하게도 아이는 그날 할머니에게 가야 할지 나에게 와야 할지 망설였다. 오늘날까지 이들은 끈끈한 신체적 정서적 유대감을 자랑한다.

③ 배변 훈련

기저귀를 갈 때 속이 거북하다는 신호를 보이지 않도록 유의하라. 당신의 반응이나 분위기를 통해 민감한 아이는 자기 몸이 더럽거나 혐오스럽다고 느낄 수도 있다. 관장도 가능하면 하지 않는 게 좋다. 아이는 통제력을 상실하고 신체적으로 공격당한 느낌을 받을 것이고 견디기 힘들어할 것이다. 이 모든 것은 민감한 아이가 배변 훈련을 하는 데 방해가 될 뿐이다.

민감한 아이들에게 일찍부터 생활 수칙을 가르치는 건 구미가 당기는 일이다. 민감한 아이들은 어른들을 기쁘게 해주는 걸 무척 좋아하기 때문이다. 반면 어떤 부모들은 배변 훈련이 정말로 장기 프로젝트가 되어버렸다고 말한다. 아이들이 너무 집중한 나머지 초조해하면서 긴장했기 때문이다. 그러므로 민감한 아이가 더 크거나, 아니면 자기도 어른들처럼 하겠다고 고집을 피울 때까지 기다리는 게 궁극적으로 문제를 예방하는 방법일 수도 있다. 오래 미룬다고 해봤자 스무 살이 될 때까지 기저귀를 차고 다닐 일은 없지 않겠는가. 다섯 살까지도 안 차고 다닐 것이다. 그러므로 여유를 가져라.

민감한 아이가 이쪽에서 어떠한 문제들을 겪는지 미리 알아두면 놀라거나 당황하지 않을 것이다. 예를 들어 민감한 아이들은 축축하고 더러운 기저귀를 매우 싫어하기 때문에 이에 관련된 일은 비교적 수월할 것이다. 그러나 일단 기저귀에 익숙해진 후에 팬티를 입으면 어색한 느낌을 받을 수 있다. 좌변기나 유아용 변기는 아이에게 딱딱하거나 차갑게 느껴질 수 있다. 물이 내려가는 소리는 상상만으로도 위협적이다. 프라이버시에 대한 필요를 느끼기 때문에 민감한 아이들은 무언가로 앞을 가려주거나 양육자로부터 떨어져 있기를 원할 수도 있다. 특히 변을 볼 때 그런 경향이 있는데, 그러한 이유로 이들에게 배변 훈련을 시키는 것이 다른 아이들에 비해 더 어렵다. 또한 민감한 아이들은 집 밖에 있을 때 부끄러워서 화장실에 가고 싶다는 말을 잘 못 할 수도 있다.

이런 저런 이유로 화장실 가는 걸 자꾸 미루느라 변비에 걸릴 수 있고, 변을 보는 게 아프기 시작하면 더욱더 피하려고만 들 것이다. 민감한 아이에게 배변 훈련을 시키는 가장 좋은 방법은 유아용 변기를 잘 보이는 장소에 두고 아이의 옷을 벗겨놓는 것이다. 가볍고 친화적이고 내밀한 분위기를 유지하라. 아이와 당신, 단둘이서 말이다.

만약 배변 훈련을 두고 아이와 일종의 권력 싸움을 하고 있는 것 같다고 느껴진다면 한 발짝 물러서서 다른 분야에서 아이에게 권력을 좀 더 줄 수는 없는지 생각해보라. 배변 훈련 분야는 아이가 자신이 통제권을 휘두를 수 있다고 생각하는 분야고, 만약 그럴 수 있는 분야가 이 분야밖에 없다고 느낀다면 계속 그렇게 할 것이다.

④ 성기 놀이

대부분의 아기는 생후 10개월경이 되면 자신의 성기를 발견하고 그

것을 가지고 놀기 시작한다. 이는 성적인 즐거움을 얻기 위해서가 아니라 단순히 호기심을 만족시키고 신체로부터 위안을 받기 위해서다. 아기들은 엄마의 가슴을 어루만지는 것처럼 자신의 몸도 어루만진다. 생후 18개월경이 되면 어떤 아기들은 자위행위로부터 진짜 성적인 흥분을 느끼기 시작하는 것처럼 보인다. 다시 말해 명확히 의도적으로 자신을 흥분시키고 있고 몰입해 있다는 것이다.

당신이 아이의 자위행위를 단순히 무시할 작정이라면 이 특정한 즐거움에 어떠한 동조도 보여주지 말고 다른 것들에 동조를 많이 보여주길 바란다. 민감한 아이는 이것이 승인되지 않는 행위라는 사실을 거의 확실히 깨달을 것이다. 하지만 당신은 그러한 메시지를 주고 싶지 않을지도 모른다. 성기와 성기가 주는 기쁨을 포함해서 모든 종류의 자기 탐색은 발달의 자연스러운 한 과정이다. 그리고 성에 대한 교훈은 평생 동안 지속된다. 물론 아이는 성을 애착과 친밀함과 연관 짓도록 배우지 냉혹한 침묵과 연관 짓도록 배우지는 않을 것이다.

당신은 자신만의 시각과 문화적 가치 모두를 함께 고려해보고 싶을 것이다. 하지만 '중립적'보다는 긍정적으로 접근하는 게 더 좋다는 게 내 의견이다. 중립적이라는 말은 보통 부정적이라는 말로 해석되기 때문이다. 아마도 제일 좋은 방법은 자위행위를 하는 건 괜찮지만 사적으로 행해야 한다고 대화를 나누는 일일 것이다.

분노발작tantrums과 미운 두 살terrible twos이라는 주제에 관해 나는 민감한 아이들이 다른 아이들보다 더 까다롭게 군다는 증거를 아직 발견하지 못했다. 사실 어떤 면에서는 민감한 아이들이 더 수월할 것이다. 하지만 민감한 기나긴 하루나 피곤한 활동에 밀어붙여질 대로 밀어붙여진 상태라면 이들은 신경질을 부리고 격노할 것이다. 그럴 때는 이미 논의한 바 있는 과잉 자극과 강렬한 감정에 대한 대처 방법을 적용해보기 바란다.

일상의 문제에 대처하기

모든 1세에서 5세의 아동에게 적용될 수 있는 조언으로 돌아와서 가장 발생할 가능성이 높은 매일의 이슈에 대해 살펴보자.

① 악몽

이 시기에 악몽을 꾸는 것은 정상적인 일이다. 민감하지 않은 아이들도 마찬가지다. 대부분의 아이들은 버림받거나 공격받는 꿈을 꾸는데, 이 두 가지가 그들이 직면하고 있는 가장 큰 위험이기 때문이다. 당신은 아이에게 모든 게 안전하고 아이가 사랑받고 있다는 사실을 확인시켜주고, 악몽은 꿈일 뿐이지 현실은 아니라고 안심시켜주면 된다.

하지만 민감한 사람들은 일생 동안 그렇지 않은 사람에 비해 더욱 강렬한 꿈을 꾸는 경향이 있다. 그래서 어느 시기에는(물론 한 살보다는 다섯 살이 나을 것이다) 아이가 이를 수용하고 활용할 수 있도록 돕는 게 좋다. 간밤에 꾸었던 나쁜 꿈에 대해서 아침에 함께 이야기를 나눈다면 아이는 악몽이 던져놓았던 어두운 그늘에서 벗어날 수 있을 것이다. 또한 왜 그런 꿈을 꾸게 되었는지 설명해줄 수도 있을 것이다. 전날 뭔가 놀랄 만한 일을 경험했을지도 모른다. 그리고 아무리 악몽일지라도 꿈에서 배울 수 있는 게 있다고 가르칠 수 있다. 악몽은 우리에게 현재 어떤 고민거리가 있는지 생각해볼 수 있게 해주고, 우리가 두려워하는 것에 어떻게 대처할지 대비하도록 도와줄 수도 있다.

만약 무서운 꿈이 아니라 흥미로운 꿈이라면 간단한 아이디어를 적용해 꿈을 해석해볼 수도 있을 것이다. "왜 곰이 꿈에 나타났을까?" ("어떤 곰 인형을 원하니?"로 해석할 수 있다) 혹은 "왜 그 요정이 그렇게 네 관심을 끌려고 애썼을까? 얘기를 나눌 수 있다면 그녀가 무슨 말을 할 거 같아?"

나는 어떤 가족을 알고 있는데 이 가족은 매일 아침마다 부모의 침대에 모여서 하루를 시작하기 전에 간밤에 꾼 꿈에 대해 이야기한다. 꿈을 '분석하지는' 않지만 그들은 서로의 정신 안에서 어떠한 일들이 일어나고 있는지 가볍게 관찰할 수 있다.

공포 영화나 TV를 볼 때 느끼는 공포감. 대부분의 민감한 아이들은 소설이나 영화나 TV에 무섭거나 슬픈 장면이 나오면 큰 고통을 받는다. 하지만 민감하지 않은 많은 아이는 이에 대해 전혀 문제를 느끼지 않고 오히려 그런 장면이 있어야 이야기가 재미있어진다고 생각한다. 게다가 대부분의 미디어는 민감한 아이를 염두에 두지 않고 프로그램을 만든다. 당신은 아이를 이러한 매체로부터 보호할 수 있을 거라고 생각할지 모르지만 아이는 다른 집을 방문할 때나 심지어 학교에서도 이러한 장면들을 볼 기회가 많다. 당신은 아이가 〈밤비〉나 〈호두까기 인형〉을 볼 수 있게 되길 바라는가? 하지만 무서운 장면들은 어떻게 할 것인가?

민감한 아이에게 자신이 통제권을 가지고 있음을 가르쳐라. 그런 장면이 나오면 방을 떠나도 된다고 말이다. 혹은 그런 장면이 나올 거 같으면 당신이 아이에게 직접 말해줄 수도 있다. 아이는 눈을 감고 귀를 막을 수 있다. 또는 다른 사람에게 무서운 장면이 나오는지 물어보고 구체적으로 어떠한 장면인지 알아내 충격을 완화할 수도 있을 것이다.

② 섭식 문제

이미 앞에서도 말했고 민감한 아이의 부모들이 강조하는 것처럼 아이가 자신이 먹을 것을 결정하도록 내버려두어라. 그렇게만 하면 음식에 관련된 문제는 거의 없을 것이다. 음식을 담을 때 좀 힘이 들 수는 있다. 파스타의 한 부분에 스파게티 소스가 묻지 않도록 조심하거나 브로콜리와 감자가 닿지 않도록 유의하면서 말이다. 그러나 이 정도는 충분히 감당할 수 있다. 요구 많은 작은 꼬맹이 때문에 즉석 요리사가 되지 않도록 주의하라. 하지만 다른 식구들이 민감한 아이가 먹지 못하는 음식을 원할 때 아이에게 따로 스크램블 에그 하나 해주는 것쯤은 괜찮을 것이다. 당신이 집 안으로 정크 푸드만 들이지 않는다면 아이는 오랜 인고의 시간 끝에 충분히 균형이 잘 잡힌 식단을 선택할 것이다.

또한 당신은 다음 식사 메뉴를 아이와 미리 상의해, 아이가 즐겁게 식탁으로 와 자신이 준비를 도운 음식을 먹게 된 사실에 행복해하며 기대에 들뜨게 할 수도 있을 것이다. 식사 시간은 사회적인 시간이다. 그러므로 즐거워야 한다. 식사 시간을 행복한 시간으로 만들면 아이는 자기가 거부했던 음식을 다른 사람들이 맛있게 먹는 모습을 보고 한번 시도해봐야겠다는 마음을 먹을 수도 있다. 그리고 민감한 아이에게 음식을 공손히 거절하는 법을 가르치도록 하라. 당신과 함께 있을 때 공손할 필요가 없다면 아이는 다른 테이블에 가서도 공손하게 굴지 않을 것이다.

이는 예의범절의 이슈를 야기한다. 어린 시기에 테이블 매너에 대해 너무 많이 강조하면 민감한 아이는 긴장하거나 분노하거나 식사 시간 동안 수치감을 느낄 수 있다. 그러나 가르침이 부족하면 미래에 다른 사람들과 함께 있을 때 더 긴장하고 당황할 수 있다. 그러므로 가르쳐야 할 리스트를 한번 만들어보길 바란다. 입을 다문 채 씹기, 냅킨 사용하기, 테이블에서 팔꿈치 떼기 등 이 리스트를 보고 당신은 결국 모든 걸 가르칠 수 있다는 확신을 가질 수 있을 것이다. 그러고 난 후 한 번에 한 가지씩 정복하길 바란다. 모든 가족이 참여하는 게임으로 만들어도 좋다. 항상 모방이 제일 효과 좋은 방법이라는 점을 명심하라. 민감한 아이들은 보통 다른 사람들이 하는 것을 잘 알아채고 따라 하고 싶어 한다. 질책할 필요도 없다. 가끔씩 일깨워주면 될 뿐이다.

③ 외식

식당에 가기 전에 아이에게 메뉴에 대해 아는 대로 얘기해주고 무엇을 주문할지 계획을 세우도록 도와주어라. 주문하는 법을 미리 연습해보든지 당신이 대신 주문해주겠다고 말하라. 색다른 경험과 새로운 음식을 소개해주기 위한 방식으로 종종 새로운 식당을 이용하라. 아이가 별로 가고 싶지 않은 것 같으면 단골 식당으로 가는 게 좋다.

식당 예절에 관해서라면 나는 매우 어린 아이들이 식당에 몇 시간이고 얌전히 앉아 있는 것을 본 적이 있는데 아이들의 욕구를 조금만 배려해준다면 충분히 가능한 일이다. 가령 간단한 간식거리, 조용히 보거나 갖고 놀 수 있는 장난감 등을 준비하면 된다. 또한 회전목마 앞에서 줄을 서서 기다리는 것과 마찬가지로 외식을 특별한 경험으로 받아들이게 하면 큰 도움이 된다.

하지만 어떤 아이들은 가만히 앉아 있는 데 몇 년이 걸릴 것이다. 이들은 천성적으로 가만히 있을 수 없거나 너무 활동적인 것뿐이다. 기대를 아이의 연령과 기질에 맞춰 조정하라. 일행 중 누군가가 그럴 의향이 있다면(의향은 있지만 생각해내지 못할 때가 많다) 순서를 정해 아이를 데리고 나갔다 들어오게 하거나 아이를 데리고 레스토랑 안에 있는 흥미로운 물건들을 구경하게 하라. 아이도 다른 모든 사람처럼 외식할 때 즐거운 시간을 보낼 수 있어야 한다.

④ 옷과 관련된 문제들

옷 입기와 옷 관련 문제들에서는 다시 말하지만 가능한 한 아이의 욕구와 취향을 따라주도록 하라. 세 살 때부터 앨리스는 자기 옷을 직접 골랐다. 당신의 아이도 그럴 수 있다. 민감한 아이들은 상표와 옷감이 거칠다고 느끼고 양말과 신발이 답답하다고 느낀다. 민감한 아이가 이러는 것은 완전히 정상적이다. 아이를 쇼핑에 데려가서 어떤 옷이 편한지 선택하게 하고 입지 않는 옷은 버릴 수밖에 없다는 사실을 알려주어라. 차분한 상태로(화를 내서는 '안 된다') 두 사람이 무엇을 잘못 샀는지 그리고 다음번에 그러지 않으려면 어떻게 해야 하는지 이야기를 나눠봐라.

외양을 위해 아이가 특정한 유형의 옷을 입어야 할 필요가 있을 때는 타협을 하라. "일단 드레스를 입고 갔다가 피로연이 끝나면 편한 옷으로 갈아입자."

아이가 무엇을 입어야 할지 결정할 때와 옷을 입을 때 시간을 넉넉히 제공하라. 문제가 될 것 같으면 무슨 옷을 입을지 전날 밤에 미리 정해놓을 수도 있을 것이다.

찾기 쉽게 옷장을 잘 정리해놓아라. 안에 무엇이 들어 있는지 그림을 그려 서랍이나 바구니에 라벨을 붙여놓아도 좋다. 한번 입을 옷 전체를 함께 두는 것도 좋은 아이디어다(셔츠, 바지, 속옷, 양말을 한 세트로 말이다).

⑤ 잠자리 시간과 수면

잠에 드는 것과 잠에서 깨는 것은 중요한 전환transition이다. 규칙적인 일과로 정해놓는 것이 좋다. 잠자리에 들기 전에 해야 할 일들을 '목록'으로 그려서 붙여놓고 아이가 그 목록에 따라 당신을 리드하게 하라. 잠자리에 들기 전에 차분한 상태가 되기 위해 무언가를 일상적으로 하라. 목욕, 책 읽기, 기도 혹은 두 사람이 함께 결정한 무엇이라도 좋다. 또한 아이가 입고 싶은 것을 입고 자게 하는 게 좋다. 아이가 침대에서 자꾸 빠져나오려고 하면 '침대 탈출용 카드'를 한번 만들어보아라. 자유롭게 카드를 사용할 수 있지만 일단 다 써버리고 나면 더 이상 빠져나올 수 없게 규칙을 만드는 것이다.

방을 어둡게 하고 창문에 커튼을 달아 밤이나 아침에 밖에서 불빛이 들어오지 않도록 하라. 아이가 칠흑 같은 어둠보다 아늑한 불빛을 좋아한다면 간접조명을 이용하라. 방에 카페트와 깔개를 깔아 발소리가 나지 않게 하고 집 전체를 조용한 분위기로 유지하라. 또한 당신도 충분한 수면을 확보할 수 있도록 노력하는 게 좋다.

아이가 한밤중에 깬다면 무슨 이유인지 알아내야 할 것이다. 무서워서? 외로워서? 목 말라서? 너무 더워서? 과잉 자극 때문에 진정하기 힘들어서? 솔터 박사는 때때로 잘 우는 것은 그것만으로 충분하다고 말한다. 만약 아이가 깨어 있으려고 한다면 침대 탈출용 카드를 한 번 더 사용해 보라. 그리고 아이에게 깨어 있어도 괜찮지만 아침에 기분 좋게 일어나려면 잠을 잘 자야 한다고 말하라.

⑥ 쇼핑과 심부름

한 민감한 아이의 부모는 이 주제에 관해 최고의 조언을 남겼다. '2의 법칙'인데 민감한 아이에게 절대 하루에 두 개 이상의 심부름을 시키지 말라는 것이다. 이것이 전부다. 쇼핑과 심부름은 민감한 아이들에게 매우 힘든 일이다. 차에 타고 내리고, 커브를 돌거나 멈출 때 흔들리고, 창밖으로 풍경이 빠르게 바뀌고, 차 안에서는 온갖 일들이 일어나고, 각 장소에 갈 때마다 다른 환경이 펼쳐지고, 때때로 '안 좋은 분위기'가 형성되고, 감각이 마비될 정도로 온갖 것이 넘쳐난다(무뚝뚝한 종업원, 우중충한 배경, 좋지 않은 공기 등).

당신은 자동 주차장이나 편의점에 익숙해져 있을지 모르지만 민감한 아이는 생전 처음 보는 것들이다. 당연히 민감한 아이들도 이러한 것들에 노출돼야 한다. 자기가 태어난 세상이기 때문이다. 하지만 조금씩 점차적으로 해야 한다. 어디로 갈 건지 얼마나 걸릴 건지 아이에게 말해주고 한

번 한 약속은 가벼이 깨트리지 않도록 유의하라(당신은 아이가 약속을 어기는 걸 원치 않을 것이다. 마찬가지로 당신도 약속을 어기지 않도록 노력하라).

⑦ 자동차 여행

차에 타고 차에서 내리는 일에 일종의 패턴을 만들어라. 예를 들어 모든 사람이 완전하게 안전벨트를 맬 때까지 차를 출발시키지 않으면 야단법석 떨 일도 없을 것이다. 누가 어느 자리에 앉을지 정하고 이를 지켜라. 장거리 여행일 때는 30분마다 한 번씩 혹은 한 시간마다 한 번씩 휴식을 취하라. '어서 빨리 가고 싶은' 운전자에게는 너무 자주 쉬는 것처럼 보일지 모르지만 더 많이 쉴수록 더 멀리 갈 수 있다.

쉴 때는 가급적 차 밖으로 나오는 게 좋다. 패스트푸드를 사 먹는 것보다는 많은 차와 음식점이 있는 소란스러운 곳에서 벗어나 싸가지고 온 간단한 음식으로 피크닉을 즐기는 게 좋다.

차 안에서는 아이의 긴장 수치를 적절하게 유지하도록 노력해야 한다. 아이가 지루해하는가? 아니면 지나치게 자극을 받았는가? 하고 있는 일을 바꿈으로써 수치를 조정할 수 있을 것이다. 대화하기, 게임하기, 음악듣기, 노래하기, 창밖 쳐다보기, 완전히 조용한 시간 가지기 등 여러 가지 일을 할 수 있을 것이다.

⑧ 민감한 아이의 방

민감한 아이에게는 정말로 자기 방이 필수적이다. 가능하기만 하다면 말이다. 민감한 아이는 프라이버시, 가만히 있을 수 있는 공간, 자신이 환경을 통제할 수 있는 기회를 필요로 한다. 아이들이 방을 같이 써야 할 수밖에 없다면 민감한 아이가 민감하지 않은 아이와 한 방을 쓰지 않도록 하는 게 좋다. 특히 민감하지 않은 아이가 나이가 더 많을 때에는 더욱 그러는 게 좋고, 서로 사이가 좋지 않다면 말할 필요도 없을 것이다. 의견 충돌이 생기고 한 명이 지배하게 될 가능성이 매우 크기 때문이다. 다른 방법을 쓸 수가 없다면 방 안에 파티션을 놓아 분명하게 경계선을 확정지어 주어야 한다.

민감한 아기를 위해 방을 꾸몄을 때와 같은 방법이 이번에도 적용된다. 구조를 단순하게 하고 카펫과 깔개를 깔아 발자국 소리를 흡수하라. 하지만 당신은 동시에 정리정돈하고 청소하기 쉬운 방을 바랄 것이다. 민감한 아이들은 알레르기를 가지고 있는 경향이 많기 때문에 먼지를 없애야 할 필요도 있을 것이다. 그러므로 세탁이 용이한 커튼과 깔개를 사용하기 바란다. 또한 장난감을 수납할 수 있는 공간이 충분해야 자극을 줄일 수 있다(선반보다 박스나 바구니가 낫다). 그리고 포스터나 사진을 너무 많이 붙여놓지 않는 게 좋다. 시간이 흐를수록 아이가 더 많은 것을 결정할 것이다.

가끔 일어나는 문제에 대처하기

① 병원 방문

어떤 의사나 의료 서비스 제공자를 선택하느냐는 민감한 아이에게 매우 중요하다. 민감한 아이가 병원을 방문할 때 어떠한 반응을 보일지는 거의 아이가 만나는 의사들이나 간호사들에 의해 결정된다(대기실에 있는 흥미로운 장난감이나 책들 혹은 당신이 가져온 물건들도 조금씩 영향을 미친다).

아들이 생후 3개월에서 생후 1년 3개월이 될 때까지 우리는 실력이 좋지만 성격은 그다지 좋지 않은 소아과 의사에게 진료를 받았다(아이를 매일 실외로 데리고 나가라는 걸 포함해서 지시 사항을 하나도 빠짐없이 다 써서 주던 양반이었다). 이 남자는 자신이 아기를 포함한 사람 자체를 모두 싫어한다는 점을 인정했고 그 말을 믿을 수밖에 없게 아기를 다루었다. 이후에 훌륭한 의사를 만났고 그 후로는 죽 좋은 의사들만 만났음에도 불구하고 아들은 지금까지도 의사에 대한 공포를 조금 가지고 있다. 나는 아들이 이 무정한 남자에게 첫 예방접종 때 어떻게 다뤄졌는지 무의식적으로 기억하고 있는 거라고 확신한다.

당신이 다니는 소아과 의사에게 아이의 기질에 대해 설명하고 이 전문가가 이에 대해 잘 '이해하는지' 살펴보라. 일종의 병인 것처럼 얘기한다든지 아예 얘기하지 않는다든지 할 필요 없다. 지금 읽고 있는 이 책 이외에도 장 크리스탈이 쓴 『기질 연구The Temperament Perspective』나 윌리엄 캐리와 숀 맥드비트가 공저한 『아이의 기질에 대처하기Coping with Children's Temperament』 등을 의사에게 빌려줄 수도 있을 것이다. 이 책들은 어린이를 다루는 전문가들을 위해 명확하게 기술되어 있다. 당신과 의료 서비스 제공자는 다음 사실을 알아야 한다.

- 민감한 아이는 통증을 더 많이 느낀다.

• 그 결과 민감한 아이는 불평을 더 많이 하고, 필요 이상으로 검사를 더 많이 받고, 약물 처방을 더 많이 받는다.

• 반면 어떤 아이들은 증세를 축소해서 말할 수도 있다. 수치심 때문에 머릿속에서 지워버렸거나 검사나 치료에 대해 안 좋은 경험이 있기 때문일 수도 있다. 그러므로 아이가 축소해서 말하는지 과장해서 말하는지 잘 살펴보는 게 중요하다.

• 민감한 아이는 두통을 더 많이 경험한다.

• 민감한 아이는 주사에 더 스트레스를 받는다.

• 민감한 아이는 입원 기간 동안 수행 능력이 떨어진다.

• 민감한 아이는 알레르기가 더 많다.

다음 말도 언급해야 한다. 민감한 아이들은 스트레스를 받지 않는다면 민감하지 않은 아이들보다 평균적으로 더 건강하다. 병치레를 덜 하고 부상도 덜 입는다. 하지만 스트레스를 많이 받는 상황에서는 이와 반대다.

또한 숫기가 없는 것이나 학교에서 말을 하지 않는 것, 슬픔이나 불안 등 일반적으로 민감성에서 기인한 행동들을 항우울제나 다른 약물로 치료할 필요가 없다는 점을 설명해야 한다. 그러기보다 아이들의 기질이 장점으로 작용하는 환경이나 사람들을 잘 찾을 수 있도록 가르치는 일이 더 필요할 것이다.

② 성과 관련된 질문들

"아기는 어디에서 오나요?"라는 질문을 비롯해 아이의 성적 놀이, 자위행위를 둘러싼 문제들, 옷을 벗고 있는 일nudity에 대해 당신은 매우 신중하게 반응해야 한다. 민감한 아이들은 성性이 매우 중대한 문제라는 점을 본능적으로 잘 알고 있다. 그러므로 아이가 질문을 던지면 자세하게 대답해주고 아이가 이에 관해 자주 물어보고 대화를 나눌 수 있도록 독려하라. 하지만 이 주제에 대해 어느 정도 노출하는 게 좋을지는 아이의 연령대를 고려해 항상 고민해야 한다. 필요 이상으로 많은 부분을 말하는 것도 좋지 않을 것이다.

당신 자신의 시각을 잘 살펴보고 무슨 말을 전달하고 싶은지, 그리고 무슨 말은 전달하지 않도록 주의해야 하는지 생각해보라. 사회적으로 수용될 수 있는 행동에 대해 설명해주고 만약 어떤 어른이 적절하게 행동하지 않는다면 아이가 알아차릴 수 있게 하라. 성이 왜 매우 사적인 일인지 설명해주고 수영복으로 가리는 부위들과 같이 사적인 신체 부위가 어디어디인지 알려주어라. 그리고 이 부위들을 보거나 만져도 되는 사람과 그렇지 않은 사람에 대해 명확하게 알려주어라. 의사는 특별한 예외로 언급하라. 아이가 혼란을 느낄 수 있기 때문이다.

문제는 아이의 연령대와 다른 곳에서 이 주제에 대해 노출될 때다. 두 살짜리 아이와 다섯 살짜리 아이는 매우 다른 욕구를 가지고 있다. 하지만 연령은 아이가 다른 곳에서 무엇을 배우고 있는지 알아내는 것보다는 덜 중요하다. 아이가 텔레비전을 자유로이 볼 수 있는 기회가 있는가? 혹은 당신 없이 혼자서 다른 아이들과 이야기할 기회가 있는가? 포르노에 대한 인터넷 접근은 어떠한가? (매우 현실적이고 심각한 문제다.) 기억하라. 아이는 알게 된 사실에 대해 매우 충격을 받고 그 사실을 부인하고 싶기 때문에, 혹은 자기가 이미 모든 것을 다 알고 있다고 생각하기 때문에, 혹은 자기가 너무 많이 아는 것 같아 수치심을 느끼기 때문에 당신에게 질문하지 않는 걸 수도 있다.

③ 파티 그리고 집에서 친구와 놀기

부모들과 아동 연구가들은 생일 파티가 얼마나 큰 사건인지 그리고 아이들에게 얼마나 스트레스를 많이 주는지 강조한다. 파티에 대해서는 다음 장에서 자세히 논의할 것이다. 단 민감한 아이를 위하여 파티를 계획할 때는 '민감한 아이의' 기질에 맞춰서 계획하길 바란다. 손님들에 맞추지 말고 말이다.

보통 생일 파티 규모는 주인공의 나이보다 1~1.5배 정도의 손님이 적당하다고 하지만 이는 민감한 아이에게 너무 많을 수도 있다. 가족끼리만 파티를 하거나 가족 외에 한 명의 특별한 친구만 초대하는 방법에 대해서 고려해보라. 단순하게 계획하길 바란다. 이 점에 대해서 목소리를 내야 한다. 양이나 허세 혹은 과도한 자극보다 상호작용의 질이 더 중요하다.

각 활동에 시간을 얼마씩 배분할 것인지를 포함해 파티의 계획과 준비 과정에 아이를 참여시켜라. 아이는 활동이 전환될 때마다 준비를 더 잘 할 수 있을 것이고 당신이 스케줄대로 할 수 있도록 도와줄 것이다. 파티가 끝나고 나면 아이는 허탈한 마음도 들 것이고 많은 감정이 남을 것이다. 처리해야 할 일도 많을 것이다. 집 안을 치우는 것보다 이러한 것에 우선적으로 신경을 쓰는 게 좋다.

어린 민감한 아이에게는 깜짝 파티를 열어주지 말길 바란다. 많은 민감한 사람들이 이 시기에 괴성을 지르면서 방 안에 가득 차 있는 아이들 때문에 깜짝 놀랐다는 얘기를 한다. 무뚝뚝하고 고마움도 못 느끼는 파티 주인공은 울면서 자기 방으로 뛰어 들어가버리고 실망한 부모는 이미 비참한 순간에 한술 더 떠 소리 지르고 수치심을 주고 처벌한다.

파티를 하는 동안 이번이 뭔가를 배울 수 있는 또 다른 경험이라는 점을 기억하라. 아이는 파티가 뭔지도 잘 모르고 파티에서 어떻게 행동해야 하는지도 잘 모른다. 그러므로 아이가 완전무결한 모습을 보일 거라고 기대하지 마라. 아이가 기분이 안 좋아지거나 압도된 것 같으면 파티 중간에 나와서 잠깐 쉬게 하는 게 좋다(다른 방에 가서 다른 무리와 어울릴 수 있도록 도와주는 것도 좋다).

선물을 개봉하는 일은 정말로 난관이다. 파티가 시작하기 전에 아이와 함께 웃는 연습과 고맙다고 말하는 연습을 하라. 게임처럼 해도 좋다. 희한한 선물들을 받는다고 상상해보면서 아이에게 매번 공손하게 "고맙습니다"라고 인사해보라고 하라. 거짓이 아닌 어느 정도 적절한 의견을 곁들이는 것도 잊지 말아야 한다. "와, 정말 매력적인 보아 뱀이에요. 할아버지. 목에 두르면 정말 멋지겠어요." 그럼에도 불구하고 민감한 아이는 그렇지 않은 아이에 비해 선물을 열 때 '적절하게' 반응하지 못할 수도 있다. 말하자면 실망이나 큰 기쁨, 놀라움 등을 잘 감출 수 없다는 말이다. 아이의 나이를 감안해 기대를 낮추고 대신 아이가 매년 얼마나 향상돼왔는지 돌아보길 바란다.

파티와 비교해봤을 때 친구들과 집에서 노는 일은 훨씬 단순하다. 친구를 집으로 초대하는 일은 여러 모로 민감한 아이에게 이상적이다. 모든 물건들이 익숙하고, 통제력을 느낄 수 있고, 자신만의 위치가 있다고 느낄 수 있다. 또한 당신은 아이에게 어떤 일들이 벌어지는지 관찰할 수 있다. 하지만 노는 시간을 적당히 짧게 하고 이런 시간을 지나치게 자주 갖지는 않도록 하는 게 좋다. 아마 일주일에 한 번 정도가 민감한 아이에게 적당할 것이다. 다른 아이들은 날마다 서로 어울리고 "누가 누구랑 친하대"와 같은 말이 부모들 사이에 대화 주제가 되어도 어쩔 수 없다.

다시 돌아오지 않을 시간을 즐겨라

이 시기에는 뭔가 순수하고, 천진난만하고, 신선하고, 재미있는 부분이 있다. 당신은 민감한 아이가 관찰하는 것들에 자랑스러움을 느끼고, 행복해하고, 웃음을 터트릴 것이다. 민감한 아이는 이 시기에 다시는 되풀이하지 않을 방법으로 당신을 사랑할 것이다(나는 내 아들이 내 무릎 위로 올라와서 마지막으로 안겼던 때를 정확히 기억한다. 아들은 여섯 살이었다. 나는 그 순간이 아이가 그렇게 할 마지막 때라는 걸 본능적으로 알았고 찰나를 충분히 음미했다). 어린 민감한 아이들에게는 정말 손이 많이 간다. 하지만 그들은 너무 경이롭다. 그러므로 이 귀중한 순간들을 기꺼이 맞이하고 마음껏 즐기도록 하라.

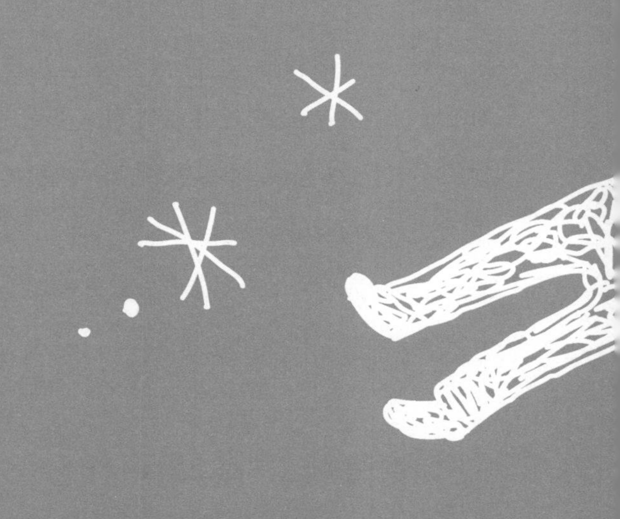

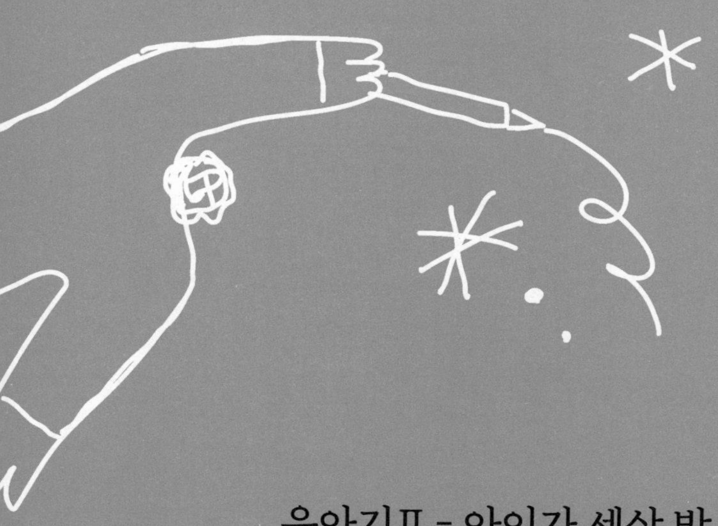

8장

유아기Ⅱ - 아이가 세상 밖으로 나갈 때

한 살부터 다섯 살에 이르는 민감한 아이가 세상을 처음 마주할 때, 부모는 어떤 일을 해줄 수 있을까? 모든 것이 안전하다고 느끼고 성공할 수 있다는 느낌이 들 때 앞으로 나갈 수 있도록 돕는 법을 살펴보자. 더불어 새로운 것을 마주했을 때, 주저하고 숫기 없어 하는 아이를 어린이집에 보낼 때 아이가 낙담하지 않고 변화를 이해할 수 있도록 돕는 법, 더 나아가 아이에게 맞는 어린이집을 선택하는 법에 대해서도 살펴보자.

민감한 아이는 확인하고 싶어 한다

잔디에 놓여 있는 담요의 가장자리로 기어갔다가 생전 처음 풀이라는 것을 보고 울음을 터뜨렸던 민감한 아이 월트에 대해 기억할 것이다. 월트는 걷기 시작한 후에도 새로운 것들을 만날 때마다 빈틈을 보이지 않았고 어찌 보면 이는 당연한 일이다. 창의력 교실에 처음 데려갔을 때 월트는 다른 아이들을 보고만 있었다. 사실 월트는 보는 걸 좋아했다. 수업시간이 끝날 때가 다 되어서야 월트는 참여하고 싶어 했다. 정확히 말해 월트는 두려웠던 게 아니다. 단지 시작하기 전에 관찰하고 싶었던 것뿐이다. 만약 뭔가 무서운 걸 봤다면 영영 시작하려 들지 않았을 것이다.

이 장은 월트 같은 아이가 두 살에 창의력 교실에서, 세 살에 다른 아이의 생일 파티에서, 네 살에 어린이집에서, 다섯 살에 유치원에서 만나는 여러 새로운 사람과 새로운 상황을 두려워하지 않게 돕는 걸 목표로 하고 있다. 그 후 보이 스카우트 활동에 참여하고, 데이트를 하고, 첫 직장을 구하거나 대학에 진학할 때에도 마찬가지다.

앞에서 어떤 민감한 아이들은 대담하고 외향적이라는 얘기를 한 적이 있다. 이들의 민감성은 더 감정적이거나, 음식이나 옷이나 소음이 더 감각적이다. 그런 면에서 이들은 다른 사람의 감정을 더 잘 인식한다. 대담한 이 아이들은 3장에서 논의한 탐색 추구 성향이 높을 가능성이 크다. 또한 6장에서 논의한 양육자와의 애착이 매우 안정적일 가능성 또한 크다. 그러나 앞서 정의내린 대로 민감한 아이들은 모두 정도는 다르지만 멈춰서 확인하는 성향을 가진다. 그러므로 이 장의 내용은 이러한 유형의 아이들에게도 적용될 것이다.

민감한 아이가 세상에 처음 나갈 때

사람들은 '숫기 없는' 아이들에 대해 이야기할 때 소심하다거나 겁이 많다는 식으로 싸잡아 이야기하는 경향이 있다. 하지만 숫기 없는 아이들을 연구한 결과 새로움에 대한 공포와 낯선 이에 대한 공포는 별개라는 사실이 밝혀졌다. 그러므로 우리는 이 장에서 이 둘을 서로 다른 종류의 공포로 분리해 취급할 것이다.

또한 민감한 아이의 트레이드마크라 할 수 있는, 진행하기 전에 멈춰서 점검하는 성향이 반드시 새로움이나 낯선 이에 대한 공포가 있음을 의미하는 건 아니라는 점을 기억해야 할 것이다. 이 시기에 혼자 노는 걸 좋아하는 아이들이 반드시 숫기 없는 아이들을 가리키지 않는다는 사실도 마찬가지다. 만약 민감한 아이가 따뜻한 성격이고 당신을 사랑하고 적극적으로 가장 놀이make-believe play에 참여하고 있다면 아무 문제도 없다(만약 아이가 그렇지 않다면 스탠리 그린스펀의 『조금 다른 내 아이 특별하게 키우기The Challenging Child』라는 책에서 자기몰입형 아이에 관한 부분을 읽어보길 바란다. 이 책이 도움이 되지 않는다면 소아과 의사를 만나보거나 전문적인 상담을 구하길 바란다). 만약 아이가 다섯 살이 넘어서도 계속 이렇게 혼자 노는 것을 좋아한다면 주위에서 이상하게 여기기 시작할 것이고 아이는 정말로 숫기가 없어질 수 있다. 정말로 숫기가 없다는 것은 다른 사람에게 평가를 받거나 거절당하는 것을 두려워하는 경향을 의미한다. 하지만 이는 6세 이하의 아동에게 그다지 흔하게 발생하는 일이 아니기 때문에 다음 장에서 더 자세히 논의하도록 하자.

아이가 새로운 상황에서 느끼는 공포의 본질

공포는 공포를 낳는다. 관련 연구가 이를 명확히 보여준다. 새로운 상황에 처할 때마다 우리의 평가 시스템은 두려워해야 하는 상황인지 아닌지 결정한다. 우리는 신체가 스트레스 호르몬으로 가득차거나 과거, 특히 대처 기술을 터득하지 못했던 어린 시절에 경험했던 무서운 것들에 노출되면 공포를 느끼게 된다. 공포가 너무 오랫동안 지속되면 '극도의 긴장 상태hyperexcitable'로 발전한다. 그러고 나면 공포는 자체의 생명력을 가지게 되고 어떠한 긴급한 위협이 없어도 불안으로 존재하게 된다. 그리고 어떠한 것을 경험할 때마다 영향을 미치게 된다. 이러한 종류의 불안은 매우 극복하기 힘들다. 공포는 미리 예방하는 게 훨씬 쉬우며, 특히 어린 시절에 예방하는 게 더 쉽다. 새로운 상황을 접할 때마다 민감한 아이들은 세 가지 유형의 질문을 던진다.

첫째, '앞으로 나아가도 안전할까?' 상처받을까, 행복할까? 성공할까, 실패할까? 아이의 대답은 과거의 비슷한 상황에서 어떠한 경험을 했는지에 달려 있다.

둘째, '이 일을 하는 데 필요한 힘이 내게 지금 있나?' 주위에 나를 지지해줄 사람이 있나? 나는 강한가? 충분한 휴식을 취했나? 아이의 현재 내면 상태와 부모와 다른 사람에게서 받은 지지와 격려의 경험이 이 질문에 대한 대답을 결정할 것이다.

셋째, '보통 모든 일이 잘 되나?' 새로운 상황에서 보통 나는 성공하는 편인가? 새로운 것들을 탐험하고 새로운 사람들을 만나는 건 즐겁나? 이 질문에 대한 대답은 아이가 지금까지 쌓아온 인생에 대한 전반적인 인상에 달려 있다.

아이가 이 질문들에 대한 답을 구하는 데 당신은 어떠한 영향을 미칠까? 당신은 민감한 아이가 멈춰서 점검해볼 때 주어진 상황의 안전성과 성공 가능성에 대한 첫 번째 질문에 현실적인 답을 하길 바랄 것이다. 사실에 근거해 행동하고 모든 것을 위험하다고 속단하는 대신 상황에 적절하게 대처할 수 있길 바랄 것이다. 아이는 상황의 '의미'를 확인할 수 있기를 원한다. 만약 아이가 기다란 끈을 보고 뱀이라고 생각한다면 당연히 두려울 것이다. 만약 자기 몸보다 더 큰 개를 보고 동화책에서나 듣던 늑대나 사자 같다고 생각한다면 아이는 당연히 확인이 필요할 것이다. 만약 아이가 최근 당신으로부터 분리된 경험이나 무서운 경험 때문에 불안정한 상태라면 더욱 확인을 요망할 것이다.

준비가 되어 있느냐는 두 번째 질문에 대한 대답에 당신은 첫 번째 질문보다 더 큰 영향을 미친다. 새로운 상황에 처할 때마다 아이의 욕구와 감정에 잘 반응해 자신이 안전하다고 느끼게 하라. 당신에게 최대로 지지받고 있다고 느끼게 하고, 자신이 준비가 되어 있고 적합하다고 느끼게 하라. 만약 그렇지 않다면 현실을 아는 것 또한 매우 중요하다. 아이는 자신이 아직 준비가 되어 있지 않다는 것을 알아야 하고 준비가 될 때까지 기다려야 한다.

마지막으로, 세상을 전반적으로 어떻게 바라보고 있는지에 대한 세 번째 질문에 대답할 때 당신은 아이가 즐거웠던 기억, 그리고 성공했던 기억의 보고寶庫를 떠올릴 수 있기를 바랄 것이다. 이 부분에서 당신은 아이가 살고 있는 현실을 가장 효과적으로 통제할 수 있다. 그렇다. 세상에는 위험이 존재한다. 그러나 풍부한 기쁨과 모험, 다른 사람들의 친절 또한 아이를 기다리고 있음을 간과해서는 안 된다.

취학 전 아동의 자신감을 키워주는 법

즐거웠던 기억 그리고 성공했던 기억의 보고를 채우는 임무는 민감한 아이들에게 특히 어렵다. 왜냐하면 모든 사람은 지나치게 긴장하면 불편해하고 실패하기 쉬운데 민감한 아이들, 특히 이 연령대의 민감한 아이들에게 새로운 상황은 매우 생경하기 때문이다. 조마조마하고 자극적이고 이상하다. 그러므로 아이들은 지나치게 긴장하게 된다. 따라서 당신은 민감한 아이가 세상 밖에 나갈 때 자신이 안전하고 지지받고 있다는 느낌을 받을 수 있도록 노력해야 할 뿐만 아니라, 긴장을 적절한 수치로 유지하는 데 최선을 다함으로써 아이가 새로운 경험을 즐거운 기억으로 받아들일 수 있게 해야 한다.

물론 그다지 좋지 않은 경험들도 생기기 마련이고 이러한 경험들도 나름의 가치를 가지고 있는 건 사실이다. 당신이 도와준다면 아이는 이러한 경험들로부터 역경에 대처하는 법과 공포를 극복하는 법을 배울 수 있을 것이다. 하지만 민감한 아이는 실제로 안 좋은 결과를 맞이한 적이 그리 많지 않음에도 불구하고 이에 대해 상상을 많이 한다.

민감한 아이, 특히 이 연령대의 민감한 아이를 무서운 경험으로부터 보호하는 것은 매우 중요하다. 이 연령대는 '벼랑 밑으로 굴러 떨어뜨려 놓고 스스로 올라오도록 두는' 그러한 시기가 아니다. 만약 나쁜 일이 생기면 '함께' 의논하고 함께 헤쳐 나올 수 있도록 노력해야 한다. 이 시간이 무사히 지나갈 것이라고 아이를 안심시켜야 하고 적어도 아이를 두렵게 만드는 짐을 나눠질 수 있어야 한다. 이러한 노력은 아이가 안 좋은 일을 혼자 계속해서 되짚어봄으로써 만성적인 초긴장 상태로 발전하지 않도록 막아줄 것이다.

마지막으로 당신은 밀어붙이기와 보호하기 사이에서 균형을 잡아야 한다. 걸음마기 연령의 안전 애착된 민감한 아이와 불안전 애착된 민감한 아이의 대처 능력을 비교하는 연구에서 안전 애착된 민감한 아이는 대처 능력이 뛰어났으며, 이들의 엄마는 평균적인 엄마보다 밀어붙이는 성향이 강하지 않았다. 불안전 애착된 민감한 아이의 엄마는 강압적이었으며, 아이가 과잉 자극을 피하는 자신만의 대처 기술을 적용할 수 있도록 내버려두지 않았다. 내 추측은 이렇다. 이 실험에서 모든 엄마는 아이가 대처 능력이 뛰어나게 보이길 원했을 것이고, 그러한 이유로 아이를 약간씩 밀어붙였을 것이다. 그러나 불안전 애착된 아이의 엄마는 진짜로 밀어붙이는 불안정하고 무신경한 스타일이었고, 안전 애착된 아이의 엄마는 적절한 정도로 밀어붙이는 스타일이었다. 무엇이 겁이 많은 아이를 만드는지에 대한 연구에 따르면 기질은 이에 결정적인 역할을 한다. 하지만 또 하나의 중요한 요소는 무신경하고, 아이를 과도하게 통제하려 드는 부모였다.

민감한 아이의 부모로서 당신은 아이가 새로운 상황에 처할 때 과잉 보호와 지나친 강압 사이에서 적절한 균형점을 잘 찾아야 한다. 어떤 방법들을 이용할 수 있을까? 우선 직관을 이용해 아이의 신체 움직임, 말, 목소리 톤, 얼굴 표정 등을 잘 관찰하라. 아이가 이 일을 진정으로 하고 싶어 한다는 사실을 알 수 있을 때 아이에게 힘을 실어주어라. 말하자면 아이가 그 일이 막 일어나기 직전까지 원할 때 말이다. 우리 모두는 그런 면에서 어느 정도 비슷하다. 우리는 여행할 수 있는 기회나 대화를 나눌 수 있는 기회를 갈망한다. 그 일이 막 일어나기 직전까지만 말이다. 그 일이 막상 일어나면 그러지 말걸 그랬다 하는 생각도 든다. 하지만 우리는 용기를 내 앞으로 나아가지 않는다면 나중에 후회할지도 모른다는 사실을 잘 알고 있다. 다만 아이는 아직 그 사실을 모르고 있을 뿐이다.

하지만 아이가 너무 초조해한다거나 주저한다거나 지나치게 긴장했다거나 아이의 능력을 넘어서는 일이라 실패할 게 확실해 보인다면 당신은 일단 뒤로 물러서는 게 좋다.

공포의 원인이 분노일 수 있다

모든 공포가 솔직하게 표출되는 것은 아니다. 민감한 아이들은 '내면화의 달인internalizers'이다. 이들의 공포, 슬픔, 분노 등은 직접적으로 표출되지 않고 눈앞에서 사라져 내면으로 침잠한다. 민감한 아이들이 소리를 지르거나 때리거나 거짓말을 하거나 물건을 훔침으로써 분노를 행동화하는 경우는 별로 흔치 않다. 예를 들어 동생이 새로 태어나서 화가 난다거나 어떤 일에서 따돌림을 받았을 때 민감한 아이는 뭔가 악의 있는 행동을 하고 싶어 할지도 모른다. 하지만 민감한 아이들은 분노에 대해 두려워하고, 처벌을 받을 수 있다는 사실뿐만 아니라 나쁜 짓을 한다는 것 자체에 대해서도 두려워한다. 그러한 이유로 감정은 깊이 묻힌다.

이러한 착한 아이의 부모는 의기양양하다. 아이는 상황에 잘 대처하고 어떠한 분노도 어떠한 문제도 없다. 그러나 아이는 깊은 무의식 속에서 파괴적인 생각에 마음을 뺏기고 있을지도 모른다. "나는 사람들이 내게 한 나쁜 일이 미워. 나는 사람들을 미워하기 때문에 나쁜 아이야. 나는 내

안에 있는 나쁜 것과 싸워야 해. 이건 너무 위험해."

갑자기 공포가 솟구친다. 그림자나 솔방울, 특정한 모양이나 패턴과 같은 많은 것에 대해 비이성적인 공포가 생긴다. 부모도 아이도 이들 사이에 어떠한 관계가 있는지 전혀 알지 못한다.

만약 아이가 너무 착하고 동시에 너무 두려움이 많다고 생각된다면 아이가 분노를 표출할 수 있게 해보라. 화를 일으켰을지 모르는 원인들에 대해 아이와 함께 탐색해보라. 예를 들어 당신이 아이에게 화를 낸 것 때문일 수도 있고, 행동에 제약을 했기 때문일 수도 있고, 곁에 있어주지 않은 것 때문일 수도 있다. 형제 간에 라이벌 의식은 없는지 살펴보라. 아이가 이러한 감정들에 대해 솔직하게 이야기할 수 있도록 독려하라. 때로는 마법처럼 자연스레 일이 해결되기도 한다.

아이들이 새로운 환경을 두려워하지 않도록 돕는 법

지금까지는 공포에 대해 일반적인 얘기를 나눴고 이제부터 새로운 환경에서 두려워하지 않을 수 있는 법과 새로운 사람을 만났을 때 두려워하지 않을 수 있는 법에 대해 구체적으로 알아보도록 하겠다.

민감한 아이가 공포를 느끼지 않고 새로운 상황에 성공적으로 진입할 수 있도록 돕는 데는 여러 방법이 있다. 한 가지 방법은 미리 계획하는 것이다. 또 다른 방법은 당신의 순간적인 반응에 관한 것이다. 일단 계획하기부터 살펴보자.

• 도움을 구하라. 책임자가 있으면 아이의 망설임에 대해 의논하고 두 사람 각자가 이를 극복하는 데 어떤 역할을 할 수 있을지에 대해 의논해보라. 혹은 아이의 친구를 데려오거나 행사에 참여하는 다른 아이들의 이름을 알아내 그들 중 한 명과 아이를 행사 며칠 전에 미리 만나보게 하라. 아마 당신 집에서가 좋을 것이다.

• 환경에 대해 아이와 미리 논의하라. 아이가 해변이 어떻게 생겼는지, 부활절 달걀 찾기 행사에서는 어떤 일들이 벌어지는지 다 알고 있을 거라고 추정하지 마라. 아이와 미리 이야기를 나누면 아이가 나중에 깜짝 놀라는 일도 없을 것이다.

• 덜 바람직한 결과가 발생할 때 어떻게 대처할 것인지 얘기해보라. "달걀을 하나도 찾지 못하면 어떤 기분일 거 같아?"

• 그 경험에서 벗어나거나 멈출 수 있는 쉬운 방법을 제시하라. "네가 별로 좋아하지 않으면 그냥 엄마랑 나오면 돼."

• 자주 얘기하라. "잘 안될 수도 있지만 뭐 어때?" 다시 말해 당신 자신이 위험을 감수하는 모습의 역할 모델이 돼주도록 하라. 이렇게 말해줄 수도 있다. "한번 해볼까? 잃을 게 뭐가 있어? 없는 것 같은데?" "때때로 엄마도 정말 무서울 때가 있어. 그럴 때면 생각해보지. 일어날 수 있는 최악의 상황이 뭐지? 그다지 큰일이 벌어질 것 같지 않으면 그냥 해본단다."

• 경험의 일부분에 미리 친숙해지게 하라. 말을 타러 갈 것인가? 조랑말 몇 마리를 일주일 전쯤 묶어두고 쓰다듬게 하라. 장난감 조랑말을 먼저 타보게 하는 것도 좋다. 안장 위에 앉아보게 하고 움직여보게 하라. 야구를 하기 시작할 것인가? 야구공을 하나 사서 아이가 갖고 놀다 잠들게

해봐라.

• 아이의 감정 모두를 인정하고 그에 대해 이야기를 나눠라. "그거 하고 싶어요." "그거 하는 거 무서워요." "그거 안 하면 화낼 거예요?" "너무 흥분되고 궁금해요." "이런 느낌은 싫어요." 기억하라. 이러한 감정은 모두 존재할 수 있다. 한 가지도 무시하지 마라.

• 다시 말하지만, 아이가 충분한 휴식을 취하게 하고 밥을 잘 먹이고 준비를 제대로 시켜라. 만약 아이가 아직 준비가 안 되었다면 준비될 때까지 새로운 경험을 연기하라.

• 아이가 보이는 모든 열정의 신호에 호응하라. 어떠한 관심이나 열렬한 기대도 놓치지 마라. 이것은 멈춤 확인 시스템과 반대로 작용하는 돌진 시스템에서 나오는 것이다. 만약 아이에게 이러한 감정이 없다면 과장하거나 억지로 만들어내려고 애쓰지 마라. 그렇게 되면 당신은 항상 새로운 것을 시도해보라고 말하는 사람이 될 것이고 아이는 항상 거부하는 사람이 될 것이다. 아이는 실제로 두 가지 감정을 다 가지고 있음에도 불구하고 말이다. 다시 말해 이렇게 말하는 사람이 되지 말라. "봐, 미끄럼틀이야! 재밌을 거 같지 않니?" 신중한 아이의 자동적인 반응은 "저를 저기에 올라가게 할 수는 없을 거예요"가 될 가능성이 크다.

이러한 종류의 '분열'을 피하기 위해서는 아이가 보이는 열정을 부드럽게 짚어주면 된다. "미끄럼틀 타고 싶어 하는 것 같구나." 하지만 아이가 두려워하는 상태로 다시 돌아간다면 이 또한 동등하게 인정해주어라. "아래에서 보니 꽤 높아 보인다. 그렇지 않니?" 또한 아이가 즐겼던 유사한 경험에 대해 말해줄 수도 있고 아이가 사실 이 경험을 좋아한다는 것을 상기시켜줄 수도 있다. "네가 미끄럼틀 좋아한다는 거 엄마가 잘 알지. 이 미끄럼틀은 꼭대기까지 올라가기가 좀 어려워 보인다. 그렇지만 미끄럼틀이 높다는 건 내려올 때 그만큼 더 재미있단 뜻이지." 아이에게 '돌진'을 주장하는 논쟁은 피하도록 하라.

• 아이에게 삶의 열정에 대한 롤모델이 돼라. 소중한 것들을 가지는 것, 기대할 만한 것들을 가지는 것, 소박한 즐거움들. 거대한 이벤트보다 이러한 소소한 것들이 행복을 만든다. 그리고 이런 작은 즐거움들은 새로운 식당에 가본다든지 집에 돌아갈 때 다른 길로 가본다든지 하는 새로운 경험에서 올 때가 많다. 돌진 시스템은 이러한 경험들을 재미있다고 느끼게 해준다. 그리고 민감한 아이도 돌진 시스템을 가지고 있다. 시스템을 어떻게 작동시켜야 하는지 아이에게 보여주어라.

무엇보다 대화를 이용하라

민감한 아이의 부모들은 아이가 일단 대화를 나눌 수 있을 정도로 크자 아이가 새로운 상황에서 주저할 때 대처하는 게 많이 쉬워졌다고 얘기했다. 다음은 한 부모가 들려준 훌륭한 대화 모델이다.

그녀의 아들이 말했다. "엄마, 이 수영 수업 무서워요." "그래, 물론 그럴 거야." 그녀는 대답했다. "너에겐 완전히 새로운 일이니깐." (그녀는 아이가 수치심을 느끼게 하지 않고서 아이의 공포를 인정해주었다.) "엄마도 무서울 때가 있어요?" 아이가 물었다. "그럼, 항상 있지." (그녀는 공포가 정상적인 것임을 설명했다.) "엄마는 어떻게 해요?" "음, 만약 어떤 게 두려운데 정말로 하고 싶거나 혼자 남겨지기 싫으면 일단 시작해서 해보려고 노력해." (그녀는 자기조절 방법을 보여주고 있다.)

그녀는 이야기를 계속했다. "좀 더 쉽게 만들 수도 있지. 주위 사람에게 처음 배울 때 어떤 느낌이었는지 물어보는 거야." (그녀는 다른 사람과 대화하고 감정을 교류함으로써 대처하는 기술을 가르쳐주고 있다.) 그녀는 덧붙였다, "내가 첫 수업이라면 선생님한테 너무 긴장된다고 말했을지도 몰라." (그녀는 도움을 청하는 게 잘못된 일이 아니라는 것을 가르치고 있다.) "하지만 잘할 수 없을지 몰라도 일단은 해볼 거야. 재밌는지 재미없는지 알고 싶으니깐. 도전하지 않으면 아무것도 얻을 수 없잖아." (그녀는 위험을 감수해보도록 격려하고 있다.)

새로운 상황에 처한 아이를 돕는 단계별 솔루션

• 함께 새로운 상황으로 들어가라. 아이를 끌어들여라. 그리고 아이의 기분이 신중함에서 즐거움으로 바뀔 때 뒤로 한 발짝 물러서라.

• 다른 아이와 교류하게 하라. 친절하고 상냥해 보이고 여러 면에서 아이와 동등한 아이가 좋다. 아이와 비슷한 성향을 가진 아이도 좋다.

• 필요로 할 때 도와줄 수 있도록 옆에 있어줘라. 하지만 아이의 필요를 기대하는 것처럼 주위에 맴돌지는 마라. 만약 아이가 도움을 요청하면 요청의 강도에 반응을 매치하라. 서두르지 마라. 차분하게 대응하라.

"응?" 이 정도로 대답하는 게 충분한지 살펴보라.

• 낮은 단계부터 시작하게 하라. 그리고 아이가 이에 대해 놀림받지 않도록 아이를 보호하라. 다른 사람들에게 그들도 처음에는 다 그랬다는 걸 상기시켜줄 수도 있을 것이다.

• 복잡한 감정이 드는 게 정상이라는 점을 알려줘라. 당신이 처음 다이빙을 해보았을 때나 처음 말을 타고 질주해보았을 때 어땠는지 설명해주는 것도 좋다. 아이가 더 이상 계속하는 걸 거부하면 수치심을 느끼지 않게 조심하고 다음번에는 덜 초조할 거라고 알려주어라.

• 처음에는 무언가를 하고 싶어 하지 않다가 나중에 결정하는 일이 자주 있을 수 있음을 알려주어라. 아이가 처음 수영장에 들어갔을 때나 처음 고양이를 만졌을 때와 비슷할 거라고 말해주어라. 당신은 아이가 자신이 한걸음 나아갔다는 사실에 기뻐할 수 있도록 도와주고 있다.

• 인내심을 가져라. 그렇다. 겁에 질리거나 내면의 갈등을 겪고 있는 아이는 요구가 많고, 매달리고, 성마를 수 있다. 하지만 똑같이 화를 내면서 맞받아치는 것은 전혀 도움이 되지 않는다. 아이의 성마른 행동 아래 숨어 있는 공포에 집중하라. 기억하라. 당신은 난폭한 어떤 것을 길들이고 있는 중이다. 난폭하고 본능적인 충동을 잠재워 멀리 사라지게 하고 있는 중이다. 잘못 접근하면 아이의 긴장만 배가하고 결과적으로 소원을 성취하는 데 걸리는 시간만 길어질 뿐이다. 그리고 아이에게 절대 강요하지 말고 다른 누구가가 그렇게 하도록 허락하지도 마라. 잘못하다간 소탐대실하는 수가 있다. 강요받는다면 아이가 자신이 있는 그대로 존중받고 있다고 느끼거나 당신을 신뢰할 수 있겠는가? 아이가 공포로 압도되어 있을

때는 그 경험으로부터 얻을 수 있는 게 공포의 기억뿐이다.

새로운 상황에 진입할 수 있는 우회로 구축하기

당신은 아이가 새로운 상황에 처하면 우선 점검부터 하더라도 상황을 현실적으로 바라보고 안전하다고 판단되면 즐거움이나 성공을 기대하면서 앞으로 나아갈 수 있게 되기를 바랄 것이다. 그러므로 아이가 일단 무언가를 시도하고 나면 그 경험에서 긍정적인 부분을 짚어주는 게 좋다.

- 모든 사소한 성공에 대해 주의를 환기시켜줘라. 다른 사람들 앞에서 과장하거나 떠벌리거나 자랑하지 마라. 하지만 성공적이고 즐거운 경험을 했다는 사실을 확실히 인식시켜라. "미끄럼틀 재밌었어? 그래. 재밌었을 거라고 생각해. 너무 재밌어서 멈추기 힘들 정도였잖아."
- 발전했다는 점을 강조하라. 유사한 상황에서 1년 전이나 한 달 전에는 어땠는지 말해주라. 변화는 일련의 과정이다. 불가능한 일도 하룻밤새의 기적도 아니다. "언제나 그렇게 쳐다봤지만 한 번도 타보진 못했는데. 오늘 드디어 미끄럼틀 탔지? 대단해."
- 성공이나 실패가 아닌 시도 자체에 대해 칭찬하라. "중간까지 올라가본 것만 해도 대단한 거야."
- 아이가 자기보다 어린 아이를 대상으로 멘토의 역할에 서보게 하라. 아이가 전체 과정을 잘 기억할 수 있도록 자기가 어떻게 했는지, 그리

고 어떻게 공포를 극복하고 즐겼는지 복습해볼 수 있도록 하라.

• 아이가 자신이 주도권을 쥐고 있다는 느낌을 가질 수 있도록 자극하라. 또한 자신이 강하고 자신감 넘치는 주인공이라는 느낌을 가질 수 있게 하라.

다른 아이나 어른들에 대한 주저나 공포

이제 우리는 두 번째 유형의 공포에 대해 이야기할 것인데 낯선 사람들과 새로운 사회적 상황에 대한 공포가 바로 그것이다.

재닛은 발달 과정상 '그래야 하기' 전인 생후 6개월경부터 낯선 사람이 다가오면 머리를 숨겼다. 심지어 할머니, 할아버지를 며칠 동안 못 봤다가 다시 보게 될 때에도 익숙해지는 데 시간이 필요했다.

재닛이 두 살이 되자 그녀의 엄마는 아이에게 도움이 되기를 바라면서 재닛을 어린이집에 보냈다. "정말 힘들었죠." 재닛의 엄마는 회상한다. 할로윈이 될 때까지도 재닛은 담임교사에게 말을 붙이려 들지 않았다. 할로윈 날 재닛은 토끼 분장 옷을 입고 어린이집에 갔다. 얼굴에 가면을 쓰고서야 마침내 재닛은 말을 꺼낼 수 있었다. 그러나 담임교사와 이후 담당교사들은 재닛이 어린이집 생활 동안 높은 자존감을 유지하고 있었고 행복해 보였다고 말했다. 어린이집을 마친 후 재닛은 유치원에 갔는데 이곳을 좋아했다. 여전히 교사와 이야기하는 데 어려움이 있긴 했지만 그 해에 가까운 친구를 사귀게 되었고 열아홉 살이 된 지금도 연락하고 지낸다.

걸음마기의 민감한 아이들이 낯선 사람들을 싫어하는 것은 완전히 정상적이다. 아이들은 일종의 양가감정을 보인다. 멈춤 확인 시스템은 "조심해. 새로운 사람이야"라고 말한다. 돌진 시스템은 "사람들은 보통 아이들에게 잘해주니깐 계속 웃으면서 무슨 일이 일어나는지 볼 거야"라고 희망적으로 말한다.

당신은 아이가 다른 사람들로부터 대부분의 사람들은 위험한 존재라고 배우지 않길 바랄 것이다. 동시에 당신은 민감한 아이의 욕구를 존중해주고 낯선 사람에게 천천히 접근할 수 있도록 하고 싶을 것이다. 손님들에게 그들이 서두르지 않고 너무 들이대지만 않으면 아이와 곧 친해질 수 있을 거라고 말하라. 그럼에도 불구하고 아이가 여전히 긴장을 풀지 않으면 양해를 구하고 아이가 특정한 사람과 그냥 '서먹서먹한 상태로 있게' 둬라. 이 사람에 대해 당신이 모르고 있는 것을 아이는 알고 있을지도 모른다!

아이가 준비되기 전에 가까운 사람들이 서둘러 들이대지 않도록 유의하라. 내가 가지고 있는 최초이자 최악의 기억은 가족 모임에서 사람들에게 둘러싸여 이 사람에게서 저 사람에게로 건네지던 기억이다. 나는 공포에 사로잡혔고, 무력했으며, 나의 저항을 개의치 않는 어른들에게 심한 배신감을 느꼈다.

아이가 '지나치게' 친화적일 수도 있을까? 적어도 이 시기에는 아니다. 부모들은 유괴나 아동 성범죄에 대해 염려하기 때문에 아이가 낯선 사람과 접촉할 때마다 긴장한다. 통계적으로 일어날 가능성이 아주 희박한 일을 피하려는 노력에서다. 당신이 낯선 사람은 위험하다고 생각하면 민감한 아이는 이를 매우 잘 감지한다. 그러므로 위험 가능성에 대해 실제보다 과장해서 이야기하지 마라.

아이가 조금 더 크면 낯선 사람을 따라 차에 타지 말라든지, 어른들이 자기에게 어떠한 행동을 하면 안 되는 건지 등을 가르쳐줄 수 있을 것이다. 하지만 지금 이 시기에 위험에 대해 경계해야 할 사람은 아이가 아니라 바로 당신이다. 또한 당신이 경계하고 있다는 사실을 아이가 눈치채지 않도록 주의하라. 아이는 당신이나 신뢰하는 어른들이 주위에 있다면 낯선 사람과 접촉해도 안전하다고 추정할 수 있어야 한다.

아이의 사회적 머뭇거림을 간과하지 마라

이 시기 이후에도 숫기가 없는 것을 방지하기 위한 모든 연구 결과가 똑같은 점을 강조한다. 이 시기에 아이가 사회적으로 머뭇거린다면 다른 아이들과 어울릴 수 있게 도와라. 이후 시기에도 외톨이로 있는 것은 진짜 문제를 야기할 수 있다. 이러한 연구가 숫기 없음을 '고치는' 것에 관심을 두고 모든 사람이 외향적이어야 한다는 믿음에 기반하고 있는 것 같아서 편향돼 보일지 모르겠지만, 사회적 자신감은 어디서나 높이 평가받는 요소이기 때문에 어느 정도 일리가 있다고 할 수 있다. 조금이라도 사교성이 있거나 최소한 필요한 때에 사교적일 수 있다면 매우 유리할 것이다. 선택의 기회를 주기 때문이다.

게다가 인간은 모두 사회적 존재다. 모든 아이는 '잘 맞는' 사람이 있으면 더 차분해지고 더 안정적이 된다. 나란히 앉아서 조용히 같이 놀 수 있는 단 한 명의 사람만 있더라도 말이다. 또한 소수의 가까운 친구만을 두는 걸 선호한다 할지라도 그 특별한 소수를 선택하기 위해 일단 많은 사람을 만나봐야 한다는 점을 간과해서는 안 된다.

미네소타 대학의 아동 심리학자인 메건 거너는 학령기 아동이 1년 동안 보이는 코르티솔 수치에 대해 연구했다. 많이 주저하지만 어쨌든 결국 시도하기는 하는 아이들을 포함해서 새로운 상황에 뛰어드는 아이들은 처음에 코르티솔 수치가 높았다. 반면 뒤로 물러서 있는 아이들은 확실히 스트레스를 덜 받았다. 하지만 연말 무렵에는 앞으로 나선 아이들이 더 낮은 코르티솔 수치를 보였고 혼자 놀기를 고집한 아이들은 높은 코르티솔 수치를 보였다. 이들은 공포를 극복하지 못했고 결국 고립되고 사회적 지지 없이 홀로 남겨졌다.

요는 아이가 나중에 고통받지 않도록 하기 위해서 이 시기에 작은 심리적 외상을 일으킬 필요가 있다는 것이다. 즉 사회적으로 머뭇거리는 아이가 그룹에 들어가 어울릴 수 있도록 돕는 게 좋다. 또는 경험 많은 어린이집 교사에게 도와달라고 부탁할 수도 있다. 어떤 교사들은 정말로 이러한 일을 잘한다. 그리고 노파심에서 하는 말이지만 절대 걱정하지는 마라. 이 시기의 사회적 머뭇거림은 정상적이고 절대 문제의 징후가 아니다. 이후 시기까지 지속돼서 완고하고 적극적인 사회적 철수withdrawal로 발전하지만 않는다면 말이다.

낯선 사람에 대한 공포를 줄이거나 방지하는 법

우선 당신 자신이 주위 사람들에게 신중하다면 아이는 이를 따라 할 것이다. 그러므로 다시 한번 더 말하지만 당신은 아이의 롤모델이 되어야 한다. 숫기가 없다면 사람들을 집으로 초대해 이를 극복해보아라. 그리고 낯선 사람과 편한 태도로 대화할 수 있도록 노력해보아라.

이제 하지 말아야 할 일들에 대해 살펴보자. 정확히 내가 했던 일이다. 아들이 태어났을 때 우리는 브리티시컬럼비아에 있는 외진 섬에 살고 있었다. 우리는 아이가 생후 3개월일 때부터 생후 1년 3개월이 될 때까지 파리에 머물다가 그 섬으로 돌아갔다. 아들은 별다른 아픈 데 없이 건강했고 게다가 예방 주사도 다 맞힌 상태라서 아이가 세 살이 될 때까지 배를 두 번이나 갈아타고 차를 두 번이나 갈아타야 갈 수 있는 도심에 갈 필요가 없었다. 마침내 오랜만에 소아과 의사를 만나러 간 날 아이는 다른 아이를 보더니 초조한 듯 내게 물었다. "저건 뭐죠? 저 사람은 왜 저렇게 작아요?"

"오 맙소사." 나는 생각할 수밖에 없었다. "다른 아이들 집에라도 데려갔어야 했는데."

우리 부부 둘 다 어린아이에게는 같이 놀 또래 친구가 필요하다는 사실을 알지 못했다. 섬을 떠나 어린이집에 다니기 시작했을 때 아이가 무리에 끼지 않고 아주 오랫동안 보고만 있었음은 짐작하고도 남을 것이다.

하지만 당신은 더 잘할 수 있다. 민감한 아이들은 다른 아이들과의 사회적 경험을 일찍 시작하는 게 좋다. 그러나 일단 이 경험이 민감한 아이에게 잘 맞아야 한다. 즉 차분하고 명확해야 한다. 또한 당신은 신중해야 한다. 즉 잘 맞는 아이들을 찾아야 한다(동반하는 어른도 마찬가지다). 나는 당신이 단지 나이가 같다는 이유만으로 어떤 사람과 시간을 보내지는 않을 거라고 생각한다. 그렇다면 아이는 왜 그래야 하는가? 당신의 특별한 아이를 위해 적합한 아이들과 환경을 계속 찾아보라.

비슷한 또래 아이를 두고 있는 부모와 어울리는 방법을 이용해 시작해보는 것도 좋다(그 아이가 당신 아이보다 약간 어리더라도 민감한 아이에게 자신감을 줄 수 있다면 괜찮다. 또는 나이가 약간 더 많더라도 그 아이가 동생인 아이들을 잘 돌보는 스타일이라면 상관없다). 만약 두 아이가 같이 어울려서 잘 논다면 자주 만나라. 그 후 여러 엄마들과 아이들이 같은 방에 함께 있는 놀이 그룹으로 확대할 수 있을 것이다. 이러한 환경에서 당신은 아이가 어떻게 행동하는지 관찰할 수 있을 것이고 아이는 당신 곁에 있을 수 있어서 안심할 것이다.

다음으로는 다른 활동들을 시도해보아라. 가령 음악 수업이라든지, 미술 수업, 텀블링 수업 같은 수업을 듣게 하면서 다른 부모들과 함께 옆에서 지켜볼 수 있을 것이다. 하지만 다시 한번 말하지만 분위기가 좋은 그룹이어야 한다. 한 명이라도 다른 아이들을 괴롭히는 아이가 있거나 고통받는 아이가 있다면 분위기가 좋지 않을 것이다. 그러므로 신중하게 선택하는 게 좋을 것이다.

필요에 의해서 아이를 매우 이른 시기에 어린이집에 보낼 수밖에 없는 집도 있다. 이러한 상황이 가질 수 있는 이점들에 대해 살펴보자.

어린이집에서 하는 경험들의 중요성

어린이집은 아이가 집 밖으로 나와 사회 세계로 진입하는 걸 도와주는 훌륭한 방편이자 생의 대전환 격인 유치원에 대비할 수 있는 곳이다. 재닛의 엄마는 딸을 어린이집에 그렇게 일찍 보낸 게 잘한 일이었는지 늘 의문스러워했다. 두 살은 약간 이른 나이일지도 모르지만 내가 인터뷰한 교사들은 모두 민감한 아이들을 반드시 어린이집에 보내야 한다고 강조했다. '민감한 아이들에게 잘 맞는 곳이기만 하다면 말이다.' 그들 모두가 제시했던 공통적인 이유는 어린이집을 거치지 않으면 유치원이 민감한 아이들에게 너무 어렵게 느껴질 수 있다는 것이다.

게다가 부모들은 민감한 아이가 일주일에 두 번 정도만 어린이집에 가야 한다고 생각하는 반면, 교사들의 의견은 달랐다. 아주 짧은 시간 동안만 있더라도 날마다 올 때 수행 능력이 더 나아진다는 것이다. 그럼으로써 아이들은 규칙적인 일과를 가질 수 있고, 하루는 집에서 종일 보내고 다음 하루는 어린이집에서 종일 보냄으로써 습관과 익숙함이 주는 이점을 애써 놓칠 필요가 없다는 것이다.

아이가 새로운 사회적 상황에 놓일 때

당신은 아이가 새로운 경험들을 하면서 다른 사람과 함께 있는 것을 좋아하기를 바랄 것이다. 그러므로 민감한 아이가 특정한 아이와 잘 지내지 못한다면 더 이상 밀어붙이지 않도록 하라. 민감한 아이들이 정반대 성향의 아이나 스트레스가 쌓여 있는 아이와 잘 어울릴 수는 없다. 나중에 언젠가는 그들과 어울려야 하겠지만 굳이 제일 힘든 케이스부터 시작할 필요는 없다.

친구들 생일 파티에 가는 것처럼 새로운 사회적 상황에 놓이게 될 때 앞에서 새로운 환경과 상황으로 진입할 때에 관해 언급했던 요점들을 적용하라. 어떠한 환경인지, 누구누구가 오는지에 대해 미리 아이와 이야기를 나누어라. 아이가 어떤 친구를 좋아하면 그 친구와 잘 지내보라고 격려하라. 새로운 친구를 소개할 때는 다른 친구와 즐거운 시간을 보냈던 것에 대해 언급하라. "그때처럼 또 즐거울 거야." 그리고 다음 단계대로 하라. 아이와 함께 가서, 한 발짝 물러서 있으면서 옆에 있어주다가, 아무 문제도 없으면 자리를 피해주는 것이다. 또한 이러한 시간은 가능하면 간단하게 가지는 게 좋다. 시간이 다 되면 아이가 아쉬워하면서 다음번에 또 오고 싶어 하게 말이다. 다음 방법들도 있다.

• 계획을 세워라. 주어진 사회적 상황을 어떻게 하면 아이에게 더 수월하게 만들 수 있을지 고민해보라. 가령 아이와 일찍 가서 행사 준비하는 걸 도울 수도 있을 것이다. 다른 사람들이 도착할 때 '내부인'처럼 느끼는 것은 커다란 안도감을 준다. 또한 일찍 떠나도록 계획하라. 아이가 너무 피곤해서 뒤처지고 그 결과 홀로 남겨졌다고 느끼지 않도록 말이다.

• 연습하라. 역할 놀이를 하거나 가장 놀이make-believe를 해보라. 어떻게 입장할 것인지, 질문에는 어떻게 답할 것인지, 무엇을 물어보고 무엇에

관해 이야기할 것인지 연습해보라. 어른들의 질문에는 영리한 답변으로 시작하는 게 좋다. "전 다섯 살이고 유치원에 다녀요. 몇 학년 때가 제일 좋으셨어요?" 무겁지 않고 가볍고 재미있게 하라. 만약 아이가 어떤 것에 특별한 흥미를 가지고 있거나 반려동물이 있다면 다음과 같이 질문을 던져 웃음을 유발할 수 있을 것이다. "티라노사우루스가 아침밥으로 뭘 먹었는지 알고 싶으세요?" "정말 멋진 고양이네요. 저에게는 삐삐라는 개가 있는데 달팽이를 먹어요."

• 친구들의 도움을 구하라. 당신의 친구들이 아이와 둘이서 대화를 나눠보도록 자리를 만들라. 어른들의 관심을 받는 것 이상으로 아이에게 자신감을 불어넣어주는 일은 없다. 하지만 너무 많은 질문을 하지는 않도록 미리 부탁하라. 유치원 발표회 동안 과묵한 아이들을 연구한 결과에 따르면 어른이 질문할 때 아이는 말을 더 하지 않는 경향이 있다고 한다. 질문이 권력과 관계 있다고 아이들은 느끼는 것 같다. 어른이 질문을 던질 때 주제는 거의 어른에 의해 결정되고 기대하는 대답까지 함축돼 있을 때도 많다. 교사들은 학생들에게 질문을 던지는 게 시간을 절약한다고 생각하지만 실제로 질문을 통해 몇 가지 말을 이끌어내는 게 그냥 기다리는 것보다 더 오랜 시간이 걸린다.

어른들을 탓해서는 안 된다. 이것이 어른들이 대화하는 방식이다. 성인 간의 대화에서 2초 이상의 침묵은 이상하게 받아들여진다. 하지만 어른들과 대화할 때보다 더 오래 침묵을 지키도록 교사들을 훈련한 결과 아이들은 말을 더 많이 했다. 그리고 개인적인 코멘트를 해주면 도움이 된다. 가령 "나도 고양이를 길렀지. 검은 고양이어서 미스터리라고 이름을

지어주었단다" 같은 말을 한 후 기다려라. 그리고 갖은 비언어적 수단을 사용해 열심히 듣고 있고 관심을 가지고 있다는 점을 보여주어라.

• 다른 아이들의 도움을 구하라. 때때로 친절하고 자신감 있는 아이에게 도움을 구해 아이와 대화를 시작하도록 할 수 있다. 아이를 자기보다 더 어린 아이와 짝지어주고 아이가 리더 역할을 할 수 있도록 해주는 것도 아이가 자신감을 쌓는 데 큰 도움이 된다.

• 당신 스스로 사교적이 돼라. 친구들을 자주 초대하고 우정이 얼마나 소중한지 표현하라.

• 아이를 사회생활에 홀로 내보낼 때 적합한 환경을 선택하라. 이는 우리의 다음 주제다.

민감한 아이 친화적인 어린이집을 선택하라

당연히 모든 어린이집은 똑같지 않다. 앞 장에서 만났던 앨리스를 기억하는가? 앨리스가 다니는 어린이집은 민감성에 대해 이해했다. 다른 어린이집들은 그렇지 않았다. 그러므로 당신은 아이가 가게 될 어린이집이 민감성을 이해하고 있는지 확인할 수 있는 질문을 던져야 하고, 환경이 잘 구축되어 있는지 관찰해야 한다. 가장 중요한 기준은 환경이 너무 시끄럽거나 혼잡하지 않고 자극적이지 않고 편안해야 한다는 것이다(그리고 물론, 당신이 추구하는 가치나 중요시하는 가치를 장려하는 곳이어야 한다). 이러한 환경은 아이가 사회생활에 부대낄 때 적절한 긴장 수치를 유지할 수 있도록 도와줄 것이다. 또한 소규모 그룹 활동을 선호하는 곳이어야 하고 부대시설이 완비되어 있어야 한다.

환경과 자원에 대해 고려해본 후 교사들에게 아이의 민감성에 대해 언급하라. 어떤 교사들은 아이가 문젯거리겠다고 생각할 것이고 어떤 교사들은 이렇게 생각할 것이다. '네, 어느 학부모나 본인의 자녀가 뭔가 다르고 특별하다고 생각하죠.' 민감성에 대해 '이해하는' 교사가 있는지 잘 살펴봐라. 아니면 최소한 들으려고 하는 의지가 있어 보이는 교사를 찾아보라. 이때 민감성에 대해 긍정적인 부분만을 얘기하길 바란다.

특히 당신의 아이가 사회적으로 머뭇거리는 경향이 있다면 그룹 활동에 참여하지 않는 아이나 다른 아이들과 어울리지 않는 아이를 어떻게 다루는지 교사에게 물어보라. 먼저 아이에게 시간을 좀 준 다음 아이가 준비될 때 참여할 수 있도록 다른 단계를 사용하는지 잘 들어보라.

처음 간 날은 30분에서 두 시간 정도 관찰하고 이후 며칠 동안 반복하라. 아이가 처음 등원한 후에도 며칠 동안은 차 안에서 기다리거나 근처 어딘가에서 머물고 싶을 것이다. 그렇게 하면 만약의 경우 아이가 잘 적응하지 못할 때 교사가 당신을 찾을 수 있을 것이다.

어린이집에서 아이와 잘 헤어지기

어린이집은 아이가 처음으로 당신에게서 매일 떨어지는 경험을 하는 곳이다. 당신은 이 경험이 성공적이고 일상적이길 바라지, 대소동이 되기를 바라지는 않을 것이다. 처음 보는 장난감이 가득하고 당신과 어느 정도 함께 관찰했던 어린이집에 아이를 맡기는 것은 좋은 출발점이다. 우선 그 전에 아이 경험이 많고 아이를 좋아하는 조부모나 다른 친척들, 친구들에게 시험 삼아 아이를 맡겨보는 연습을 해보는 것도 좋다.

• 분리에 대해 이야기하라. 아이에게 충격으로 다가오지 않게 말이다. 당신의 감정 톤을 아이의 감정 톤에 맞추고 아이가 슬픔이나 낙담을 표현하지 않는다면 담담하게 이야기하라. 그런 후 당신도 같은 감정을 느낀다는 것을 알려주고 어떻게 대처할 예정인지 말해줘라.

• 떨어져 있을 때 당신이 무엇을 할 예정인지에 대해 이야기하라(너무 거창하지 않은 것이 좋다. "전화통화 할 거야"나 "주방 청소할 거야" 정도가 좋다). 그리고 재회하면 함께 무엇을 할지에 대해 이야기하라. 아이는 당신의 존재와 당신과의 관계가 지속적임을 알아야 한다.

• 아이가 위안을 삼을 수 있는 어떤 것을 집에서 가져가게 하라. 당신 물건이나 당신 사진 같은 것 말이다. 아이는 주머니에 넣고 다닐 수도 비밀 장소에 둘 수도 있을 것이다.

• 처음에는 일찍 데리러 오고 아이가 어린이집에 있는 시간을 짧게 하라. 당신이 돌아올 것이라는 사실과 돌아왔다는 사실을 자주 강조하라.

• 당신이 언제 데리러 올 건지 정확하게 말하라. "오전 휴식 시간 후에 데리러 갈게."

• 특별한 작별 의식을 만들어라. 특별한 악수법이나 포옹 방식을 만들어보는 것도 좋다. 그리고 서로를 떠날 때 위안을 주거나 재미있는 말을

하는 것도 좋다. "배고파도 민달팽이 먹지 마." "계속 이를 보이고 웃어."

• 당신이 떠난 후 아이가 5분 이상 울지 않는지 체크해봐라. 전화를 해보거나 나중에 오는 부모에게 물어보라. 울음이 15분 이상 지속되거나 몇 주 동안 내내 지속된다면 아이를 어린이집에 두기에 아직 너무 이른 시기일지도 모른다. 그러나 울음은 작별 의식의 한 부분일 수도 있다. 특히 적응이 느린 아이들에게 그러하다. 당신의 직감을 따르라. 아침에 울던 아이가 집에 올 때는 기분이 좋아지고 행복해져서 오는가? 그렇지 않다면 집에 좀 더 두기로 하거나 어린이집에 있는 시간을 줄여라. 어린이집에 문제는 없는지도 살펴보라. 민감한 아이가 견디기에 아이들이 너무 많거나 너무 시끄럽지 않은가? 따뜻하고 아이들을 잘 보살피는 곳이라고 느낀다면 최소한 일주일 정도 기다려보길 바란다.

• 아이가 일단 당신이 떠나는 것에 익숙해지면 작별을 즐겁고 짧게 하라. 당신은 아이가 당신에게 양가감정을 가지게 되길 원치 않을 것이다. 그리고 오고 가는 시간을 규칙적으로 하라.

• 작별을 너무 서두르지도 마라. 집에서 출발해서 어린이집에 와 작별하는 순간까지 모든 일이 적절한 속도로 이루어지면 아이의 긴장은 낮아질 것이고 적응에 필요한 시간도 충분히 확보될 것이다.

• 기억하라. 집으로 돌아오는 것은 또 다른 전환이다. 집에 돌아오는 일을 즐거운 일로 만들라. 출발하기 전에 아이에게 화장실을 사용하도록 하라. 아이가 욕구를 인지하지 못할지도 모르기 때문이다. 차 안에서 어린이집에서 무슨 일이 있었는지에 대해 이야기하라. 아이가 배가 고프거나 목이 마를 경우를 대비해 차 안에 간식거리를 준비해두어라. 다시 한번 말하

지만 민감한 아이들은 차분한 환경으로 돌아올 때까지 자신의 욕구에 대해 잘 인지하지 못한다. 간식은 훌륭한 전환 의식transition ritual이 될 수 있다.

• 때때로 어린이집에서 시간을 보내라. 아이에게 어린이집에서 평소에 무엇을 하는지 보여달라고 하라. 두 사람은 집에 돌아와 그것에 대해 이야기를 나눌 수 있을 것이다. 이러한 일은 두 세계를 통합하는 데 도움이 된다.

아이가 정말로 두려운 것과 조우했을 때

새로운 장소나 새로운 사람에 대한 경계는 쉽게 누그러질 수 있지만 아이가 정말로 놀라운 것들에 대해 듣거나 경험하게 될 일이 불가피하게 생길 것이다. 이러한 일이 발생할 때 당신은 아이의 공포와 직면해야 한다. 당신 또한 두려움을 느끼거나 아이의 불안을 미리 막아주지 못한 것에 대해 죄책감을 느낀다 하더라도 모른 척 하면 저절로 사라져버릴 거라는 헛된 희망은 일찌감치 버리는 게 좋다. 당신이 이 일에 대해 감정이 생겼다면 다른 어른과 이야기해서 먼저 해결하도록 하라. 그러고 난 후 아이와 이야기하라.

• 무엇이 아이를 놀라게 했는지에 대해 이야기할 때 필요 이상으로 말하지 마라. 당신이 자신의 감정을 우선 처리해야 하는 이유다. 당신의 걱정을 아이와 공유하지 않기 위해서 말이다. 한편 아이는 비행기 사고를

당하거나 소를 도살할 때 어떠한 일이 벌어질지, 유괴당한 아이가 어떻게 됐을지 이미 상상하고 있을지도 모른다. 만약 이러한 상상이 지속된다면 이를 밖으로 끄집어내게 만드는 게 낫다. 그러므로 아이가 두려워하고 있는 것에 대해 얼마나 알고, 믿고, 상상하고 있는지 물어보라.

• 아이가 자신의 감정을 완전히 표현하도록 하라. 일단 아이가 상상하는 이미지가 밖으로 표출되고 나면 아이가 그것에 대해 어떻게 '느끼는지' 잘 들어줘야 한다. 아이가 혼자 참아내야 하지 않을 수 있도록 아이의 공포를 공유하고 싶을 것이다. 아이가 느끼는 공포나 수치심을 축소하지 않도록 하라.

• 이러한 공포에 대해 당신은 어떻게 대처하는지 설명해주어라. 재난이나 침입자 등에 대비해 가지고 있는 예방책이 있다면 이에 대해 자세히 설명해주라. 아이는 적극적으로 대처하는 법을 배울 수 있을 것이다. 통제할 수 없는 공포에 대해 당신이 어떻게 대처하는지 설명해주어라. 아이는 자신을 진정시키는 법과 자기를 조절하는 법을 배울 수 있을 것이다. 가령 이렇게 말해줄 수 있을 것이다. "나는 내가 모든 걸 통제할 수는 없다고 자신에게 말하곤 한단다. 하지만 그런 일이 벌어질 가능성은 거의 없기 때문에 걱정하지 않으려고 해." "비행기가 지금처럼 심하게 흔들리면 엄마도 너무 무서워. 하지만 신의 손길을 느끼고 있는 거라고 생각하면 조금 안심이 되더라고." 통제할 수 없는 공포는 맞서 싸워 이기지 않으면 이에 속박될 수밖에 없고 모든 사람에게 마찬가지라는 점을 알려주어라.

• 어떠한 일이 실제로 발생할 가능성에 대한 오해를 풀어주어라. 당신이 살고 있는 지역에 태풍이 불지 않거나 지진이 일어나지 않는 이유에

대해 설명하라. 아이가 이해할 수 있을 정도로 많이 컸다면 확률에 대한 설명을 해주라. 함께 동전을 던져서 여덟 번 계속 앞면이 나오는지 확인하라. 그리고 그렇게 될 확률이 아이가 두려워하는 일이 실제로 발생할 확률과 같다고 말해주어라.

• 만약 합리적으로 극복될 수 있는 공포라면 점진적인 노출을 통해 해당 공포에 무뎌지게 하라. 아이가 '모든' 공포를 극복해야 할 필요는 없지만 일부 공포를 극복하는 법을 배우는 것은 매우 중요하다. 우선 비행기, 거미, 뱀, 개 등 아이가 두려워하는 것들에 대한 책을 함께 읽을 수 있을 것이다. 그러고 난 후 아이가 두려워하는 요소들을 조금씩 추가하면서 그것들에 대해 재미있고 신나는 이야기들을 해주라. 그리고 이것들을 함께 경험하는 것에 대해 상상해보게 하라. 그중 몇몇을 실제로 보러 가서 만져보라(하지만 거미, 뱀, 높은 곳에 대한 극한의 공포는 유전적일 수도 있고 쉽게 고치기 힘들 수도 있다. 실제 뱀을 보려는 단계를 시작하려면 야생에서가 아닌 동물원의 파충류 코너에서 시작하는 게 좋다).

• 아이가 공포에 대해 솔직하게 말하기 부끄러워하는지 살펴라. 이렇게 말해보는 것도 좋다. "사람들이 너무 많으면 무섭지." "엄마가 네 나이 때 제일 무서웠던 건 ○○였어. 넌 어떠니?"

• 타인의 폭력에 대한 공포는 다른 사람들의 선의善意로 중화하라. 아이에게 친절한 경찰관이나 학교 경비원을 소개해주고 이러한 사람들이 어린이들을 안전하게 지키기 위해 얼마나 열심히 일하고 있는지 알려주어라. 아이가 끔찍한 뉴스를 듣지 않도록 보호하되, 만약 들었다면 그것에 대해 즉시 이야기를 나누어라. 이때 이성적이고 균형 잡힌 반응을 보이도

록 노력하라. "이건 희귀한 일이야. 사람들은 보통 이렇지 않단다."

• 아동 범죄에 대해 걱정된다면 당신과 아이가 희생자가 되지 않을 수 있는 방법에 관한 강의를 듣거나 책을 읽어라. 그리고 자신이 할 수 있는 일은 다 했다고 느끼고 마음을 편하게 먹어라. 민감한 아이는 당신의 공포를 감지할 것이다.

• 아이가 자동차 사고나 화재 같은 안 좋은 사건을 목격했다면, 혹은 이러한 일이 아이에게 발생했다면 아이의 트라우마가 계속해서 표출될 수 있게 하라. 당신이나 심리치료사가 옆에 있을 때가 좋다. 당신은 아이의 감정을 수용해줄 수 있을 것이고 아이가 평정을 유지할 수 없을 때 차분하게 만들어줄 수 있을 것이다. 아이의 감정이 치유되더라도 당신 자신의 감정에도 신경 쓰고 지지를 얻을 수 있도록 하라. 그리고 어른에게 익숙한 사건들이 아이에게는 큰 영향을 미칠 수 있음을 간과하지 마라. 예를 들어 수술이나 시술, 병원 방문이나 머무름, 집에서 오랫동안 떨어져 있는 것, 아끼는 반려동물이나 장난감의 상실 등은 아이에게 매우 큰 사건이다. 어떠한 일들은 당신이 느끼는 것보다 아이에게 훨씬 더 고통스러울 수 있다.

인생에 대한 태도를 가르쳐라

기억하라. 민감하다는 것은 결코 겁이 많음을 의미하지 않는다. 그렇다. 민감한 아이가 용감하고 모험적일 수 있는 조건은 다른 아이들보다 협소하다. 민감한 아이들은 모든 상황을 더 주의 깊게 관찰하고 위험을 더 뚜렷하게 감지하기 때문이다. 그러므로 이들이 무엇을 경험하느냐와 어떻게 자라느냐는 더 중요하고 당신의 역할은 더욱 의미를 가진다. 당신은 아이가 불확실성을 직면했을 때 발휘할 수 있는 용기만 심어주고 있는 게 아니다. 인생 자체에 대한 태도 또한 가르쳐주고 있다. 다른 사람을 신뢰해도 안전하고, 신뢰는 그 자체로 가치 있는 것이며, 살아있다는 것은 행복한 일이다.

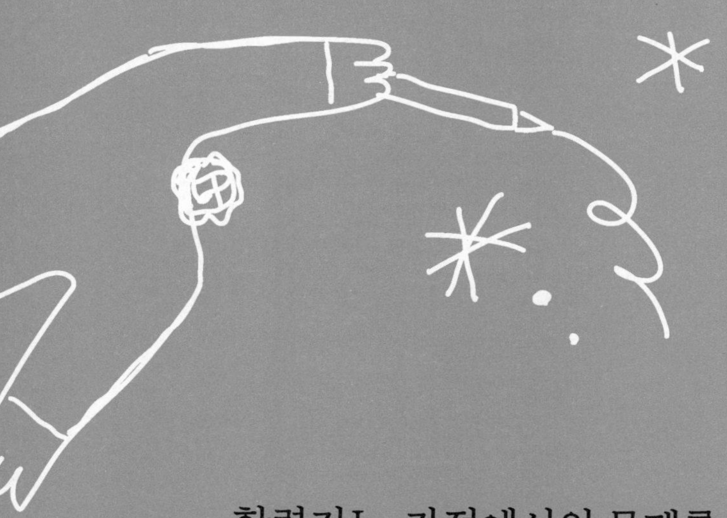

9장

학령기I - 가정에서의 문제를 해결하는 법

아이는 클수록 더 다양한 모습을 보인다. 감정적이고, 활동적이고, 산만하며, 성미가 급해 어찌해야 할지 모르게 되는 경우가 많다. 다섯 살에서 열두 살에 이르는 '학령기의 민감한 아이'가 가정에서 겪을 수 있는 문제들을 짚어보고 이에 대한 올바른 대처법을 알아보자. 이사나 명절 등 환경이 급격하게 바뀔 수 있는 상황에서 우리 아이의 스트레스를 최소화하고 우울과 불안이 발생하지 않도록 돕는 법을 알아보자.

학령기, 재능이 펼쳐지는 시기

잠재적 문제들에 대해 얘기하기 전에 민감한 아이를 키우면서 얻을 수 있는 기쁨들에 대해 조금 더 이야기해보도록 하자. 왜냐하면 학령기는 이러한 기쁨이 활짝 꽃피우는 시기기 때문이다. 부모들은 민감한 아이들의 호기심, 창의성, 세상에 대한 비범한 통찰력에 대해 대단히 즐거워한다. 자신의 아이가 음악, 미술, 수학, 자연 연구 같은 분야에서 놀라운 재능을 펼칠지도 모를 일이기 때문이다. 민감한 아이들은 체스 같은 분야에 '성인 수준의' 노력을 기울이기도 하고 자신만의 작은 '사업'을 시작하기도 한다.

예를 들어 낸시는 외향적인 아이는 아니지만 돈을 벌 수 있는 아이디어가 떠오를 때면 마치 그런 아이처럼 보인다. 일곱 살 때 낸시는 아이스캔디 스틱을 이용해 장식품을 만들어 집마다 방문해 팔았고 그럴 때 엄마는 인도에서 낸시를 기다려주었다. 열 살인 지금은 동화를 써서 같은 방식으로 팔고 있다.

커가면서 민감한 아이들은 점차 자기를 조절하기 시작한다. 멈춰서 점검해보고, 신중함이 어떠한 결과를 낳을지에 대해 생각해보고, 자신의 문제를 스스로 해결하기 위해 예상치 않았던 길로 가기도 한다. 집에서 한 번도 떨어져 살아본 적이 없고 새로운 사람을 만나는 것도 별로 좋아하지 않는 캐서린은 5학년 때 프랑스에 교환학생으로 갈 수 있는 기회를 얻게 되었다. 그전 몇 년 간 캐서린은 힘든 시기를 보냈다. 중이염이 번져 치과 치료까지 오랫동안 받아야 했고 설상가상으로 3학년과 4학년 담임교사들은 형편없었다. 그래서 캐서린은 치과만 떠올려도 토하기 일쑤였고 학교 시험에 통과하기 위해 아동 심리학자의 소견서도 받아야 했다.

하지만 캐서린은 프랑스에 가는 것에 대해 의지를 굽히지 않았다. 캐서린은 단지 자기가 그래야 한다는 걸 알고 있었다. 그래서 그녀의 부모는 이를 허락해주었고 결과적으로 딸이 옳았다. 그녀는 훌륭한 가정에서 머무를 수 있었다. 고등학생이 된 지금도 캐서린은 그 가족과 연락을 하고 지내고 있고 그 이후로 프랑스에도 세 번이나 다녀왔다. 어린 나이임에도 그녀는 멈춰서 점검한 후에 깊이 생각해보고 자신의 선택에 대해 자신감을 얻기 시작한 걸로 보인다.

민감한 아이의 부모들 또한 이 시기가 되면 아이가 가족의 감정적 분위기를 잘 감지하고 다른 사람들에 대해 잘 배려한다는 사실을 알아채기 시작할 것이다. 캐서린이 세 살이었을 때 캐서린의 남동생은 다운증후군과 다른 심각한 의학적 문제들을 안고 태어났다. 캐서린의 엄마는 그 후

몇 년 동안 아들을 거의 매일 의사에게 데려가야 했다. 이는 가족 모두에게 영향을 미쳤지만 누구보다 엄마에게 감당하기 힘든 일이었다. 어느 날 병원에 갈 준비를 마친 참이었는데 그녀는 너무 기진맥진한 상태에 빠진 나머지 어린 아들이 어디에 있는지 찾을 수 없었다. 그녀는 주저앉아서 울기 시작했다. 그때 다섯 살이었던 캐서린이 침대 담요 아래에 있던 동생을 찾아냈다. 그러고 나서 캐서린은 엄마 옆에 앉아서 말했다. "다 괜찮아질 거예요. 엄마. 우리는 가족이에요." 딸의 이 말은 그녀에게 인생의 전환점이 되어주었다. 그 순간 그녀는 딸이 저렇게 용감하고 의젓하다면 자신도 그럴 수 있을 것이라는 점을 깨달았다.

하지만 민감한 아이가 위안을 준다기보다 문제만 일으킨다면 어떻게 할 것인가? 괜찮다. 당신은 혼자가 아니다. 이 장의 말미에서 당신은 작은 일에도 과하게 반응하는 드라마 퀸drama queen인 다이애나와 작은 반항아 척을 만날 수 있을 것이다. 두 아이 다 민감한 아이들이다.

학령기 아동이 집에 있을 때

이 시기에 일어나는 문제들 중 몇 가지 언급해야 할 것들이 있다. 먼저 일상생활에 관련된 문제들부터 살펴보고, 그다음으로 일상적인지는 않지만 흔히 마주칠 수 있는 문제에 대해 이야기하고, 마지막으로 불안과 우울증에 대해 논의할 것이다.

옷, 잠자리, 잔일, 예절, 다른 일상생활

민감한 아이들은 일반적으로 질서정연한 상태를 좋아하고 그런 상태에서 차분해진다. 어린 학령기 아동에게는 일과, 규칙, 보상을 정해줘 좋은 습관을 형성할 수 있도록 돕는 게 좋다. "옷 입고, 밥 먹고, 네가 해야 할 일을 일단 다 하고 나면 학교로 출발하기 전에 아무거나 해도 돼." 학교에 갈 준비를 하기 위해 해야 할 일들 혹은 잠자리에 들 준비를 하기 위해 해야 할 일들을 목록으로 만들어 붙여놓고 아이가 각 단계를 체크할 수 있도록 하라. 몇 주가 지나면 습관으로 자리 잡힐 것이고 당신은 묻기만 하면 된다. "체크리스트에 있는 거 잘 하고 있니?"

습관이 일단 자리를 잡으면 그다음으로는 아이에게 작은 일부터 책임을 맡기기 시작해보라. 단 아이가 감당할 수 있을 때 시작해야 한다. (어떤 아이냐에 따라 그리고 어떤 종류의 책임인지에 따라 시작할 수 있는 나이는 달라진다.) 무엇을 먹을지, 몇 시에 잠자리에 들지, 무엇을 입을지, 언제 옷을 빨아야 할지나 언제 옷을 세탁기 안에 넣어야 할지를 결정하게 하라. 이를 통해 아이는 제 시간에 잠자리에 들지 않거나 옷을 깔끔하게 관리하지 못했을 때 어떤 결과가 생기는지 피부로 직접 느낄 수 있을 것이다. 잔소리나 훈계는 필요 없다. 물론 아이가 이러한 삶의 교훈을 얻기 전까지 어느 동안은 제멋대로로 보일지도 모른다.

그러나 당신은 특정한 부분에서는 타당한 이유와 함께 강력한 의견을 가져야 하고 강력한 기준 또한 가져야 한다. 수면 문제는 이러한 부분 중 하나다. 민감한 아이들은 잠을 많이 잘 필요가 있다. 잠은 그들의 휴식 시간에서 큰 비중을 차지한다. 만약 아이가 계속해서 잠을 충분히 자지 않으려 한다면 잠자리에 일찍 들어야 한다고 강요 아닌 강요를 해야 한다. 몇 년이 지나면 아이도 수면과 기분 상태 사이에 어떤 연관이 있는지 잘 알게 될 것이다.

집안일을 돕는 문제에 있어서 많은 부모들이 다양한 방식을 취하지만 나는 가족회의를 이용하는 걸 좋아한다. (2인 가족이라도 괜찮다.) 특히 민감한 아이가 가족 중에 있으면 이 방법이 좋은데 아이가 자신을 표현할 필요가 있고 다른 사람과 타협하는 법을 배워야 하기 때문이다. 이러한 회의에서 모든 가족은 무슨 일을 할 것인지, 일을 어떻게 나눌 것인지에 대해 동의해야 하고 만약 어떤 사람이 합의 사항을 지키지 않으면 어떤 후속조치를 취할 것인지 미리 만장일치로 정해놓아야 한다. 피해를 입은 사람들에게 어떻게 보상할 것인지가 주를 차지할 것이다.

예를 들어, 가족들은 쓰레기봉투를 내다놓는 일을 분담하자는 데 동의할 수도 있다. 가족 모두가 만든 쓰레기이기 때문이다. 그리고 당신 차례였을 때 이행하지 않으면 후속 조치로 2주 연속 그 일을 해야 할 것이다. 이 때 외출 금지를 시키거나 텔레비전을 못 보게 하는 식의 처벌을 내리면 안 된다. 특히 부모가 가족회의를 통해 의논해보지도 않고 마음대로 결정하면 절대 안 된다. 만약 그렇게 하면 독재 체재 하에서 어떻게 살아야 하는지를 가르치는 것과 마찬가지다.

같은 방식으로 서로에 대한 합리적이고 좋은 예절에 대해 합의할 수 있을 것이다. 가족 구성원 모두가 다른 가족에 대한 비난이나 욕설이 바람직하지 못하다는 데 동의한다면, 이를 지키지 않았을 시 후속 조치는 공개 사과가 될 수도 있고 짧은 자필 편지를 써 다음 회의 때 낭독하는 것일 수도 있다. 이 안에는 왜 그런 일이 발생했고, 앞으로 같은 일이 일어나지 않기 위해서 어떻게 할 것인지에 대한 내용이 포함돼 있어야 할 것이다. 이러한 후속 조치는 부모를 포함해 모든 가족 구성원에게 동일하게 적용되어야 한다.

어떤 문제들은 긴 논의를 요할 것이고 아이가 그 과정에서 진짜 배움을 얻을 수 있다는 사실을 감안하지 않는다면 쓸데없는 법석으로 보일 수도 있다. 한 가지 경우를 보자. 민감한 아이는 소리를 지르지 않는 조용한 집을 원한다. 민감한 아이의 형은 야단법석을 떨고 싶을 때 그렇게 하기를 원하고, 소리 지르기 시합 같은 것을 한번 하고 나면 기분 전환이 된다고 생각한다. 집이 얼마나 조용해질지의 문제보다 훨씬 중요한 것은 양쪽 아이들이 자신의 의견을 말하고 다른 사람의 의견을 존중하며 듣고, 창의적이고 만족적인 해결책을 함께 찾을 수 있는 기회를 얻었다는 사실이다. 이러한 방법을 통해 갈등이 해결될 수 있고 심지어 호재로 작용할 수도 있다. 가족 구성원들끼리 궁극적으로 더 친해질 것이기 때문이다.

만약 민감한 아이가 합의 사항을 이행하지 않는다면 지키기 어려웠던 사정이 있었을지도 모른다. 가령 새로운 친구나 새로운 놀이에 마음을 너무 뺏긴 나머지 집에 오기로 약속한 시간을 넘겨서 밖에 있었을 수도 있다. 민감한 아이가 합의 사항을 지키지 않았을 때 바로 후속 조치를 취하기 전에 항상 먼저 이유를 물어보아라. 변명 밑에 숨어 있는 정황을 잘 살펴보고, 후속 조치를 취하면서 동시에 합의 사항을 약간 수정할 수도 있을 것이다.

싸움

이 시기는 형제들 간이나 친구들 간의 싸움이 과열 상태에 다다를 수 있는 때다. 민감한 아이들은 통찰력을 가지고 평정심을 유지하지만 지나치게 자극을 받거나 '밀어붙여지면' 말싸움이나 몸싸움을 벌일 수 있다. 그럴 때 당신의 기준을 확고하게 유지하길 바란다. 예를 들어 공격성은 절대 용납해서 안 된다. (공격성은 다른 사람을 상처주기 위한 말이나 행동이다. 반면 분노는 '내게' 상처 주는 걸 멈추라는 강력한 메시지다. 분노는 자신의 경계선을 세우는 행위다. "더 넘어오면 내가 다칩니다." 하지만 공격성은 다른 사람의 경계선을 침범하는 행위다.)

항상 양쪽 편에게, 그리고 민감한 아이에게는 특히, 20분의 휴식 시간을 우선적으로 갖게 하라. 이것은 처벌이 '아니라' 평정을 되찾고 곰곰이 돌이켜 생각해볼 수 있는 시간이다. 그러고 난 후 두 사람을 다시 불러 무슨 일이 있었는지 함께 이야기해보라. 진실과 정의를 찾으려는 노력과 잘못된 것을 고치려 하는 열망을 보여라.

가족 내의 분쟁 문제에 대해 늘 말하는 바지만 일차적 목표는 평화를 얻는 게 아니라 아이들이 협상의 원리를 배울 수 있게 하는 것이다. 만약 싸울 수밖에 없는 경우라면 아이들은 정당한 싸움의 규칙을 배워야 한다. 비난이나 욕설, 서로에 대한 책임 전가는 용납되어서는 안 된다. 또한 현재의 갈등에만 집중해야 한다. ("넌 항상 거짓말만 하잖아", "어제 설거지 안 했으니까 이런 취급 받아도 싸" 같은 말은 안 된다.) 당신 먼저 평정을 찾은 다음, 근본적인 문제에 대해 논의하고, 해결책에 대해 협상하고, 각자의 입장에 대해 들어보고, 차례대로 자기 의견을 말하게 하고, 두 아이 다에게 이득이 될 수 있는 결론을 짓도록 노력하라. 4장에서 얘기했듯이 아이들이 자기들끼리만 싸워도 규칙을 어기지 않을 수 있을 만큼 기술을 터득하기 전까지는 아이들끼리만 싸우도록 방치하지 말길 바란다.

또 하나 중요한 원칙은 상황에 대해 정확히 알지 못한다면 양쪽 다 똑같이 잘못했다는 식으로 말하지 않아야 한다는 것이다. 민감한 아이들은 부모가 부당하게 대우하면 매우 힘들어한다. 이들은 필요로 할 때 도움을 받을 수 없다는 생각에 무력감을 느끼게 되고 다른 아이에게 지나치게 복종하거나 다른 아이를 지나치게 지배하는 등 의존성을 보인다. 민감한 아이가 특정한 친구와 자주 싸움을 벌인다면 이유를 알아보길 바란다.

명절

요란한 행사보다 간단하고 의미 있는 시간으로 만들자. 지나치게 많은 손님들이 오지 않도록 통제하고 특히 예고 없이 찾아오는 손님이 많지 않도록 주의하라. 손님이 얼마나 적극적이든 상관없이 민감한 아이에게 공손한 "안녕하세요" 이상의 것을 '요구하지' 말라. 하지만 아이가 손님들을 반길 수 있도록 '격려하고' 아이가 좋아하는 사람들을 자주 초대하라.

명절은 신나는 날이다. 특히 선물이나 분장 옷, 특별한 게스트 등이 있을 때면 더욱 그러하다. 어떤 행사에 종교적인 의미가 있을 때 아이에게 그 중요성이나 자세한 내용에 대해 너무 부담 주지 말길 바란다. 올해에 이해할 수 있는 정도만 이야기해주고 나머지는 다음에 오는 해를 위해 남겨두어라. 명절마다 하는 가족 의식이나 루틴을 만들어놓는 것도 좋은 방법이다. 민감한 아이들은 보통 이러한 것을 좋아한다. 전통은 1년 중의 특별한 시간을 친숙하고 편안한 시간으로 만들어줄 수 있다. 간단히 말해서 당신이 아이의 긴장 수치를 적절하게 유지하기만 한다면 아이는 명절을 더 재미있게 보낼 수 있을 것이다. 그러기 위해서는 새롭고 흥미진진한 일을 만들거나, 깜짝 놀랄 만한 일을 만들거나 예상치 못한 선물에 대한 기대를 증폭시킴으로써 아이가 먹지도 자지도 못하게 하면 안 된다. 기존에 늘 하던 대로 무난하게 보내는 게 좋다.

이사

랜들의 가족은 랜들이 초등학교 1학년일 때 이사를 갔다. 새 집에서 랜들은 옛 집에 있던 자기 방으로 회귀하려 애썼다. 랜들은 새 방을 옛날 방과 '정확하게' 똑같이 만들고 싶어 했다. 앞집 꼬마가 같이 놀자고 찾아왔지만 랜들은 몇 개월 동안 집 밖으로 나가지 않았다. 막상 그 아이 집에 놀러가게 된 후에도 함께 볼 특정한 비디오테이프가 없으면 머무르지 않았다. 랜들이 인생의 거대한 지각변동 안에서 과잉자극을 통제하기 위해 얼마나 애썼을지 눈에 선하다.

나는 그럴 수만 있다면 일부 민감한 아이들이 이사라는 사건을 아예 겪지 않았으면 좋겠다. 이 아이들은 고양이와 비슷한 구석이 있어서 자신의 영역을 중시한다. 이들은 집의 벽마다 있는 자국들을 기억하고 마당에 어떤 나무들이 있는지 하나하나 다 안다. 이들은 심지어 집 주위의 몇 킬로미터 반경 안에 있는 동네 곳곳에 감정을 품고 있다. 이들에게 이사란 깊게 뿌리내린 고목을 옮기는 일과 같다. 가볍게 취급할 일이 아니다.

만약 이사가 불가피하다면 민감한 아이가 적응할 수 있도록 많은 시간을 할애해야 할 것이다. 아이를 데리고 새로 이사 갈 동네와 새 집에 자주 다녀오는 게 좋다. 또한 새 동네에 예전 동네와 비슷한 장소들이 있다면 아이를 그 곳으로 데려가라. 비슷한 공원, 비슷한 도서관, 비슷한 슈퍼도 좋다. 이사 당일에는 아이 방 짐을 가장 나중에 싸고 가장 먼저 풀어라. 물건은 아직 버리면 안 된다. 아이가 변화를 '원하지' 않는다면 가구와 물건을 이전과 똑같은 방식으로 배치해주어라. 베개를 포함해 '위안이 되는 물건들'을 별도의 상자에 담아 새 집에 도착하자마자 쉽게 찾을 수 있도록 하라. 어떤 것들을 넣을지는 아이의 도움을 받는 게 좋을 것이다.

이삿날 당일은 그 자체로 모든 사람에게 스트레스다. 그러므로 어떻게 하는 게 가족들 모두에게 제일 좋을지 미리 계획을 세우는 게 좋다. 당일에 민감한 아이는 무슨 일이 벌어지고 있는 건지 이해하고 도울 수 있도록 옆에 두든지 아니면 다른 곳에 맡길 수도 있다.

이사 당일부터 이후 상당 기간 동안 아이가 어떤 감정을 느끼는지, 그리고 당신은 어떤 감정을 느끼는지에 대해 이야기를 나누어라. 슬픔과 낙담을 느끼는 건 당연하다고 말해주어라. (당신의 감정을 너무 쏟아 부음으로써 아이에게 짐을 지우지는 마라.) "오두막에서 궁궐로 이사 간다고 해도 오두막이 약간 그리울 수밖에 없는 법이야." 하지만 동시에 궁궐로 가면 어떤 좋은 점들이 생기는지에 대해 강조해야 한다.

스스로 스트레스 수치와 기분, 슬픔을 주시하라. 식사 시간, 이야기 시간, 캐치볼 하는 시간 등 항상 아이와 가졌던 일과를 그대로 유지하라. 민감한 아이뿐 아니라 당신에게도 도움이 될 것이다.

불안과 우울

민감한 아이들이 스트레스를 받을 때, 학교에 친구가 한 명도 없다든지, 중병을 앓고 있는 가족과 함께 살고 있다든지, 부모가 실업 상태여서 집에 돈이 없다든지 할 때 불안이나 우울 같은 부정적인 감정이 이들에게 나타나기 쉽다(두 감정은 서로 밀접한 관계가 있는 것으로 여겨진다). 어떤 아이들은 인생 자체의 슬픔과 두려움을 깨닫고 이에 대처하려고 애쓰면서 깊은 우울감에 빠지기도 한다. 이들은 실제적인 위험이 항상 도처에 도사리고 있고 언제나 상실을 경험할 수 있다는 사실을 점점 더 잘 알게 된다. 만약 아이가 불안이나 우울 증세를 보인다면 당신이 잘못했기 때문이라고 추정하지 말라. 그리고 당신이 어떤 면에서 아이의 스트레스에 일조했다고 하더라도, 당신이 그렇게 할 수밖에 없었던 이유가 있을 것이고, 이러한 감정에 취약한 민감한 아이가 자녀로 태어난 데는 어떠한 선택의 여지도 없었음을 기억하라. 지금 중요한 것은 이 상황에서 어떠한 수를 쓸 수 있느냐다.

7장에서 논의했듯이 공포는 쉽게 우후죽순처럼 자라 영구적 불안으로 자리 잡는다. 그러므로 가능한 한 공포를 줄여야 한다. 다행인 것은 이 나이가 되면 아이는 훨씬 많은 것을 이해한다는 사실이다. 당신은 끔찍한 일이 실제로 벌어질 확률이 정말 낮다는 점을 강조할 수 있을 것이다. 작지만 실제적인 위험에 대해서 민감한 사람들의 가장 큰 임무 중 하나는 인생에서 즐겁지 않은 일들이 발생할 수 있는 가능성에 대해 완벽히 인지하면서도 동시에 용감하게 살아가야 한다는 것이다. 다른 사람들과 마찬가지로 민감한 아이들 또한 이러한 가능성을 부정할 수 없다. 그러므로 당신은 아이에게 용기를 주어야 한다. 공포를 부정하지 않으면서도 그와 함께 합리적으로 살아가는 법을 보여주어야 한다.

어느 시기에 민감한 아이는 불안과 스트레스를 겪은 후 비정상적인 불안증이나 우울증을 보일 수도 있다. 우울증의 징후는 불면, 과다 수면, 에너지 저하, 즐거움이나 흥미의 상실, 식욕 상실 등이고 특히 어린이의 경우에는 과도하게 짜증을 부린다든지, 갑자기 장난이나 '돌발 행동'이 늘었다든지, 갑자기 무서울 정도로 틀어박힌다든지 하는 양상으로 나타난다. 우울증으로 판정하기 위해서는 (단순히 우울한 기분이 아니라) 증상이 2주 정도 거의 매일 하루 내내 지속되어야 한다. 하지만 우울증에 걸린 사람은 다른 사람이 보기에 괜찮아 보일 수도 있다. 오직 가까운 가족만이 차이를 눈치 챌지도 모른다. 우울증은 민감한 아이들에게 매우 흔하다. 인터뷰한 여러 부모가 이에 대해 언급했다. 또한 그들은 약물 치료에 대해 많은 관심을 보였다.

나는 항우울제antidepressants가 존재하지 않던 시절에 아이를 키울 수 있었던 것에 대해 감사하게 생각한다. 아들은 때때로 격렬한 감정에 휩싸이곤 했지만 우리는 항우울제 없이 잘 극복했다. 오늘날 민감한 아이들의 부모는 아이가 지속적인 불안, 우울, 짜증 증상을 보이면 선택의 기로에 직면해야 한다. 한 가지 당부하고 싶은 것은 어떠한 결정을 내리든 간에 문제의 모든 측면에 대해 충분하게 알아본 다음 결정을 내리라는 것이다. 최소한 나중에 잘못 선택했다는 후회가 남게 하지 않기 위해서라도 말이다. 의사들이 약물에 대해 알고 있는 정보의 대부분은 그 약을 제조한 회사가 제공한 것이다. 그리고 아동기 행동 장애를 치료하는 약물을 제조하는 회사들은 잠재 시장이 어마어마하다는 사실을 잘 알고 있다. 그러므로 부작용에 대해서는 거의 논의가 되지 않고 있고, 아마 앞으로도 어떤 방식으로든 거의 알려지지 않을 것이다. 하지만 특정한 약물이 발달 중인 정신에 어떠한 영향을 미칠지 아무도 예측할 수 없다. 항우울제 혹은 주의력결핍과잉행동장애의 치료제인 리탈린Ritalin을 복용한 아이들은 아직 인생을 다 살지 않았기 때문에 복용하지 않은 아이들과 비교해서 어떠한 차이가 있을지 정확히 알 수 없다.

아직 연구가 충분히 이루어지지 않았기 때문에 나는 천천히 생각하면서 다른 접근 방법부터 시도해보라고 권해주고 싶다. 예를 들어 당신의 양육 방식과 아이의 전반적인 기질 사이의 조화를 향상시킴으로써 아이의 스트레스를 경감할 수 있는 방법은 없는지 기질 상담을 받아보는 방법이 있다. 또는 혼자서 아니면 배우자와 함께 아동 심리학자를 방문해 가족이나 당신에게 어떠한 일들이 일어나고 있는지, 그리고 그 일들이 아이에게 특정한 영향을 미치고 있는 건 아닌지 상담을 받아볼 수 있다. 혼자 작업하는 게 별로 효과가 없는 것 같다면 치료에 아이를 데려가도 되지만 최후의 보루로 남겨두길 바란다. 이 시기에 아이들은 자기가 왜 치료를 받고 있는 건지 이해하는 데 어려움을 겪을 수 있고, 무슨 치료를 시작하든 자기가 비정상이라고 간주해 더 불안해하고 우울해할 수 있다.

또 기억해야 할 점은 이러한 약물이 중독성이 있지는 않지만 단기 효과가 매우 뛰어나기 때문에 나중에 막상 끊으려고 할 때 문제가 되돌아올지 모른다는 공포 때문에 매우 끊기 어렵다는 점이다. 민감한 아이들은 때때로 짧은 기간 동안(2주 이하) 불안이나 우울을 느낄 수 있다. 특히 실망,

상실, 거부와 같은 확실한 이유가 있고 기분이 지나치게 오래 지속되거나 학교생활에 크게 방해가 될 정도가 아니라면 약물 치료 없이 아이가 스스로 기분 조절하는 법을 터득하게 두는 게 나을 수도 있다. 이러한 기술을 터득하지 못하면 아이들은 평생 동안 약물을 복용해야 할지도 모른다. 그리고 그 장기적 영향에 대해 우리는 아직 전혀 모르고 있다.

또 다른 접근 방법은 아이에게 소량의 약물을 투여해 불안하거나 우울한 기분이 여전히 존재하지만 이를 조절할 수 있는 수준으로 만들어 해결하는 것이다(모든 증상을 완전히 제거하는 대신 말이다). 그러나 가장 좋은 치료법은 당신의 조언과 시범이다. 전문가에게 코칭을 받아 아이에게 '행동 조절behavior management'이나 '기분 조절mood management'에 대해 직접 가르쳐주는 것도 좋다. 예를 들어 당신은 아이에게 우울하거나 불안한 기분에 어떻게 대처할 수 있는지 가르쳐줄 수 있다. 우선 아이의 감정 자체를 인정하고 공감을 표현해야 한다. 예를 들어 "오늘 여러 가지 일 때문에 기운이 없는 것 같네. 가끔 참 힘들 때가 있어. 그렇지?" 원인을 정확히 모른다면 탐색해봐라. "오늘 저녁에 뭐 안 좋은 일 있었니?" 당신이 참견하려고 하는 건 아니라는 점을 명확히 전달하고, 그렇지만 왜 그런 기분인지 알게 되면 해소하는 방법을 찾는 데 도움이 될 수 있다고 말해주어라.

일단 공감과 이해를 하고 나면 단순히 기분을 수동적으로 수용하는 것 말고 몇 가지 적극적인 행동을 취할 수 있다는 사실을 아이에게 가르쳐줄 수 있다. 그중 하나는 안 좋은 사건의 실제 상황을 점검해보는 것이다. "진짜 너한테 화가 난 게 맞는지 아빠한테 직접 물어보는 게 어때?" 또 다른 방법은 발생한 일에 대해 더 생각해보고 재해석해보는 것이다. "이번에 진 건 사실이지만 장기를 아주 많이 두는 형들과 둬본 건 이번이 처음이잖니." 또 최소한 앞으로는 그러한 기분을 피할 수 있게 계획을 세워보자. "넌 어떤지 잘 모르겠지만 엄마는 그런 영화 안 보려고 주의해. 누군가는 그 영화를 만들었고 그런 영화를 좋아하는 사람들도 분명히 있을 거야. 아니면 '이건 영화일 뿐이야'라는 생각을 염두에 두겠지. 하지만 그런 영화를 일부러 피하는 사람도 많이 있어. 엄마도 그렇고."

앞의 영화 관련 예처럼 기분이 좋지 않은 이유를 이야기해도 아이의 기분이 나아질 기미가 안 보인다면 아이에게 다음 방법들을 제안해보라.

- 아이에게 보통 어떠한 일들을 하면 기분 전환에 도움이 되는지 생각해보라고 하라. 아니면 도움이 될 것 같은 일들에 대해서도 생각해보라고 하라. 그리고 그 일을 하고 싶은 마음이 들지 않더라도 그냥 한번 해보라고 하라. "그냥 소파에 누워 있고 싶단 거 잘 알아. 하지만 산책이라도 하면(혹은 목욕, 재충전, 친구와 시간 보내기, 아빠와 대화하기) 기분 푸는 데 도움이 될지 몰라. 그러고 싶은 마음 별로 없다는 거 알아. 하지만 보통 좋아하는 일을 하고 나면 기분이 좋아진단다. 자기에게 뭔가 좋은 일을 해주는 거지. 별로 하고 싶지 않더라도 말이야. 억지로라도 하는 게 좋아."
- 기분은 자기 스스로 알아서 변한다는 사실과 기분 전환을 시도하는 게 그 변화를 더 앞당긴다는 사실을 알려주어라. "아마 아침이 되면(또는 뭔가 좀 먹고 나면, 일어나서 목욕을 하고 나면) 기분이 더 나아질 거야."
- 문제를 해결할 수 있도록 용기를 북돋워라. "이 일을 좀 더 쉽게 할 수 있는 방법을 한 번 모색해보자."

• 주위의 도움을 구하라고 권하라. "아마 우리들 중 한 사람이 이 문제에 대해 네 담임선생님(상담사, 교장선생님)과 얘기를 나누는 게 좋을 거 같아. 어떻게 생각하니?"

무엇이 아이에게 가장 도움이 되는지 잘 살펴보고 이를 아이에게 알려주라. 그리고 아이가 다음번엔 혼자서 할 수 있을지 잘 보라. 아이의 기분을 잘 관찰하고 조절하는 데 적극적인 역할을 해야 하는 게 당신의 임무다. 당신의 제안은 무시되거나 거부될 수도 있겠지만 괜찮다. 다음번엔 활용하는 모습을 볼 수 있을 것이다.

내가 약물치료에 반대한다고 단정 짓지 않길 바란다. 비정상적인 스트레스가 아이를 괴롭히거나 우울한 기분이나 공포가 멈추려 들지 않는다면 이 자체가 아이의 정신 발달에 생리적인 영향을 미칠 수 있다. 이런 경우에는 약물 치료가 필요하다. 가장 중요한 것은 잘 알아야 한다는 것이다. 여러 의견을 들어보거나 1장에서 말한 대로 팀으로 구성된 전문가 집단을 이용하라. 단 모든 약물 치료는 환경의 변화나 대처 기술의 변화와 병행되었을 때 더 효과적임을 잊지 말라.

가정 안에서 스트레스 줄이기

8장에서 병원 방문에 대해 논의하면서 나는 두 가지 연구에서 중요한 공통 사실을 발견했다고 말했다. 민감한 아이들은 스트레스 수치가 견딜 만할 정도일 때 다른 아이들보다 오히려 더 건강하고 부상도 덜 입는다는 사실이다. 주위의 스트레스를 감소시킴으로써 민감한 아이를 건강하고 행복하게 키우고 싶다면 가정 전체를 좀 더 나은 방향으로 변화시켜야 할 것이다. 당신은 이미 사고나 질병, 가족 문제 같은 유해하고 통제 가능한 스트레스로부터 가족을 보호하기 위해 최선을 다하고 있을 것이다.

그러한 노력에도 불구하고 우리가 전혀 통제할 수 없는 스트레스 요소들도 있다. 사랑하는 할머니의 죽음이나 테러 공격에 관한 뉴스 같은 외부로부터의 위협이 그것이다. 이러한 문제들이 생겼을 때 우리가 할 수 있는 일은 몇 가지 없다. 일단 아이들이 너무 이른 나이에 이러한 위협에 지나치게 노출되지 않도록 보호하는 수밖에 없다. 또한 위험 요소에 대해 현실적으로 논의하고, 공동체를 보호하기 위해 어떠한 노력들이 행해지고 있는지 설명해주고, 어떻게 대처하고 있는지 스스로 모범을 보이고, 인생을 살아간다는 것이 언제나 평탄할 수만은 없고 때때로 커다란 용기가 필요하다는 사실을 알려주어야 한다.

그런데 우리 대부분은 인생의 모든 기회와 기대가 수반하는 스트레스에 대해서는 별로 심각하게 고려하지 않는 것 같다. 오늘날 인간은 무한한 기회를 가지고 있다. 우리는 어디에 있는 누구에게라도 전화를 걸 수 있다. 인터넷상으로 어떤 것도 배울 수 있다. 정말로 원하기만 한다면 세계 어느 지역으로라도 여행을 떠날 수 있다. 어떤 기술이나 일도 배울 수 있다. 그러므로 원하기만 한다면 어떠한 종류의 사람이라도 될 수 있다. 부유하거나, 유명하거나, 현명하거나, 영적이거나, 예술적인 사람 중 누구라도 말이다. 정하기만 하면 된다. 돈이 없다고? 아르바이트를 더 구하고 학위를 더 따라. 당신은 무엇이라도 할 수 있다. 이것이 요즘 우리가 사회에서 받고 있는 인상이다. 그리고 적극적으로 돕고 싶은 열망에서 아이들에게 주고 있을지도 모르는 인상이다. "너는 어떤 사람이라도 될 수 있고, 어떤 것이라도 할 수 있어. 꿈을 키워." 이런 식이다.

한편 민감한 아이는 천성적으로 모든 것을 지나칠 정도로 하려는 유혹을 느낀다. 비디오게임, 텔레비전, 인터넷은 배우고 즐길 수 있는 끝없는 기회를 제공한다. 또한 이러한 기회들 중 일부는 명백하게 아이들을 자극하고 유혹하기 위해 만들어졌다. 학교는 더욱 더 많은 것을 제공할 것이고 방과 후 활동도 마찬가지다. (조용하게 혼자 책 읽을 읽는다든지, 숲이나 빈 공터, 강 옆 사구에서 친구들과 논다든지 하는 아이들을 차분하게 만드는 활동들은 점점 사라지고 있다.)

사실 정신은 어떤 것이라도 인식할 수 있지만 신체는 모든 것을 다 행할 수 없다. 그리고 민감한 아이들은 가장 재미있고 좋은 활동을 할 기회가 있더라도 다른 아이들보다 약간 덜 할 수밖에 없을 것이다. 바깥 놀이, 스포츠, 어린이 활동 등을 아무래도 더 적게 할 수 밖에 없다는 말이다. 그러나 오늘날 거의 모든 사람은 지나치게 많은 것을 하기 위해 노력하고 있다. 민감한 아이들은 스트레스에 조금 더 빨리 대응하는 것뿐이다. 머지않아 모든 사람에게 너무 지나칠 때가 오리라는 점을 경고하면서 말이다.

민감한 아이가 일상생활에서 겪는 스트레스

양육 전문가인 메리 쿠르신카는 '모든' 아이는 생활 속에서 겪는 많은 일들에 대해 긴 스트레스 목록을 가지고 있다고 강조했다. 하지만 우리는 그중 많은 부분을 간과하고 있다. 우리는 이미 생일 파티, 여행, 명절, 이사, 의료 절차, 학교 생활이 주는 스트레스 등에 대해 이야기를 나눴다. 이들이 기회의 형태로 오든 실망의 형태로 오든 아이에게 스트레스를 주는 건 마찬가지다. 또한 안 좋은 날씨도 한 몫 한다. 날씨가 안 좋으면 아이는 집에만 있고 싶어 하고 외출하는 걸 더 괴로워 한다. 설상가상으로 홍수나 태풍 같은 날씨와 관련된 사건들도 생긴다. 기분을 안 좋게 만드는 뉴스도 날마다 쏟아져 나온다. 그리고 다른 아이들과 어울리는 과정에서 기분을 엉망으로 만드는 갈등, 물건을 공유하는 것에 대한 긴장, 놀림받거나 거부당하거나 괴롭힘 당할지도 모른다는 공포가 불가피하게 솟아난다.

또한 모든 아이들은 어린 시절과 어린 시절이 주는 안락함을 떠나보내야 한다는 스트레스와 직면한다. 이제 이들은 스스로를 위안하는 법을 배워야 하고 어느 순간 고통과 죽음에 대해 깨닫게 된다. 어른이 돼야 한다는 생각도 아이에게 스트레스다. 마지막으로 급성장기growth spurts라는 게 있는데, 이는 생애 초기 몇 년 동안 매 6개월마다 일어나고, 한 번 일어나면 4~6주 정도 지속된다. 쿠르신카는 이에 대해 이렇게 말한다. "당신이 할 수 있는 일은 자신의 기준을 유지하고, 더 잘 돌봐주고, 기다리는 일밖에 없다. 급성장기는 나타날 때와 마찬가지로 사라질 때도 갑자기 사라진다. 어느 날 당신은 아이가 완전히 새로운 수준의 기술을 터득했음을 깨닫게 될 것이다. 괴물은 사라지고 사랑스러운 아이만 남는다."

모든 아이들이 겪지만 잘 몰랐던 이러한 스트레스, 미묘함에 민감하고 사건에 대해 깊이 사고하는 데서 오는 스트레스, 그리고 다른 아이와 다르다는 사실에서 오는 스트레스를 더하라. 이것이 민감한 아이가 받는 스트레스들이다. 민감한 아이는 "저 스트레스 받고 있어요"라고 정확히 표현하지 않을지도 모르지만 다음과 같은 행동들을 보이면 그 안에 숨겨진 메시지를 읽을 수 있을 것이다.

• 다시 어리게 행동한다. 화장실 사용이나 옷 입기, 엄마와의 분리 등 이미 터득한 기술을 발휘하는 데 어려움을 겪는다(급성장기에 특히 그러하다).
• 사소한 일들이 큰 문제가 된다.
• 감정을 과장한다. 비정상적인 공포, 슬픔, 짜증을 보인다.
• 신체적 문제가 늘어난다. 천식, 알레르기가 급습하고 두통, 배탈, 감기가 잦아진다.
• 자는 데 어려움을 겪고, 악몽을 꾸고, 과도하게 잠을 많이 잔다.
• 부모에게 더 매달린다.
• 혼자 있으려고 한다(특히 옷장 속에 숨거나 실내에만 머무른다).

스트레스를 피하거나 줄이는 단기 전략

스트레스를 줄이는 데는 단기와 장기 전략이 있다. 이들 중 대부분은 이미 앞에서 언급한 것들이지만 일단 민감한 아이가 과도한 짐을 지고 있다는 걸 알았을 때 바로 실행할 수 있는 단기 전략부터 상기시켜주겠다.

• 아이가 자주 쉴 수 있도록 조정하라. 즉 휴식 시간을 허용하라. 민감한 아이를 위해 하루 중 조용한 시간을 계획하라(당신을 위해서도 그러는 게 좋다). 이는 스트레스 반응을 예방해줄 뿐만 아니라 아이가 스트레스 반응을 보인 이후에 대처하는 데도 도움이 된다.

• 더 잘 보살펴라. 스트레스가 많을 때나 그렇지 않을 때도 항상 그러는 게 좋다. 어루만지고, 안고, 얼러서 재우고, 모두 다 수용하겠다는 자세로 아이의 말을 들으라. 건강에 좋고 만족스러운 음식을 주고, 숙면을 취할 수 있게 하고, 가까운 호수 같은 자연 속에서 시간을 보내고 동물과 교감하라. 전혀 놀라운 일도 아니지만 연구에 따르면 어미에게 보살핌을 잘 받은 쥐와 원숭이들은 같은 스트레스 상황에서도 낮은 반응을 보였다고 한다.

• 민감한 아이의 수면을 보호하는 것을 가장 우선순위로 삼아라. 다음 날의 컨디션은 다른 어떤 것보다 전날의 수면에 영향을 많이 받는다. 만성적인 수면 부족은 민감한 아이에게 엄청난 고통으로 작용한다.

• 친숙한 것들을 사용하라. 특히 일상적이지 않은 이벤트를 할 때는 그러는 게 좋다. 규칙적인 일과를 유지하고, 친숙한 장난감들을 가져오고, 평소에 하던 게임을 하고, 단골인 곳에 가라.

• 의사결정을 줄여라. 일반적으로 민감한 아이에게 의사 결정권을 주는 게 좋다고 했지만 아이가 이미 과부하 상태에 있을 때는 선택 사항

들을 줄이는 게 좋다. 예를 들어, 아이가 학교에서 있을 일에 대해 불안해하고 있다면 아침 식사로 뭘 먹고 싶은지 묻는 것은 부담이 될 수 있다. 아이는 그냥 당신이 원하는 대로 주길 바랄 것이다. 그러고 나서 아이는 먹을지 안 먹을지 선택만 하면 된다. 컨디션 때문에 이것도 선택하기 힘들다면 오늘은 당신이 결정해주는 게 어떨지 아이에게 물어보라. 하지만 보통 친숙하고 수월한 결정을 내리는 것은 스트레스를 감소시켜주는 역할을 한다. 인생의 어떤 측면에 대해 일종의 통제감을 가지는 게 아이에게 필요한 것일 수도 있으니까 말이다.

• 상황이 약간 호전되면 미래에는 이러한 과잉 스트레스 상황을 어떻게 피할 수 있을지 생각해보길 바란다.

스트레스를 피하거나 줄이는 장기 전략

가족 스타일과 민감한 아이의 인생 경험을 장기적으로 조정하는 것은 단기 스트레스를 관리하는 것만큼 중요하다. 당신의 가족에게 적용될 수 있는 방법이 더 많이 있겠지만 우선 다음 몇 가지 제안부터 살펴보자.

• 모든 것을 루틴화하라. 모든 것을 습관적으로 만들고 미리 계획하라. 이렇게 하면 의사결정을 해야 할 필요도 놀랄 필요도 줄어들 것이다(그럼에도 불구하고 여전히 많이 남을 것이지만). 예를 들어, 정해진 시간에 식사를 하고 테이블을 같은 방식으로 세팅하라. 일주일 동안 식사 메뉴를 어

떻게 할 것인지, 무엇을 입을 것인지, 어떤 심부름을 해야 하는지 함께 계획하라. 그 주일의 달력을 쳐다보면서 어떤 갈등거리가 있는지 너무 많은 것을 계획한 건 아닌지 점검하라. 최소한 평일을 위해서는 일일 스케줄을 짜두는 게 좋다.

• 함께 있어라. 인간은 사회적인 동물이다. 그리고 함께 있다는 사실 자체로도 우리는 위안을 받는다. 당신이 해야 하는 일들 중 아이와 함께 할 수 있는 일이 더 없는지 살펴보라. 가령 같은 방에서 옷을 갈아입는다든지, 아이가 옆에서 그림을 그리고 있을 때 이메일 답장을 보낸다든지 하는 식으로 말이다. 또한 공유할 수 있는 공통의 즐거움을 찾는 게 좋다. 두 사람 다 정원 가꾸기나 요리하기, 개 산책시키기, 함께 목욕하기 등을 좋아할지 모른다. 물론 민감한 아이는 때때로 혼자 있는 시간이 필요하다. 하지만 되도록 근처에 머무르자. 그리고 아이가 항상 혼자 있는 것만 좋아한다면 밖에 나가자고 이끌 필요가 있을 것이다. 혹은 당신이 너무 서두르거나 짜증내거나 엿보거나 대화를 강요한 것은 아닌지 생각해보라. 나란히 옆에서 조용히 각자 할 일을 하는 게 가장 좋은 방법일 수도 있다.

• 자연을 삶의 중심에 두어라. 이는 아무리 강조해도 지나치지 않다. 아파트에 있는 금붕어 한 마리와 화분 몇 개가 전부더라도 아이가 균형감 있게 자라기 위해서는 자연이 필요하다. 우리는 자연에서 왔고 우리의 몸은 자연에 속해 있다.

• 인생의 의미와 목적에 대해 생각해보고 이야기를 나눠라. 인생을 채울 수 있는 방법은 너무나 많다. 지식을 쌓는 데 헌신할 수도 있고, 신의 뜻을 실천할 수도 있고, 다른 사람들을 도울 수도 있다. 또한 창의력의 발

산이나 새로운 경험, 가족생활과 우정에 전념할 수도 있다. 당신의 삶을 무엇에 헌신할 것인지 알고 있다면 이를 아이와 공유하라. 그렇게 하면 당신의 우선순위가 명확해질 것이다. 아이 또한 당신이 어디로 향하고 있는지 이해할 수 있을 것이고 기회의 혼재 속에서 어떻게 질서를 잡아야 할지 실마리를 찾을 수 있을 것이다.

반면 당신이 인생에 대해 불안하거나 낙담하거나 불확실한 상태라면 아이가 그에 대해 먼저 이야기를 꺼내지 않는 이상 민감한 아이에게 짐을 지어주지 않도록 노력하라. 이야기를 꺼냈다 하더라도 아이를 속마음을 털어놓을 수 있는 친구로 이용하지 않도록 하라. 누구에게나 삶을 다시 돌아봐야 할 불확실성의 시기가 존재할 뿐이고 이 시기가 지나가면 모든 것이 더 좋아질 거라고 말하라. 아이가 당신과 다른 인생관을 가질 수 있도록 기회를 주라. 당신에게도 도움이 될 것이다.

• 인생의 안 좋은 일들에 어떻게 맞서는지 생각해보고 이야기를 나눠보아라. 대재난이나 인간의 잔인성에 대해 어떻게 설명할 것인가? 이러한 것들에 대해 듣고, 공포를 느끼고, 마침내 경험하게 되는 것은 인생의 가장 큰 커다란 스트레스 요소다. 특히 민감한 아이들에게는 더욱 그러하다. 강제, 상실, 고통, 죽음 등 당신을 두려움에 떨게 만드는 것들에 어떻게 대처하는가? 당신은 아이보다 먼저 인생을 살았고 무언가를 배웠다. 이를 공유하라. 하지만 듣기 좋은 대답만 한다거나 천사 같은 사람들에 대해서만 구체적으로 묘사하지 않도록 유의하라. 아이가 막상 위기 상황을 맞았을 때 크게 실망할 수 있기 때문이다. 삶에는 불확실성이나 미스터리가 어느 정도 존재하고 이것은 문제가 되지 않는다. 완벽한 안전을 거짓 약속하

는 것보다 이 말이 민감한 아이에게 더 진실로 와 닿을 것이다.

• 큰 스트레스가 아이에게 닥치는 걸 막을 수 없다면 그것을 감싸 안도록 노력해라. 나는 어린 시절에 어떤 종류의 역경도 겪지 않은 위인에 대해 들어본 적이 없다. 역경은 아이가 그것을 이해할 수 있도록 부모가 어떻게 돕느냐에 따라 인격 형성에 도움이 된다. 질병, 가난, 가족 문제, 세상의 고난. 이러한 것들은 인생의 교훈을 가르쳐주고 심지어 영적인 깨달음을 주기도 한다. 당신이 이러한 시각을 견지할 수 있다면 아이에게 큰 도움이 될 것이다. (만약 당신이 이러한 시각을 가지고 있지 않다고 하더라도 민감한 아이는 이러한 시각을 가지게 될 것이다. 이를 지켜볼 수 있는 특권을 갖게 된 것에 감사하며 지지하길 바란다.)

다음으로 우리는 부모에게 큰 스트레스를 줄 수밖에 없는 '까다롭거나', '고집이 센' 민감한 아이에 대해 논의할 것이다.

까다로운 민감한 아이 양육하기

당신은 이 책을 읽으면서 민감한 아이는 모두 신중하고, 사려 깊고, 부모가 긴장을 풀어주기 위해 행동을 취하지 않으면 뒤로 물러나 있다는 인상을 받았을 것이다. 그러나 어떤 민감한 아이들은 전혀 다른 면을 보여주기도 한다. 예를 들어 아홉 살인 다이나는 어느 모로 보나 전형적인 드라마 퀸이다. 다이나는 감정적이고, 고집이 세고, 솔직하고, 매우 창의적이고, 연기하는 것을 좋아한다. 집에서 다이나는 요구 사항이 많고, 까다롭고, 극적이고, 떠들기 좋아한다. 다이나는 어떤 음식이 입맛에 맞지 않거나 어떤 계획이 마음에 들지 않으면 그것에 대해 모든 사람에게 이야기한다. 솔직히 얘기하면 그녀의 감정이 가라앉을 때까지 모든 일은 정지된다. 그녀는 다른 사람의 감정에 대해 예민하게 인식하지만 때때로 심하다 싶을 정도로 다른 사람에게 신경을 안 쓴다. 물론 이는 자신에게 어떤 영향을 미치느냐에 따라 달라진다.

이 모든 것을 종합해봤을 때 다이나는 다루기 힘들어 보인다. 그리고 정말로 키우기 힘든 건 사실이다. 하지만 다행스럽게도 그녀의 부모는 다이애나가 매우 인상적이고 때때로 감당하기 힘든 행동을 하는 이면에 매우 상처받기 쉬운 면 또한 지니고 있음을 간파했다. 그렇다. 그녀는 엄격하게 다루어야 한다. 하지만 말미에서 논의하겠지만 그녀가 자기조절능력을 발달시키는 데 있어 처벌이 핵심 열쇠는 아니다.

민감한 소년들 또한 비슷하게 고집이 세고 극적일 수 있다. 스키 타는 것과 나무에 올라가는 것을 좋아하는 척은 현재 아홉 살이고 뭔가에 낙담했을 때 엄마에게 무척 못되게 군다. 그리고 뭔가를 하고 싶지 않을 때 매우 완강해진다. 치아 교정을 받기 위해 처음 상담하러 갔을 때 척은 입 벌리기를 거부했다. 입을 열지 않으면 팔다리를 붙잡고 강제로 입을 열겠다는 말을 듣고 나서야 마침내 힘을 뺐다. 나중에 치아 교정 받는 일이 일정한 일과로 자리 잡고 나서야 척은 행복하게 교정을 받으러 다녔다.

척에 대해 가장 재미있는 이야기는 척이 처음 고해성사를 받으러 신부님을 만났을 때 있었던 일이다. 척은 단정치 못한 차림새에 양말도 신지 않고 무례한 태도였다. 신부님을 처음 봤기 때문에 척은 그와 말하는 걸 거부했다. 그러면서 이렇게 말했다. "나는 당신에게 아무것도 말하지 않을 거예요. 그리고 내가 말하게 만들 수도 없을 거예요." 신부님은 동의했다. 척과 다이애나가 만나게 된다면 아마 잘 어울려 놀 것이다.

하지만 척에게는 온화한 면도 있다. 쉽게 울고, 가족들이 싸우면 중재하려 노력하고, '짝꿍'으로 결정된 유치원 친구를 사랑하고, 인기 없는 아이들과도 친구로 지내고, 누군가가 놀림받고 있으면 나서서 따진다. 결국에는 신부님과도 잘 지내게 될 것이라고 생각한다.

드라마 퀸과 반항아를 다루는 법

극적이고, 솔직하고, 창의적이고, 감정적이고, 소란스러운 다이나와 척은 민감한 아이들 중에서도 매우 특별한 케이스다. 가장 눈에 띄는 것은 이들의 자기조절력 부족이다. 이들은 스스로 뜨거운 물 안으로 들어가고 있다는 것을 알면서도 멈출 수가 없다. 감정과 생각에 사로잡혀 휩쓸려가 버리고 다른 사람들과 멀어진다. 이들에게는 견고한 바위 같은 역할을 해줄 부모가 필요하다. 그러나 24시간 내내 그렇게 해줄 수 있는 사람은 아무도 없다. 하지만 이들이 부모의 굳건함을 느낄수록 상황은 점점 더 나아진다. 또한 이들은 부모가 감정적으로 통제력을 잃은 모습을 보면 다른 민감한 아이들에 비해 특정한 면에서 더 크게 영향을 받는 것 같다. 통제력을 잃어버리는 이들만의 특성은 어른들에 의해 점화되는 것처럼 보인다.

이러한 유형의 아이는 가장 선한 의도를 가진 부모의 인내심마저 시험에 들게 한다. 부모 역시 민감한 사람일 경우에 특히 그러하다. 하지만 당신은 통제력을 잃거나 분노하거나 무력감을 느끼지 않을 수 있다. 다이애나와 척에게는 자기들이 촉발한 싸움의 극히 일부분에 대해서만 책임을 물을 수 있을 것이다. 그들의 감정이 그들의 행동을 통제하고 있기 때문이다. 하지만 이 감정들은 다른 사람들 또한 통제하고 있고 그들을 화나게 하고 있다. 그러므로 일으키는 문제들에 대해서는 용서해줄 수 있지만 점차 더 나아지는 법을 배우려 들지 않는다면 이를 용납해서는 안 된다. 다른 사람들에게 사랑받고 자기 자신에 대해 좋은 감정을 가지기 위해서, 그리고 자신의 행복을 위해서 그들을 제약과 지도 없이 막 나가게 해서는 안 된다.

훈육에 대해 이전에 말했던 모든 것들이 여기에도 동일하게 적용된다. 기준을 세우고, 그 기준을 고수해야 하지만 처벌에 대해서는 신중해야 한다. 처벌이 아이의 긴장을 더 높여 당신이 전하고자 하는 메시지가 받아들여지지 않을 수도 있기 때문이다. 드라마 퀸이나 반항아가 이미 과도하게 흥분한 상태라고 여기고 마음을 다잡아라. 그 후 그들이 왜 자기가 통제력을 잃어버렸는지 이해할 수 있도록 도와라. "네가 너무 피곤해서 우리한테 그렇게 화가 났던 건지 궁금하구나" 혹은 "학교에서 오늘 무슨 일이 있어서 그런 건 아닌지 궁금하구나. 무슨 일이 있었는지 얘기하고 싶니?" 하지만 다른 유형의 민감한 아이들보다 차분한 상태에 도달하는 데 더 시간이 오래 걸리고 인내심도 더 요구될 것이다.

이러한 유형의 아이를 키우는 데 관련된 모든 책임과 어려움을 고려해봤을 때 당신은 얻을 수 있는 모든 지지를 주위에 구해야 한다. 만약 당신이 배우자 없이 혼자 아이를 키우고 있다면 이런 아이를 혼자 감당해서는 안 된다. 가까운 친척이나 친구, 전문가 등의 도움이 필요할 것이다.

이 더 까다로운 민감한 아이들을 다루는 데 있어 항상 야기되는 질문은 '치료받아야 할 더 심각한 문제가 있느냐'다. 나는 기질적 접근법으로 시작하라고 강력히 권하고 싶다. 왜냐하면 그 방법이 최소한의 꼬리표를 붙이는 방법이고 비용 또한 제일 적게 들기 때문이다. 그리고 기질만이 유일한 진짜 문제일 가능성이 크기 때문이다. 기질적 특성이 특정적으로 조합되면 심각한 문제가 있는 게 아니라 말 그대로 그저 다루기 어려워질 뿐이다. 특히 2장에서 지적했던 것처럼 높은 활동성, 높은 감정 반응 강도, 높은 주의산만도, 낮은 적응력의 네 가지 특성이 조합될 때 그러하다. 민감한 아이가 이 네 가지 특성을 더 많이 가질수록 더 다루기 어려워질 것이다. 그리고 얼마나 어려울 것인지는 이 기질들이 당신과 그리고 아이가 다니는 학교와 얼마나 잘 맞느냐에 따라 달라진다.

일단 당신이나 전문가가 아이의 기질 모두를 평가하고 나면 당신은 이러한 다루기 힘든 기질에 무엇은 적합하고 무엇은 그렇지 않은지, 그리고 아이가 이 기질을 표현할 때 절제하도록 어떻게 도와줄 수 있는지 알려줄 숙련된 누군가와 함께 작업해야 한다. 많은 행동 문제가 있을 수 있지만 한 번에 조금씩만 작업하는 게 제일 좋다. 우선순위를 정하고 어떤 행동을 맨 먼저 고쳐야 하는지 결정하라.

세 개의 바구니가 있다고 상상해보라. A 바구니는 '지금 당장 고치지 않으면 절대 참을 수 없어' 바구니이고, B 바구니는 '확실히 고치면 좋겠다' 바구니이며, C 바구니는 '언젠가는' 바구니다. A 바구니를 가지고 먼저 작업을 시작하라. 무례하게 구는 것이나 발끈하고 성질부리는 것, 잠자리에 드는 걸 거부하는 것 등이 포함될 것이다. 여기에만 해당하는 당신의 기준을 세우고 그것에만 집중하라. 이 부분에서 나아지는 게 느껴진다면 긴장이 풀릴 것이고 다른 일들도 더 쉬워질 것이다.

만약 기질 상담만으로 문제가 해결되지 않는다면 다른 전문가들을 찾을 필요가 있다. 하지만 대부분의 전문가들은 기질적 관점을 가지지 않고 아이의 모든 문제를 일종의 장애로 취급할지도 모르니 주의해야 한다. 특히 많은 교사와 상담사들은 주의력결핍과잉행동장애와 가장 친숙하다. 아이가 주의산만도가 높은 유형이든 활동성이 높은 유형이든 상관없다. 때때로 민감한 아이들은 천성적으로 모든 미세한 소리나 움직임을 감지하기 때문에 산만한 환경에서는 쉽게 주의가 분산된다(주의산만도가 높다). 그러한 이유로 주의력결핍장애나 주의력결핍과잉행동장애로 진단받고 치료받기도 한다.

그러나 1장에서도 말했듯이 이러한 아이는 방해물이 없는 곳에서는 집중력이 좋아지는데 이는 주의력결핍장애를 가지고 있는 아이들이 보이는 양상이 아니다. 무엇이 진짜 문제인지 분별할 수 있는 다른 한 가지 방법은 이러한 증상이 갑자기 시작됐는지 여부에 대해 생각해보는 것이다. 가령 새로운 교사를 만났다든지 새로운 학교로 전학 갔다든지 하는 일과 함께 시작됐는지 살펴보는 것이다.

학교와 잘 안 맞는 게 진짜 원인인 경우도 많다. 예를 들어 아이들에게 항상 고도로 집중할 것을 요구하는 교사가 있다면 민감한 아이는 집중이 안 될수록 더 긴장하고 불안해할 것이고 결국 집중 능력은 현저히 저

하될 것이다. 집중은 정신적 에너지를 요한다. 이 에너지는 지나치게 긴장하면 줄어든다. 민감한 아이에게 학교는 지나치게 시끄럽고 자극적이기 때문에 주의력결핍장애나 주의력결핍과잉행동장애를 가지고 있는 것처럼 보일 수도 있다.

잘 안 맞는 점을 개선하고 기질 조절에 신경 쓰더라도 수개월 만에 문제가 현격히 감소하지는 않을 것이다. 그러면 당신은 1장에서 설명했던 것처럼 아이에 대해 전체적인 검사와 테스트를 해보고 싶을지도 모른다. 대부분의 주의력결핍장애와 주의력결핍과잉행동장애는 오로지 이 장애 진단만을 목적으로 만들어진 간단한 질문지나 짧은 관찰을 통해서 쉽게 진단된다. 하지만 학습 장애, 양극성 장애, 아동 우울증, 많은 다른 가능성에 대해서도 철저히 밝혀야 한다.

민감한 아이는 늘 위대한 열매를 맺는다

만약 민감한 아이가 기질적 특성으로 인해 힘들어한다면 이 '말썽 많은' 특성이 일단 모양새를 잡고 살짝 익기만 하면 위대한 열매를 맺을 수 있을 것이라는 점을 염두에 두도록 하라. 위대한 오페라 디바들 중 감정 표현 강도가 높지 않은 이는 아무도 없었다. 위대한 혁신가들은 대부분 적응력이 낮다(이들은 불편함을 참아내는 걸 거부하기 때문이다). 주의산만도가 높은 사람들이 없었다면 어떠한 위대한 발견도 이루어지지 못했을 것이다(이들은 다른 사람들이 감지하지 못하는 것들을 감지하기 때문이다). 높은 활동성을 지닌 사람들이 없었다면 위대한 운동선수들도 없었을 것이다.

요약하자면, 가정생활이 현재 약간 힘들지도 모르지만 가족과 가정을 민감한 아이라는 로켓이 대기하고 있는 발사대라고 생각해봐라. 당신에게서 받는 적절한 지지와 자신의 깨달음과 함께 민감한 아이는 높고 멀리 날아갈 수 있을 것이다.

배운 것을 적용해보기

아이의 민감성이 현재 얼마만큼 꽃피웠는지 리스트를 적어보자. 당신과 주위 사람들이 느끼는 아이의 모든 재능, 자질, 미덕, 평범하고 보편적이지만 훌륭한 특징들을 적어보자. 이제 아이가 여전히 집에서 가지고 있는 문제 영역들에 대한 리스트를 적어보자. 감정의 과민함, 특정 음식이나 당신이 구입한 옷을 거부할 때 보이는 무례함, 하던 일을 멈추거나 아침에 일어나거나 잠자리에 드는 것 등 한 가지 일에서 다른 일로 전환할 때 겪는 어려움, 새로운 일을 시도할 때 내키지 않아 하는 것 등이 있을 것이다.

- 아이에게 이 중 하나를 해결하고 싶은지 물어보아라.
- 만약 아이가 그렇다고 하면 함께 계획을 짜보아라. 합리적으로 보이는 최종 목표를 정하고 어떻게 해나갈지 구체적 단계에 대해 서로 동의하라.
- 두 사람이 과거에 이미 한 번 실패한 적이 있는 오래된 문제라면 왜 이번에 꼭 해결돼야 하는지에 대한 새롭고 창의적인 대답을 찾아보아라. 예를 들어 아이가 절대 정시에 자지 않는다면 '아침형 인간'과 '올빼미형 인간'에 대한 책을 함께 읽어보라. 아이가 '올빼미형 인간'일 가능성은 없는지에 대해 이야기를 나눠보고, 어린이는 아침 일찍 학교에 가야 한다는 사실에 비추어 앞으로 어떻게 조정해야 할 것인지 의논해보라. 예를 들어 아이가 여름 방학 동안과 휴가 때에는 천성에 따라 살 수 있도록 두고, 학기 중에도 일주일에 한번쯤 늦잠을 자고 학교에 두 시간 정도 늦게 가게 할 수 있을 것이다(학교에서 용인한다는 가정 하에 말이다). 그 대신 학기 중에는 매일 잠자리에 일찍 들도록 최선의 노력을 다해야 하고, 잠자리 시간이 매일 밤 일정하면 잠드는 게 더 쉬운지 알아보기 위해 학교에 가지 않는 날에도 일찍 자야 한다.

• 보상이나 유인책에 의존하지 마라. 별 스티커나 파란색 리본처럼 잘 해나가고 있다는 것을 보여줄 수 있는 징표 노릇을 하는 보상만 제외하고 말이다. 목표를 이루면 어떤 점이 좋을지 생생하게 그림을 그려보고 성취하면 얼마나 보람찰지 떠올려보게 하라. 아이의 공포가 방해하기 시작하면 더 작은 단계부터 시작하도록 계획을 세워라. 아이가 흥미를 잃어버렸다면 아이가 성취하고 싶은 게 무엇이었는지 상기시켜주어라. 당신이 다이어트나 운동 같은 목표에 어떻게 꾸준히 집중할 수 있었는지 이야기해주어라. 아이가 실천하는 동안 당신도 어떤 목표를 정해 같이 노력해도 좋을 것이다. 의지를 가지고 끈질기게 노력한다는 것의 가치에 대해 이야기해보고 몇 번 미끄러질 수도 있지만 목표에 대한 방해물들로부터 배울 수 있는 것들에 대해 이야기해보아라.

궁극적으로 이것은 아이의 임무다. 여기에서 시작해야 한다. "네게 달려 있어." 억지로 시작하게 강요할 수 없을 것이다. 만약 억지로 시작했다 하더라도 아이가 나이를 조금만 더 먹으면 당신의 도움에 더 심하게 반항할 것이다. 목표를 향해 단계별로 나아가는 방법에 대해 알고 싶다면 다음 장의 '배운 것을 적용하기' 부분을 보길 바란다.

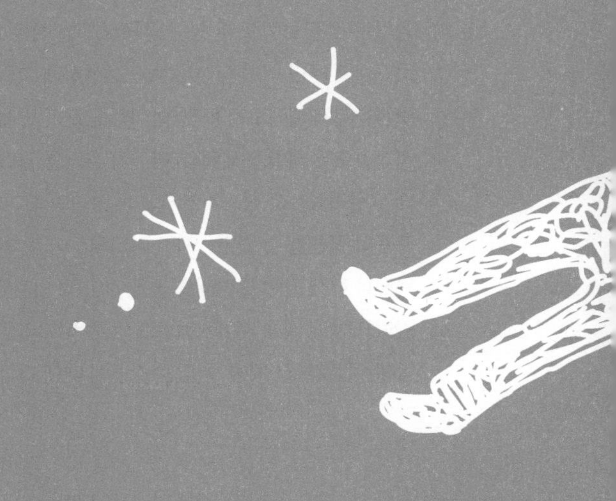

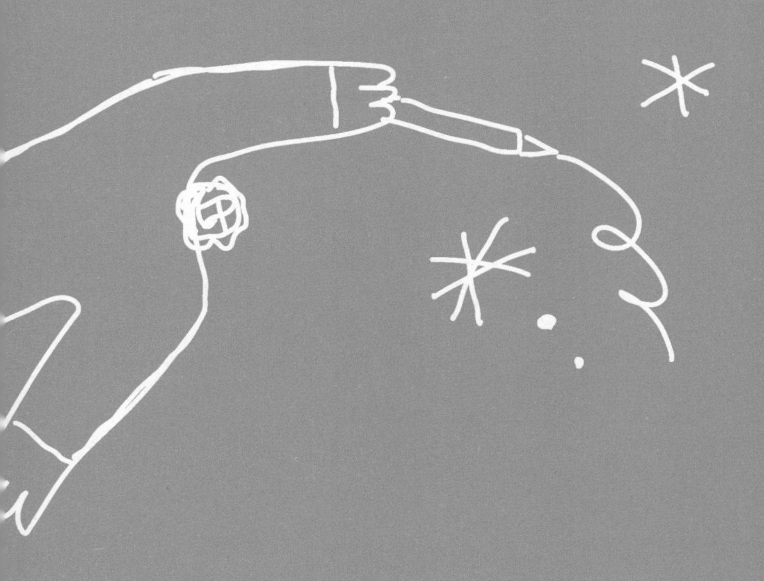

10장

학령기Ⅱ
- 교실과 사회를 즐기는 아이로 키우는 법

민감한 아이가 세상 밖으로 나갈 때, 특히 학교에 다니기 시작할 때 부모는 어떤 것을 해줄 수 있을까? 학교와 교실은 민감한 아이에게 친절하지 않은 공간이다. 우리 아이가 학교에 잘 적응하고 친구를 만들 수 있도록 우리 아이의 외향성과 학업적 완벽주의, 괴롭힘이나 왕따를 당하는 경우 등 다양한 경우의 수를 살펴보고 이에 대한 대처법을 논의해볼 것이다.

우리 아이가 학교에 다니기 시작한다면

좋은 뉴스를 하나 말해주자면 민감한 아이가 학교에서 심각한 문제 행동을 보인다는 이야기를 한 번도 들어보지 못했다는 사실이다. 민감한 아이들은 싸우거나, 친구를 괴롭히거나, 거짓말을 하거나, 물건을 훔치거나, 무단결석하거나, 마약을 하거나, 교사를 모욕하지 않는다. 가장 튀어봤자 반에서 오락부장 같은 역할을 하거나 심도 있는 '흉보기'에 참여할 뿐이다. 민감한 아이들은 일반적으로 성적이 우수하고 배우는 것을 즐기고 교사들의 칭찬을 받는 훌륭한 학생들이다. 때때로 이들은 인기 있는 리더이기도 하다. 최소한 한 명의 친구와 깊은 우정을 나누고 마음이 맞는 아이들로 구성된 소규모 무리와 어울린다.

그러나 조금 안 좋은 뉴스를 말해주자면 학교생활이 이들에게 부담으로 작용할 때가 많다는 사실이다. 앞 장에서 만났던 터프한 드라마 퀸

다이나나 작은 반항아 척 같은 아이들에게도 학교생활은 그리 만만하지 않다. 이러한 까다로운 유형의 민감한 아이들이 학교에서 어떤 문제와 부딪히는지 먼저 살펴보자. 덜 까다로운 민감한 아이들도 유사한 문제를 가지지만 교사에게 잘 인지되지 못할 수도 있다.

다이애나는 대부분의 민감한 아이들이 그러하듯이 여러 사람들과 있을 때보다 일대일로 있을 때 더 편안해한다. 다이나는 자신의 강한 반응 때문에 사람들이 거리를 둔다는 것을 잘 알고 있고 이들을 기쁘게 해주고 싶기 때문에 자신을 통제하려고 무척 애쓴다. 그러나 다이나의 교사는 다이나가 여전히 '너무 민감하다'고 말한다. "다이나는 쉽게 기분이 상해요." 그러나 사실 내막을 들여다보자면 다이나가 자신이 어떻게 느끼는지, 다른 사람들은 어떻게 생각하고 있는지, 어떻게 반응해야 할지 충분히 생각해볼 여유를 사람들이 주지 않는 것일 뿐이다.

예를 들어 놀림받거나 거부당하면 다이나는 분노하거나 울음을 터뜨리거나 혹은 두 가지를 다 한다. 이러한 반응은 상대를 즐겁게 할 뿐이다. 만약 다이나가 '쿨하게' 반응했다면 수용이나 우정으로 발전할 수도 있었을 것이다. 그러나 다이나가 집에서 떨어져 있는 상태에서 이렇게 할 수 있게 될 때까지는 몇 년 정도 걸릴 것이다. 학교에서는 부모가 멀리서만 코치해줄 수 있기 때문이다. 이러한 이유로 다이나는 성숙이 느린 것처럼 보인다. 그리고 많은 사회적 교훈을 힘들게 배워나가고 있다.

척은 반에서 인기 있는 아이다. 척은 반의 익살꾼이고 소녀들에게 이미 눈길을 받고 있다. 하지만 척은 훌륭한 학생은 아니다. 척은 책 읽는 것보다 곤충과 야생에 대해 탐구하는 것을 더 좋아한다. 그래서 척은 친구들보다 학업성취도 면에서 많이 뒤처져 있다는 생각에 힘들어하는 일이 잦다. 그렇지만 통찰과 아이디어가 뛰어나며 교실에서 말도 잘하는 편이다.

터프하든 솔직하든 조용하든 불평이 많든 간에 모든 유형의 민감한 아이들은 세상 밖으로 나갈 때, 특히 학교생활을 시작할 때 어려움을 많이 느낀다. 지금부터 그 이유를 알아보도록 하자. 많은 민감한 성인이 어린 시절 가정생활도 행복했고, 부모님도 매우 자상했지만 학교생활은 지옥 그 자체였다고 말한다. 그리고 그 상흔은 여전히 남아 있다.

민감한 아이들이 학교에서 직면하는 것

첫 번째로, 대부분의 학교는 대단히 자극적이다. 학생들 중 80퍼센트는 민감하지 않은 아이들이고 교실은 아이들로 꽉 차 있다. 아수라장 같은 소음 속에 하루는 유난히 길다. 그러나 동시에 학교는 민감한 아이에게 매우 지루한 곳이기도 하다. 이들은 교사의 메시지를 즉각적으로 이해하지만 교사는 다른 아이들을 위해 같은 메시지를 계속해서 반복해야 하기 때문이다. 이럴 때면 민감한 아이는 정신을 딴 쪽으로 팔았다가 다시 돌리고 그러다 뭔가를 놓쳤다는 사실을 알게 된다. 그리고 이 또한 문제가 된다.

두 번째로, 학교에서는 요구 사항과 처벌이 더 많아진다. 이곳에서 민감성은 전혀 고려 대상이 아니다. 민감한 아이들은 보통 매우 양심적이어서 학교에서 원하는 모든 요구 사항을 지키려고 노력한다. 학급 전체가 혹은 민감한 아이 혼자서 강한 질책이나 처벌을 받으면 아이는 강한 메시지 때문에 큰 충격을 받을 것이다. 사실 이 메시지는 민감하지 않은 아이들 중에서도 가장 고집이 센 아이에게까지 잘 통하도록 의도된 것이다.

세 번째로, 민감한 아이들은 학교에서의 사회생활이 어렵다고 느낀다. 집에서나, 친구 집에서나, 동네에서 민감한 아이들은 여느 아이들처럼 활달하고 거리낌 없이 행동한다. 하지만 학교에만 오면 진정한 소수자처럼 행동한다. 말수가 줄어들고 자극적인 환경을 조용히 관찰한다. 아이들과 어울리지 못하고 어울리려고 하지도 않는다.

게다가 이들은 다른 아이들이나 자기 자신을 향하고 있는 일종의 잔인함을 잘 관찰한다. 그리고 이 때문에 뒤로 물러서거나 다른 방식으로 강하게 반응한다. 이들이 강한 반응을 보이면 다른 아이들은 거리를 두기 시작하고, 이들이 규칙을 이해하고 빠르게 변화하는 상황에 겨우 적응할 때쯤이 되면 다른 아이들은 이미 우정을 형성하고 민감한 아이에 대한 태도를 굳힌다. '이 아이는 겁이 많고, 특이하고, 냉담하고, 잘났고, 부끄러움을 많이 타고, 지루하구나.' 즉 기질에 대한 편견을 가지게 된다고 말할 수 있다.

이러한 상황에서 민감한 아이는 과잉자극 때문에 지나치게 긴장하고 초조해하게 된다. 그리고 이러한 긴장과 초조 때문에 아이는 사회적 기술이나, 학업 능력, 신체 능력 등을 제대로 표현하지 못한다. 그 결과 학교와 불안은 떼려야 뗄 수가 없는 사이가 되어버린다. 아이는 완벽과는 거리가 먼 상태로 완벽을 추구하게 된다.

학령기의 민감한 아이가 우울해하거나, 부루퉁해 있거나, 짜증을 내거나, 과도하게 흥분하거나, 위축돼 있다면 이 모든 것을 고려해봐야 한다.

교실, 사회가 바라는 이상적 기질을 비추는 거울

전형적인 북아메리카 교실을 떠올려보자. 6장에서 네덜란드 아기와 미국 아기의 수면에 대해 비교했던 코네티컷 대학의 찰스 슈퍼와 사라 하크네스를 기억할 것이다. 유럽에 머물면서 하크네스와 그녀의 동료들은 다양한 나라의 교실 환경을 미국의 교실 환경과 비교하는 연구도 했다.

그녀는 대부분의 유럽 교실이 질서정연하고 그다지 자극적이지 않다는 사실을 발견했다. 특히 스웨덴을 비롯한 몇몇 나라에서는 교실이 거의 가정집 같은 분위기였다. 칠판은 평소에 숨겨 놓았다가 필요할 때만 꺼내서 썼고 책걸상을 일렬로 배열해놓지도 않았다. 마치 가정집의 거실과 주방처럼 공간이 꾸며져 있었고 교사와 학생들은 그곳에 모여 수업을 했다. 그들이 방문한 모든 학교는, 심지어 가난한 동유럽 국가의 학교들마저도 전반적으로 깔끔하고, 깨끗하고, 디자인이 훌륭했다. 그리고 미학적으로 아름답고 품질이 좋은 비품을 갖추고 있었다.

간단히 말해서 유럽의 교실은 아이들이 자신의 속도에 맞춰 편안하게 공부할 수 있고 좋은 취향을 계발할 수 있도록 차분하고 믿음이 가는 환경을 제공하기 위해 디자인되어 있는 것 같았다. 이러한 공간은 긍정적인 성격과 규칙적인 습관을 가진 아이에게 이상적인 것처럼 보였다. 즉 민감한 아이들이 평화롭게 공부할 수 있는 곳이었다.

하크네스는 미국의 교실이 반대로 매우 자극적이고 '프린트로 넘쳐난다는' 사실을 알아냈다. 즉 가능한 한 가장 많은 정보를 가능한 한 가장 빠르게 학생들에게 퍼붓기 위해 디자인돼 있었다. 또한 질서보다는 많은 활동을 가능케 하는 것이 더 중요시됐다. 비품은 미학적으로 아름답지도 보수 유지가 잘돼 있지도 않았다. 아이들이 비품에 눈길을 주거나 손상을 입히지 않기만을 바라는 것처럼 보였다. 미국 교실 환경은 감정적이고, 활동적이고, 자극에 목말라하고, 적응력이 뛰어나고, 미묘함을 전혀 인식하지 못하고, 높은 감각 역치를 지니고 있는 아이에게 이상적인 것처럼 보였다. 간단히 말해 민감한 아이에게 최악의 환경이었다.

아이를 사립학교나 대안학교에 보내더라도 이러한 유럽 스타일의 학습 환경을 제공해줄 수는 없을 것이다. 하지만 최소한 민감한 아이가 어떠한 현실과 싸우고 있는지는 알아둘 필요가 있다.

홈스쿨링

점점 더 많은 부모가 고민하고 있는 대안이 있는데, 바로 홈스쿨링이다. 일을 해야 하는 부모들에게 홈스쿨링은 불가능한 얘기겠지만 민감한 아이의 부모라면 앞서 얘기한 여러 가지 이유로 홈스쿨링에 대해 한번쯤은 고민해봤을 것이다. 공립학교나 사립학교가 명백히 존재하는 현실에서 홈스쿨링이 아이, 특히 민감한 아이에게 좋을지 안 좋을지에 대해서는 밤새 토론해도 모자라다. 그렇다. 관건은 홈스쿨링을 하면서도 사회적 기술을 배울 수 있는 친구들을 충분히 사귈 수 있고 이 사회에서 살아남을 수 있을 만큼 강해질 수 있느냐다. 나는 가정환경이 좋기만 하다면 어떤 아이들에게는 홈스쿨링이 훨씬 좋을 수 있다고 자신 있게 말할 수 있다(안타깝게도 아이들이 학교에서 고통받을 때 때때로 가정문제가 가장 큰 원인인 경우도 있다).

물리적으로나 사회적으로 매우 안 좋은 환경을 가진 학교에 다녀야만 하는 상황이라거나, 민감한 아이와 절대 맞지 않는 교사에게 배정됐는데 이를 변경할 방법이 없다거나, 놀림이나 괴롭힘을 당하는데 학교에서 이를 적절히 해결해주지 못한다면 민감한 아이에게는 오히려 홈스쿨링이 적합할 것이다. 다른 경우도 많을 것이다. 그러므로 홈스쿨링이 적합하게 느껴진다면 대안 중 하나로 염두에 두길 바란다. 주위 사람 모두 반대하더라도 말이다.

이는 정말로 매우 개인적인 문제다. 나는 아들이 공립학교에 다니는 걸 가장 힘들어했던 초등학교 4학년 때부터 6학년 때까지 홈스쿨링을 했다면 얼마나 좋았을까 하고 지금도 생각한다. 만약 관심이 있다면 관련법과 지역 소모임 등을 비롯해 홈스쿨링에 대한 다양한 정보가 인터넷에 많이 있으니 참고하길 바란다(인터넷이 없는 홈스쿨링은 상상하기 힘들다).

숫기 없는 아이의 사회생활

지난 장에서 설명했듯이 7세에서 10세 이전 연령대의 아이가 숫기가 없다면 그리 큰 문제가 되지 않는다. 하지만 10세 이후에도 여전히 숫기가 없다면 낮은 자존감, 외로움, 불안을 야기할 수 있다. 왜냐면 유년 시절의 중반기를 돌파하면서 모든 아이가(적어도 특정 문화권에서는) 사회적 후퇴를 매우 부정적인 눈빛으로 바라보기 시작하기 때문이다.

하지만 연구 결과 좋은 친구가 오직 한 명이라도 있다면 자존감과 사회적 소속감을 회복하는 데 충분하다고 한다. 특히 '존재를 확인해주고 서로를 보살펴주는' 우정 관계라면 더욱 그러할 것이다. 그룹 안에서 숫기가 없다고 해도 개별적인 우정을 형성하지 못하는 것은 아니다. 그러므로 아이가 어떤 '대외 정책'을 펼치고 있든지 간에 아이가 학교 밖에서 친구를 찾을 수 있도록 도와주는 일은 매우 중요하다. 당신이 늘 따라다닐 수는 없다고 하더라도 말이다.

마지막으로 어린 시절에 어느 한 시기 동안 '숫기가 없었다고' 해서 평생 그러리라는 보장은 절대 없다는 사실을 명심하라. 즉 새로운 곳으로 이사를 가거나 반에 친구가 한 명도 없다면 힘든 한 해를 보낼 수도 있는 것이다. 그러나 숫기 없음이 해를 거듭해서 지속되거나 아이가 심하게 놀림을 받거나 거부당하거나 괴롭힘을 당한다면 당신이 더 적극적으로 관여해야 한다. 아이가 적절하고 효과적으로 행동하고 있는가?

그렇다면 아이가 최소한 한 명의 친구를 사귈 수 있는 능력을 발휘하게 할 수 있게 하기 위해서 당신은 어떠한 일을 할 수 있을까?

아이가 친구를 찾도록 도와라

우선 아이가 친구가 없다고 말하면 진짜 그런지, 그리고 이유가 무엇인지 알아보라. 때때로 민감한 아이는 실제로는 친구가 몇몇 있거나 꽤 인기가 있음에도 불구하고 자신이 남과 다르다는 느낌 때문에 내면적으로 고립감을 느껴서 문제를 과장하기도 한다.

기억하라. 다른 아이들에게는 더 많은 친구가 있다 하더라도 민감한 아이에게는 좋은 친구가 오직 한 명만 있어도 충분하다. 만약 아이의 담임 교사가 아이가 쉬는 시간에 거의 혼자 있다고 말한다면 이유를 알아볼 필요가 있다. 아이와 열린 마음으로 부드럽게 대화를 나누고 직접적 참견을 자제하고 멀리서 잘 관찰하다 보면 답을 구할 수 있을 것이다.

이럴 때 교사가 사교성이 좋거나 잘 맞을 것 같은 아이를 선택해 특정한 활동을 같이 하게 하거나 옆자리에 앉게 해준다면 도움이 될 수 있다. 교사가 도움을 줄 수 없다면 당신이 도움을 줄 수 있을 것이다. 사실 먼저 학교 바깥에서 문제를 해결하는 게 좋다. 우정은 전반적인 놀이터 분위기와 별개로 일대일로 쉽게 형성되는 경우가 많다. 같은 나이이고 가능하다면 같은 학교에 다니고 있는 아이가 없는지 찾아보라. 아이들이 내년에 같은 반에 배정될 수 있다면 우정이 꽃피울 수 있을 것이다. 이 아이가 학교에서 당신의 아이를 만난 적이 없다면 오히려 도움이 될지도 모른다. 어떠한 편견도 가지고 있지 않을 것이기 때문이다. 이 아이가 당신의 아이와 관심사가 유사하고, 화젯거리나 놀이거리를 공유할 수 있고, 비슷한 가치관을 가지고 있다면 정말 좋을 것이다. 아이에게 친구가 되어줄 수 있는 이런 잠재적인 아이를 교회에서나 승마 수업, 체스 그룹, 미술이나 음악 워크숍, 스포츠나 공연 캠프 등 아이가 참여하는 각종 활동을 통해 찾을 수 있을 것이다.

이 '친구 유망 후보자'를 집으로 초대하라. 아니면 당신 가족과 이 아이의 가족이 어울려서 집에서 디저트를 먹거나 피크닉을 간다거나 외식을 함께한다면 더 좋을 것이다. 집에서나 또는 외식할 때 아이들을 만나게 하는 게 서로 얼굴을 익히고 덜 낯설고 덜 긴장하게 하는 첫걸음이다.

또한 당신은 아이가 새로운 친구에게 어떻게 행동하는지 관찰할 수 있을 것이다. 아이는 말을 많이 하는가? 아님 위축돼 있는가? 이것저것 시키는 편인가 아님 그 반대인가? 여기서 얻은 정보들을 가지고 당신은 아이가 사교 모임이나 다른 사람과 어울리는 일에 대해 배워야 할 점이 무엇인지 집중해서 알아낼 수 있을 것이다. 무엇보다 만약 우정이 형성된다면 두 아이가 내년에 같은 반에 배정될 수 있도록 노력하라. 숫기 없는 유치원생들을 연구한 결과에 따르면 학교에 입학하기 전부터 알았던 친구가 교실에 한 명이라도 있는 아이들은 다른 아이들에게 더 쉽게 수용된다고 한다.

학교에서 친구를 사귀는 일에 관련해서는 아이에게 좋은 친구가 될 수 있는 친구를 깜빡 놓치고 있는 건 아닌지 잘 살펴보라고 이야기하라. 민감한 아이는 다른 아이들 때문에 어떤 아이를 거부했을 수도 있고 혹은 거부당할 것으로 추정해서 먼저 거부했을 수도 있다.

마지막으로 흥미로운 게임들을 준비하고 마음껏 놀아도 되는 공간을 만들어 그 나이대의 아이들이 놀러오기 좋아할 만한 집으로 만들어라.

하지만 너무 지나칠 정도로 아이들에게 잘해주지는 마라. 나는 어떤 부모를 본 적이 있는데 이들이 집을 너무 개방적으로 만든 나머지 정작 아이는 다른 아이들에게 냉대받고 이용당하는 지경에 이르렀다. 아이를 아는 모든 아이가 간식거리와 간섭하지 않는 보호자 때문에 놀러왔지 아이를 만나러 온 게 아니었다. 아이가 우정을 형성하는 데 지나치게 관여하거나 당신이 더 이상 필요치 않을 때까지 관여하지 않도록 주의하길 바란다. 아이들도 프라이버시가 있고 자기 문제는 자기가 해결할 수 있다는 느낌을 가지길 원한다. 또한 부모가 쿨하지 못한 행동을 한다면 자녀도 쿨하지 못한 아이로 받아들여질 수 있다.

숫기 없는 아이를 변화시키는 게 정답일까?

심리학자인 네이선 폭스, 애나 소벨, 수잔 칼킨스, 패멀라 콜은 일정한 아이들을 2세에서 7세까지 연구했다. 먼저 2세 아동들을 실험실에 두고 어릿광대가 같이 놀려고 노력하는 상황을 비디오로 녹화했다. 그동안 아이들은 장난감 로봇을 가지고 있었다. 그리고 동일한 아이들이 7세 때는 이전에 만난 적이 없는 세 명의 어린이와 어떻게 노는지 관찰했다. 나중에 7세 아동들은 2세 때 자신들을 촬영한 비디오를 봤고 심리학자들은 그들에게 숫기 없음에 대해 전반적으로 어떻게 느끼는지 물었다. 그리고 두 살 때의 자신의 행동에 대해 어떻게 느끼는지 물었고 자신이 변화했다고 생각한다면 무엇 때문에 변했다고 생각하는지 물어보았다.

두 살 때는 신중했지만 일곱 살 때는 외향적이 된 아이들은 자신이 변한 것은 부모가 자신을 많은 것에 노출시켜서라고 설명했다. 다시 말해서 이러한 아이들은 부모가 아이의 자신감에 영향을 미칠 수 있다는 점을 스스로 정확히 지적했다.

그런데 흥미로운 점은 더 이상 '숫기 없지 않은' 아이들이(이들은 2세 때 민감한 아이들처럼 행동했었다) 자신에 대해 실망스러워했고 숫기 없는 다른 아이들에 대해서도 실망스러워했다는 사실이다. 그러나 변하지 않은 아이들은 오히려 그렇지 않았다. 신중함을 극복한 이 아이들은 아마 자신이 멈춰서 점검해보는 경향을 여전히 가지고 있다는 사실을 알고 있지만 부모가 이를 바꾸려고 부단한 노력을 했기 때문에 마음속으로 자신에게 뭔가 결점이 있다고 느꼈을 것이다.

그러나 이제 당신은 이 기질의 속성을 완전히 이해하고 있기 때문에 아이가 신중함을 문제로 인식하지 않으면서 다른 사람들과 교류하게 도울 수 있을 것이다. 그렇다. 민감한 아이는 현실적이고 안전한 경험을 요구하는 신중함을 지닐지도 모른다. 하지만 민감성은 결점이 되기에는 좋은 측면이 너무나 많다.

이제 새로운 상황이나 낯선 사람들에 더 편안해진 아이들과 함께 앉아 있다고 상상해보라. 당신과 아이를 위해 당신은 구체적으로 어떠한 조언을 해줄까? 하지만 아이가 민감하지 않은 세상에 맞출 수 있게 어떻게 도울 수 있는지 듣기 전에, 세상에서 변화시키고 싶은 곳은 없는지 스스로 생각해보길 바란다.

민감한 아이를 변화시키려고 노력하기 전에 당신의 가치관을 결정하라

민감한 아이들은 어릴 적 습관을 포기하는 데 가끔 느리다. 손가락을 빨거나 사랑하는 동물 인형을 갖고 다니고, 학교 앞에서 내려주면 울음을 터뜨린다. 당신은 아이가 덜 민감한 아이들에게 놀림받지 않도록 이러한 행동을 멈추게 하고 싶을 것이다. 혹은 아이가 자유롭게 자신의 욕구와 감정을 표현하고 자신만의 속도에 맞춰 성장하기를 원할지도 모른다. 정말 어려운 문제다.

게다가 우리 사회는 매우 외모 중심적이다. 아이가 잘 적응하기를 바란다고 결정했다면 당신은 우선 적절한 옷부터 사야 할 것이다. 여자아이라면 체중 관리를 해야 할 것이고 외모를 잘 가꾸어야 할 것이다. 남자아이도 경쟁력 있는 스타일을 선보여야 한다. 하지만 이러한 것에만 노력을 기울이면 다른 모든 사람들처럼 외모를 꾸미고 행동하는 게 인생에서 제일 중요한 것이라는 메시지를 은연중에 심어주게 된다. 다시 한번 말하지만 어려운 문제임에 분명하고 결정해야 하는 사람은 바로 당신이다.

이제 칼을 뽑아보자. 민감한 아이들은 다른 아이들이 텔레비전에서 일상적으로 보는 것들 중 어떤 것을 보고 뒤로 물러설 수 있다(예를 들어 액션 장면은 많은 폭력을 보여준다). 또한 아이들이 하곤 하는 험담하기, 놀리기, 괴롭히기 등으로부터도 물러설 수 있다. 남들과 다르다는 이유로 희생양을 만드는 일에서도 물러설 수 있다. 살인이나 고문, 대량 학살에 대한 내용을 포함하고 있는 비디오 게임이나 가장 놀이에서도 물러설 수 있다. 아이에 대해 신경 쓰는 모든 부모들은 이 지점에서 선택의 기로에 놓이게 된다. 아이가 다른 아이들에게 수용되기를 원하지만 한편으로는 아이가 '보통의' 폭력적이고, 무심하고, 말썽장이 아이가 되기를 원하지는 않는 것이다. 당신이라면 어떻게 할 것인가?

게다가 우리 모두는 아이가 절대 하지 않았으면 하는 것에 대해 어떤 기준을 가지고 있다. 텔레비전이나 비디오 게임에 중독된다거나, 몰인정할 정도로 경쟁적이라거나, 외모나 인기 또는 스포츠에 집착한다거나, 구시대의 성역할 사고에 갇혀 있다거나, 남보다 우월하고 싶은 마음에 과도하게 사로잡혀 있다거나, 인종적 편견을 가지고 있다거나, 폭력을 좋아한다거나, 다른 사람의 감정에 무관심하다거나 하는 것들은 아이가 보이지 않았으면 하는 모습들이다. 그러나 만약 당신의 아이가 평균적인 아이와 너무 다르다면 전투마다 맨 앞에 서게 될 것이고 그 결과 고통을 겪을 수밖에 없을 것이다.

예를 들어 당신은 엄격한 성 역할 경계를 지우고자 한 것뿐인데 쉽게 울음을 터뜨리는 것이나 요리와 꽃꽂이를 좋아하는 것에 대해 놀림받는 민감한 소년, 패션에 대해 이야기할 줄 모르거나 바비 인형을 갖고 노는 걸 견딜 수 없어 하는 소녀와 함께 있는 자신을 발견하게 될지도 모른다. 혹은 아이를 텔레비전 보는 것보다 책 읽는 걸 좋아하는 사람으로 키우고 싶을지 모르지만, 아이는 친구들이 어젯밤에 한 토크쇼에 대한 생각을 나눌 때 도대체 무슨 얘기를 하는 건지 아무것도 모르게 될지도 모른다. 혹은 학급의 외톨이와 친구가 되고 같은 취급을 받을 수도 있다.

당신은 아이부터 시작해 사회를 바꾸고 싶은가? 아니면 아이가 당신이 바꾸고 싶은 사람들 중 하나처럼 되는 걸 지켜볼 것인가? 이는 오직 당신만이 대답할 수 있는 질문이다. 하지만 반드시 생각해봐야 할 문제이기도 하다.

다른 이상적인 목표를 좀 더 살펴보면 나는 아들이 건강에 좋고 환경에 좋은 방식으로 식사하길 원했고 이는 고기, 설탕, 정제된 밀을 먹지 않는다는 걸 의미했다. 아들은 갈색 빵과 고기가 들어 있지 않은 샌드위치 때문에 놀림을 받았고 설탕을 접할 때마다 허겁지겁 먹었다. 마침내 나는 가짜 소시지를 사고 흰색 빵을 이용하는 법을 배웠다. 설탕을 금지하는 것은 포기했다.

일단 이상을 얼마나 추구할 것인지 결정했다면 다음으로 다른 가족에 의해 공유되지 않는 가치는 어떻게 이행할 것인가? 당신은 그 가치들을 아이에게 잘 설명해야 하고, 그래야 아이도 다른 사람들에게서 그 가치를 방어할 수 있다. 그리고 당신은 다른 아이 부모의 가치관에 대해 알아봄으로써 아이의 친구를 선택할 수도 있다(이는 아이가 커갈수록 더 어려워진다). 아이와 당신의 태도와 가치관을 공유하는 친구는 아이의 동맹군이 되어줄 것이고 확대해서는 당신의 동맹군이 되어줄 것이다. 또한 당신은 당신이 가진 가치관을 장려하는 학교를 선택할 수도 있다.

그렇다 하더라도 당신의 노력이 헛수고처럼 느껴질 때도 있을 것이고 가끔 역효과를 낳는 경우도 있을 것이다. 나는 아들이 가급적 텔레비전을 보지 않게 하려고 부단히 노력했는데, 현재 아들은 토요일 아침에 방영하는 애니메이션의 작가다. 한편 여전히 채식주의자이고 심지어 설탕을 나보다 덜 먹는다!

무엇보다 우리 사회가 자신감이 넘치고, 대담하고, 모험을 좋아하고, 외향적인 아이들을 선호한다고 해도 아이가 이처럼 이상화된 방향으로 나아가도록 얼마나 압박할 건지에 대한 결정권은 당신에게 있다는 점을 잊지 마라. 또한 다른 가치들도 있다.

당신은 아이가 예술적인 재능을 발전시킬 수 있도록 내면으로 향하게 장려할 수도 있다. 예술적 재능의 주요 도구는 무디지 않은 민감성, 그리고 고도로 개성화되고 독창적이고 창의적인 자기self여야 한다. 이 사람은 문화를 소비하고 감상하기보다는 문화를 창조해내고 변형시키는 사람이다. 당신은 아이가 영적인 길을 걷기를 원할지도 모른다. 그러한 경우에 아이는 집에서 '아직도 가야 할 길'에 대해 생각하면서 다른 사람들은 보지 못하는 길에서 좌표를 찾아야 할 것이다. 하지만 오로지 소수의 사람들만이 자기처럼 보이지 않는 것을 볼 수 있다는 사실을 발견하기 때문에 매우 외로움을 느낄 수도 있다. 당신은 내면에서 시작하거나 바깥 세계에 대한 깊은 성찰로부터 나오는 더 깊은 사고방식이 있다고 믿을지도 모른다. 그게 정확히 무엇인지 당신은 알 수조차 없겠지만 민감한 아이는 알지도 모른다는 사실을 당신은 알고 있다. 충분한 시간과 내면의 공간만 확보된다면 말이다.

하지만 이 문제를 모 아니면 도의 방식으로 받아들일 필요는 없다. 모든 예술가, 신학자, 주술사, 철학자, 과학자, 심리학자들은 사람들과 어울려야 하고 언제라도 밖으로 나와 자신의 통찰에 대해 낯선 사람들에게 이야기할 수 있어야 한다. 그러므로 민감한 아이를 정형화된 틀에 맞추지 않으려고 어떤 계획을 세우고 있든지 간에 다음 조언들을 읽어보길 바란다. 그리고 아이에게 적합해 보이는 것을 골라 최선이라고 믿는 정도까지 이행하라.

민감한 아이를
대담하고 사회적으로 키우는 법

앞서 언급했던 숫기 없음에 관한 연구에서처럼 민감한 아이가 "예전에는 새로운 사람들이나 상황을 약간 무서워했지만 극복할 수 있게 부모님이 도와주셨다"라고 말할 수 있게 하려면 어떻게 양육하는 게 좋을까?

• 아이를 모든 종류의 경험에 노출시켜라. 단 한 번에 너무 많은 경험에 노출시켜서는 안 된다. 예를 들어 함께 레크리에이션 프로그램 전단지를 훑어본다든지, 아이가 흥미를 보이는 수업에 등록하는 것이다. 보이스카우트는 어떠한가? 낚시부터 펜싱, 마술쇼, 체스에 이르는 모든 흥미로운 것들에 관한 다양한 책들을 가져다가 집에 두도록 하라. 잡지나 신문을 훑어보면서 아이가 좋아할 만한 아이 대상 이벤트를 찾아보아라(아이가 좋아할 만하다는 것은 보통 번잡하지 않음을 의미한다). 이 중 어떤 것도 절대 강요하지 말고 한 번에 한 가지씩, 많아 봤자 두 가지씩 하도록 하라. 하지만 계속해서 기회를 제공하는 것을 잊지 마라.

• 아이에게 '숫기 없다'는 이름표를 붙이지 않도록 주의하고 아이를 낙담시키지 마라. 숫기가 없는 것은 평가를 받고 남에 눈에 띄는 것을 두려워하는 마음 상태이고 모든 사람에게 일어나는 일이다. 숫기가 없는 것은 기질이 아니다. 아이가 자기상self-description의 틀을 다시 만들 수 있도록 다음처럼 말해주어라. "새로운 상황에서 시간 보내는 거 좋아하잖아. 낯선 사람들과도 시간 잘 보내고. 친구들이랑 얼마나 얘기하는 거 좋아하는지

한번 잘 생각해봐."

• 역할 놀이를 이용하라. 인형이나 꼭두각시, 캐릭터 인형(일종의 가장 놀이다) 등을 이용해 어떻게 그룹에 합류할 수 있는지, 일대일로 만나면 어떻게 해야 하는지, 혹은 좋은 친구가 되려면 어떻게 해야 하는지 배울 수 있게 도와라. 놀이를 단순하게 유지하고 같은 구문을 자주 반복하기 바란다. "안녕, 나는 줄스야. 같이 놀래?" 이 리허설 시간 동안 만약 아이의 불안이 높아진다면 능청을 떨어 긴장을 풀어주라. "줄스, 물고기 떼한테는 어떻게 소개할 작정이니?" 어색한 순간은 누구에게나 생기기 마련이고 이럴 때는 그냥 다른 사람들과 함께 웃고 넘어가면 된다는 점을 설명하라. 당신이 겪었던 최고로 부끄러웠던 순간에 대해 말해주고 그 순간에 대해 웃어넘기는 모습을 보여주어라.

또한 요즘 아이들과 어떻게 교류해야 할지에 대해서는 근거 있고 확실한 조언만을 해주어야 한다. 요즘 아이들이 어떤 식으로 대화하는지 귀 기울여 잘 '들어보도록' 하라.

• 무리에 끼는 일이 민감한 아이에게 매우 섬세한 작업임을 깨달아라. 무리에게 다가갈 때 어떠한 방법을 쓸 수 있는지 아이에게 가르쳐주어라. 아이는 가장 친숙한 친구에게 먼저 접근할 수 있을 것이다. 혹은 그 친구를 옆으로 불러내서 이야기하고 함께 무리에 들어갈 수도 있을 것이다. 자기와 비슷하게 주저하는 듯한 모습을 보이는 아이나 자신이 좋아하는 어떤 것을 하고 있는 아이에게 접근하는 방법을 취할 수도 있다.

• 아이에게 가르치는 위치에 서보게 하거나 '스타'의 역할을 맡아보게 하라. 더 어린 아이들과 함께여도 좋고 아이가 항상 잘해내는 특정한

활동에서도 좋다. 혹은 유도 수업처럼 그곳에 있는 유일한 여자아이라는 이유만으로 칭송받을 수 있는 곳에 가도 좋다. 이 연령대에 드라마나 댄스 수업을 듣는 소년은 아마 항상 남자 주인공 역할을 도맡아 할 것이다. 아이에게 어떤 재능이 있는지 살펴보고 그 재능 덕분에 경탄을 받을 수 있는 자리에 있는지 확인해보라.

• 아이가 운동 능력을 향상시키도록 도와라. 특히 팀 스포츠는 중요하다. 민감한 아이에게 이는 쉬운 일이 아니다. 하지만 아이가 꾸준히 노력하고 적절한 능력을 취득하면 다른 아이들에 '속할' 수 있을 것이다. 만약 그렇지 못한다면 아이들에게 수용되는 데 최소한 고등학교에 갈 때까지 어려움을 겪을 것이다.

특별한 사회적 상황에 대처하기

갖가지 종류의 특별하고 잠재적으로 문제가 될 수 있는 사회적 상황이 민감한 아이에게 발생한다. 캠프에 간다든지, 팀이나 클럽에 소속된다든지, 소그룹 수업을 받는다든지 하는 상황들이다. 이 상황들 각자를 신선한 시각으로 바라보도록 노력하고, 민감한 아이가 기질에 대한 불필요한 관심을 끌거나 거대한 장애를 지닌 것처럼 보이지 않게 하면서 참여할 수 있는 신선하고 점진적인 해결책을 찾아보아라.

친구네 집에서 자게 되는 경우를 생각해보자. 여기에 대해 생각해보고 나면 같은 종류의 생각을 다른 상황에도 적용할 수 있을 것이다. 만약 민감한 아이가 다른 집에서 자는 것을 꺼려하는 경향이 있다면 아이가 너무 많은 초대를 거절하기 전에 미리 준비시키기 시작하라. 많은 '아이들끼리의 관계'나 유대감은 이렇게 친구네 집에서 자면서 더 끈끈해진다. 특히 같이 어울리는 아이들이 포함돼 있을 때는 이런 일에 항상 빠지기보다는 가끔 참여해주는 게 좋다.

우선 한 아이를 초대해 집에 묵게 하라. 아이가 정말로 좋아하는 친구고 그 아이의 부모가 이해심이 넓다면 더할 나위 없을 것이다. 그 아이네 집에 가서 자게 될 때 민감한 아이를 특별히 편안하게 해줘야 하는 필요성을 납득할 수 있도록 말이다. 각자의 집에 일상적인 방문을 하는 것도 좋다. 처음은 당신의 집에, 그다음에는 그 아이의 집에 시간을 점점 늘려가면서 방문하는 것이다. 그러다가 당신의 집에서 자고 가라고 초대할 수 있다. 그러나 머무르는 시간이 전체적으로 너무 길어지지 않도록 주의하고 민감한 아이가 말을 꺼내지 않아도 되도록 당신이 먼저 권유하라.

초대에 대한 보답으로 그 집에서도 당신의 아이를 초청할 때 아이에게 자고 가라고 권하는 사람은 친구여야 한다. 아이가 계속 거절한다면 아이와 둘만 남았을 때 이유가 무엇인지 가볍게 물어보아라. 아이가 이유를 말해주지 않는다면 일단 그냥 받아들여라. 그리고 무시하거나 가볍게 해결하려고 들지 말고 이유에 대해 깊이 생각해보라. 해결책을 제안하기 전에 하루 이틀 정도 시간을 두는 것이 좋을 것이다.

아이가 처음으로 집에서 떨어져 친구네 집에서 잘 준비가 되었을 때 아이가 특별히 예민한 부분이 있다면 친구 부모에게 솔직하게 이야기하라(예를 들어, 아이는 음식을 가릴 수도 있다). 그리고 아이가 부끄러워할 정도로 지나친 관심을 보이지 않고 이를 존중해주길 바란다고 정중하게 부탁하라.

민감한 아이를 그 집에 데려다주고 나면 그 집 부모들과 함께 차라도 한잔 마시면서 잠시 동안 머무르는 게 좋다. 아이가 원한다면 집에 돌아간 후에도 한 번쯤 전화해 아이가 잘 있는지 알아보는 것도 좋다. 아이가 당신이 와서 양해를 구하고 자신을 데려갔으면 하는 신호를 보내면 이를 받아들여야 한다. 아이의 의견에 동의한다면 아이에게 다른 사람이 뭐라고 해도 심각하게 받아들이지 말고 걱정 말라고 말해주어라.

이러한 유형의 전략을 캠프에 갈 때는 어떻게 적용할 수 있을까? 우선 당일로 갔다 오는 캠프로 시작하고, 아이의 친구들이 함께 가는 숙박 캠프에 보내는 방법을 택하는 게 좋다. 아이의 숙소에 믿을 수 있는 친구가 최소한 한 명은 있는지 확인하라. 심각한 향수병이 생길 수 있는 가능성을 포함하여 아이의 특별한 민감성에 대해 캠프 관리자에게 미리 얘기하고 아이에게 만약 힘들다면 며칠 후에 집으로 데려가겠다고 말하라. (하지만 아이가 당신을 오게 해놓고 집에 가지 않겠다고 그냥 돌려보낸다고 해도 놀라지 말길 바란다.)

사회적 기술을 향상시킬 수 있는 다른 방법들

우리는 지금까지 학령기 아동이 친구네 집에서 자는 일과 같은 특별하고 특정한 상황에 대처하는 방법과 우정과 용기를 개척하는 방법에 대해 이야기를 나눴다. 다음은 학교생활의 다른 측면에 대해 이야기하기 전에 마지막으로 점검해야 할 점들이다.

• 아이를 더 많은 어른들에게 노출하라. 어른들로부터 존중 어린 관심을 받을 수 있는 아이는 자신감이 높아지고, 다른 곳에 갈 때나 심지어 또래와 있을 때도 이 자신감을 잃지 않는다. 그리고 민감한 아이들은 어른들에게 아주 관심이 많고 어른들 또한 민감한 아이들을 흥미롭게 바라본다. 친척이나 친구들에게 아이와 대화를 나눠보라고 권유하길 바란다. 두 사람이 흥미를 가질 만한 주제를 당신이 직접 던져줄 수도 있을 것이다. (이러한 대화를 권장할 수 있는 방법이 이 장 끝에 더 많이 나와 있다. 또한 어떻게 어른이 조용한 아이가 말을 꺼내도록 잘 유도할 수 있는지에 대해서는 8장을 참고하길 바란다.)

한 엄마는 민감한 아이에게 어른과 있을 때 불편함을 느끼면 그 상황에서 구해주겠다고 약속했다. 두 사람은 두 개의 암호를 만들어서 신호를 보낼 수 있게 했다. 아이가 어색한 대화를 지속하는 데 도움이 필요할 때와 그 대화에서 탈출하고 싶을 때의 두 가지 경우에 사용할 수 있는 암호였다. 얼마나 훌륭한 팀워크인가.

• 빠르고 자동적인 언어적 대응 능력을 키워주는 단어 게임을 하라. 아이가 즉각적인 반응을 할 수 있도록 힘을 북돋아라.

• 필요할 때 아이에게 방향이나 정보를 묻도록 시켜라. 두 사람이 함께 외출했을 때나 어떤 정보를 묻기 위해 전화를 해야 할 때 아이에게 하게 하라. 아이는 식당에서 가족을 위해 주문을 할 수도 있을 것이고 코치

를 받아 식당을 예약할 수도 있을 것이다. 아이가 걸어서 갈 수 있는 곳에 차로 데려다주기를 원할 때 협상을 하라. 당신이 운전하는 데 시간을 내주는 대신 아이에게 택배 가격이나 상점 오픈 시간을 알아보느라 해야 하는 사소한 전화를 처리해 당신을 돕게 하라. 혹은 이 장의 말미에 설명하겠지만 아이의 동의를 얻어 이 모든 것을 배우는 과정의 일부로 만들라.

• 아이가 사람들의 눈을 보고 말할 수 있도록 격려하라. 눈을 맞추는 일은 자극적이기 때문에 민감한 아이들은 이를 피하는 경우가 많다. 하지만 이러한 행동은 상대를 두려워하거나 굴복했다는 무의식적 신호로 비칠 수 있다. 우선 아이가 안전한 사람들(당신, 다른 가족들)과 눈을 맞추는 연습을 하게 한 다음 덜 친숙한 사람들과 연습하게 하라. 아이가 잘해내면 많은 칭찬을 해주어라. 눈을 맞추는 일 자체가 확실하고 고유한 보상을 해주는 건 아니지만 그 자체로 아이에게 큰 도움이 될 것이다.

• 아이 주위에 있는 다른 어른들에게 도움을 구하라. 교사, 코치, 다른 학부모들 등에게 도움을 구하라. 하지만 가장 우선적으로 그들이 어떤 계획을 갖고 있는지부터 알아보라. 아이를 다른 친구나 비슷한 아이와 짝을 지워 임무를 맡기거나 어떤 분야에서 두드러지게 해 다른 아이들의 관심을 받을 수 있게 하는 것은 좋은 계획이다. 숫기가 없는 문제를 가지고 있다거나 특별히 행실이 좋아서 다른 아이의 모범이 된다(아이를 '교사에게 예쁨 받는 아이'로 만든다)는 식의 논의는 아이에게 별로 도움이 되지 않는다.

• 발전이 있다면 짚어줘라. 변화는 갑작스런 기적이 아닌 일종의 과정이다. 그러므로 다음과 같은 것을 자주 짚어줘라. "작년에 반에서 서서 발표하는 것도 힘들어했는데 올해는 얼마나 편하게 하는지 한번 보렴."

마지막으로 요점 두 가지가 더 있다. 첫 번째로, 아이에게 사회 활동을 지나치게 많이 시키지 말길 바란다. 민감한 아이들 중 가장 외향적인 아이들조차도 민감하지 않은 아이들에 비해서는 훨씬 많은 휴식 시간을 필요로 한다. 민감한 아이의 부모들은 아이의 사회적 활동을 일주일에 한 번 정도로 제한했고 축구팀, 어린이 야구단, 다른 부담스러운 활동들은 되도록 피했다고 말한다.

두 번째로, 민감한 아이는 결코 한 명 이상의 친구를 가지지 못할 수도, 희생자 역할에서 벗어나지 못할 수도, 공포를 통제하지 못할 수도, 자신이 알고 있는 모든 것을 다른 사람에게 표현하지 못할 수도 있다. 이 사실을 깨닫고 인정하라. 하지만 아이는 동시에 민감하고, 온정적이고, 창의적인 본성을 가지고 있다. 이 모두는 하나의 패키지처럼 묶여 있기 때문에 어느 하나를 임의로 변경할 수 있는 성질의 것이 아니다.

학교생활을 즐겁게 만드는 법

놀이 그룹에 끼려고 하지도 않고 어린이집에도 가려 하지 않았던 랜들을 기억하는가? 랜들의 엄마에 따르면 이제 아홉 살이 되었음에도 랜들은 새 학기가 시작하기 전 방학 내내 '믿을 수 없을 정도의 불안'을 느낀다고 한다. 개학하기 직전이 되면 랜들은 너무 불안해져서 '숨도 못 쉴 지경'이 된다.

개학날 전에 할 수 있는 일들

랜들이 이러한 고통을 매년 느껴야 한다는 사실은 매우 안타까운 일이다. (랜들의 엄마는 랜들이 대비하는 걸 도와주기 위해 누가 담임교사가 될 건지 알아보려고 매년 애쓰지만 이는 학교 방침에 따라 개학날까지 절대 공개되지 않는다.) 당신의 아이도 똑같은 공포를 느끼고 있을지도 모른다. 그러므로 아이가 안정적으로 전환할 수 있도록 온 힘을 다해 도와라. 예를 들어 다음 연도에 아이를 담당할 '가능성이 있는' 교사들에 대해 알아볼 수도 있을 것이다.

내가 인터뷰한 교사들 모두는 동료들 대부분이 그다지 창의적이지 않고 모든 아이에게 한 가지 교수 스타일만 사용하는 진부한 유형이라고 답했다. 의식적이든 무의식적이든 많은 교사들은 조용한 학생들을 무시하는 경향이 있다. 그리고 자신의 관심을 끄는 아이들에게 리더 역할을 부여한다.

당신은 학생들 각자의 고유한 욕구와 자질을 인정해주는 예외적인 교사들을 찾아야 한다. 아이가 내년에 만날지도 모르는 교사들이 교실에서 어떤지 미리 관찰해보는 게 좋을 거라고 어떤 교사는 말한다. 교장에게 이야기할 수도 있을 것이다. "우리 아이는 세심한 배치가 필요합니다. 어떤 교사가 아이에게 가장 잘 맞을지 의견을 드리고 싶은데 내년에 아이를 맡을 가능성이 있는 교사들의 수업을 좀 참관해도 괜찮을까요?" 교장은 기꺼이 당신을 지지해줄 것이다. 또한 만약 아이가 현재 도움을 많이 주는 교사의 반에 있다면 이 교사는 다음 학년에 어떤 교사가 아이에게 가장 좋을지 추천해줄 수도 있을 것이다.

일단 방학 동안에 선택을 끝냈다면 어떤 교사가 아이에게 제일 적합할 것 같은지 교장에게 추천하라. 물론 특정한 교사를 배정해달라는 이러한 부탁을 교장이 모두 들어줄 수는 없을 것이다. 하지만 그도 아이들이 잘 되기를 바라는 사람 중 한 명이다. 그러므로 다음과 같은 편지를 교장에게 직접 쓰는 게 적절할 것이다. “제 아들 저스틴은 따로 준비할 필요 없을 정도로 학교에서 열심히 공부하는 유형의 아이입니다. 그런데 심한 꾸짖음을 많이 들으면 심하게 위축되는 경향이 있습니다. 그러므로 반 배치를 하실 때 이를 감안해주시길 바랍니다. 개인적인 의견으로는 카인드 선생님이 아이에게 잘 맞을 것 같다는 인상을 받았습니다.”

당신은 또한 아이가 가장 친한 친구와 같은 반에 배정받을 수 있도록 부탁하는 편지를 쓸 수 있다. “작년에 벳시는 학교에서 친구 사귀는 데 엄청나게 고군분투했습니다. 이 문제 때문에 학교 공부에 집중하지 못할 정도였습니다. 하지만 이제 아이에게 캐럴 무어라는 좋은 친구가 한 명 생겼습니다. 만약 가능하다면 두 아이를 같은 반에 배치해주시길 바랍니다.” 편지를 보내고 난 후 전화를 걸어 편지가 잘 도착했고 검토 중인지 확인하라.

개학하기 전 학교에 아이와 함께 가서 교실과 화장실이 어디에 있는지, 수돗가가 어디에 있는지, 행정 사무실은 어디에 있는지 위치를 확인하라. 학교에 있는 여러 어른들의 역할이 각각 무엇인지 아이에게 설명해주어라. 교장, 교감, 양호 교사 등에 대해 말이다. 그리고 다양한 문제가 생길 때마다 누구에게 도움을 청해야 하는지 설명해주기 바란다. 이 사람들 중 가장 접근이 용이한 사람에게 아이를 소개해주어라. 가능하다면 말이다.

교사에게 부탁할 수 있는 것들

교장과 마찬가지로 교사들도 아이들이 잘되길 바란다. 하지만 교사들은 매우 바쁘고 기질 문제에 관심을 가지고 있는 교사는 그리 많지 않다. 이들은 어떤 아이만 특별 취급할 수도 해서도 안 된다고 생각하고, 순수한 심리학적 이슈에 관심을 가져서는 안 된다고 생각할지도 모른다. 그러므로 당신이 아이에 대해 더 많이 언급할수록 역효과만 일으킬 수도 있다.

내가 인터뷰한 교사들은 민감한 아이의 부모가 교사에게 이 책 한 권을 통째로 줘도 괜찮을 것이다. 교사가 특별히 부정적으로 반응하리라고 예상하지만 않는다면 말이다. 학습장애나 집중력장애증후군 혹은 집중력장애 과잉행동증후군을 가지고 있는 아이들을 후원하는 단체에서는 이러한 자료들을 교사들에게 보낸다. 민감성이 장애는 아니지만 민감한 학생들은 상대적으로 취약성을 가지고 있을 뿐만 아니라 높은 성취 잠재력 또한 지니고 있기 때문에 교사의 특별한 관심이 필요하다.

또한 당신은 아이 학급에 있는 아이들의 안면을 익혀서 누가 당신의 아이와 잘 지낼 것 같은지 교사에게 말해줄 수도 있다. 아이가 어떤 숙제는 잘하고 어떠한 숙제는 가장 어렵게 생각하는지 교사에게 말해줄 수도 있을 것이다. 하지만 아이를 발표에서 완전히 제외해달라고 부탁하지는 말길 바란다. 모든 민감한 아이는 최소한 이러한 공포의 일부분이라도 극복할 필요가 있다. 그리고 자신의 비범하게 창의적이고 속 깊은 아이디어를 다른 아이들과 나눠야 한다. 연구 결과에 따르면 교사들은 조용한 아이들의 지능을 일관적으로 평가 절하한다고 한다. 이들은 여러 활동과 토론 중에 이러한 아이들을 무시하는 경향이 있다. 하지만 교사는 핼러윈이나 추수감사절이 지날 때까지 민감한 아이의 참여도에 대해 기대가 낮을 수도 있다. 이 시기 정도가 돼야 아이가 교실에서 좀 더 편해질 수 있기 때문이다.

만약 당신이 교사와 공감대를 이룬다면 '목소리를 높이는 데 느린 아이들에게 자신감을 심어주기 위해' 학급을 여러 소그룹으로 나눠보는 건 어떠냐고 제안해볼 수 있을 것이다. 두 명으로 이루어진 그룹을 만들어 발표하게 하고 계속해서 세 명, 네 명으로 늘려나가는 것이다. 혹은 아이는 친구와 팀을 이뤄 발표할 수도 있을 것이다. 이때 맨 처음이나 맨 마지막에 발표하지 않도록 조정함으로써 아이가 오랫동안 불안한 상태로 있지 않고 발표를 미리 지켜볼 수 있도록 해주는 게 좋다.

민감한 아이의 학교생활을 돕는 법

성미를 건드리는 사소한 것들, 예기치 못한 변화, 인내심의 한계를 테스트하는 자극 등은 민감한 아이들의 멋진 하루를 길고 악몽 같은 하루로 탈바꿈시켜버리는 주역들이다. 주위를 잘 살피고 이러한 것들을 줄이도록 노력하라.

• 스쿨버스를 타는 일은 민감한 아이들에게 특별히 힘들 수 있다는 사실을 기억하라. 스쿨버스는 통제가 부족하고 자극은 넘쳐난다. 아이를 태워다주거나, 카풀을 하거나, 학교까지 걸어가도록 하라. 하루가 상쾌하

게 시작하도록 말이다.

• 학급 소풍을 가기 전에 소풍날 일어날 일들에 대해 아이에게 미리 대비시켜라. 아이가 즐길 수 있는 것들에 초점을 맞추어라. 다만 잠재적인 불편 사항들에 대해서도 미리 경고하길 바란다. 그리고 이에 어떻게 대처해야 하는지 미리 이야기를 나눠보길 바란다. 또한 충분한 간식을 가져가고 적절한 옷을 입고 갈 수 있도록 세심한 신경을 써야 한다.

• 방과 후 활동을 어느 정도 제한하라. 민감한 아이의 부모들이 많이 지적한 부분이다. 이 아이들은 방과 후 집에 돌아와 혼자 있어야 할 필요가 있다. 아이가 어떤 활동에 참여하든지 간에 코치, 지도자, 교사는 민감한 아이에게 잘 맞는 사람이어야 한다. 정말로 당신은 책임자가 어떤 자질을 가지고 있는지에 따라 어떤 활동을 할 것인지 결정하고 싶기도 할 것이다.

• '정신 건강의 날'을 만들어라. 몇몇 부모가 제안한 것이다. 이 날은 아이가 학교에 가지 않고 집에 머물면서 늦잠을 자고, 낮잠을 자고, 전반적인 휴식을 취할 수 있는 날이다. 여기서 제일 중요한 점은 장기적으로 봤을 때 아이에게 최선인 일을 하라는 것이다.

민감한 아이의 학습

지금까지 학교에서 우정을 쌓고 이를 유지해나가는 법과 학교생활의 불편을 최소화할 수 있는 법에 대해 이야기를 나눴다. 이제 실제적인 학습 문제에 대해 논의해보도록 하자.

아이가 완벽주의자라면

민감한 아이들은 보통 모범생들이다. 때때로 너무 모범적이어서 문제다. 예를 들어 민감한 아이들은 시험 준비를 하고 숙제를 하는 데 지나치게 많은 시간을 투자한다. 구체적으로 보자면 교사가 일반적으로 기대하는 시간 이상이고 비슷하게 좋은 성적을 얻는 다른 학생들이 투자하는 시간 이상이다.

아이에게 시간을 줄이라고 말하기 전에 먼저 이유가 무엇인지 알아보길 바란다. 아이는 교사를 두려워하고 있는가? 다른 아이와 경쟁하고 있는가? 숙제의 목적에 대해 잘못 이해하고 있는가? (숙제는 단지 연습일 뿐이라고 설명해주길 바란다.) 공부가 너무 어려운가? 숙제가 명확하지 않은가? 당신이 시험 결과나 성적에 대해 지나치게 강조했는가? (완벽에 못 미치는 아이의 성적에 어떻게 반응했는지 스스로에게 물어보라. 당신이 보이는 사소한 불쾌한 반응도 민감한 아이에게는 커다란 질책으로 느껴질 수 있다.) 혹은 아이가 단지 공부하고 숙제하는 걸 즐기는 것뿐인가?

아이가 완벽주의자라면 당신은 균형이 잘 잡힌 삶의 중요성에 대해 이야기를 자주 나누어야 한다. 또한 스스로 속도를 조절하고, 공부에 필요 이상으로 지나치게 시간을 쏟지 않고 인생의 다른 것들을 하기 위한 시간을 가지는 것도 중요함을 알려줘야 한다. 완벽주의자에게는 '정신 건강의 날'을 지정해 어떠한 것을 놓칠 수도 완벽하지 않게 할 수도 있고, 그러고도 잘 살 수 있음을 깨달을 기회를 주어야 한다. 다음 방법들도 있다.

• 아이가 어리다면 협상을 하라. "4시까지 숙제 끝낸다면 저녁 먹기 전에 같이 게임할 수 있을 거야."

• 실수한 게 있는지 숙제를 검토해주겠다고 제안하라. 물론 당신 자신이 완벽주의자가 되어서는 안 된다. 교사보다 원하는 정도보다 더 많이 고치기를 원하면서 말이다! 당신이 숙제를 점검해주면 숙제가 엉망일지도 모른다는 아이의 걱정은 많이 줄어들 것이고 당신은 다음 같은 말을 해줄 기회를 얻을 수 있을 것이다. "이게 내 숙제였다면 나는 이 자체로 엄청 만족했을 것 같아." "선생님이 무척 만족하실 거라고 생각해." 정말로 그렇게 생각한다면 "진짜 훌륭해"라고 말해주는 것도 좋다.

• 아이가 우선순위를 정할 수 있도록 도와라. 숙제의 모든 부분을 완벽하게 하거나 모든 시험 범위를 완전히 끝낼 시간이 부족할 때가 많다. 어떤 것에 가장 먼저 관심을 두어야 하고 두 번째, 세 번째로는 무엇에 관심을 두어야 할지 결정할 수 있도록 아이에게 가르쳐라. 그리고 우선순위가 낮은 것들은 잘 끝내지 못하거나 못 끝내도 괜찮다는 것을 수용하도록 가르치라. 충분한 잠을 자야 한다든지, 좋은 가족 그리고 좋은 친구가 돼야 한다든지, 신체적인 건강을 유지해야 한다든지 하는 학교와 관련되지 않은 우선순위 때문에 학교 공부를 완벽하게 끝내지 못한다면 아이는 더 받아들이기 힘들어할 수도 있다. 그러나 우선순위를 정하는 것은 민감한 사람들이 평생 동안 연마해야 하는 중요한 기술이다.

• 어떤 일을 할 때 얼마 정도 시간을 써야 하는지 논의하라. 타이머를 세팅해두고 정해진 시간이 절반 정도 지났을 때, 그리고 4분의 3 정도 지났을 때 알려주라. 아이는 어떤 일을 할 때에는 시간 제한이 있다는 사

실에 익숙해질 수 있을 것이다. 일정한 시간 동안 보는 시험에 미리 대비하는 효과도 얻을 수 있을 것이다.

• 다음 이야기를 들려줄 수도 있을 것이다. 내가 버클리 대학을 졸업할 때 전통에 따라 수천 명의 졸업생들 가운데 가장 높은 평점을 받은 학생이 졸업식 날 만찬에서 연설을 하는 영광을 얻었다. 그는 자신이 대학에서 보낸 4년에 대해 매우 자세하게 묘사했다. 그는 매일 밤 도서관에 혼자 공부하면서 앉아 있었고 심지어 금요일과 토요일 밤에도 마찬가지였다. 동시에 다른 학생들이 데이트를 하러 나가고, 영화나 야구 경기를 즐기러 나가는 모습을 바라봐야 했다. 그는 잠시 멈춰서 학생들을 바라본 다음 이런 말로 연설을 마쳤다. 일종의 충고라든지 자신이 깨닫게 된 무언가를 말해주는 게 연설을 맺는 전통이기 때문이다. "저는 오늘 이 영광을 안게 된 게 제 인생에서 가장 큰 실수라는 점을 배웠습니다. 제가 세상 밖으로 나가 다른 부류의 사람들과 어울렸더라면 훨씬 많은 것을 얻을 수 있었으리라 생각하기 때문입니다." 우리는 일제히 일어서서 갈채를 보냈다. 그가 무슨 말을 하고자 하는지 정확하게 알고 있기 때문이었다.

무엇보다 당신 자신이 한계와 실수를 인정하게 됐던 실제 경험을 아이에게 이야기해주는 게 제일 좋다.

완벽주의자까지는 아닌 민감한 아이들

물론 일부 민감한 아이들은 완벽주의자와 거리가 멀다. 최소한 처음에는 그렇다. 이들의 재능은 학업적인 것이 아닐지도 모른다. 혹은 학교에 지루함을 느끼거나 아직 진단받지 않았지만 학습장애나 시력, 청력 문제가 있을 수도 있다. 학교 공부에서 고군분투하는 아이들을 지능이 떨어진다거나 동기가 부족하다는 식으로 매도하지 말고 제대로 평가해보는 것은 매우 중요하다. 만약 방해하거나 가로막고 있는 장애물들을 제거한다면 모든 아이는 충분히 똑똑하고 배우려는 동기가 높다. 단지 어른들이 생각하는 중요한 것들을 배우는 데 모든 아이가 똑같은 관심을 가지는 게 아닐 뿐이다.

대부분의 민감한 아이들을 가로막는 장애물은 지나친 긴장이 주는 압박감 때문에 어떤 것에 실패했던 몇몇 안 좋은 경험이다. 이때부터 아이들은 신경 쓰지 않는 척 하면서 더 이상의 비판과 수치심으로부터 자기 자신을 보호한다. 비판과 수치심은 이들을 이미 충분히 짓밟았다. 나는 아들을 키우면서 이 문제에 직면했다. 지렁이가 기어가는 듯한 글씨체를 쓰고 숙제를 허겁지겁 서둘러 해치우는 경향이 있는 데다가 칭찬이나 비판에 대한 자기 보호적 무관심까지 가세해 아이는 학교에서 평균을 밑도는 학생으로 여겨지고 있었다. 내가 알기로는 절대 그렇지 않은데 말이다.

그래서 나는 몇 년 동안 아이의 공부에 적극 관여하기로 결심했다. 이게 내 해결책이었다. 나는 제출하는 숙제 모두가 잘 정리되었는지 전부 점검했다. 필요할 때면 타이핑을 해주기도 했다. (하지만 절대 내가 숙제를 대신 해주지는 '않았다.' 반드시 완성된 상태로 가져오게 했다.) 또한 모든 시험은 충분히 준비시켰다. 그리고 구두 발표를 할 때마다 눈길을 끄는 뭔가를 만들었다. 미술 작품을 만들 때에는 좋은 재료만 썼다. 아이의 작품은 칭찬을 받았고 그때부터 아이는 어떠한 일을 잘해내는 것을 즐기게 되었다. 새로운 담임교사들은 전년도에 아이가 받은 성적을 보고 학기가 시작하기 전부터 아들을 우등생으로 여겼다. (이러한 유형의 편견은 없어져야 하는 거지만 늘 존재한다.) 중학교에서 아들은 우등반에 배치되었고 그 곳에는 민감한 아이들이 더 많이 있었기 때문에 편안함을 느낄 수 있었다.

나는 현실적으로 자녀와 이러한 시간을 보낼 수 없는 부모들도 많다는 사실을 잘 알고 있다. 하지만 이 또한 다른 투자와 마찬가지라는 점을 기억하길 바란다. 당신은 이미 아이를 키우는 데 많은 것을 투자했다. 그러므로 아이가 만약 학교에서 고군분투하고 있다면 잠시 동안 여기에 자원을 더 투자하는 건 어떨지 한번 고민해보길 바란다. 보상은 상상하는 것보다 훨씬 더 클 것이다.

민감한 아이들은 교실 안에서 일어나고 있는 일들에 대해 지루해하는 경우가 많다. 초등학교를 다닐 때 아들은 학교에서 실제로 배우는 것들은 한두 시간 정도면 다 끝낼 수 있는 거라고 말했다. 나머지 시간은 그저 '앉아 있기'라는 것이다. 아이의 말은 거의 맞았고 아이는 수업에 염증이 나 집중하지 않았다.

민감한 아이들은 다른 사람에 비해 정보를 더 깊게 처리하고 이 아이들의 관심을 끄는 일은 매우 중요하다. 하지만 영재반이 있거나 교사가 창의력을 약간 발휘하지 않는다면 초등학교에서는 해결하기 힘든 문제다. 콜럼버스가 타고 갔던 세 척의 배를 복사해서 나눠주는 것은 민감한 아이에게 충분하지 않다. 민감한 아이는 이 작은 배에 타고 있던 사람들이 어떤 기분이었을지, 신대륙을 보고 인디언들을 만났을 때 어땠을지, 이 발견이 스페인 사람들과 인디언들의 생활을 어떻게 바꿔놨을지, 그리고 심지어 오늘날 우리들의 삶에는 어떤 영향을 미치는지에 대해서도 생각해보아야 한다. (왜냐하면 생각해볼 능력이 되기 때문이다. 움직이고 싶어 좀이 쑤시는 근육처럼 말이다.) 당신 스스로 이러한 더 깊고 더 창의적인 사고를 자극할 수도 있을 것이다. 하지만 많은 시간과 관심이 필요하다.

일단 초등학교를 졸업하고 나면 해결책이 더 많이 있다. 아들의 학교는 아이가 방학 동안 집에 교과서를 가져가 대수학과 기하학을 공부하고 시험을 치를 수 있게 허락했다. 아이는 환호를 질렀다. 그 학교에서 이전에 그렇게 한 적이 한 번도 없었지만 아이의 길을 가로막지는 않았다. 다른 부모들은 홈스쿨링을 선택하거나 민감한 아이의 사고 스타일을 만족시킬 수 있는 사립학교를 선택하기도 한다.

제너럴리스트와 스페셜리스트

학업적인 면에서 봤을 때 민감한 아이들은 두 가지 극단적인 유형 중 하나인 경우가 많다. 즉 '모든 것'에 관심을 가지는 제너럴리스트나 오직 시만 쓰거나 곤충 같은 것만을 연구하고 싶어 하는 스페셜리스트 중 하나다. 두 유형 다 타고난 재능과 연관이 있고 걱정할 문제는 아니다. 하지만 약간의 균형을 회복하기 위해 노력해볼 수는 있을 것이다. 하지만 이 시기에 제너럴리스트는 모든 과목에서 좋은 성적을 내기 때문에 더 훌륭한 학생으로 여겨지는 경우가 많다. 이들의 문제는 나중에 나타나는데 바로 집중할 분야를 선택해야 할 때가 그때다.

스페셜리스트는 교육자들에게 골칫덩어리로 인식되는 경우가 많다. 당신의 아이가 스페셜리스트라면 아이를 방어하거나 최소한 설명하기 위해서 끼어들어야 할 경우가 많을 것이다. "아이가 작문 숙제를 잘 하지 않는다는 걸 잘 알고 있습니다. 아이는 모든 시간을 곤충 탐구하는 데 보내고 있거든요." 그러고 나서 이제 막 싹을 틔우려 하고 있는 곤충학자의 사진을 보여주어라.

때때로 '지루한' 과목을 그들이 좋아하는 분야와 연계함으로써 스페셜리스트들을 다른 분야로 유인할 수도 있다. 시를 써야 하는 곤충학자는 곤충의 심상을 이용할 수 있다. 곤충을 연구해야 하는 시인은 하루살이나 풍뎅이나 이에 관한 상징을 더 잘 만들어냄으로써 자신의 시를 더 풍부하게 할 수 있다. 하지만 스페셜리스트들은 이 시기에 모든 과목을 두루 잘하는 학생은 아니더라도 자신의 특화 분야에서 스타덤으로 향하는 길을 걷고 있기 때문에 그다지 심각하게 받아들이지 않아도 괜찮다. 또한 부모는 아이가 좋아하는 분야에서 멘토를 찾아내 아이가 재능을 활짝 꽃피우게 도와줄 수 있을 것이다.

아이가 괴롭힘을 당하거나 왕따를 당할 때

이제 당신의 아이에게는 최소한 한 명의 좋은 친구가 있다. 아이는 이제 학교생활을 즐기고 때때로 더 큰 무리 속에 끼기도 하면서 학업 면에서도 완벽주의와 부주의함 사이에서, 그리고 스페셜리스트와 제너럴리스트 사이에서 균형을 잘 잡는다. 그런데 바로 이때 민감한 아이의 부모에게 가장 고통스러운 순간 중 하나가 찾아온다. 어느 날 아이는 괴롭힘을 당하고, 심하게 놀림받고, 왕따당한 것 때문에 눈에 눈물을 가득 머금고

집으로 돌아온다. 한 가지 기억해야 할 점은 여자아이들은 자신들만의 특별한 고문 방법을 가지고 있다는 것이다. 구체적으로 보자면 비밀을 폭로하거나, 소문을 퍼뜨리거나, 셋이서 어울리다가 한 명을 따돌리고 따돌린 아이 앞에서 귓속말로 이야기하는 등 여러 가지 방법이 있다.

8장에서 얘기했다시피 민감한 아이들은 이러한 괴롭힘을 받는 경우가 많은데 그 이유는 민감한 아이들이 다른 아이들과 약간 다르기 때문에 눈에 띄기 때문이다. 또한 더 강한 반응을 보이기 때문에 괴롭히는 아이들과 구경하는 아이들이 더 재미있게 느끼기 때문이다. 그리고 민감한 아이들은 보복할 가능성이 상대적으로 적기 때문에 안전한 표적이 될 수밖에 없다. 이 문제에 대처하는 것은 결코 쉽지 않지만 다음과 같은 몇 가지 방법이 있다.

• 듣는 것만큼 안 좋은 상황인건지 확실히 확인하라. 왜냐하면 당신이 하거나 제안하는 거의 모든 것이 아이에게 더 많은 관심을 끌어당김으로써 문제를 악화시킬 '가능성'이 있기 때문이다. 그렇다고 문제를 축소하지도 말기 바란다. 하지만 이 일이 하루 이틀만 지나면 해결될 수 있는 성질의 것이 아닌지도 알아보라.

• 구체적으로 어떠한 일이 벌어진 건지 알아내라. 그리고 아이가 두려워하고 있는 일이 정말로 발생할 가능성이 있는 건지 다른 아이들도 잘 관찰해보라. 이러한 방식으로 당신은 예방을 해야 하는 건지 중지를 시켜야 하는 건지 알아낼 수 있을 것이다.

• 잔인성과 비열함에 대해 이야기를 나눠보라. 아이에게 이러한 것

들은 잘못된 것이고 아이가 옳게 생각하고 있다고 알려줘라(조심스럽게 질문을 던져 그렇다는 결론에 다다른다면 말이다). 아이는 현실을 제대로 이해하기 위해 당신의 완전한 공감, 지지, 견해를 필요로 할 것이다. 동시에 당신은 다른 아이를 괴롭히는 아이들의 마음속에 어떠한 일들이 일어나고 있을지에 대해 조심스럽게 암시해줄 수 있을 것이다. 이 아이들은 스트레스 상황에 있는 것일까? 아니면 형편없는 성적 때문에 스스로 부끄러워하고 있는 것일까? 다른 아이들에게 괴롭힘을 당하고 있는 것일까? 다른 사람들 앞에서 수치당하는 것을 두려워하고 있는 것일까? 그런 아이들에 대한 통찰이 민감한 아이가 해결책을 발견할 수 있는 예리한 직관을 발휘하게 해줄 수 있을지도 모른다.

• 정의를 쟁취할 수 있는 방법에 대해 논의하라. 아이가(혹은 당신이) 누구에게 불편 사항을 토로해야 하는지, 어떻게 해야 하는지, 왜 해야 하는지에 대해 이야기를 나누어라. 그리고 확고하고 효과적으로 얘기해야 한다는 점에 대해서도 이야기하라. 우는 소리를 내거나 울거나 묵묵히 받아들이면 상황만 더 심해질 뿐이다.

• 다른 아이들은 괴롭힘이나 놀림 등에 어떻게 대처하는지 함께 살펴봐라. 이들은 그냥 무시하는가? 달아나는가? 웃는가? 냉소로 상대의 힘을 빼는가? 맞서는가? 문제 상황에 어떻게 대처할지 둘이서 역할극을 해보는 것도 좋다. 하지만 민감한 아이는 다른 아이들이 쉽게 생각하는 반응을 힘겹게 여길지도 모른다는 사실을 잊지 마라. 또한 기억해야 할 점은 어른들의 논리는 아이들의 세계에서 통용되지 않는다는 사실이다. 가령 왜 괴롭히는지에 대해 논리적인 추론을 해보거나 '한쪽 뺨을 맞고 다

른 쪽 빰을 내미는 행동' 같은 것은 아이들에게 통하지 않고 오히려 민감한 아이가 더 '동떨어지게' 보이게 만들기만 할 수도 있다는 것이다.

• 아이가 표적이 되지 않을 수 있도록 도와라. 적절한 옷을 입히고 부당함을 참지 말라고 지도하라. 신중히 고려해 유도 같은 정당 방어 개념의(공격 개념이 아니라) 격투기를 고려해 배워보는 것도 좋다. 아이는 자신감을 더 얻을 수 있을 것이다. 물리적인 싸움이 불가피한 상황이라면 아이는 싸워서 이길 수 있다는 자신감을 가질 수 있어야 한다.

• 특정한 아이가 관련돼 있다면 두 아이가 만날 수 있도록 자리를 주선하라. 혹은 어떤 이벤트나 임무에 있어 '같은 팀'에 속하게 하거나 같은 사회적 무리에 속하게 하라.

• 이를 멈출 수 있게 할 수 있는 모든 일을 다 하라. 한 아이가 놀림받거나 괴롭힘을 당하면 당하는 당사자는 물론이고 가해하는 아이나 목격하는 아이 모두 큰 상처를 받는다. 아이와 함께 해결해보려는 노력이 큰 진전을 보이지 않으면 교사나 교장, 다른 학부모들에게 이야기하라. 상황이 심각하면 아이를 학기 중에 휴학시키는 것에 대해서도 고려해보라. 또는 이 문제를 해결할 수 있는 다른 교사를 찾아보거나 이 문제에 대해 잘 해결하고 있는 다른 학교를 알아보는 것도 한 방법이다.

이 문제는 모든 교실에서 벌어지고 있지만 정작 너무 자주 무시된다. 최근에는 교사와 학교가 협력해 책임지고 괴롭히는 행위를 절대 수용하지 않는 학교문화를 만들어야 한다는 의견이 많다. 하지만 대부분의 가혹 행위는 교사가 주위에 없을 때 일어난다는 사실을 잊지 말길 바란다.

아이의 적을 친구로 만들어라

랜들의 엄마인 매릴린은 가해자가 될 뻔한 아이와 랜들을 함께 어울리게 함으로써 이러한 상황에 매끄럽게 대처했다. 어느 날 학교 전체 조회 시간에 랜들은 잘 알지 못하는 상급생 제프에게 영문도 모른 채 밀쳐졌다. 이때부터 랜들은 이 상급생에 대해 불안해하기 시작했고 이 아이를 피하기 위해 다른 길로 다니기 시작했다. 심지어 매릴린이 학교에서 내려줄 때 그 아이가 앞에 있는 차에 타고 있으면 내리려 하지 않을 정도였다. 또한 제프가 속한 축구팀이 자신의 팀이랑 경기를 할 때면 랜들은 경기를 뛰지 않았다.

매릴린은 랜들이 다른 아이가 괴롭힘을 당하는 걸 본 건 아닌지 그리고 자신이 똑같거나 더 심한 대우를 받을 거라고 상상하고 있는 건 아닌지 생각해보았다. 그런 다음 그녀는 제프의 엄마에게 전화를 걸어 어떠한 일이 벌어지고 있는지에 대해 의논했다. 제프의 엄마는 자신이 제프의 아빠와 이혼 절차를 밟고 있는 중이고 그 때문에 아들이 돌출 행동을 하고 있는 것인지 모른다고 말했다. 그녀는 매릴린이 제프 그리고 제프의 친구 한 명, 랜들의 친구 한 명을 초대해서 함께 어울리게 하겠다고 하자 적극 찬성했다. 매릴린은 네 명을 데리고 외출해 일이 순조롭게 흘러가는지 지켜봤다. 그날 이들은 서로에 대해 알게 됐고 서로를 이해하게 됐다.

매릴린은 아이들을 몇 번 더 어울리게 했다. 랜들과 제프는 서로 나이가 달라 절친한 친구 사이로 발전하지는 못했지만 같은 축구팀에서 뛰기로 결정했다. 매릴린은 민감한 아이를 잘 양육하기 위해서는 많은 에너지와 세심한 배려가 필요하다고 말한다. 그리고 현재 그녀는 그렇게 하고 있다.

그다지 심각하지 않은 상황이기는 했지만 만약 제프나 다른 아이들이 랜들의 공포를 이용하려 했다면 훨씬 상황이 달라졌을 것이다. 하지만 서로 알게 됨으로써 제프는 마음속으로 랜들을 아웃사이더가 아닌 내부자로 범주화시켰고 결국 팀 동료로까지 받아들였다. 안타까운 일이지만 모든 인간은 비열하려고 마음만 먹으면 아웃사이더를 희생시키는 걸 개의치 않는 게 사실이다.

당신은 이만큼 멀리 왔다

매릴린이 한 말을 대략 요약하자면 다음과 같다. 민감한 아이를 키우는 일은 힘든 일임에 분명하지만 정말로 보람 있는 일이다. 나는 여기에 하나를 더 추가하고 싶다. 민감한 아이를 키우는 일은 당신을 성장시켜주고 당신의 인격을 연마해줄 것이다. 당신은 이다음 단계인 사춘기에 대비해 젖 먹던 힘까지 발휘하고 인내심의 한계를 테스트해야 할 것이다. 그러나 민감하지 않은 아이의 부모들이 말하는 것과 똑같은 이유에서는 아닐 것이다.

배운 것을 적용해보기

앞 장 말미에서 했던 것과 마찬가지로 당신이 생각하기에 민감한 아이가 개선할 필요가 있는 부분에 대해 살펴보길 바란다. 다만 이번에는 집이 아닌 바깥세상의 경우다. 낯선 사람들(성인, 아이, 혹은 둘 다)에 대해 숫기 없어 하는 부분일 수도 있고 친구가 적은 부분일 수도 있고 너무 많거나 너무 적은 시간을 숙제에 투자하는 부분일 수도 있다. 앞 장 말미에서 설명했던 단계를 이용하길 바란다.

- 우선 아이에게 이 문제들 중 하나를 해결하고 싶은 마음이 있는지 물어보라. 아이가 만약 그렇다고 하면 함께 계획을 짜고 무리가 없어 보이는 최종 목표를 정하라. 그리고 이를 성취하기 위해 어떠어떠한 단계를 밟을지에 대해 합의하라.
  만약 해묵은 문젯거리라면 참신하고 창의적인 해결책을 떠올려보라. 이번에는 효과가 있을 그런 것으로 말이다. 예를 들어 만약 아이가 단체 수영 강습을 듣고 있는데 수영을 배우지 못하고 있다면 개인 교습을 받게 하는 것도 방법이다.

- 강사를 정할 때는 아이와 함께 면접을 보고 아이가 신뢰할 수 있고 인내심이 많은 사람을 선택하길 바란다. 또한 보상이나 유인책에 너무 의존하지 말아야 한다. 단 어떤 일을 더 흥미롭게 만드는 일종의 상징적 보상이라면 괜찮다(가령 아이가 수영을 배우면서 얼굴을 물 아래로 집어넣는 법을 배울 때 수영장 바닥에 아이가 모을 수 있는 동전을 놓아두는 것이다).
  아이는 모르는 어른과 이야기하는 데 더 편해지고 싶어 할지도 모른다. 그렇다면 함께 목표를 세울 수 있을 것이다. 처음에는 일주일에 한 명의 낯선 사람에게 말을 걸어보는 것이다. 단 당신이 옆에 있어야 한다. 그 후 점차 목표를 일주일에 두 명,

세 명, 네 명으로 늘려가고, 그다음에는 하루에 한 명으로, 그다음에는 하루에 두 명으로 늘려가라.

전화를 걸어 정보를 물어보게 할 수도 있을 것이다. 그러고 나서 집에 방문한 사람에게 말을 걸어보도록 하면 된다(물론 당신이 옆에 있어야 한다). 아이는 그 사람과 집에 관한 얘기를 나눌 수도 있을 것이고 당신과 미리 예행 연습했던 주제에 대해 이야기를 나눌 수도 있을 것이다. "이 집은 지은 지 50년이나 됐대요. 아저씨 집은 어때요?" "이 아파트는 보기엔 작아 보여도 침실이 세 개나 있어요. 아저씨 집에는 몇 개 있어요?"

- 마지막으로 당신은 아이를 처음 보는 어른과의 점심 식사에 데려갈 수 있을 것이다(이 사람에게 아이가 어떤 질문을 던지든지 간에 흥미롭고 성의 있는 답변을 해달라고 미리 부탁해야 한다). 다시 한번 말하지만 아이가 무슨 말을 할지 리허설을 해보라. 그 사람이 선택한 음식에 대해서 예의 바르게 관심을 표현하는 방법도 괜찮다. "저도 비빔 국수 좋아해요." 그리고 질문을 덧붙이는 것이다. "이탈리아 음식 좋아하세요?"

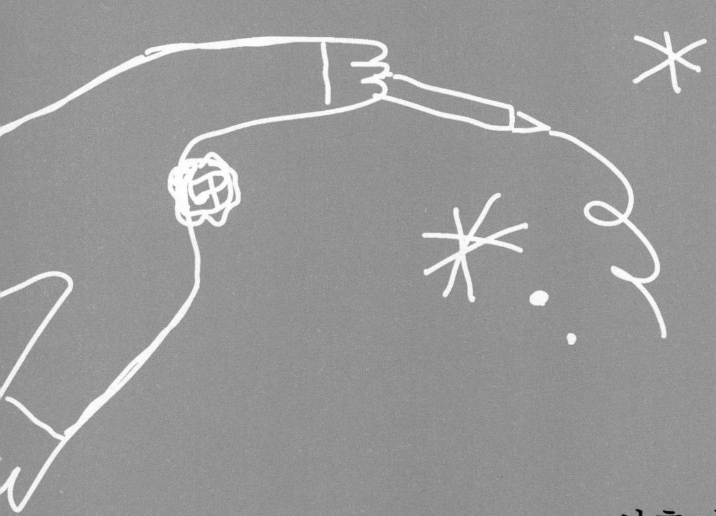

11장

사춘기와 청소년기
- 힘차고 안정적인 항해를 위한 마지막 작업

민감한 사춘기 아이들이 성인기에 접근하면서는 어떤 일에 직면하게 될까? 가정에서 원만히 지내는 법, 10대인 민감한 아이들이 고등학교 생활을 잘해나갈 수 있도록 돕는 법, 그리고 사랑과 성性이라는 민감한 주제에 대처하는 법도 살펴보자. 민감한 아이가 부모의 세상에서 안전하게 독립할 수 있도록 끝까지 믿음을 가지고 살펴보자.

출항을 앞둔 아이

유년기에서 성인기로 넘어가는 전환기인 14세에서 18세까지는 모든 아이에게 너무 많은 것을 요구한다. 약 4년이라는 시간 안에 이들은 장난감을 가지고 놀던 근심 하나 없고 순수한 어린아이에서 차를 몰고, 돈을 벌고 관리하고, 성sexuality에 대해 책임지고(자신에게 끌리는 사람들의 것도 포함해서), 마약과 술의 유혹에 대처해야 하는 성인으로 탈바꿈해야 한다. 만약 이들이 베이비시터나 캠프 관리자로 일한다면 어린이에서 어린이를 돌보는 사람으로 변신하는 것이다.

게다가 이들은 직업을 가지거나 대학에 가기 위한 첫 번째 단계를 계획하고 수행해야 한다. 그리고 고등학교에서 다른 아이들과 시간을 보내야 한다. 부모에게 잘 양육받은 아이들도 있을 것이고 그렇지 못한 아이들도 있을 것이다. 누구와 관계를 맺을지에 대해 이렇게 선택의 여지가 없는 시기는 아마 다시는 없을 것이다. 한편 서구권 문화에서 특히 그렇지만 이들은 곧 집을 떠나야 한다. '정신적 탯줄을 끊고 독립해야' 하는 것이다. 유년 시절의 종말에 대한 슬픔을 보여서도 안 된다. 하지만 이러한 슬픔은 반드시 존재하기 마련이다. 이 시기에 신체 또한 놀랍고도 불안정적인 변화를 겪게 되고 이들은 이 모든 것에 동시에 직면한다.

이 급작스러운 출항은 모든 아이에게 힘들지만 민감한 아이들에게 특히 그렇다. 민감한 아이들이 자신을 남과 다르게 만드는 것이 무엇인지 제대로 이해하지 못한다면 이들은 자신에게 뭔가 심각한 문제가 있다는 생각과 계속 싸워야 할 것이다. 다른 아이들은 잘하는 것처럼 보이는데 자신은 이 모든 것에서 성공하지 못할 거라고 생각되기 때문이다. 자신감과 자존감이 전혀 부족하지 않다 하더라도 이들은 자신이 이뤄내야 할 임무가 얼마나 거대한지, 자신이 미끄러져 들어가고 있는 대양大洋이 얼마나 광활한지 깨닫는다. 그리고 선체를 묶어놓았던 모든 줄을 풀고 닻을 내렸지만 정작 돛대도 올리지 못한 상황이라는 것을 본능적으로 감지한다. 출항은 급격하고 두렵고 매우 조마조마하다. 민감한 아이들은 이러한 출항의 모든 측면을 매우 진지하게 생각하고 그 결과 완전히 압도당할 수도 있다.

민감한 사춘기 아이들이 자신이 완전히 이해받고 지지받고 있다는 것과 이러한 대전환을 자유로이 늦춰도 상관없다는 사실을 깨닫지 못한다면, 이들은 자신의 능력을 벗어난다고 느껴지는 임무를 피할 수 있는 방법을 의식적으로나 무의식적으로 찾으려 할 것이다. 이들은 이른 결혼이나 임신, 낮은 지위의 직업, 사이비 종교 등과 같은 조기 종결에 천착함으로써 문제를 해결하려 애쓸지도 모른다. 혹은 육체적 또는 정신적 질병을 통해 '이러한 활동에서 배제될 수 있는' 길을 무의식적으로 찾을지도 모른다. 극단적인 경우에 어떤 아이들은 자신의 생을 스스로 마감하기도 한다.

대부분의 민감한 사춘기 아이들은 어려움이 있다고 느끼면 다른 아이들에 비해 더 조용한 방법으로 이를 표현한다. 이들은 데이트하는 데 심한 저항감을 느낄지도 모르고, 참석해야 한다고 느끼지만 즐길 수 없는 파티에 대해 격렬한 양가감정을 느낄지도 모른다. 또한 자신이 어떠한 대학에 진학하거나 어떠한 종류의 직업을 선택해야 감당할 수 있을지에 대해 끊임없이 걱정할지도 모른다. 그 결과 이들은 성숙하고 신중하기 위해 노력하면서도 내면적으로 강박을 느끼거나 과민해지거나 불안해할 수도 있다. 그러는 동안 이 시기를 매우 자유롭고 재미있던 시절로 기억하는 부모들은(시간이 흐르면서 고통에 대한 망각이 생기기 때문이다.) 자신의 10대 아이가 졸업 파티, 축구 게임 등에서 '인생의 한때'를 만끽하길 바란다. 민감한 아이가 얼마나 고통받고 있는지 꿈에도 모르고서 말이다.

이 모든 이야기를 하는 이유는 당신을 근심스럽게 만들기 위해서가 아니라 민감한 아이가 현재 어떠한 것에 직면하고 있는지 알려주기 위해서다. 당신은 "당신의 10대 아이가 현재 어디에 있는지 아는가?"라는 질문에 자신 있게 알고 있다고 대답할 것이다. 하지만 "당신의 10대 아이가 내면적으로 현재 어디에 있는지 아는가?"라는 질문에도 자신 있게 대답할 수 있는가? 물론 아이는 질문을 받거나 관찰당하는 걸 늘 좋아하지는 않을 것이다. 아이에게도 프라이버시가 필요하다. 하지만 당신이 아이의 입장에 서서 불안함이나 저하된 기분에 대해 들어주고 살펴준다면(과민함은 중요한 징후다) 어떠한 도움을 줄 수 있을지 생각해볼 수 있을 것이다.

민감한 아이의 사춘기

민감한 사춘기 아이들은 그들의 부모와 공동체에 매우 이상적이다. 이들은 다른 10대 아이들이 보이는 많은 문제를 보이지 않는다. 자신이 어떠한 것에 직면하고 있는지 일단 깨닫고 나면 이들은 거의 사춘기를 그냥 뛰어넘다시피 하며 가능한 한 빨리 어른이 되는 것을 목표로 삼는다. 이들은 가정에서나 다른 사람들에게 사려 깊게 행동하려고 애쓴다. 이 때문에 이들은 학교에서 집단 괴롭힘이나 정치적인 이슈를 포함해 다른 부당한 일을 목격하면 매우 강경한 태도를 취하기도 한다. 자신이 납득할 수 있는 합당한 정보를 제공받으면 이들은 음주, 마약, 위험한 섹스, 불안전한 운전을 비롯한 어떠한 불법적이고, 건강에 해롭고, 위험한 일에도 가담하지 않는다. 그러므로 민감한 사춘기 아이가 마약을 한다면(시험 삼아 한번 해보는 게 아니라) 아이가 일종의 자기투약self-medication을 통해 불안이나 우울을 극복하려는 시도일 경우가 많다. 위험한 섹스를 시도한다면 아이는 큰 스트레스 상황에 놓여 있어서 개인적 선택들을 해야 하는 개인적 삶에서 벗어나 다른 사람에게(혹은 위험한 섹스를 시도하는 그룹에게) 몰입하는 것을 무의식적이고 감정적인 해결책으로 채택하고 있는 것일지도 모른다. 또한 안전하지 않게 운전하거나 다른 위험한 행동을 시도하는 것은 아이가 자기 파괴의 유혹에 시달리고 있는 것인데 이는 민감한 아이가 일반적으로 도움을 호소하는 방식이다. 하지만 다시 한번 말하지만 좋은 지지 시스템이 있다면 민감한 아이들에게 이 모든 일은 대단히 희귀하게 일어난다.

이 시기에 민감한 아이들의 재능과 깊이는 점차 성장하고 이는 매우 두드러진다. 대부분의 민감한 아이들은 학업적인 면이나 예술적인 면에서 혹은 민감성과 깊은 사고 능력이 필요한 다른 분야에서 두각을 나타낸다. 이들은 이제 막 싹을 틔우기 시작하는 발명가, 과학자, 체스 챔피언, 컴퓨터 전문가일 수도 있다. 이들은 더 나이 많은 사람들에게서만 발견될 수 있는 미적 감각이나 예리한 통찰력을 보여주기도 한다.

이들은 보통 이상으로 서로를 챙겨주고 기쁨을 선사하는 우정 관계를 유지하고 있는 경우가 많다. 이들의 내면세계는 영성spirituality이 싹트거나 심리학이나 철학에 대한 관심이 높아지는 형태로 만발하는 경우가 많다. 이들은 자신이 한계로 인식하는 행동을 극복하기 위해 자신만의 수를 쓰기 시작하기도 한다. 가령 겁 많음이나 숫기 없음이나 세상 경험이나 모험이 부족한 것을 극복하기 위해 자신만의 방법을 찾기 시작한다.

가장 주목할 만한 점은 이들이 가진 사고의 독창성이다. 리버가 훌륭한 예가 될 수 있을 것이다.

민감한 관찰형 인간

리버는 현재 열아홉 살이고 자신의 말에 따르면 '관찰형 인간'이다.

그는 더 어렸을 때는 숫기가 없었지만 택시 회사에서 배차원으로 일하기 시작하면서부터 '그 모든 것'을 극복했다고 말한다. (택시 배차원은 매우 힘든 일이다. 무엇보다 거리낌없는 운전사와 스트레스에 찬 손님, 양쪽의 긴급한 필요 사이에 균형을 잘 잡아야 한다.) 새로운 직업을 갖기 시작하는 것과 같은 경우에 대해 그는 이렇게 말한다. "저는 무엇이 허용되고 무엇이 허용되지 않는지에 대해 알게 될 때까지 기다리고 관찰했습니다. 멍청한 짓을 하지 않는 것을 배움으로써 숫기 없음을 극복할 수 있었죠." 그리고 어떤 어려운 것을 접할 때에 대해서는 이렇게 말한다. "일단 그것을 극복하고 나면 그때부턴 문제없어집니다." 현재 그에게 그것은 자기조절이다.

학교생활에 대해 얘기하자면 리버는 학교가 주는 스트레스에 매우 시달렸다. 그는 고등학교의 첫해를 통신 교육 과정으로 마쳤다. 그리고 학교에 1년 동안 돌아갔다가 다시 통신 교육으로 고등학교 과정을 끝마쳤다. 그가 사회적 활동을 할 기회를 놓친 것일까?

리버는 학교에서 스포츠 경기하는 것을 좋아했고 잘했지만 중학교 1학년 때 불편해서 이를 그만뒀다고 말했다. 모든 아이들이 이기기 위해 뛰었고 만약 그렇지 못하면 코치가 이들을 쪼아댔다. 현재 그는 자신만의 친밀한 소규모 친구 그룹이 있으며, 고등학교에 다니지 않은 것은 아무 문제가 되지 않는다. 그는 공원에서 역할 연기를 하고 있던 그룹에 합류해 친구를 사귀었다. 말하자면 '실연live action'인데 자신에게 할당된 역할을 연기하면 되는 것이다. 여기에 있는 사람들은 거의 '괴짜 같은' 사람들이지만 그는 이 사람들과 '통하는' 것을 발견했다.

사회적으로 그는 자신이 매우 수완이 좋다고 말하지만 함께 시간을 보내는 사람들에 대해서는 까다롭게 굴기도 한다. 특히 여자들에 있어서 그는 말한다. “저는 신중한 태도를 취합니다. 보통 잘 맞지 않거든요.” 하지만 자신이 관심이 있으면 ‘잘되는 편’이라고 말한다.

그가 느끼기에 자신의 가장 큰 문제는 주위 사람들에 대한 민감성이다. 누군가가 도움이 필요할 때(예를 들어 누군가가 택시를 급하게 필요로 할 때) 그는 도와줘야 할 것 같은 느낌을 강하게 받고, 직관에 따라 행동할 때가 많다. “제가 원하든 원하지 않든지 상관없이 직관은 저를 이끕니다.” 이 민감한 아이는 여느 10대처럼 많은 사람들과 한꺼번에 잘 어울리지는 못한다. 주로 혼자 생각하는 편이다.

민감한 10대는 대담할 수 있다

리버는 택시 배차원으로 일하고 있고, 공원에서 역할 연기를 하고, 1장에서 잠시 언급했듯이 어릴 때 엄마에게 부탁해 노숙자를 집에 머물도록 한 적이 있다. 이 모두는 도전적이고 심지어 위험할 수도 있는 선택들이다. 그러나 부모와 리버 둘 다 리버가 민감한 아이라는 데 동의한다.

콜롬비아 대학교에 이제 막 다니기 시작한 열아홉 살의 재닛 또한 마찬가지다. 재닛은 뉴욕을 무척 사랑한다. 또한 축구를 사랑하고 축구 경기에 직접 뛰기도 한다. 재닛은 ‘여자도 어떤 것이나 할 수 있다’고 생각하며 중학교 2학년때 축구를 시작했다. 나는 또한 북아메리카 대륙을 혼자서 자전거로 일주하거나, 행글라이딩을 하거나, 샌프란시스코 만에 있는 알

카트라즈 섬에서 해변까지 수영해서 건너거나, 인도를 홀로 여행한 여러 민감한 아이들에 대해 알고 있다.

엄청나게 대단한 일을 시도하는 것은 아니라 할지라도 내가 인터뷰한 민감한 사춘기 아이들 중 많은 아이가 대형 콘서트나 스포츠 이벤트에 가는 걸 좋아했고 군중에 섞이거나 대도시의 뒷거리를 탐방하거나 독특한 패션으로 사람들의 시선을 끄는 걸 좋아했다. 또한 요리를 하면서 전화통화하는 것과 같이 두 가지 일을 동시에 하는 걸 좋아하기도 했다. 이러한 즐거움들은 나이가 더 많은 민감한 사람들은 대부분 기꺼이 포기하는 것들이다.

이러한 아이들이 정말 민감한 아이들일까? 확실히 그렇다(물론 일부 민감한 아이들은 이러한 것들을 좋아하지 않는 반면, 대부분의 민감하지 않은 아이들은 이러한 것들을 좋아한다). 사춘기는 민감한 아이들이 새로운 것들을 시도하는 데 가장 거부감이 없고 과잉 자극에 최소한으로 방해받는 시기다. 연구 결과 어린 아이들과 더 나이 많은 사람들이 모든 감각 면에서 가장 민감하다고 한다. 이 특성은 10대와 20대 초반에 가장 적게 나타난다. 이러한 완화된 민감성을 보여주는 좋은 예는 가장 민감한 10대들도 대부분 시끄러운 음악을 좋아하고 심지어 공부하면서 이런 음악을 듣는다는 사실이다. 장담컨대 이들의 취향과 감상 습관은 30대까지는 바뀔 게 확실하다.

사춘기는 또한 이들이 가장 대담한 때이기도 하고 노골적으로 영웅 행세를 하는 때이기도 하다. 이들은 평화 봉사단에 참여하기도 하고 대도시에서 생활해보기도 하며 자신의 사업을 시작하기도 한다. 이들은 배낭

하나만을 짊어진 채 유스호스텔 안내서와 시를 쓰거나 스케치를 하기 위한 노트 한 권만을 가지고 예술과 역사 혹은 각 나라의 기원에 대한 비밀을 찾기 위해 외국 각지에서 질문을 던지며 돌아다닐 수도 있다. 사춘기는 민감한 아이들이 세상에 대해 많은 것을 배울 수 있기 때문에 정말로 이들에게 중요한 시기다.

이들의 민감성과 신중함이 이렇게 낮아지는 데는 여러 가지 원인이 있을 것이다. 일단 호르몬이 왕성하게 활동하고 뇌가 성숙함에 따라 전에 없던 새로운 대담함, 자신감, 세상에서 이 모든 새로운 가능성을 시험해보고 싶은 열망 등이 솟아나기 때문이다. 또한 어딘가에 가보고 싶고 나가보고 싶은 욕구가 생기기 때문이기도 하다. 대형 놀이동산이나 대형 박물관의 입구를 지나 그곳에 처음 걸어 들어가던 때를 상상해보라.

그리고 경험 부족 또한 한 가지 원인이 될 수 있다. 이들은 세상이 얼마나 차갑고 엄혹한지 알지 못한다. 자연 법칙에 따라 이 시기에 호르몬 충동이 약간 일기도 하는데, 모든 포유동물은 후손을 생산할 여지를 만들기 위해 부모로부터 최소한 조금이라도 떨어져야 하기 때문이다. 민감한 아이들은 자신이 남과 다르지 않다는 것을 증명하기 위해 극단적으로 어렵거나 위험한 일에 도전하기도 한다. 스스로 알고 있는 자신의 방식이 아닌 다른 방식을 통해서, 그리고 이것이 별로 좋지 않다고 생각하면서도 말이다.

민감한 10대를 다룰 때 염두에 두어야 할 것들

10대와 대화할 때 지켜야 할 첫 번째 규칙은 당신이 성인에게 이야기하고 있는지, 아이에게 이야기하고 있는지 이해해야 한다는 것이다. 이들이 성인이 되기를 열망하고 성인으로 취급받고 싶어 하는 것은 사실이다. 물론 이게 최종 목표이기는 하다. 때때로 이들은 능력 있는 성인처럼 사고하고 말한다. 하지만 어떤 때는 퇴행하고 아이처럼 행동하고 무의식적으로 그렇게 취급받고 싶어 하기도 한다. 아이와 어른에게 각각 어떻게 행동해야 할지는 아마 잘 알고 있을 것이다. 관건은 현재 이야기하고 있는 상대가 아이인지 어른인지 결정내리는 것이다.

문제는 당신이 생각했던 사람에게 반응하고 나자마자 그 사람이 다른 사람으로 탈바꿈할 수도 있다는 것이다. 대화를 나누고 있던 아이는 유치함에 빠지는 자신이 부끄러운 나머지 갑자기 어른 행세를 하고, 당신이 도움을 제의한 것에 대해 모욕감을 느낄지도 모른다. 혹은 어른이라고 생각했던 아이는 자신이 독립하고 성숙할 준비가 아직 되어 있지 않다고 느끼기 때문에 다시 당신의 도움을 요구하기 시작하고, 심지어 자신이 그럴 권리가 있다고 느낄지도 모른다. 이러한 예측 불가능성은 아이의 잘못이 아니다. 대전환은 하루아침에 이루어지는 것이 아니다.

게다가 알아차렸을지 모르겠지만 당신은 일반 성인을 상대하고 있는 것이 아니다. 이제 막 성인기로 진입한 사람은 경험이 매우 부족한 동시에 지나치게 자신만만하다. 허세를 부리기도 하고 심지어 거만할 때도 있다. 이들이 거만한 이유는 아이들의 뇌가 열 살에서 열두 살쯤 마지막 급성장기에 돌입하기 때문이다. 이를 통해 이들의 추론 능력(스위스 심리학자 장 피아제는 이를 '형식적 조작formal operations'이라고 명명했다)은 완전하게 발달한다. (모든 아이는 형식적 조작 능력을 가지지만 이 능력이 항상 발달하는 것은 아니다. 특히 교육을 받지 못한 아이들이 그러하다.)

갑자기 이들은 구조적으로 추론할 수 있게 되고, 추상적인 원리를 정신적으로 적용할 수 있게 되며, 다양한 결과에 대해 상상해볼 수 있게 된다. 그리고 자신의 가설을 실제로 시험해보고 '객관적 진실'에 대해 생각해볼 수 있게 된다(이 시기에 이들은 객관적 진실이 존재한다고 자신한다). 이들은 학교에서 이 새로운 재능에 대해 끊임없이 훈련받고 잘해내면 칭찬받는다. 이 추론 능력은 매우 새롭기 때문에 놀라운 수단처럼 보이는데, 깊게 사고하기 때문에 이 수단을 매우 잘 이용할 수 있는 민감한 아이들에게는 특히나 그러하다. 민감한 아이들은 마치 자신이 세상의 문제들을 모두 다 해결할 수 있는 것처럼 느낀다. 그리고 왜 이전 세대가 이러한 골칫덩어리를 해결하지 않고 자신들에게 물려준 건지 의문을 가진다.

이제는 인내심을 발휘하면서 아이에게 존중 의식을 잃지 말라고 요구해야 하는 때다. 민감한 아이들은 일깨워주기만 하면 존중, 정직, 친절에 있어서 아무 문제도 보이지 않을 것이다. 이 측면에 있어 당신이 해야 할 임무는 윤을 내고 마지막 손길을 가하는 것이다. 하지만 이러한 마지막 손길은 새 자동차에서 점화 플러그가 그러하듯이 빼먹으면 보통 큰일이 아니게 된다. 민감한 아이들은 동의한 할당 임무를 수행하는 걸 거부할 수도 있다. 말하자면 쓰레기봉투를 내다버리는 것 같은 성인기의 번거로운 책무를 수용하려 하지 않는 것이다. 이들은 수동적 공격형 건망증, 정서적 협박("압박감을 느껴서 죽을 것 같아요"), 어른이 직접 세차하거나 설거지를 하면 훨씬 일이 수월해짐에 대한 영리한 추론 등을 뒤섞어가며 저항할 것이다.

하지만 여기서 멈춰서는 안 된다. 이 문명 전체와 아이의 첫 번째 룸메이트를 생각해서라도 말이다. 아이의 미래 배우자는 말할 것도 없다. 당신은 동의 사항을 준수해야 하는 것, 최소한의 예의범절을 지켜야 하는 것, 인내심(인간의 기본적 예의)을 보여야 하는 것 등을 요구해야 한다. 특히 아이는 둔하고 멋지지 못한 부모를 포함해 가망 없다고 느끼는 사람들에게 인내심을 보여야 한다. 당신은 아이에게 이를 요구하거나 최소한 이에 대한 작업을 계속해야 한다. 그리고 10대 아이는 이를 발전시켜나가야 한다. 이러한 과정을 거쳐야 부모와 아이가 최종적으로 헤어지게 될 때 예상했던 것보다 덜 후회할 수 있다.

민감한 10대는 이렇게 다뤄라

민감한 10대 아이들이 때때로 터프해 보이고 똑똑하고 자신감 넘치게 말하는 것처럼 들릴지 모르지만 부모로서 당신은 다음의 일반적 원칙들을 준수하길 바란다.

• 아이가 당신 혹은 최소한 다른 어떤 어른에게 솔직한 얘기를 털어놓는지 살펴보라. 학교에 있는 상담교사나 전문 상담사 혹은 공감 능력이

뛰어나고 아이에게 관심이 많은 친척, 멘토, 코치, 친구 등이 있을 수 있다(이 어른이 민감성에 대해 이해하고 있는지 알아봐라). 당신 혹은 이 다른 사람은 보통의 공감, 조언, 지지를 보여줘야 할 뿐 아니라 민감성을 염두에 둔 관점을 보여줄 필요가 있다. 아이는 비범하게 관찰력이 예리하고, 통찰력이 뛰어나고, 독창적인 것에 대해 장기적인 잠재력을 발견할 수 있어야 한다. 또한 자신의 기질이 요구하는 라이프스타일에 대해 적응해야 한다는 사실을 이해해야 한다. 예를 들어 남들보다 더 많은 휴식 시간을 가져야 한다든지, 자극을 덜 선택해야 한다든지, 긴장 수치를 점검해야 한다든지, 민감한 사람은 성인기에 적응하는 데 시간이 더 걸린다는 사실을 수용해야 한다든지 하는 사실에 있어서 그렇다.

• 과잉 자극을 적절히 관리하는 데 대해 계속 의견을 제시하라. 단 경고나 충고가 되지 않도록 해야 한다. 민감한 아이의 내면에 있는 대담한 성인을 모욕할 수 있기 때문이다. 조심스럽게 관찰하고 메시지는 간략할수록 더 좋다. 아이가 위층으로 뛰어올라가거나 차에서 내릴 때 같은 경우에 말할 수 있을 것이다. 약간 재치 있거나 장난기 있게 말하거나, 사랑을 담아 부드러우면서도 동시에 신랄하게 말하는 것도 괜찮다. 예를 들어 이렇게 말할 수도 있을 것이다. "피임에 대해 얘기할 때 네 표정을 보니까 성에 대한 거대한 질문과 싸우고 있는 것 같더구나. 보자. 넌 올해 운전면허를 따고, 수능을 치르고, 첫 직장을 얻었지. 하려고 마음먹은 걸 다 해냈으니까 사랑의 미스터리도 문제없이 풀어낼 수 있을 거라고 기대하는 건 어때?"

• 아이의 성취에 대한 칭찬뿐 아니라 사랑 또한 아낌없이 베풀어라.

이제 함께 보낼 수 있는 시간이 더 적을 것이기 때문에 이는 당신의 지지를 간단하고 가볍게 표현할 수 있는 방법이다. "사랑해." "오늘 멋져 보인다." "그런데 말이야, 지금 생각해봐도 저번에 네가 수학 시험에서 받은 점수 정말 대단한 것 같아."

• 아이의 성찰적인 본성에 대해 격려하라. 아이의 의견에 대해 자주 물어보는 것이 좋다. 특히 복잡한 도덕적 이슈나 세계 정치에 관한 이슈에 대해서 물어보는 것도 좋다. 얼마나 많은 지혜가 샘솟는지 보면 아마 깜짝 놀랄 것이다. 그리고 술, 담배에 대해 '무조건적인 금지'를 시키는 훈계를 늘어놓아 민감한 아이의 지성을 무시하기보다는 아이에게 이것들이 신체에 구체적으로 어떠한 영향을 미치는지 조사해보라고 하라(아이에게 어필할 수 있는 몇 가지 끔찍한 사실이 있다. "흡연자가 손가락이 잘리면 의사들이 다시 봉합해주려 하지 않는다는 사실 알고 있니? 모세관이 너무 망가져 있기 때문이지. 알코올이 간에서 분해되면 독성 물질로 변한단다"). 아는 의사가 있다면 아이의 조사를 도와달라고 부탁하는 것도 좋다. 그리고 운전을 배우려면 1년 더 기다렸으면 좋겠다고 단순히 말하는 대신 어린 초보 운전자들의 사고 비율과 보험 적용 비율에 대한 통계에 관해 알아보고 당신에게 보고하라고 하라.

• 걱정이나 의심보다는 신뢰를 표현하라. 이 시기의 아이들에게 내가 가장 쓰기 좋아하는 구절을 가능하면 자주 사용하길 바란다. "네가 옳은 일을 할 거라고 믿는다." "깊이 생각해봐. 그러고 나서 옳다고 생각되는 일을 해." 주의를 덧붙이고 싶다면 다음처럼 말하는 건 어떤가? "물론 네가 잘 생각해봤을 거라고 믿어. 하지만 캠핑 여행에서 따뜻하게 있을 수

있을지 걱정되는구나."

아마 당신은 말하는 것처럼 안심이 되지 못할 수도 있다. 하지만 자부심에 가득차고 생각 깊은 청년에게 별달리 어떻게 말할 수 있겠는가? 그리고 자신이 모든 것을 알고 있다고 생각하는 청년이 별달리 무엇을 배울 수 있겠는가? 불필요한 의심의 표현은 아이의 판단과 독립성을 모욕하는 행위일 뿐 아니라 어떠한 도움도 되지 않는다. 게다가 민감한 아이들은 천성적으로 매우 신중하기 때문에 신뢰해도 큰 문제가 없을 것이다.

• 당신으로부터 거리를 두고 싶어 하는 10대 아이의 욕구를 인정하라. 이전에는 서로 더할 나위 없이 가까웠지만 아이가 이제 거리를 필요로 한다는 사실은 씁쓸하지만 받아들여야만 하는 현실이다(엄마와 딸에게 있어서 특히 그러하다). 두 사람은 여전히 길고 친밀한 대화를 나눌 수 있을 것이다. 단 아이가 자신의 성인 정체성을 잃어버리지 않고 대화할 수 있다고 느낄 때에만 그러하다. 아마 완전히 거부당했다고 느끼고 아이에게 반감까지 들 경우도 많이 생길 것이다. "사랑하는 내 아이에게 무슨 일이 생긴 거지?"

진실은 아이가 당신으로부터 분리해야 한다는 것이고 이는 두 사람 사이의 유대감이 끈끈할 때 훨씬 어려워진다. 당신은 아이에 대해 매우 잘 알고 있다. 아이가 한마디만 해도 당신은 어떠한 일이 일어나고 있는지 이해할 수 있다. 목소리 톤만 들어봐도 충분하다. 아이는 지금 당신의 사랑과, 좋은 추억과, 무엇보다 당신의 지지에 대한 모든 기억을 곱씹고 있다. 그러나 곧 이 모든 것을 뒤에 남겨두고 떠나야 하고, 자신을 당신으로부터 독립되고 자식으로써 존재하는 것 이외의 것을 원하는 주체로서 인식하고 앞으로 나아가야 한다. 이 모든 것을 해내기 위해 아이는 자아가 성장을 마치고 자기의 목적을 발견할 수 있는 사적인 내면세계를 가져야 한다. 당신의 강력한 영향으로부터 벗어나서 말이다.

• 당신의 중요성이나 힘에 대해 절대 의심하지 말라. 특히 민감한 아이에게 있어 당신의 의견과 지지는 여전히 중요하다. 내 연구와 다른 이들의 연구에 따르면 남녀 모든 아이가 성인 세계로 진입하는 데 있어 아빠의 역할이 특히 중요하다고 한다. 민감한 아이가 당신의 의견을 무시하는 것처럼 보일지 모르겠지만 얼마 안 있어 아이가 그 의견을 실천하고 있는 걸 볼 수 있을 것이다.

민감한 청소년과 가정에서 원만하게 지내는 법

민감한 아이가 이 시기에 직면하게 되는 문제들과 당신이 이를 어떻게 도울 수 있을지, 그리고 민감한 10대와 대화할 때 지켜야 하는 기본 원칙들에 대해 지금까지 살펴보았다. 이제 이 시기에 가정에서 서로 원만하게 지낼 수 있는 방법에 대해 이야기를 나눠보자.

집을 떠나는 것에 대한 준비로써 프라이버시 존중하기

민감한 아이들에게는 프라이버시가 필수적이다. 자신의 삶을 되짚어보고 반추할 수 있는 자신만의 방 또는 최소한 외부로부터 차단된 방 한구석이 이들에게는 꼭 필요하다. 이는 또한 이들이 한 공간을 완전히 통제할 수 있는 첫 번째 경험이다. 자신이 원하는 대로 방을 꾸미거나 혹은 꾸미지 않거나 할 수 있다. 하지만 아이가 아직 완전한 성인은 아니기 때문에 당신은 몇 가지 규칙을 세울 수 있는 권리를 가지고 있다. 가령 얼마나 자주 방을 청소해야 하는지, 누가 청소해야 하는지에 대한 규칙을 세울 수 있다. 또한 방에서 어떤 음식을 먹으면 안 되는지에 대해, 그리고 흡연, 음주처럼 가정 규칙이나 법을 어기는 행동을 방 안에서 하면 안 된다는 사실에 대해 서로 동의해야 한다. 만약 규칙을 어길 시에는 얼마 동안 방문을 닫으면 안 된다든지 하는 합당한 후속 조치를 취할 수 있을 것이다(내가 알고 있는 한 부모는 방문을 완전히 없애버렸는데 이는 너무 지나친 처사다).

당신은 아이에게 이 시기에 방에서 가질 수 있는 프라이버시는 상호 신뢰를 통해 얻어지는 일종의 특권이라는 점을 설명해야 할 것이다. 방 안에서 무슨 일이 일어나고 있는지에 대해 걱정만 하고 있을 필요는 없다. 방에 들어가기 전에 아이에게 물어야 하고 급박한 이유가 아니면 아이의 서랍을 뒤져서는 안 되지만 추가적인 규칙을 세우는 걸 고려할 수 있을 것이다. 아이는 노크 소리에 "누구세요?"라고 물어야 하고 만약 당신이면 대답은 "저 바빠요"가 아닌 "들어오세요"나 "잠시만 기다려주세요"여야 한다. 예의의 차원에서 노크를 하는 것이지 허락을 구하기 위해서가 아니기 때문이다.

반면 아이가 당신 방에 들어오려 할 때에는 접근이 자동적이지 않아야 한다. 아이는 허락을 구해야 한다. 말하자면 부모는 자녀가 가지고 있지 않은 특권을 가지고 있는 것이다. 아이가 집을 떠날 때까지지만 말이다. 당신에게 합당하다는 것 말고도 이러한 태도는 민감한 아이가 성인기를 갈망할 더 많은 이유를 만들어준다는 장점도 가지고 있다. (민감한 아이들에게 어른이 되고 싶어 하는 이유가 많은 것 같지는 않다.)

또한 이는 아이에게 독립과 특권을 위해서는 개인적 수입이 필요하다는 현실을 일깨워줄 수 있다. 많은 민감한 아이는 경제적 독립을 가능한 한 미루고 싶어 한다. 너무 어려워 보이기 때문이다. 하지만 우리 모두는 다음 사실을 알아야 한다. 언제까지 다른 사람의 지원을 받기만 하면 그 사람이 나의 모든 일을 처리하는 걸 보고만 있어야 한다는 것이다. 어른들에게 공짜 점심이란 건 없다. "하늘은 자신만의 것을 가진 아이를 돕는다."

아이에게 당신이 줄 수 있는 모든 책임을 주기

지난 장에서 설명했던 것을 이미 시작했길 바란다. 즉 민감한 아이가 자기 인생의 여러 측면을 가능한 한 많이 책임질 수 있게 하는 것이다. 음식, 옷, 수면 스케줄 그리고 이제는 활동 스케줄과 숙제도 포함될 것이다.

4장에서 언급했던 조용한 가정의 안주인 카린은 이미 이러한 접근법을 사용하고 있었다. 두 사춘기 자녀에 대해 그녀는 이렇게 말한다. "아이들이 해야 할 일을 하지 않고 있으면 제가 딱 한 번 말하는 게 허용됩니다. 그러고 나면 아이들이 엉망진창으로 만들든지 말든지 개입하지 않아야 합니다." 그 결과 잔소리할 일이 별로 없어졌고 아이들은 '수월한 10대'가 되었다.

이러한 방법은 아이에 대한 존중을 표현해줄 뿐 아니라 부주의함이 어떠한 결과를 낳을 수 있는지 배울 수 있는 기회를 제공해주기도 한다. 성인기의 끔찍한 현실이다. 주의를 기울이지 않은 지갑은 도둑맞을 수 있고, 주의를 기울이지 않은 선글라스는 망가질 수 있다. 이러한 방법을 통해 아이들은 혼자 힘으로 살아야 할 때 이러한 일들을 덜 겪을 수 있는 법을 배울 수 있다.

책임감은 학습되는 능력이고, 자신을 위해 사용되기 때문에 큰 기쁨을 가져다준다. 이들에게 세탁물 구분하는 법, 셔츠 다리는 법, 단추 다는 법, 솔기를 수선하는 법, 양말 깁는 법을 가르쳐라(시간이 날 때 말이다). 그리고 요리하는 법도 가르쳐라! 우리 가족은 요리로 재미있는 시간을 보내곤 했다. 매주 수요일마다 우리 가족 셋 중 한 명은 책에서나 실제로 한 번도 시도되지 않은 조리법을 이용해 정식 저녁을 만들었다. 아들 차례가 올 때마다 우리는 기묘한 고칼로리 조합의 저녁을 먹어야 했다. (칠리를 넣은 뇨키에 튀긴 만두와 볶은 양파를 곁들여서 먹었다. 하지만 현재 아들은 훌륭한 요리사다.

첫 일자리와 첫 차에 대하여

만약 아이가 감당할 수 있다면 고등학교에 다니는 동안 아르바이트를 하도록 격려하라. 집안일을 돕게 하거나 친구 가족을 위해 일하는 것부터 시작해 나중에는 주민등록번호가 있어야 하고, 출근 도장을 찍어야 하는 정식 일로 옮기게 하라. 현실 감각을 익힐 수 있는 기회가 될 것이고 자기 자신을 지지하고 세상을 헤쳐 나갈 수 있다는 자신감을 심어줄 것이다.

직업 문제와 함께 운전을 배우는 것과 차를 소유하는 문제가 뒤따르다. 이 모든 것은 민감한 아이에게 커다란 도전이다. 그러므로 타이밍이 매우 중요하다. 아들은 대학 졸업 후 1년이 지날 때까지 첫 직장을 구하지 않았고 심지어 운전은 훨씬 나중에 배웠다. 그러므로 절대 서두르라고 말해주고 싶지는 않다. 하지만 이러한 것들이 민감한 아이에게 일단 편해지고 나면 아이가 즉시 이를 실행할 수 있도록 하라.

고등학교에서 생존하기

미국에서는 중학교 때부터 아이는 다섯 개 또는 여섯 개 정도의 과목과 해당 교사들을 만나면서 여러 교실을 옮겨 다니는 세계에 진입한다. 이 경험을 위해 민감한 아이의 학교에 가서 교실들 사이에 있는 복도에 서 있어보라. 지옥에 온 걸 환영한다. 이것이 아이가 날마다 직면하고 있는 것이다. 매시간 다른 유형의 교사로부터 다른 요구를 받으며 매시간 새로운 물리적 사회적 상황에 노출된다는 사실은 말할 필요도 없다. 하지만 아이는 탈출'할 수도' 있다. 며칠 쉬고 싶다고 당신에게 허락을 구할 수도 있을 것이고 학교에 있기 마련인 조용한 곳을 찾을 수도 있을 것이다. 도서관이나 사용하지 않는 교실이나 그늘진 나무 아래 같은 곳 말이다. 하지만 때때로 민감한 아이들이 고등학교에서 생존하기 위해서는 조금 더 독창적이거나 비범한 수단이 필요하다.

민감한 10대 여자 아이들의 이야기

캐서린은 고등학교 2학년이고 전형적인 민감한 아이이다. 정확하고, 성숙하고, 외향적이지만 사회적 활동에 쉽게 피곤해하고, 쉽게 울며, 커다란 소리에 불편함을 느끼고, 다른 사람의 욕구와 감정을 고통스러울 정도로 잘 감지한다. 매우 양심적이고 아는 것이 많은 그녀는 '나이를 초월할 정도로 총명했고' 초등학교 1학년 때 영재 아이들을 위한 프로그램에 배치됐다. 하지만 수학은 그녀에게 너무 어려웠다(불안과 지나친 긴장은 특히 수학 수행 능력을 방해할 수 있다). 그리고 2학년 때 그녀는 수학 때문에 학업적인 면에서 성공할 수 없을 거라는 말을 들었다.

그녀의 엄마는 그 프로그램에서 캐서린을 나오게 했지만 고등학교에 들어가자 캐서린은 비슷한 상황에 다시 놓였다. 이번에도 마찬가지로 특유의 민감성과 뛰어난 지성이 눈에 띄었기 때문이다. 이번에는 국제 바칼로레아baccalaureat(프랑스의 대학 입학자격 시험) 프로그램이었는데 미국 고등학생들에게 유럽 고등학생들이 받는 교육 과정과 비슷한 과정을 받게 하는 프로그램이었다(유럽인들은 미국에 비해 고등학교에서 전반적인 교양 수업을 더 잘 받으면서 고등학교 졸업 후에는 전공 분야를 더 빨리 찾는 경향이 있다). 이 프로그램 때문에 그녀는 일곱 개의 대학 수준에 맞는 수업을 들어야 했고, 휴일도 없고 방학도 없었다.

캐서린은 별 탈 없이 따라가고 있었지만 자주 기진맥진해하고 눈물을 터뜨리는 자신을 발견했다. 그래서 그녀는 그동안의 노력에도 불구하고 마지막 해에 프로그램에서 하차하기로 결정했다. 그녀는 이렇게 말한다.

"최고의 학생이 되고 싶기도 하고 최고의 딸이 되고 싶기도 해요. 하지만 그렇다면 언제 그냥 느긋하게 쉴 수 있죠?" 때때로 앞서나가는 유일한 방법은 멈추고, 주위를 둘러보고, 다시 돌아가서, 더 나은 길을 찾는 것이다.

재닛 또한 비슷한 민감한 아이이다. 재닛은 충분히 외향적이지만 몇 명의 진실한 친구들만을 사귀고, 혼자 있는 시간을 좋아하고, 역시 '나이를 가늠할 수 없을 정도로 성숙'했다. 캐서린처럼 민감성은 재닛이 좋은 학생이 될 수 있게 도왔고 고등학교 1학년 때 그녀는 APadvanced placement 클래스(명문 대학에 갈 수 있는 지름길로 일부 대학 강의를 듣고 자신이 대학 수준의 공부에 적합하다는 걸 보여줄 수 있다)를 들을 수 있게 됐다. 비슷한 일이 엄마가 유방암 진단을 받았던 중학교 2학년 때도 있었다.

고등학교는 매년 재닛에게 힘들었다. 학업상의 이유가 아니었다. 이는 감당할 수 있었다. 재닛은 점점 더 많은 과외 활동에 참여했다. (대학에서는 과외 활동을 많이 한 학생을 좋아한다.) 재닛은 모든 것을 잘했고 좋아했지만 '숨을 쉴 수 있는 시간이 없었다.' 캐서린과 달리 재닛은 우수반에서 하차하지 않았다. 대신 2학년 때부터 재닛은 움츠러들기 시작했다. 어린 시절 사진을 쳐다보면서 행복했던 지난 시절에 대해 꿈꾸고 자신이 현실 세계에 속해 있는 게 맞는 건지 질문을 던졌다. 그녀가 이에 대해 어떠한 것도 말하려 하지 않았기 때문에 재닛의 엄마는 재닛에게 이에 대해 글로 써보라고 했다.

재닛이 2학년 때 재닛의 엄마는 한 친구가 와서 재닛에 대해 걱정을 하더라는 학교의 지도 상담교사의 전화를 받았다. 압박감이 엄마의 건강에 대한 걱정과 결합해 마침내 그녀의 신경 체계를 망가뜨린 것이다. 얘기를 해준 친구의 혜안과 상담교사의 발 빠른 대처 덕분에 재닛은 심리치료를 받고 항우울제를 복용하게 됐다. 이는 즉시 그녀의 우울증을 가라앉혀주었다. 그녀는 콜롬비아 대학에서 대학생활을 시작했고 약은 여전히 복용하고 있다. 맨해튼에 민감한 아이가 산다? 재닛은 자신의 민감성을 '자기' 방식대로 대처하기로 결심했다.

고등학교의 학업적 측면을 돕는 법

매우 중요한 고등학교의 사회적 측면에 대해서는 후에 이야기하도록 하겠다. 여기에서는 학업적 부분에 대해서만 논의할 것이다. 우선 아이가 자신에게 가장 잘 맞고 가장 재능 있는 교사와 함께하고 있는지 살펴봐야 할 것이다. 아이가 좋아하는 과목을 가르치고 있는 교사나 아이가 가장 좋아하는 활동(드라마, 미술, 과학, 토론 등)을 책임지고 있는 교사가 아이를 진정으로 좋아하는 좋은 교사인지 살펴보는 게 좋다. 이 교사들 중 일부는 본인 스스로 매우 민감한 사람일지도 모른다. 만약 그렇다면 이들의 교실은 아이의 피난처가 되어줄 것이고 이들의 격려는 다른 어떠한 것보다 아이의 정신을 고양시켜줄 것이다(나는 교사 집단이 세상에서 가장 중요한 집단이라고 생각한다).

숙제에 관하여

아이가 필요로 할 때 어떠한 종류의 도움이라도 줄 수 있게 주위에 있어라. 초등학교를 시작한 초반 몇 년 동안은 아이가 숙제를 제대로 하는지 그리고 제시간에 제출하는지 살펴볼 수 있게 관여하는 게 좋다. 하지만 이 책임을 가능한 한 빨리 벗어버리기 바란다. 민감한 아이들은 질문을 던지면서 이러한 세부 사항에 직접 주의를 기울여야 한다. 어떠한 일이 벌어질지에 대해 예리하면서도 종종 잘못된 자신의 직관에만 의존해서는 안 된다. 당신은 아이가 남이 시켜서 숙제를 하는 게 아니라 자신의 장기적인 목표에 도움이 되기 때문에 숙제를 할 수 있도록 독립적이고 자기 동기부여가 잘된 사람이 되길 바랄 것이다.

사실 이 시기에 갈등의 대부분 혹은 전부는 민감한 아이의 내면에 존재한다. 아이는 숙제를 하고 싶어 하기도 하고 싶어 하지 않기도 한다. 다른 사람에게 도움이 되고 싶어 하기도 그렇지 않기도 한다. 당신은 아이가 어떠한 것을 하거나 하지 않는 이유를 명확히 하는 걸 도울 수 있을 것이다. 피로감, 지루함, 다른 관심사 등 숙제를 하기 싫은 이유와 숙제를 하지 않으면 장기적으로 어떤 결과를 맞이할지 비교해줄 수 있다. 당신은 아마 장기적인 영향을 강조할 것이다. 성인의 시각이 보통 그러하기 때문이다. 그러나 다른 측면도 인정해야 함을 잊지 말길 바란다.

대학 진학 문제가 수면에 오를 때

가능한 한 빨리 아이에게 책임이라는 고삐를 건네주고 싶은 이유 중 하나는 당신이 언제까지고 아이 주위에 머물면서 옆구리를 찔러줄 수 없기 때문일 것이다. 당신은 아이가 스스로 우선순위를 설정해야 하는 대학이나 직장이라는 공간에서 양심적이고 성공적이길 바랄 것이다. 아이가 이를 어떻게 해야 하는지 배워나갈 때 부디 실수에 대해 관대하길 바란다. 세상 밖에 혼자 있을 때보다 집에서 실수하는 게 더 낫기 때문이다.

안타깝게도 대학 입시 전형은 실수를 그다지 허용하지 않는다. 고등학교 때부터 아이의 성적은 영구적인 기록의 일부분이 된다. 그러나 아이가 설사 치명적인 실수들을 저지른다 하더라도 아이에 대한 애정을 철회하지 않아야 함을 잊지 않길 바란다. 과제물을 제출하지 않았다든지 프로젝트를 수행하기로 결정하지 않았다든지 하는 경우에 말이다. 당신이 아이가 미래를 그려볼 수 있도록 도와준다면 더 많은 것이 좋아질 것이다.

나는 아들이 중학교 3학년이 되었을 때 옆에 앉아 다음과 같은 이야기를 해준 적이 있다. "네가 학교 숙제하는 거 얼마나 싫어하는지 잘 알고 있어. 공부하고 별로 관련이 있는 거 같지도 않고 다른 쪽에 관심과 재능도 많으니까. 하지만 여기 조건이 있어. 우리는 네가 대학에 갈 수 있도록 도울 거야. 하지만 대학 등록금 전부를 대줄 순 없어. 아마 장학금을 받아야 할 거고 그 기회는 우수한 학생들에게만 제공되지. 지금부터 네가 받는 모든 성적은 매우 중요할 거야. 배우는 모든 것이 수능 시험에 나오겠지. 우리는 할 수 있는 방법을 총동원해 널 도울 거야. 숙제 타이핑도 쳐주고, 도서관에 가서 참고 문헌 찾는 것도 도와주고, 특별한 코스가 필요하다면 보내주고, 까다로운 교사를 만나면 널 보호해줄 거야. 하지만 대학에 갈지 안 갈지는 네 선택이야. 숙제에 관해서 더 이상 강요는 안 할 거야. 잊지 않게 말해주는 거? 좋아. 하지만 딱 한 번만이야."

그러고 나서 나는 대학에 가지 않으면 어떠한 결과를 낳는지에 대해 이야기해주었다. (대학에 가는 것은 민감한 사람들에게 더 중요한 문제다. 이들은 자신의 깊은 인지 능력을 충족할 수 있도록 가능한 한 많은 학위를 따고 싶어 한다.) "너는 권한을 많이 주지 않는 상관과 지루한 직장에서 일을 해야 할 거야. 평생 전셋집에서 살아야 할지도 모르고, 중고차를 소유하고, 휴가도 얼마 없고, 야근을 해야 하고, 자신을 위한 시간을 갖기도 어려울 거야." 나는 이어서 대학 학위가 있는 삶을 묘사하고 좋은 학교 학위가 있는 삶은 어떠한지에 대해서도 설명해주었다. 그리고 덧붙였다. "그냥 나중에 혼자 힘으로 대학에 가야겠다고 결정한다면 학교에 다니면서 생활을 꾸리는 게 얼마나 힘든 일인지 그때 되면 알게 될 거야."

나는 이렇게도 말했다. "네가 어떤 결정을 내리든 우리는 변함없이 널 사랑한단다. 하지만 다음 4년 동안 네가 어떻게 하느냐에 따라서 결과가 어떻게 달라질지 알려주고 싶을 뿐이야."

그렇다. 민감한 아이에게 너무 비정한 말이긴 했다. 하지만 아이가 숙제할 때마다 부모와 싸울 만큼 충분히 독립적이라면(내 아들은 실제로 그랬다) 마흔이 됐을 때 어떤 게 재미있고 어떤 게 그렇지 않을지 전반적인 진실을 들을 때가 아닐까?

요즘에는 고등학생들이 적합한 대학을 찾고 지원하는 걸 도와주는 전문가들이 있다. 전문가가 아이에게 이러한 말들을 해줄 수도 있을 것이다. "여기까지가 사실이고 어떻게 할지는 학생이 결정할 일입니다." 대부분의 민감한 아이들에게 이 정도면 충분한 이야기다. 하지만 민감한 아이들은 들어야 할 필요가 있고 그럴 자격도 있다. 기억하라. 민감한 아이들도 결과에 대해서 늘 생각하지만 당신이 명확하게 이야기해주지 않는다면 결과에 대해 진짜 '알지는' 못할지도 모른다.

대학 외의 길도 존재한다

내가 아들에게 한 이야기를 모든 민감한 아이들을 대학에 보내도록 손을 써야 한다는 의미로 받아들이지 않길 바란다. 10대 아이에게 인생의 결과에 대한 책임을 더 지워주기 위한 방법의 한 예로서 든 것뿐이다. 물론 많은 민감한 아이는 대학에 가지 않을 것이다. 대학이 그들 인생의 경로가 아닌 것이다. 그리고 대학에 가는 아이들 중에서도 몇 년 동안 꼼짝없이 갇혀서 길을 찾아보려고 발버둥치는 아이들도 있을 것이다. 대학에 가기 전이나 다니는 1년이나 혹은 그 이상 휴식 시간을 가지는 것도 그리 나쁜 아이디어는 아니다. 대부분의 아이들은 또래와 속도를 맞추고 싶어 한다는 사실만 제외한다면 말이다.

하지만 보통 고등학교 때 이에 관한 결정은 내려진다. 아이가 학업적인 면에서, 사회적인 면에서, 정서적인 면에서 고군분투하고 있다면 교수진과 행정 직원들이 너무 늦기 전에 알아차릴 수 있는 소규모 학교가 좋을 것이다. 만약 큰 대학에 가야 한다면 집에서 가까운 곳이 좋다. 아이가 기숙사에 들어간다면 사는 지역을 바꾸지 않고 문화적, 기후적 차이가 약간만 나는 곳에서 지내는 편이 감당하기 더 쉬울 것이다. 또한 아이가 기숙사에 들어간다면 같은 고등학교 출신의 친구와 방을 함께 쓰도록 하는 것이 좋은데, 큰 국립대학에서 만나는 룸메이트들은 다양한 범위의 성격과 정신 건강 상태를 지니고 있을 것이고, 이는 생각 이상으로 아이에게 큰 부담이 될 수 있기 때문이다.

민감한 10대의 사회생활

사춘기는 인생에서 매우 사회적인 시기다. 그렇게 많은 클럽, 조직, 파벌, 여름 캠프, 팀, 밴드와 오케스트라, 학교 신문이 존재하는 이유이기도 하다. 하지만 이러한 것들이 민감한 아이에게 얼마나 큰 자극일지 생각해보기 바란다. 사춘기 이전에 이들은 아마 같은 교실, 몇몇 동네 친구들, 집에 당신과 함께 있는 것에 익숙해져 있었을 것이다.

민감한 사람들은 바깥세상에 있을 때 어느 정도가 너무 많은 활동인지, 어느 정도가 너무 적은 활동인지의 사이에서 균형을 잘 잡아야 한다. 아이가 아직 집에 머무르는 동안 당신은 아이가 이 균형을 잘 찾을 수 있도록 도와줄 수 있을 것이다. 이 시기에 아이는 남들이 하는 것만큼 해야 한다는 거대한 압박을 느낄 것이다. 하지만 이러한 압박은 성인이 되어 일을 할 때도, 그리고 모든 인생의 순간에 직면할 때도 존재할 것이다.

많은 부모는 자기들이 민감한 아이의 활동에 선을 그어주었다고 말했다. 처음에는 그것이 현명하게 느껴졌다고도 말했다. 그러나 다시 한번 말하지만 당신은 아이가 스스로 이 일을 하는 게 얼마나 중요한지 깨닫게 되기를 바랄 것이다. 이러한 깨달음은 오로지 시행착오를 통해서만 얻을 수 있다.

한계를 설정하고 가르쳐야 할 필요는 민감한 아이 특유의 다른 사람들을 돕고 싶어 하는 욕구에도 적용된다. 풀이 죽은 친구를 위로하는 일이든 따뜻한 10대들이 속한 자선단체에 참여하는 일이든 간에 민감한 아이들은 다른 사람의 문제를 어느 정도까지 수용해야 하는지 배워야 한다. 자신에게 지나치게 큰 부담이 되기 전에 말이다. 이들은 무엇이 자신의 책임이고 무엇은 아닌지 배워야 할 필요가 있다. 당신은 어떤 방법으로 도울 때, 다른 방법으로 도울 때, 아예 돕지 않을 때 각각 어떠한 결과가 도출될 것인지에 대한 이야기를 나눌 수 있을 것이다. 그러고 나서 선택은 아이에게 달려 있다.

상처에 대처하기

10대들은 악명 높을 정도로 자기를 의식하고 또래에 의해 쉽게 상처받는다. 사실 숫기 없음을 연구한 많은 학자들이 사춘기에 시작하는 특별한 종류의 숫기 없음에 대해 이야기한다. 이는 10대들이 육체적, 정신적으로 매우 빠르게 변화하고 끊임없이 자신을 다른 아이들, 그리고 어른들과 비교하는 매우 사회적인 시기에 발생한다. 민감한 아이들은 천성적으로 자신의 결점, 그리고 자신을 쳐다보고 있는 사람들에 대해 더 의식한다. 이들은 일반적인 10대의 열정과 문화보다 자신이 약간 위에 있다고 느낄 수 있을 정도로 성숙했거나 최소한 성숙을 가장할 수 있다. 그럼에도 불구하고 이들은 여전히 상처받기 쉽다.

어떠한 것이 도움이 될까? 학교 바깥에 존재하는 친구들이나 관심사가 민감한 아이들을 구원하곤 한다. 예를 들어 취미 활동, 자원봉사 활동, 반려동물 기르기, 야외 활동, 이러한 것들을 함께하는 마음 맞는 친구들이 그것이다. 친밀하고 사랑이 넘치는 가족 역시 막대한 도움을 준다. 예배

보는 곳이 있다면 그곳은 민감한 아이에게 좋은 장소가 되어줄 것이다. 간단히 말하자면 민감한 아이가 고등학교 세계에서 직면하는 고통스러운 경험들을 희석시키고 멀리 떨어뜨려놓을 수 있는 다른 세계가 필요하다.

다행인 것은 고등학교 생활을 한 해 한 해 보내면서 사회생활이 점점 나아지는 경향이 있다는 것이다. 많은 경우 남들과 다르다는 것과 독특하다는 것은 이 시기에 장점으로 작용한다. 어쨌든 '특이한 녀석들'과 '브레인들'은 서로를 알아보고 함께 자신들만의 특별한 하위문화를 즐기는 경향이 있다. 이들은 주로 드라마나 미술 수업, 컴퓨터 실습실 같은 곳에서 만나고 학교 신문이나 고급 영어, 사회 연구, 과학 수업 같은 것에 대해 함께 작업한다. 이러한 곳에서 교사들은 자신의 수준에 맞춰 아이들과 대화하고 과학 박람회 같은 학교 밖 경쟁 대회에 이들을 데려가기도 한다. 그리고 이곳에서 민감한 아이들은 마침내 스타가 된다. 이들은 자신만의 방식대로 빛을 발하기 시작하고 새로운 존중을 받기 시작한다. 어떠한 기회들이 민감한 아이를 기다리고 있는지 알아보길 바란다.

내 아들은 고등학교를 다니던 때 친구들과 함께 소위 '남다른' 대안 신문을 만들었다. 〈속박당한 오리의 그림자Shadow of Chained Duck〉(프랑스의 한 진보 신문La Canard Echaine, 즉 '속박당하지 않은 오리'의 이름을 따서 만든 거였다.) 물론 이 신문은 곧 금지됐다. 이는 다른 학생들 사이에서 아들을 흥미로운 존재로 만들었고 아이들은 학교 건너편 길거리에서 이 신문을 집어 들었다. 대학에 다닐 때 아들은 잠시 동안 〈작은 친구〉라는 신문을 발행했는데 '어떠한' 사람이라도 공격한다는 기조와 맞아떨어지면 어떠한 내용이라도 실렸다(물론 풍자적이어야 했다). 요점은 청년기 때 민감한 아이가 가지는, 세상을 다르게 보는 관점은 영웅적 대담함과 자신감의 폭발과 결합해 민감성이 그 자체로 사회적 자산이 될 수 있게 해준다는 것이다. 당신과 아이는 더 어릴 때 있었던 족쇄가 사라지는 이 놀라운 순간을 미리 준비해야 한다.

성에 대해 훈계보다 정보를 제공하라

이 시기의 사회 활동은 10대들이 어울릴 때마다 인생의 문제가 제기되는 방식을 무시한다면 제대로 논의될 수 없다. 이들은 사춘기에 들어섰다. 두 성gender의 존재는 어느 때보다 의미 깊어진다. 신체는 전에 없는 관심을 요구하기 시작하고 성sexuality은 항상 하나의 가능성, 또는 최소한 생생한 의식적/반 무의식적 판타지가 된다. 갑자기 소년과 소녀들은 남자와 여자가 되기 위해 노력한다. 따로따로 놀거나 그룹으로 어울리다가 이들은 '데이트를 하기' 시작한다. 혹은 데이트를 해야 한다고 생각한다. '데이트'와 누구와 '만날 것인지'는 끊임없는 관심의 대상이다. 관심을 보이는 것은 일의 시작이다. 쉬는 시간에 들리는 가십들은 다른 아이들이 어떻게 하고 있는지 알 수 있게 해준다.

민감한 10대 아이들은 좋아하든지 좋아하지 않든지 이러한 세계에 살고 있다. 그리고 자주 극단적인 양가감정에 빠진다. 이들은 자신 안에서 솟아오르는 성적 에너지를 느끼고, 정상적이고, 기대되고, 또래에게 수용될 수 있게 만드는 것을 하고 싶어 한다. 하지만 걸린 사람끼리 키스를 해야 하는 게임이나 진 사람이 옷을 벗어야 하는 게임 같은 걸 처음 하고 나면 이들은 일회적인 성이나 접촉은 자신이 원하는 게 아니라는 점을 깨닫게 된다. 상대방이 잘 알고, 신뢰할 수 있는 사람이고 성숙한 사람이 아니라면 이 모든 것은 너무 두렵고, 너무 자극적이고, 너무 압도적이다. 성적으로 변하는 데이트나 파티 같은 상황은 이들에게 적합하지 않다.

개인적으로 나는 성적이고 유희적인 장난을 감당할 수 없다는 걸 알게 된 정확한 날과 시간을 기억한다. 중학교 1학년 때 '우체국' 놀이를 하던 때였다(우체국 놀이는 집배원으로 뽑힌 아이가 편지 대신 키스를 하는 놀이다). 내 해결책은 다른 민감한 10대 아이들도 많이 취하는 거지만 한 남자아이를 선택해 오랫동안 함께하는 거였다(내 경우에 13세부터 24세까지였다). 이 방법을 통해 나는 남자아이들과 데이트를 하지 않을 수 있었다. 나는 경쟁의 대열에 끼지도 않았기 때문에 인기가 없었다고 말할 수도 없다. 우리는 둘 다 민감하고 성에 관해 어려워했기 때문에 성에 점진적으로 접근할 수 있었다. 엄마는 내가 데이트를 하고, 파티를 하고, 다양한 남자아이를 만나는 '정상적인' 시기를 보낼 수 있도록 우리 둘을 갈라놓으려 애썼다. 하지만 나도 어쩔 도리가 없었다.

또한 민감한 아이들은 이제 전혀 다른 방식으로 판단되는 현실에 직면해야 한다. 적합한 외모와 적합한 몸매를 가지고 있는가 하는 것이다. 거울을 볼 때 민감한 아이들은 특히 자신에게 가혹하다. 남들과의 차이가 얼굴에 드러날 거라고, 혹은 다른 사람들이 자신이 가지고 있는 것과 똑같은 수준의 예리함을 가지고 조그만 여드름을 알아차릴 거라고 확신하면서 말이다.

민감한 아이들은 또한 데이트 문제 때문에 좋은 친구들이 하룻밤 새에 경쟁자가 되거나 배신자가 되는 상황을 못 견뎌한다. 이들은 다른 아이들은 별로 신경 쓰지 않는 것처럼 보이는 가십, 배반, 거짓말에 의해 큰 충격을 받고 배신감에 휩싸인다. 이들은 왜 자기는 얼굴 가죽이 두껍지 못하고, 험한 말을 아무렇지 않게 던지거나 받지 못하는지 의문을 가진다. 하지만 이들은 단지 그럴 수 없을 뿐이다.

한 민감한 여성은 고등학교 때 여자 선배들에게 거의 날마다 어떻게 괴롭힘을 당했는지 말해주었다. 그녀가 '그들 영역'에 속하는 그들 또래 남자아이의 관심을 끌었다는 이유였다. 그녀는 누구에게도 고통을 토로할 수 없다고 느꼈고 몇 년 동안 참아야 했다. 10년이 지나고 그녀는 자신을 괴롭혔던 여자 선배들 중 한 명을 우연히 박물관에서 보게 되었고 그 당시에 느꼈던 절망과 공포를 다시금 느꼈다. 마치 모든 일이 바로 어제 일어난 것처럼 생생했다. 이러한 경험은 상흔을 남긴다.

당신은 부모로서 어떠한 일을 해줄 수 있을까? 다시 말하지만 아이가 신체적 매력 이외의 다른 것들에 자신감을 느낄 수 있게 도와야 한다. 이는 성 이슈 자체의 위력을 떨어뜨린다. 글쓰기, 미술, 컴퓨터, 과학, 흥미로운 아르바이트, 자원봉사 활동, 혼자 하는 스포츠(팀 멤버들 사이에서 같은 일을 겪는 걸 피하기 위해) 등이 될 수 있을 것이다. 또는 아이가 마음에 맞는 사람들을 찾아 댄스와 파티가 주는 강박적이고 성적인 분위기에서 벗어나 데이트가 아닌 상황에서 다른 성과 함께 있을 수 있도록 격려할 수 있을 것이다.

성행위 그 자체에 대해서 얘기하자면 아이가 자신만의 속도대로 갈 수 있도록 힘을 북돋아주길 바란다. 다른 사람과 다른 기준을 가질 수 있음을 아이에게 말해주어라. 아이는 압력에 저항해도 된다. 최소한 저항하려고 다른 사람들보다 조금 더 노력해도 된다. 아이는 자신이 그렇게 보일까봐 두려워하지만 이는 절대 내숭을 떠는 것에 대한 얘기가 아니다. 도덕에 관할 필요도 없다. 무엇이 아이를 편안하게 만드는지, 아이의 직관이 뭐라고 말하는지에 대한 이야기다. 성교나 다른 형태의 섹스에 관한 생각에 겁먹거나 두려워하거나 압도돼도 괜찮다. 순결을 지켜도 괜찮다.

몇몇 민감한 성인은 자신들이 이 시기에 다른 길을 택했다고 말했다. 수용되기를 원하고 저항감을 감추기 위해서 이들은 가능한 한 빨리 성적 경험을 가졌다. 이를 뛰어넘기를 원하면서 말이다. 이렇게 말한 모든 사람은 이에 대해 나중에 후회했다고 말했다. 민감한 사람에게는 완전히 틀린 접근법이라는 것을 알고서 말이다. 하지만 이들은 자신이 회복 불가능한 상처를 입었다고도 생각하지 않았다. 때때로 인간은 힘들게 배워야 하는 법이다.

당신의 민감한 아이는 성에 대해 무척 의식하고 있지만 제대로 된 정보를 갖고 있지 못할 수도 있다. 그리고 만약 당신이 이러한 이야기에 대해 불편해한다면 아이는 너무 부끄러운 나머지 당신에게 이러한 이야기를 꺼내지 못할 것이다. 그러므로 당신 혹은 다른 누군가가 이야기를 꺼내야 한다. 모든 점에 대해 이야기해야 한다. 만약 당신이 이야기할 거라면 당신의 가치관을 표현할 수도 있을 것이고 시행착오를 통해 배운 것들을 이야기해줄 수도 있을 것이다.

민감한 아이들은 무방비 상태의 위험한 섹스가 어떠한 결과를 초래

할지에 대해 많이 생각해봤을지 모르지만 당신이 이 모든 것에 대해 명확하게 이야기해주지 않으면 구체적 결과나 어떻게 하면 예방할 수 있는지 사실은 모르고 있는지도 모른다. 아이가 어느 정도 알고 있을 거라고 짐작만 하고 있기에는 성관계를 통해 감염되는 질병이나 원치 않은 임신은 인생을 송두리째 바꿔버리는 경험이다. 예를 들어 아이가 10대 부모(물론 성실한 부모다)가 되기로 결정한다면 인생이 어떻게 될 것인지에 대해 명확하게 이야기해주어라. 긍정적인 면과 부정적인 면 모두에 대해 이야기해주어라. 일장연설을 늘어놓기보다는 정보를 제공하는 게 좋다. 성관계를 통해 감염되는 질병들에 대해서도 알려주길 바란다. 그리고 에이즈AIDS에는 여전히 완벽한 치료법은 없다는 점 또한 알려주도록 하라.

민감한 아이가 사회 활동을 많이 하지 않는다면

사회 활동에 있어서 또 다른 어려운 점은 민감한 아이가 세상 밖으로 나가 다른 사람들과 더 어울리도록 하는 것이다. 만약 아이에게 최소한 한 명의 좋은 친구가 있고 집 밖 여러 곳에 놀러 가고 있다면 안심이다. 아마 아이는 10대가 가지는 사회적 불안에 종지부를 찍을 수 있는 방법을 찾았을 것이다.

하지만 이제 세상이 인터넷을 통해 10대들에게 접근하면서 일은 더 복잡해졌다. 특히 민감한 남자아이들은 가상현실을 중심에 둔 사회적, 지적 삶에 안주하는 경향이 강해 보인다. 이 얼마나 완벽한 해결책인가. 방

너머 바깥의 시끄럽고 번잡한 세상에 과잉 자극받을 필요 없이 손가락 끝으로(겉으로 보기에는) 모든 지식을 얻고 사람들을 만난다.

인터넷은 환상적이다. 또한 인터넷을 제집 드나들 듯이 드나들지 않으면 현대에서 살아가기 힘들다. 컴퓨터 달인이 되는 것은 확실한 자산이기도 하다. 하지만 이를 얼굴을 맞보고 하는 학습이나 관계의 대체물로 여기고 싶다면 우선 바보가 돼야 할 것이다(아이한테 말할 때 '바보'라는 말을 인용해도 좋지만 도움이 될지는 모르겠다). 모든 감정적 뉘앙스와 압박감은 실종된다. 그리고 자극의 경감은 인간 사이의 의사소통을 거짓말처럼 쉬워 보이게 만든다. 교실에서 발표하거나, 진짜 살아 있는 매력적 이성과 대화를 나누거나, 다수에 반하는 도덕적 입장을 취하거나 하는 것은 또 다른 문제다. 인격은 바쁘고 시끄러운 바깥세상에서 길러진다.

사회적, 실제적 경험을 충분히 하지 않고 성인의 세계에 들어가면 어떠한 결과가 생길지에 대해 아이에게 이야기해주는 것만으로도 충분하다. 그러고 난 후 아이가 만약 스스로 중독(당신이 이 용어를 먼저 사용하지 않는 게 좋다)임을 인정한다면 습관을 바꾸기 위한 계획을 함께 세워볼 수 있을 것이다. 당신은 저항 의식 뒤에 얼마나 많은 공포가 숨어 있는지, 그리고 처음에는 얼마나 사소한 단계를 밟아야 하는지에 대해 알고 나면 아마 깜짝 놀랄 것이다. 아이가 여러 가지 일을 함께 시도해볼 수 있는 좋은 친구가 한 명만 있다면 엄청난 차이를 만들어낼 것이다.

전문가들도 말하지만 컴퓨터를 압수하는 것 같은 일은 도움이 되지 않을 것이다. 집에 있는 컴퓨터 말고도 밖에 나가기만 하면 얼마든지 발에 차이는 것이 컴퓨터다. 혹은 아이는 집을 나가 어떤 아지트 같은 곳에 틀어박힐지도 모른다. 밖으로 나오도록 아이를 유혹하고, 설득하고, 인내심 있게 기다려라. 하지만 억지로 끌어내지는 마라. 목표는 공유되어야 한다.

아이가 바깥 활동을 하고 친구를 사귀는 것에 있어서 평균적인 10대 아이가 가져야만 하는 활동과 친구를 기대하지 마라. 민감한 아이는 리버가 그랬던 것처럼 '괴짜 같은' 사람들과 공원에서 역할 연기하는 것을 좋아할지도 모른다. 혹은 중년의 전문가들과 사진 공부하는 걸 좋아한다든지, 야외 활동을 좋아하는 단독형 사람들과 함께 산에 오르는 것을 좋아할 수도 있다. 다시 한번 우리의 모토를 기억하길 바란다.

"평범함을 뛰어넘는 아이를 키우고 싶다면 기꺼이 평범함을 뛰어넘어야 한다."

민감한 10대의 내면 활동

어떤 민감한 10대들은 매우 왕성한 내면 활동 때문에 덜 사회적일 수 있다. 바깥세계와 내면세계 사이에 균형이 잘 잡혀 있어야 한다고 모두들 말한다. 하지만 내면에 대한 관심은 매우 정상적인 것이고 특히 민감한 사람들에게 더욱 그러하다.

많은 민감한 아이는 일찍부터 관조적이고 신비한 경험을 한다. 정식 종교 교육을 받지 않았음에도 이들은 기도를 하고, 천사를 만나고, 목소리를 듣고, 초월적인 어떠한 것을 경험했을지도 모른다. 그리고 장담컨대 이러한 민감한 아이들은 완전히 제정신이고 정상적이다. 어떤 아이들은 청년기에 인생의 이러한 측면에 대해 인식하게 된다. 만약 아이가 이전에 종교적인 생각이나 신비로운 경험에 노출된 적이 없다면 아이는 진정한 새 신자가 될 것이다.

누가 급작스러운 개종이나 숭배에 휩쓸릴지는 아무도 예측할 수 없다. 이게 '항상' 나쁘거나 영구적인 것만도 아니다. 하지만 부모에게는 지독한 일일 수 있다. 허튼소리나 신기하기만 한 것에 사로잡히지 않게 하기 위한 가장 좋은 방법은 아마 개방과 열린 토론일 것이다. 생경한 종교, 의식, 교사, 생각들은 항상 더 경의를 불러일으킨다. 신에 관해 두려움을 가지게 한다. 우리는 일종의 종교적 푸드 코트에 살고 있다. 그러므로 메뉴의 영양적 가치에 대해 논의해보는 것 또한 도움이 될 것이다. 비교할 수 있는 종교에 대해 객관적인 설명을 약간 해주는 것도 좋을 것이다. 당신의 기준을 가지고서 이야기하는 대신 편견에 치우쳐서는 안 된다. 같은 곳으로 갈 수 있는 많은 길이 있을 테지만 당신이 자란 배경의 종교가 당신의 영혼 안에서 깊이 숙성된 장점이 있을 것이다. 하지만 아이가 자신의 경험과 생각에 대해 자유로이 말할 수 있도록 항상 '마음을 열고' 관심을 가지길 바란다.

민감한 아이가 이러한 측면의 민감성에 대해 표현한다 해도 나는 이것이 이 기질이 가지는 가장 좋은 면 중 하나라고 생각한다. 그리고 이러한 민감성이 적절히 성숙한다면 세상에 크게 이바지할 것이다.

성인으로서의 힘찬 출항을 위해

아마도 인생에서 가장 어려운 변화는 집을 떠나서 혼자 힘으로 나아가는 것일 것이다. 하지만 이는 민감한 아이들에게는 훨씬 힘들다. 우리는 이 책 전체를 통해 어떠한 변화도 이들에게 쉽지 않음에 대해 이야기했다. 그러므로 아이가 상상했던 것처럼 극적으로 갑자기 떠나지 않고 순차적으로 떠난다든가 몇 번의 독립과 복귀를 반복한다든가 해도 놀라지 않길 바란다.

혼자 살 시도는 고등학교 졸업 직후에 처음 일어날 수도 있고 대학 졸업 후로 연기되기도 한다. 대학에 가는 것은 대전환처럼 보이는데 심리학적으로 정말로 그러하다. 아이는 그곳에서 혼자 힘으로 살아야 하기 때문이다. 하지만 어떻게 준비시켰는지에 상관없이 많은 민감한 아이가 대학에 가서 너무 압도적이라는 걸 알고 중도하차할 것이다. 이 후퇴가 수치심의 근원이 아니라 상황이 어떻든 좋은 생각으로 받아들여질 수 있도록 모든 방법을 동원해 사고의 틀을 전환하라.

중도하차한 아이가 집이나 근처 지역으로 돌아오게 해 근처 대학에 등록하게 하라. 주민 대상 특강 수업을 일부 들어도 상관없다. 하지만 아이가 아르바이트라도 일을 하도록 격려하라. 최소 임금으로 자신을 부양해 본 경험은 많은 민감한 청년이 대학으로 황급히 돌아가게 만들었고 대학원이나 전문대학원에까지 진학하게 만들었다. 일단 혼자 힘으로 사는 법을 터득하고 나면 아이는 대학에 다닐 준비가 훨씬 더 되어 있을 것이다.

이 시기에 가장 눈에 띄는 특징은 민감한 사람들이 민감하지 않은 사람들보다 늦게 함께하는 경향이 있다는 것이다. 이들은 일에 더 늦게 안착하고 민감한 여성들이 민감하지 않은 사람들보다 일찍 결혼하는 반면(희망적이게도 이러한 경향은 줄어들고 있다) 이혼한 후에도 나중까지 인생의 진정한 파트너를 찾지 않는 경우도 많다.

이러한 지연에는 많은 이유가 있다. 이들은 다수, 즉 민감하지 않은 사람들을 선호하는 세상에서 소수의 일원으로서 자신 안에 자신감을 쌓고 있는 중일지도 모른다. 혹은 민감하지 않은 사람들처럼 선택했다가 실수했음을 깨닫고, 그 선택을 포기하고 무언가를 다시 시도해야 하는지도 모른다. 마지막으로 이들이 헌신적 관계를 약속하지 않는 이유는 대안들에 대해 더 깊이 생각할 수 있고 충동적 결정의 결과를 더 잘 볼 수 있기 때문일 것이다. 그렇다면 당신이 할 수 있는 일은 무엇일까? 들어주고, 들어주고, 들어주는 것이다.

다 큰 민감한 아이가 당신의 의견을 물어볼 때

민감한 아이가 독립하려는 계획에 대해 당신의 의견을 물어볼 때 항상 그래 왔던 것처럼 당신의 임무는 과잉보호와 더 많은 자극과 더 많은 위험을 감수하라고 격려하는 것 사이에 균형을 잘 잡는 것이다.

다른 사람이 결정을 내리는 걸 도울 때 나는 과정에 초점을 맞춘다. 그 사람이 관계된 모든 이수와 감정을 식별하도록 돕는 것이다. 이 사람이 어떻게 해야 한다고 생각하는 것을 말하지 않고 말이다. 그러므로 당신의 목표는 아이가 올바른 결정을 내리는지 보는 것에서 그치지 않고, 아이가 인생의 중대한 결정을 독립적으로 내리는 법을 배웠는지 확인해야 한다. 좋은 결정을 위해서는 모을 수 있는 모든 정보를 모으고, 이슈에 관련해 더 경험이 많은 사람에게 묻고, 모든 정보가 잘 숙성될 수 있도록 오랜 시간에 걸쳐 숙고하고, 두세 가지 가능한 결정들을 진짜인 것처럼 시도해서 어떤 느낌인지 살펴보고, 마지막으로는 뒤돌아보지 말고 뛰어드는 과정이 필요하다.

당신이 객관적이어야 한다고 강조했지만 때때로 아이가 너무 많이 하고 있다거나 너무 적게 하고 있다는 강한 느낌이 가끔 드는 것도 사실이다. 이에 관해 이야기해보자.

너무 대담해 보이는 계획을 축소시키기

우선 아이의 계획을 축소시켜야겠다는 필요를 느끼면 어떻게 하는가? 아이가 당신에게 계획을 이야기한다. 첫 사회생활을 시작하기 위해 1천 마일 넘게 떨어져 있는 여러 회사에 지원했다. 아이는 매우 경쟁적이고 압박감이 높은 분위기 안에서 일할 것이고, 과거에 아이가 집 근처 지역에서 멀리 떨어져 있었을 때 보였던 반응에 비추어봤을 때 당신은 아이가 너무 많이 나가고 있다는 생각이 든다. 하지만 아이의 앞길을 막고 싶지는 않다. 어떻게 해야 할까?

• 질문을 하라. 그리고 어떻게 대처할지에 대해 아이가 생각해봤는지 살펴보라. 아이가 얼마나 자세하게 생각해봤는지 알면 아마 놀랄 것이

다. 아이의 생각에 중대한 허점이 보인다면 이러한 문제에 대해 생각해봤는지 부드럽게 물어보도록 하라.

• 장점과 단점에 모두에 대해 살펴봐라. 단 아이의 관점에서 바라보아야 한다. 당신은 마음을 바꾸게 될지도 모른다.

• 같은 목표로 갈 수 있는 더 작은 단계들을 제시하라. 예를 들어 집에서 가까운 곳에 비슷한 직장을 얻는다든지 그 지역에 있는 친구나 친척과 함께 살 수 있도록 조정하는 것이다. 하지만 이러한 것들에 대해 이야기할 때 당신이 그냥 한번 생각해본 것처럼 이야기하라. 그렇지 않으면 아이의 생각이 아닌 당신의 생각이 대안이 될 것이다.

• 당신의 걱정은 당신의 걱정으로 이야기하라. "난 네가 그렇게 다른 환경에 가서 행복해하지 않을까 봐 걱정돼." "네가 집에서 그렇게 멀리 간다면 정말 그리울 거야. 그리고 너도 우리를 그리워할까 봐 겁나."

• 아이가 앞으로 나아가기로 결심했다면 일이 잘 안됐을 경우 아이가 어떻게 이해할 수 있을지에 대해 논의하라. 이는 생각하는 것만큼 그리 나쁘지 않다. 품위를 손상시키지 않으면서 방향을 수정할 수 있다면 두 사람은 위험에 관해 더 안도하게 될지도 모른다. 이것이 현실적으로, 그리고 심리학적으로 어떤 의미일지에 대해 이야기하라.

너무 신중해 보이는 계획을 확대시키기

만약 아이가 무기한으로 집을 떠나지 않고 살겠다는 계획을 세운 것처럼 보인다면, 그리고 그게 바람직해 보이지 않는다면 어떻게 할 것인가? 민감한 청년이 세상 밖으로 나가게 돕는 일은 극도로 섬세한 작업이다. 당신은 아이를 거부하는 것처럼 보이고 싶지 않을 것이다. 당신의 말은 아이가 집을 떠나거나 또래 다른 아이들처럼 행동하길 바라는 당신의 욕구에서가 아니라, 무엇이 아이에게 가장 좋은지에 대한 고민에서 나와야 한다.

무엇이 최선일까? 청년기는 시험해보고, 모험을 하고, 정착하기 전에 여러 시행착오를 겪어보는 시기다. 어떠한 후회도 남기지 않는 시기가 될 수도 있지만 시험해보지 않으면 매우 커다란 후회를 남길 수도 있다. 당신이 이를 지적해준다면 민감한 아이는 장기적 결과에 대해 잘 이해할 수 있을 것이다.

한편 아이가 연구나 자기표현 같은 내적 삶을 추구하고 있다면, 혹은 집에서 가까운 바깥세상을 탐험하고 있다면 다른 것들을 해야 한다고 어떻게 말할 수 있겠는가? 이 세상에 살아가는 데는 많은 방식이 있다는 걸 이해하고 아이의 시각에서 바라볼 수 있도록 노력하길 바란다.

• 다시 말하지만 민감한 청년에게 자극이 필요하다는 당신의 의견이 옳다는 데 확신을 가져라. 아이가 미래 어느 시점에 독립하려고 계획하고 있다면 독립 자체가 아니라 몇 년 후인지가 이슈다. 아이에게 시간을 좀 주기 바란다. 민감한 아이들은 이러한 전환에 시간이 더 필요하다. 그리고 아이가 실제로 어떠한 일을 하고 있는지도 살펴보길 바란다. 만약 아이가 첼로 연주자가 되고자 한다면 세계 각지를 여행하면서 수많은 여성들과 데이트를 해야 할 필요가 꼭 있는가? 민감한 아이에게 내적인 모험은 외적인 모험만큼 중요하다.

• 멘토를 찾아라. 만약 민감한 청년이 정서적 문제를 가지고 있다고

생각된다면 멘토는 심리치료사일 것이다. 혹은 비슷한 성격이나 기질을 가진 어른일 수도 있을 것이다. 멘토는 아이가 성인기로 출항할 수 있게 도와주는 역할을 한다. 이러한 역할은 부모가 하기 어려운데 부모는 가정과 어린 시절을 대표하기 때문이다. 이 멘토에게 당신이 생각하기에 무엇이 문제인거 같은지 설명해주고 두 사람끼리만 문제를 해결할 수 있도록 내버려두어라.

• 성인식에 대해 고려해보라. 여러 전통 문화에서 이러한 시기는 인생이 탈바꿈되는 길목이었다. A로 들어갔던 사람이 B로 나온다. 이 경우에 성인으로 나오는 것이다. 술집이나 바트미츠바bat mitzvah(유대교에서 12~14세가 된 소녀에 대한 성인식)가 여전히 이러한 역할을 수행하고 있기는 하다. 고등학교 졸업식이 어떠한 의미에서는 이러한 목적에 부응하고 있지만 이 행사는 다분히 세속적이고 합리적인 경향이 있고 의식, 절차, 공간이나 준비 기간이 충분치 않아 보인다. 이러한 성인식을 돕는 개인이나 그룹을 어떠한 지역에 가면 찾을 수 있을 것이다. 이들은 인디언들로부터 소년이 남자가 되는 의식인 비전 퀘스트나 소녀가 여자가 되는 의식인 나바호 블레싱 웨이Navajo Blessing Way를 차용해 사용하고 있다.

때때로 청년들은 자신만의 성인식을 고안해내기도 한다. 배낭여행을 떠난다든지 범상치 않고 도전적인 새 기술을 배운다든지 하는 방법으로 말이다. 잘 살펴 보고 이러한 비공식적인 성인식을 할 수 있도록 격려하라. 만약 딸아이가 아직 집을 떠날 준비가 되어 있지 않은 것처럼 보이지만 외국으로 혼자 장기 여행을 떠나는데 관심을 가지고 있다면 이 계획을 지지하길 바란다. 그녀는 자신만의 전환을 시도하고 있는 것이다. 자신을 당신의 품에서 빼내줄 수 있는 흥미로운 어떤 것을 찾고 있는 중이다. 또한 자신의 돌진 시스템에 힘을 불어넣으려고 시도하고 있는 중이다. 성인이 된다는 것은 단순히 직업을 가지고 혼자 산다는 것 이상의 일이다. 만약 아이를 유혹하고 싶다면 이보다 더 좋은 것이 있어야 할 것이다.

• 이 이슈에 대해 부드럽게 접근하라. 그리고 아이 또한 염려하고 있는지 살펴보길 바란다. 아이는 자신이 결코 집을 떠나지 못할까 봐 두려워하고 있는가? 아니면 아무 문제도 없다고 생각하고 있는가? 이 둘은 매우 다른 이슈다. 만약 공포가 문제라면 공포의 근원이 되는 수치심과 지나친 긴장을 줄일 수 있도록 노력해야 한다. 그리고 아이와 함께 단계별 전략을 짜보길 바란다(다음을 참고하라).

당신은 아이가 독립하길 바라지만 아이는 원치 않는다면 당신은 이것이 지금부터 5년 후, 10년 후, 20년 후에 아이의 인생에 어떤 영향을 미칠지에 대해 이야기를 나눌 수 있을 것이다. 그리고 최후의 수단으로 아이가 당신과 계속 사는 게 맘에 들지 않는다면 이 문제에 대한 당신의 감정을 솔직하게 이야기하라. 아이에 관한 이러한 감정을 아주 구체적으로 말할 필요는 없다. 이 시기의 인생 단계에서 당신에게는 아이들 없이 살아볼 시간이 필요하다든지 하는 이유를 설명해주어라(혹은 정직한 이유를 무엇이든 대라). 만약 당신이 아이가 집에 머무름으로 해서 생기는 경제적 문제나 여분의 집안일 등에 대해 이야기를 꺼낸다면 아이는 생활비를 내겠다고 제안할지도 모른다. 하지만 이것이 아이가 집에 머무르는 데 당신이 더 마음 편해질 수 있는 방법이라면 구체적인 금액에 대해 이야기를 나눠보고 적정선에서 결정하길 바란다.

• 단계별 프로그램을 만들어라. 민감한 청년은 어디에 살 것인가? 어떻게 자신을 부양할 것인가? 혼자 살면 어떤 기분이 들 것인가? 아이가 이러한 문제들에 대해 한 번에 하나씩, 아니면 여러 가지를 각각 조금씩 해결하도록 힘을 북돋아라. 이 모든 것을 한꺼번에 이룰 필요는 없다. 집에서 가까운 곳으로 이사하거나, 친구네 집에 들어가거나, 장기 여행을 하는 것으로 혼자 사는 걸 시작해볼 수 있을 것이다. 경제적 독립은 일단 아르바이트를 하는 것으로 시작할 수 있을 것이다. 필요한 경우 대출을 받을 수 있도록 당신이 도와주는 게 좋다. 정서적 독립은 앞의 두 가지가 해결되면 자연스레 찾아온다. 하지만 평생 동안 아이의 곁에서 지원적 대화를 나누고 함께하길 바란다. '혼자 산다는 것'이 가족도 친구도 없이 지낸다는 것을 의미하는 건 아니다.

이제 부모만의 과제가 남아 있다

책을 끝마치면서 나는 무척 존경하는 분이 아들이 태어났을 때 내게 해주었던 충고를 들려주고 싶다. 그녀가 말하기를 이제부터 관건은 내가 아이를 놓아주고 아이가 나를 놓도록 돕는 과정을 무한 반복하는 것이라고 했다. 아이가 내 몸을 떠났을 때부터 이미 시작된 과정이다. "대부분의 부모가 마스터할 수 없는 게 이 임무죠. 부모들은 자식을 자신의 분신이라고 생각하니까요. 모든 시기에 이들은 자신의 아이가 실제로 그러한 것보다 더 어리고, 약하고, 의존적이라고 생각하는 경향이 있죠. 이에 아이들은 부모가 구하는 강한 친밀함을 보이는 대신 분노를 드러냅니다. 결국 다른 방법을 썼으면 안 그랬을 텐데 큰 거리감만 느끼고 끝이 나죠."

그녀는 모든 부모는 아이의 변화에 대처하는 법을 배워야 한다고 말했다. 하지만 내 생각에 민감한 아이들의 부모는 특히 변화에 있어서 의연한 모습을 보여줄 필요가 있다고 생각한다. 아이가 이를 따라 하고, 평생 지속되는 미성숙의 영향에 고통받지 않을 수 있도록 말이다. 많은 민감한 사람은 일종의 성인적 유치함을 고집한다. 성장에 관련돼 있는 변화를 혐오하기 때문이다. 모든 변화는 상실을 의미하고 모든 상실은 슬픔을 의미한다. 자발적인 변화라고 하더라도(그렇지 않은 경우에도 그래 보일 때가 많다) 위험의 여지는 있기 마련이다. 왜 위험을 감수해야 하는가? 민감한 사람들은 이를 전혀 좋아하지 않는다. 부모들도 마찬가지다. 우리는 상실을 원하지 않고 우리 아기에게 어떤 일이 벌어질 수 있는 위험을 원하지 않는다. 하지만 우리는 민감한 아이들에게 크는 법, 성장하는 법, 나이 들어가는 법을 가르쳐야 할 사람들이다.

그러나 놓아주는 것이 관계가 멀어지고, 사랑하지 않고, 사랑받기를 기대하지 않는 걸 의미하는 것은 아니다. 반대로 진정한 사랑과 유대는 하나가 아닌 둘이 존재할 때만 가능하다. 천성적으로 어린아이들은 그들이 자기 자신이 될 수 있도록 내버려두지 않는다면 당신을 사랑하지 않을 것이고 궁극적으로 사랑할 수도 없을 것이다.

당신이 서른 즈음에 만나는 사람은 성인 친구일 것이다. 이러한 친구에게 가질 적합한 예의와 경계선을 아이에게도 유지하길 바란다. 기억하라. 당신은 아이가 자그마한 아기였던 때, 매달리며 아장아장 걸어 다니던 때, 사랑스러운 다섯 살 모습이었던 때에 대해 엊그제 일처럼 생생하게 기억한다. 하지만 민감한 청년은 그 모든 것들을 그렇게 명확하게 기억하지 못한다. 이제 관계가 견고하기를 원한다면 관심사를 공유해야 한다. 아이의 커리어 그리고 다른 목표들과 뱃머리를 나란히 하고 있을 필요가 있다. 물론 사랑스러운 손자들이 생기면 교감하고 사랑하는 건 당연하다. 만약 이들 중 일부가 민감하다면 당신은 어떻게 해야 할지 잘 알고 있을 것이다.

옮긴이 안진희

중앙대학교 영어영문학과를 졸업하고 영화 홍보마케팅 분야에서 일하며 다양한 영화를 홍보했다. 현재는 프리랜서로 일하며 책을 기획하고 번역한다. 사람들의 마음을 움직이는 책에 관심이 많다. 『완경선언』, 『내 딸이 여자가 될 때』, 『마음 감옥에서 탈출했습니다』, 『나는 심리치료사입니다』, 『죽음과 죽어감에 답하다』, 『히든 피겨스』, 『내 어깨 위 고양이, Bob』 등 50여 권의 책을 우리말로 옮겼다.

예민한 아이를 위한 부모 수업

초판 | 1쇄 발행 2022년 10월 11일

지은이 | 일레인 N. 아론
옮긴이 | 안진희

발행인 | 이재진
편집장 | 조한나
디자인 | 정은경디자인
마케팅 | 최혜진 신예은
국제업무 | 김은정
단행본사업본부장 | 신동해
책임편집 | 윤지윤
교정·교열 | 조창원
홍보 | 최새롬 반여진 정지연
제작 | 정석훈

브랜드 | 웅진지식하우스
주소 | 경기도 파주시 회동길 20
문의전화 | 031-956-7356(편집) 031-956-7087(마케팅)
홈페이지 | www.wjbooks.co.kr
페이스북 | www.facebook.com/wjbook
포스트 | post.naver.com/wj_booking

발행처 | ㈜웅진씽크빅
출판신고 | 1980년 3월 29일 제406-2007-000046호

ISBN 978-89-01-26472-1 03590